普通高等教育“十三五”规划教材

Environmental Chemistry

环境化学

王凯雄　徐冬梅　胡勤海　主编

化学工业出版社
·北京·

《环境化学》（第2版）是在第一版的基础上，针对最近几年的环境热点问题进行了补充和修改，内容框架和知识体系保持了上一版的特色，共分为5章。第1章绪论；第2章水环境化学，包括天然水的组成与性质、化学平衡、化学动力学、酸碱化学、配位化学、氧化还原化学、相间作用、水污染、水处理等；第3章大气环境化学，包括天然大气的环境特征与化学组成、大气光化学、气溶胶化学、酸沉降化学、平流层化学、大气染污防治应用等；第4章土壤环境化学，包括土壤的形成与组成、土壤的基本性能、水土流失、土壤污染、土壤污染防治及其修复等；第5章环境生物化学，包括生物化学基础、毒理化学基础、污染物的生物积累与生物转化、污染物的化学毒性等。本书内容丰富、条理清楚，力求系统完整、简明实用。

《环境化学》（第2版）可作为大学环境科学、环境工程及相关专业的教科书，也可供从事环境保护、城乡建设、食品安全等行业的教学、科研、工程和管理人员参考。

图书在版编目(CIP)数据

环境化学/王凯雄，徐冬梅，胡勤海主编. —2版. —北京：化学工业出版社，2018.8(2023.6重印)
普通高等教育“十三五”规划教材
ISBN 978-7-122-32600-3

Ⅰ.①环…　Ⅱ.①王…②徐…③胡…　Ⅲ.①环境化学-高等学校-教材　Ⅳ.①X13

中国版本图书馆CIP数据核字（2018）第149273号

责任编辑：刘俊之　　装帧设计：韩　飞
责任校对：王　静

出版发行：化学工业出版社（北京市东城区青年湖南街13号　邮政编码100011）
印　　装：北京机工印刷厂有限公司
787mm×1092mm　1/16　印张17¾　字数438千字　2023年6月北京第2版第4次印刷

购书咨询：010-64518888　　售后服务：010-64518899
网　　址：http://www.cip.com.cn
凡购买本书，如有缺损质量问题，本社销售中心负责调换。

定　价：48.00元

前　言

最近二、三十年来，随着人们对环境保护的重视，环境科学得到了迅速发展。作为环境科学的核心内容，环境化学自然也产生了很大的变化。现在环境化学的内容已变得十分庞杂，除了化学本身，还涉及数学、物理、生物、地学、气象、毒理、工程、信息等，因此要编写一本好的环境化学教材实属不易。

《环境化学》试图通过牢牢抓住化学原理的主线，简明阐述与环境化学有关的基本概念和基本原理，并尽可能多地将这些基本理论与实际环境污染与控制应用相联系，使读者较系统地了解环境化学的主要理论基础及其实际应用，以从容面对在环境化学领域中日益扩展的研究成果。本书自2006年出版以来，承蒙读者厚爱，经过多次重印，至今仍有不少高校把它作为《环境化学》课程教材。为了适应环境化学理论和实践的进步，也为了使本书更臻完善，特作本次修订。

第二版的基本原则是保持教材原有的章节体系，再版后全书仍为5章。第1章绪论部分在原书基础上补充了环境化学分支学科；第2章水环境化学部分内容进行了先后位置的调整；第3章大气环境化学部分补充了$PM_{2.5}$等颗粒物的相关内容；第4章土壤环境化学部分补充了《土壤污染防治行动计划》（土十条）的内容；第5章环境生物化学部分补充了全氟化合物和溴代阻燃剂等有机卤化物的内容。修订后全书力求系统完整、条理清楚。可作为大学本科环境科学、环境工程及相关专业的教科书，也可供从事环境保护、城乡建设、食品安全等行业的教学、科研、工程和管理人员参考。

全书由王凯雄统稿，第1、2章由王凯雄编写，第3章由胡勤海编写并完成再版修订，第4章由李立编写，第5章由刘惠君编写，最后由王凯雄、徐冬梅统一编撰和修订。本书在编写过程中得到朱利中教授的鼓励，得到许利君、杜莉珍、叶荣民、詹秀明的帮助，在此表示衷心感谢。因限于水平和知识面，书中一定还存在不少不妥和纰漏，恳请读者不吝指正，以便改进。

王凯雄　徐冬梅

2018年6月于杭州

序

无论是人类面临的几大问题，还是世界科学的前沿交叉领域，环境问题和环境科学都在其中。环境化学随着人类社会的发展相继产生的各种环境污染问题而产生，并迅速发展，它是环境科学的核心组成部分，亦已成为化学学科的重要分支。的确如此，一切生物都打上了环境的烙印，环境的退化，其严重性不言而喻；中国既要发展，又要保护环境，其艰难性不言而喻；环境化学或可挽狂澜于一旦，其责任重大也不言而喻。作为一位从事环境化学科研与教学的教师，我一直在这样思考并自勉。

环境化学的发展历史不长，但由于环境问题的复杂性而使得其学科体系涉及面广而内容庞杂。在国内高校环境相关专业的课程设置中，环境化学均为必修课。但环境化学亦是学生较难理解和掌握的课程之一。浙江大学王凯雄教授连续在一线从事与环境化学相关的教学与科研工作20余年。其间，他曾在美国加州大学洛杉矶分校（UCLA）进修，亲听了许多国际一流环境化学家的课程，如Dr. W. H. Glaze讲授的《环境化学》和Dr. J. M. Wood讲授的《环境生物化学》等。回国后，他将许多前沿的知识注入了他讲授的课程。这本书是他与他的同事们的教学经验总结。我通读了该书，感到有如下特色：

1）系统性强。以前的《环境化学》通常以环境要素为经，各要素的环境问题为纬。而这本书紧紧抓住化学原理为主线，从而展开对与环境问题有关的知识及其应用的论述。这使得教材结构更显紧凑。

2）强调基础。由浅入深、从基础到应用的写法贯穿于全书。例如，化学动力学一节，先是深入浅出地介绍其基本原理，然后引出在环境化学中有重要影响的米氏方程、Monod公式和Streeter-Phelps模式等。

3）简明实用。本书并没有追求面面俱到，而是强调基本概念、基本原理及其应用。书中涵盖了重要的公式、化学反应方程和图表，并列有不少例题和精选的习题。书后的索引列出了那些学生需要知道或读者希望了解的术语，以便于学生复习和读者查询。

总之，本书内容丰富、条理清楚，涉及学科领域面广，论述具有一定深度。是一本大学本科环境科学、环境工程及相关专业的好教科书。很高兴看到本书出版，相信本书的出版有助于环境化学教学的百花齐放和教学水平的提高，对从事环境化学研究工作的同志亦有所裨益。

刘维屏

2006年2月

第一版前言

最近二三十年来，随着人们对环境保护的重视，环境科学得到了迅速发展。作为环境科学的核心内容，环境化学自然也产生了很大的变化。现在环境化学的内容已变得十分庞杂，除了化学本身，还涉及数学、物理、生物、地学、气象、毒理、工程、信息等，因此要编写一本好的环境化学教材实属不易。

本书试图通过牢牢抓住化学原理的主线，简明阐述环境化学有关的基本概念和基本原理，并尽可能多地将这些基本理论与实际环境污染与控制应用相联系，使读者较系统地了解环境化学的主要理论基础及其实际应用，以从容面对在环境化学领域中日益扩展的研究成果。

本书共分为5章。第1章绪论；第2章水环境化学，包括天然水的组成与性质、化学平衡、化学动力学、酸碱化学、配位化学、氧化还原化学、相间作用、水污染、水处理等；第3章大气环境化学，包括天然大气的环境特征与化学组成、大气光化学、气溶胶化学、酸沉降化学、平流层化学、温室效应与全球气候变化、大气污染防治应用等；第4章土壤环境化学，包括土壤的形成与组成、土壤的基本性能、水土流失、土壤污染、土壤污染防治及修复等；第5章环境生物化学，包括生物化学基础、毒理化学基础、污染物的生物积累与转化、污染物的化学毒性等。本书内容丰富、条理清楚，力求系统完整、简明实用。本书可作为大学本科环境科学、环境工程及相关专业的教科书，也可供从事环境保护、城乡建设、食品安全等行业的教学、科研、工程和管理人员参考。

全书由王凯雄组稿，第1、2章由王凯雄编写，第3章由胡勤海编写，第4章由李立编写，第5章由刘惠君编写，最后由王凯雄、胡勤海统稿并审阅。本书在编写过程中得到朱利中教授的鼓励和许利君、杜莉珍、叶荣民、詹秀明的帮助，在此表示衷心感谢。限于作者水平，书中一定还存在不少纰漏之处，恳请读者不吝指正。

王凯雄　胡勤海

2006年元月

目　录

第1章 绪　　论

1.1 我们面临的世界（The World We Are Facing）

当你漫步于西湖边，或登高在天目山中，那美丽的景色、新鲜的空气和清甜的泉水会使你感到：我们生活的世界是多么美好！

然而这一切却受到了人类活动的极大干扰。为了得到短期农作物的高产，人们过度砍伐森林而耕作，结果使土壤流失、土地肥力下降。在许多工业地区，由于河流、湖泊和地下水遭到严重污染，已难觅清洁的饮用水源。光化学烟雾使著名的巴黎埃菲尔铁塔时隐时现，城市空气的污浊使意大利米兰的警察有时需戴口罩指挥交通。

世界上曾发生过无数起严重的公害事件，最著名的有：比利时马斯河谷工业区烟雾事件、美国多诺拉工业区烟雾事件、美国洛杉矶光化学烟雾事件、英国伦敦烟雾事件、日本水俣病事件、日本骨痛病事件、日本四日市哮喘事件、日本米糠油事件、伊拉克汞污染事件、印度博帕尔农药厂泄漏事件、苏联切尔诺贝利核电站泄漏事件、莱茵河污染事件、比利时二噁英污染事件等。国内污染事件也频繁发生，例如2005年发生的松花江苯类化合物污染和北江韶关段镉污染等严重的污染事件。

当今世界环境问题具有以下特点：生态环境的破坏已经产生了严重的后果；新的环境污染公害事件仍不断地产生；缺少有效的污染控制方法；一些环境问题的作用机理还不是很清楚；虽然环境问题已受到世界各国政府和人民的关注，但环境污染还远没有得到控制。

要保护我们的环境，解决棘手的环境问题，无疑科学与技术将起到关键的作用。人类只有具备强烈环境意识并合理应用环境科学与技术，才能使全人类在这个只有有限资源的星球上生存下来。

1.2 人与环境（The Anthrosphere and Environment）

人与环境的关系见图1-1。人类从环境中获取空气、水、矿产资源、食品等，而向环境排放废气、废水、固体废弃物和有毒有害物质。人类活动同时也影响着大气圈、水圈、地圈和生物圈之间的物质交换。例如，人类活动使温室气体增加，从而引起全球气候变化，进而引发各种灾害。因此，人类必须改变破坏环境的坏习惯，逐渐养成与环境友好相处的好习惯。

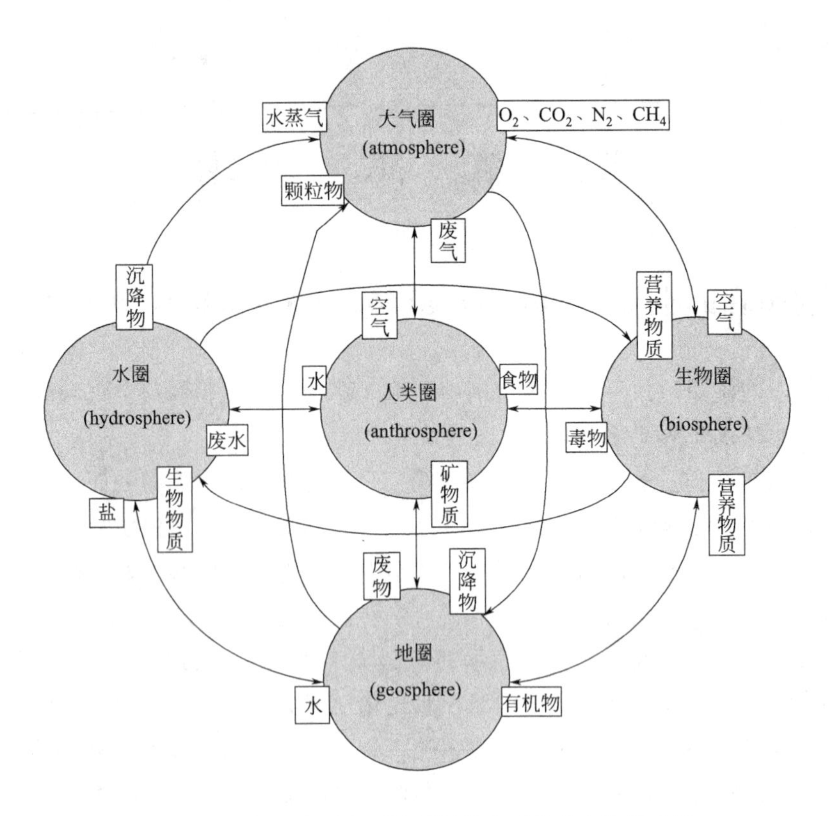

图 1-1 人与环境及各环境圈间的主要物质交换示意图

1.3 什么是环境化学（What Is Environmental Chemistry）

环境化学是环境科学的核心组成部分，它涉及面十分广泛。高到研究氟里昂在平流层中与臭氧的反应，低到分析多氯联苯在海洋底泥中的累积；大到了解碳、氮等元素在全球的循环，小到钻研有毒有害污染物对生物体和人体基因的影响。一个较完整的定义是：环境化学是研究水、大气、土壤和生物环境中化学物质的来源、反应、迁移、效应和归宿，以及人类活动对这些过程影响的科学。简单地说，环境化学是以化学原理为基础，研究环境污染及其控制的科学。

环境化学与我们以前学过的化学有所不同，它研究的自然体系比“纯”化学更复杂。同学们可能会发现，在环境化学中有些概念较模糊，对于一个环境化学的问题常常会找不到简单的答案。但随着知识的不断积累和发展，将能够对环境体系的行为作出合理的推断。

由于环境中污染物的性质复杂、含量很低，为了研究环境化学问题，需要有好的分析化学手段，常常要求分析方法达到很低的检出限。因此环境分析化学是环境化学的基础和重要组成部分（一般都另外设置“环境监测”课程）。但是，企图靠投入大量的人力、物力（包括昂贵的仪器）监测环境中每一种可能的污染物的行踪来达到控制环境污染的目的并不是明智的。我们可以更聪明一些，应该将对环境中化学物质的性质和行为的理解尽可能多地应用于解决环境问题。

1.4 环境化学的基本内容（Basic Content of Environmental Chemistry）

环境化学的基本内容，根据环境要素分，一般可分为水环境化学、大气环境化学、土壤环境化学和环境生物化学；根据学科细分，又可分为环境分析化学、环境污染化学和环境污染控制化学等。环境化学的分支学科和覆盖的研究领域如表 1-1 所列。

表 1-1 环境化学分支学科划分

分支学科	研究领域
环境分析化学	环境有机分析化学 环境无机分析化学 环境中化学物质的形态分析
各圈层的环境化学	大气环境化学 水环境化学 土壤环境化学 复合污染物的多介质环境行为
污染(环境)生态化学	化学污染物的生态毒理学研究 环境污染对陆地生态系统的影响 环境污染对水生生态系统的影响 化学物质的生态风险评价
环境理论化学	环境界面化学 定量结构活性相关研究 环境污染预测模型
污染控制化学	大气污染控制 水污染控制 固体废物污染控制与资源化 绿色化学与清洁生产

注：引自《环境化学》第二版，戴树桂主编，2006 年.

美国环境化学家 Stanley E. Manahan 编著的“环境化学”（第 7 版）一书，是目前同类教科书中内容涵盖面最为广泛的教材，全书共分 27 章，它们是：

① 环境科学技术与化学；

② 人、工业生态系统与环境化学；

③ 水化学基础；

④ 氧化还原；

⑤ 相间作用；

⑥ 水生微生物的生物化学；

⑦ 水污染；

⑧ 水处理；

⑨ 大气层与大气化学；

⑩ 大气中的颗粒物；

⑪ 大气无机气体污染物；

⑫ 大气有机污染物；

⑬ 光化学烟雾；

⑭ 温室效应、酸雨和臭氧层破坏；
⑮ 地圈与地球化学；
⑯ 土壤环境化学；
⑰ 工业生态原理；
⑱ 工业生态、资源和能源；
⑲ 有害废物的性质、来源和环境化学；
⑳ 工业生态中废物的最少化、利用和处理；
㉑ 环境生物化学；
㉒ 毒理化学；
㉓ 化学物质的毒理化学；
㉔ 水与废水的化学分析；
㉕ 废物与固体的分析；
㉖ 空气与气体的分析；
㉗ 生物材料的分析。

国内较有影响的环境化学教科书有多种，它们以戴树桂主编的“环境化学”为代表，对“环境化学”学科的发展和教材建设做出了重要贡献。但环境化学涉及的内容十分广泛庞杂，各种教科书的侧重点有较大的不同。

本书希望通过牢牢抓住化学原理的主线，简明阐述环境化学的基本内容，以使读者从容面对环境化学领域中日益扩展的研究成果。

1.5 环境化学研究（Environmental Chemistry Research）

1.5.1 环境化学的研究方法

环境化学的研究方法主要有现场实地研究和实验室模拟研究两种。例如，研究环境污染的状况必须进行实地调查、监测和研究，而研究污染物的迁移转化规律则可以在实验室通过模拟实际环境情况进行研究。这两种研究方法常常是相辅相成的。现场实地研究需要实验室模拟研究的配合，而实验室模拟研究需要现场实地研究的证实。

环境化学研究中涉及的技术主要有：样品采集技术、样品前处理技术、仪器分析技术、等温吸附实验技术、化学质量平衡方法、化学动力学实验技术、生物技术、工程技术和计算机辅助技术等。

1.5.2 环境化学研究的发展趋势

环境化学研究的发展趋势突出地体现在以下几个方面。

(1) 全球综合研究

如温室气体效应研究，将综合各国越来越多的研究成果，通过阐明全球碳循环和氮循环的变化来研究全球气候变化等问题。其他如臭氧层破坏、海洋污染等问题都需要大量的国际合作研究和全球综合研究。

(2) 原位修复研究

如土壤重金属或有机物污染，通过生物技术或电化学氧化还原技术等，使土壤污染得以修复。其他如地表水氮磷污染的修复、地下水有机污染的修复等都是原位修复研究的重要课题。

(3) 生态毒理研究

如内分泌干扰物对生物和人体健康的影响等。生态毒理研究越来越受到人们的重视，一方面因为与人体健康直接有关，另一方面也与生物技术的迅速发展有关。

(4) 实用技术研究

如室内污染清洁技术研究。实用技术研究包括清洁生产关键技术研究、高效低成本的三废治理技术研究和废物资源化技术研究等。

(5) 相关理论研究

如为什么苏丹红1号具有致癌作用，而其他偶氮染料又如何呢？与环境化学有关的理论研究应包括化学理论在实际环境中的修正研究、构效关系研究和数学模型研究等。

1.5.3 有关杂志介绍

《Nature》(英国《自然》杂志) 和《Science》(美国《科学》杂志) 是国际著名的周刊杂志，登载自然科学领域中最新的有重要意义的创新成果，其中有不少与环境科学有关的文章。

《Environmental Science and Technology》(美国《环境科学与技术》杂志) 是国际上在环境科学与工程领域中的权威杂志，半月刊，影响因子较高。其他有代表性的相关国际杂志有《Water Research》(《水研究》)、《Atmospheric Environment》(《大气环境》)、《Chemosphere》(《化学圈》)、《Journal of Chemical Ecology》(《化学生态杂志》) 等。值得关注的还有《Advances of Environmental Research》(《环境研究进展》)、《Journal of Cleaner Production》(《清洁生产杂志》)、《Global Environmental Change》(《全球环境变化》) 等。由中国科学院生态环境研究中心主办的《Journal of Environmental Sciences China》(《英文版环境科学学报》) 和由中科院南京土壤研究所主办的《Pedosphere》(《土壤圈》) 在国际上也有一定影响。

国内重要的与环境化学相关的杂志有《环境科学学报》、《中国环境科学》、《环境科学》、《农业环境科学学报》、《环境化学》等。另外还有《中国环境监测》、《环境科学研究》、《环境科学与技术》、《环境污染与防治》、《环境工程》、《环境保护》、《化工环保》、《应用与环境生物学报》、《环境污染治理技术与设备》、《水处理技术》、《海洋环境科学》、《环境科学动态》等。此外，要特别提一下《环境科学文摘》，这是一份双月刊杂志，主要栏目包括：环境科学一般问题、环境科学基础理论、社会与环境、环境保护管理、环境污染及其防治、废物处理与综合利用。该杂志反映国内外最新研究成果，提供摘要和出处，信息量大。

第2章　水环境化学

2.1　水的组成与性质（The Composition and Properties of Water）

2.1.1　自然界水的分布（Water distribution in nature）

地球表面70%覆盖着水。水的总体积约为13.6亿立方千米，其中海水占97.41%，淡水（包括冰川、地下水、湖泊、河流等）占2.59%。水的具体分布见图2-1。

我国水资源并不丰富，按人均计仅为世界人均占有量的1/4，且时空分布也不均匀。

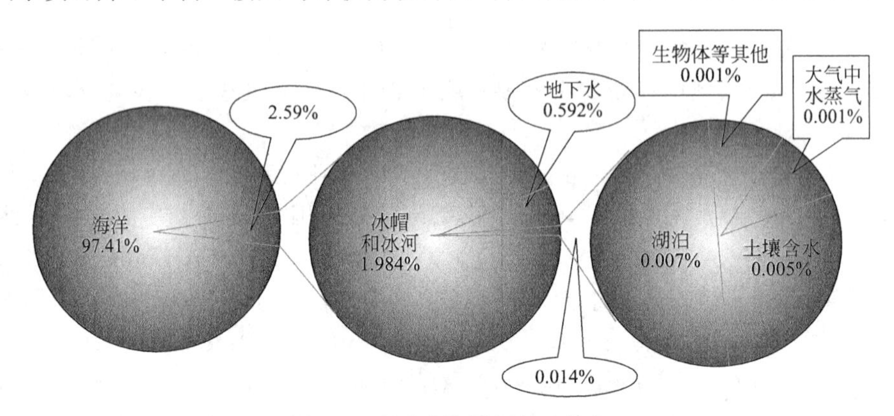

图2-1　全球水资源概况及分布

2.1.2　水的循环

在太阳能和地球表面热能的作用下，地球上的水不断被蒸发成为水蒸气，进入大气。水蒸气遇冷又凝聚成水，在重力的作用下，以降水的形式落到地面，这个周而复始的过程称为水的循环（water cycle）。水的循环示意图见图2-2。

从水的循环中，可看到水圈与岩石圈（土地）、大气圈、生物圈有着密切的联系，而人类活动同时影响着它们。例如，当人们将森林、草地转变为农田或过度耕种而使植被减少，这时通过植物蒸发的水分减少了，并进而影响微气候。同时，增加了水的地表径流，使水土流失加重和水体中淤泥的积累增多，也可能造成水体中营养物质增多，这将影响水体的化学和生物学特性。

2.1.3　水的性质及其意义（The properties of water and their significances）

水具有很多特性，没有这些特性，生命将不可能存在。水对许多物质来说是一种很好的溶剂，又是生命过程中营养物质和废弃物的主要运输媒介。水具有很高的介电常数，比任何其他纯液体高。因此，绝大部分离子化合物可以在水中电离。除了液氨，水的比热容比任何其他液体和固体高，为4.1840J·g^{-1}·℃$^{-1}$。因此，需要较多的热量才能改变水的温度，

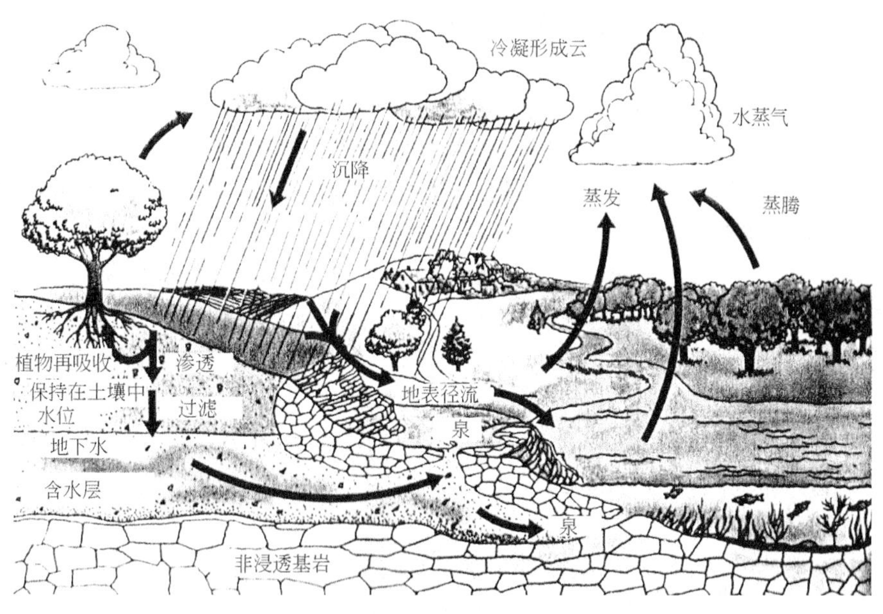

图 2-2 水的循环示意图

水可以起到稳定周围地区气温的作用，同时可保护水体中水生生物免受由于温度急剧变化而造成的伤害。水的汽化热很高，为 $2.4\times10^3 J\cdot g^{-1}$（20℃），这也是稳定水体温度和周围地区气温的因素。水在 4℃时密度最大，因而，冰能浮在水面上，大的水体一般不会全部冰冻成固体。此外，湖泊中垂直方向的循环由于密度的不同而受到一定的限制。水具有突出的界面特性，除汞以外，水的表面张力最大，达到 $7.3\times10^{-2}N\cdot m^{-1}$，而其他液体大多在 $(2.0\sim5.0)\times10^{-2}N\cdot m^{-1}$，水的这种特性对各种物理化学过程和机体生命活动都有显著的影响。以上水的特性及其意义归纳于表 2-1。

表 2-1 水的重要性质及其意义

性质	作用和意义
优良的溶剂	输送营养物质和排泄物，使水介质中的生物学过程成为可能
介电常数比任何一种纯液体都高	离子型物质具高溶解性，在溶液里这些物质易电离
表面张力比任何其他液体都高（除汞外）	生理学上的控制因素，控制水的滴落和表面现象
无色，能透过可见光和紫外光的长波部分	使光合作用要求的光能达到水体相当的深度
在 4℃时液体密度最大	冰浮于水，使垂直循环只在限定的分层水体里进行
汽化热比任何其他物质都高	决定大气和水体之间热和水分子的转移
比热容比任何其他液体（除液氨外）都高	对生物的体温和地理区域的气温起稳定作用

2.1.4 水的异常特性与水分子结构的关系（The relationship between unusual properties and the molecular structure of water）

水的分子结构如图 2-3 所示。

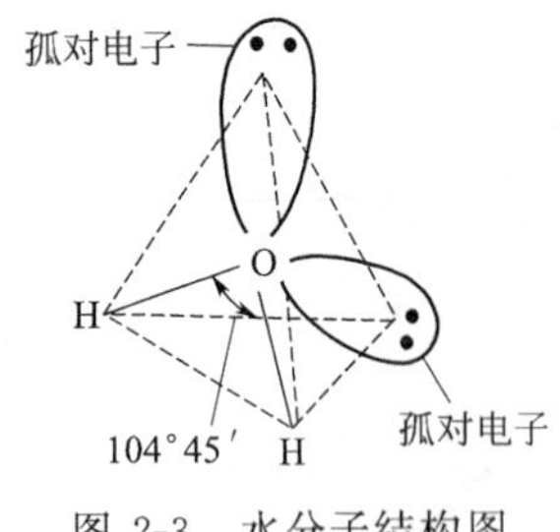

图 2-3　水分子结构图

H_2O 分子中的三个原子核呈等腰三角形排列，据对水蒸气分子的测定，H—O—H 所夹键角为 105°，O—H 距离为 0.096nm，H 与 H 距离为 0.514nm。氧原子外层电子（$2s^2 2p^4$）经杂化与 2 个氢原子的 2 个电子构成共价键及两对孤对电子。H_2O 是极性分子，在 2 个氢原子一边带正电，在氧一侧带负电，水分子的偶极矩很大，为 1.84D（$1D = 3.33564 \times 10^{-30} C \cdot m$）。

水分子间形成很强的氢键。每个水分子可以与邻近的 4 个水分子形成 4 个氢键。因为每个水分子在正极一方有 2 个氢核，可与另外 2 个水分子的氧形成氢键，在负极一方有氧的两对孤对电子，可与另外 2 个水分子的氢形成氢键。水在冰中形成的氢键如图 2-4 所示。

冰的水分子间氢键达到饱和，排列有序。冰的结构为六方晶系晶格，分子间有较大的空隙。在不同温度压力条件下，冰的结构可以有 13 种相变。普通冰的密度为 $0.92g \cdot cm^{-3}$，因此能浮在水面上。

当冰受热融化为水时，分子热运动增强，使一部分氢键解体。在常温下水中的氢键可以聚集到 100 个 H_2O 分子左右。气态水大多是单分子，间或有二聚体，很少有三聚体。

水的各种异常特性均可由其结构来说明。由于水分子具有很强的极性和分子间能形成氢键，分子间作用力较强，其内聚力很大，因此使水的熔点、沸点高，比热容大，汽化热和熔化热高，表面张力大。水的温度体积效应异常是由于温度变化时，其分子结构随之改变。冰融化为水后，温度升高时有两种过程影响其体积和密度：一种是正常的热运动增加，使体积膨胀，密度减少；另一种是氢键解体，一部分水分子填充至晶体的空隙中去，使体积缩小，密度增大。在 0～4℃之间，后一过程占优势，因而有异常现象。在 4℃以上，前一过程占有优势，表现正常的趋势。

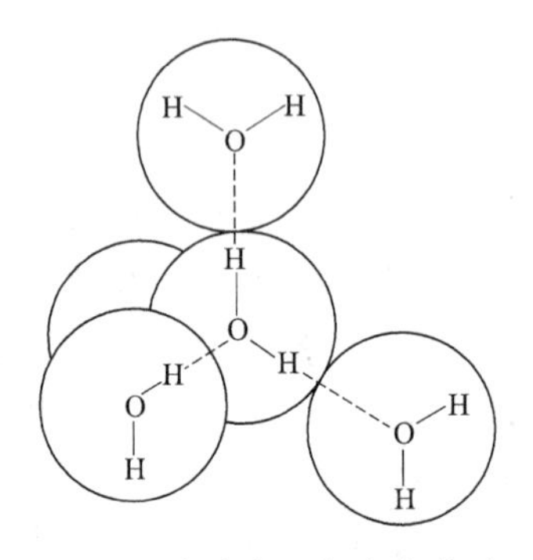

图 2-4　在冰中，每个水分子与邻近的 4 个水分子形成氢键，构成空间四面体结构（虚线代表氢键）

2.1.5　天然水的组成（Components of natural water）

天然水的组成，根据其存在形态可分为三大类，即悬浮物质、胶体物质和溶解物质，见表 2-2。

表 2-2　天然水的组成

分类	主要物质
悬浮物质	细菌、藻类及原生动物；泥沙、黏土等颗粒物
胶体物质	硅、铝、铁的水合氧化物胶体物质；黏土矿物胶体物质；腐殖质等有机高分子化合物
溶解物质	氧、二氧化碳、硫化氢、氮等溶解气体；钙、镁、钠、铁、锰等离子的卤化物、碳酸盐、硫酸盐等盐类；其他可溶性有机物

关于悬浮物质、胶体物质和溶解物质在相间作用一节中将有较多的叙述。

2.1.5.1 天然水中的主要离子组成

K^+，Na^+，Ca^{2+}，Mg^{2+}，HCO_3^-，NO_3^-，Cl^-，SO_4^{2-} 为天然水中常见的八大离子，占天然水中离子总量的 95%～99%。天然水中常见主要离子总量可以粗略地作为水中的总溶解固体（TDS）。

在无机盐类中，对于大多数天然水系，水中钙盐的浓度最高，钙在许多地球化学过程中充当重要角色。其存在形式主要有 $CaSO_4 \cdot 2H_2O$、$CaSO_4$、$CaMg(CO_3)_2$ 和 $CaCO_3$。水中有较高 CO_2 时很容易将钙溶解出来

$$CaCO_3(s)+CO_2(aq)+H_2O = Ca^{2+}+2HCO_3^-$$

当水中失去 CO_2 时，反应逆向进行，这时 $CaCO_3$ 又沉淀出来。Ca^{2+} 在水中的典型浓度为 $1.00\times10^{-3}mol \cdot L^{-1}$。

2.1.5.2 天然水中的溶解气体

溶解在水中的气体对水生生物有重要意义。鱼类需要氧气，排出二氧化碳；而藻类在进行光合作用时则相反。溶解在水中的氮气，当其在鱼的血液中形成气泡时，可能引起鱼类死亡。一个严重的例子是，1978 年 6 月美国密苏里州的渥塞治河（Osage River）的 40mile（1mile=1.609km）沿岸死去了约 40 万条鱼，其原因是当水从新建的杜鲁门坝冲入河库中时，由于强大的水压使水中的氮气过饱和，从而杀死了下游的鱼类。这个例子也说明了在设计大型工程时要应用水环境化学知识，以防止出现严重的生态问题。

在 1991 年 1 月 22 日的《纽约时报》登载了一篇“警惕喀麦隆湖中的气体”的文章，提到在非洲喀麦隆的 Nyos 湖，由于湖中积聚大量火山 CO_2 气体，1986 年曾使 1700 人窒息，据该文估计湖中积累的 CO_2 气体高达 $3\times10^8 m^3$。

气体在水中与大气之间的平衡可以用亨利定律（Henry's Law）来表示，即水中某气体的溶解度与同水接触的该气体的平衡分压成正比。在计算气体的溶解度时，需要对水蒸气的分压加以校正。注意，由亨利定律计算得到的气体溶解度，并不包括由于化学反应而进入水体的气体。例如：

$$CO_2+H_2O \rightleftharpoons H^+ + HCO_3^-$$

$$SO_2+H_2O \rightleftharpoons H^+ + HSO_3^-$$

在这种情况下，水中实际获取的气体会大大高于由亨利定律所得到的。

亨利定律的表达式为

$$[G(aq)]=Kp_G$$

式中　$[G(aq)]$——某气体在水中的溶解度；

K——对于一定温度和一定气压是常数，称亨利定律常数（Henry's Law constant）；

p_G——气体的分压。

表 2-3 列出了 25℃时一些气体在水中的亨利定律常数。

表 2-3　25℃时在水中的亨利定律常数

气体	$K/(mol \cdot L^{-1} \cdot atm^{-1})$	气体	$K/(mol \cdot L^{-1} \cdot atm^{-1})$	气体	$K/(mol \cdot L^{-1} \cdot atm^{-1})$
O_2	1.28×10^{-3}	H_2	7.90×10^{-4}	CH_4	1.34×10^{-3}
CO_2	3.38×10^{-2}	N_2	6.48×10^{-4}	NO	2.0×10^{-3}

(1) 氧在水中的溶解度

氧在干空气中的组成为20.95%，天然水中的溶解氧主要来自空气中氧的溶解。藻类的光合作用也产生氧，但这并不是有效的来源，因为到了晚上藻类自身新陈代谢要消耗氧，当藻类死亡后，有机质的分解也要消耗氧。如果水中没有一定浓度的溶解氧，许多水生生物不能生存，当水中有机物降解时消耗溶解氧，许多鱼类死亡的原因并不是由于直接毒物，而是由于在污染物降解时溶解氧的减少而引起的。

水中溶解氧浓度取决于水温、空气氧的分压和水中含盐量等。氧在 1.0130×10^5Pa，25℃饱和水中的溶解度，可按下面步骤计算。首先查出水在25℃时的蒸气压为 0.0317×10^5Pa，所以氧的分压为

$$p_{O_2}=(1.0130-0.0317)\times10^5\text{Pa}\times0.2095=0.2056\times10^5\text{Pa}=0.2030\text{atm}^{-1}$$

代入Henry定律即可求出氧在水中的浓度为

$$[O_2(aq)]=Kp_{O_2}=(1.28\times10^{-3}\times0.203)\text{mol}\cdot\text{L}^{-1}=2.6\times10^{-4}\text{mol}\cdot\text{L}^{-1}$$

氧气的摩尔质量为 $32\text{g}\cdot\text{mol}^{-1}$，因此其溶解度为 $8.32\text{mg}\cdot\text{L}^{-1}$。

(2) CO_2 在水中的溶解度

25℃时水中 $[CO_2]$ 的值可以用Henry定律来计算。已知干空气中 CO_2 的含量为0.0314%（体积分数），水在25℃时蒸气压为 0.0317×10^5Pa，CO_2 的Henry定律常数是 $3.38\times10^{-2}\text{mol}\cdot\text{L}^{-1}\cdot\text{atm}^{-1}$，则 CO_2 在水中的溶解度为

$$p_{CO_2}=(1.0130-0.0317)\times10^5\text{Pa}\times3.14\times10^{-4}=30.8\text{Pa}=3.04\times10^{-4}\text{atm}^{-1}$$

代入Henry定律即可求出 CO_2 在水中的浓度为

$$[CO_2(aq)]=Kp_{O_2}=(3.38\times10^{-2}\times3.04\times10^{-4})\text{mol}\cdot\text{L}^{-1}=1.03\times10^{-5}\text{mol}\cdot\text{L}^{-1}$$

CO_2 在水中解离部分可以产生等浓度的 H^+ 和 HCO_3^-。H^+ 及 HCO_3^- 的浓度可以从 CO_2 的酸解离常数（K_1）计算出：

$$[H^+]=[HCO_3^-]$$

$$[H^+]^2/[CO_2]=K_1=4.45\times10^{-7}$$

$$[H^+]=(1.03\times10^{-5}\times4.45\times10^{-7})^{1/2}\text{mol}\cdot\text{L}^{-1}=2.14\times10^{-6}\text{mol}\cdot\text{L}^{-1}$$

故 CO_2 在水中的溶解度应为 $[CO_2]+[HCO_3^-]=1.24\times10^{-5}\text{mol}\cdot\text{L}^{-1}$

气体的溶解度受温度影响，温度升高，溶解度下降。温度与溶解度的关系可由Clausius-Clapeyron方程表示：

$$\lg\frac{c_2}{c_1}=\frac{\Delta H}{2.303R}\left(\frac{1}{T_1}-\frac{1}{T_2}\right)$$

式中，c_1 和 c_2 分别表示在热力学温度 T_1 和 T_2 时气体在水中的浓度；ΔH 为溶解热，单位为 $\text{J}\cdot\text{mol}^{-1}$；$R$ 为气体常数，即 $8.314\text{J}\cdot\text{mol}^{-1}\cdot\text{K}^{-1}$。

2.1.5.3 不同类型天然水的组成及特征

(1) 海水（sea water）

海水是总离子浓度（阳离子浓度和阴离子浓度之和）约为 $1.1\text{mol}\cdot\text{L}^{-1}$ 的溶液，海水的详细组成见表2-4。

表 2-4　海水的组成

组分	浓度/(mg·L^{-1})	组分的基本存在形式	组分	浓度/(mg·L^{-1})	组分的基本存在形式
Cl	19000	Cl^-	V	0.002	$VO_2(OH)_3^{2-}$
Na	10500	Na^+	Al	0.001	—
SO_4	2700	SO_4^{2-}	Ti	0.001	—
Mg	1350	Mg^{2+}	Sn	0.0008	—
Ca	410	Ca^{2+}	Co	0.0004	Co^{2+}
K	390	K^+	Cs	0.0003	Cs^+
HCO_3	142	HCO_3^-、H_2CO_3、CO_3^{2-}	Sb	0.0003	—
Br	67	Br^-	Ag	0.0003	$AgCl_2^-$
Sr	8	Sr^{2+}	Hg	0.0002	$HgCl_2(aq)$
SiO_2	6.4	$H_4SiO_4(aq)$、$H_3SiO_4^-$	Cd	0.00011	Cd^{2+}
B	4.5	$H_3BO_3(aq)$、$H_2BO_3^-$	W	0.0001	WO_4^{2-}
F	1.3	F^-	Se	0.00009	SeO_4^{2-}
N	0.67	NO_3^-(未包括可溶性 NO_2)	Ge	0.00007	$Ge(OH)_4(aq)$
Li	0.17	Li^+	Cr	0.00005	—
Rb	0.12	Rb^+	Ga	0.00003	—
C(有机碳)	0.10	—	Pb	0.00003	Pb^{2+}、$PbCl_3^-$、$PbCl^+$
P	0.09	HPO_4^{2-}、$H_2PO_4^-$、PO_4^{3-}	Bi	0.00002	—
I	0.06	IO_3^-、I^-	Au	0.00001	$AuCl_4$
Ba	0.02	Ba^{2+}	Nb	0.00001	—
Mo	0.01	MoO_4^{2-}	Ce	0.000001	—
Zn	0.01	Zn^{2+}	Sc	<0.000004	—
Ni	0.007	Ni^{2+}	La	0.000003	$La(OH)_3(aq)$
As	0.003	$HAsO_4^{2-}$、$H_2AsO_4^-$	Y	0.000003	$Y(OH)_3(aq)$
Cu	0.003	Cu^{2+}	Be	0.0000006	—
Fe	0.003	—	Th	0.0000005	—
U	0.003	$UO_2(CO_3)_3^{4-}$	Pa	2×10^{-9}	—
Mn	0.002	Mn^{2+}	Ra	1×10^{-10}	Ra^{2+}

注：引自申献辰.天然水化学.1994。

由于海洋中的溶解与沉淀平衡，使海洋的成分相对恒定，也控制了海水的 pH 值约为 8.0。海水的总溶解固体含量为 3.45×10^4 mg·L^{-1}，它足以使海水的密度明显超过纯水。20℃时海水的密度为 1.0243g·cm^{-3}。

(2) 雨雪水 (rain and snow water)

代表性的雨雪水的主要成分及其含量见表 2-5。

表 2-5　雨雪水的组成/(mg·L^{-1})

成分	1	2	3	4	5	成分	1	2	3	4	5
SiO_2	0.0		1.2	0.3		HCO_3^-	3		7	4	0.0
Al(Ⅲ)	0.01					SO_4^{2-}	1.6	2.18	0.7	7.6	6.1
Ca^{2+}	0.0	0.65	1.2	0.8	3.3	Cl^-	0.2	0.57	0.8	17	2.0
Mg^{2+}	0.2	0.14	0.7	1.2	0.36	NO_2^-	0.02		0.0	0.02	
Na^+	0.6	0.56	0.0	9.4	0.97	NO_3^-	0.1	0.62	0.2	0.0	2.2
K^+	0.6	0.11	0.0	0.0	0.23	TDS	4.8		8.2	38	
NH_4^+	0.0				0.42	pH	5.6		6.4	5.5	4.4

注：1. 自 V. L. Snoeyink，D. Jenkins. water chemisty，1980。

2. 表中第 1 行中 1 指雪样；2～4 指雨样；5 指某观察站共 180 个大气沉降样品的平均值。

从表中可看出，雨雪水的总溶解固体（TDS）已降到百万分之几。说明从海水“蒸馏”

成淡水的效率是很高的。

从表中还可看到雨雪水的pH值偏酸性，这是由于大气中CO_2与之平衡的结果，雨雪水很干净，缓冲能力差，pH值容易受CO_2酸性气体的影响而变低。当大气受到化石燃料燃烧释放的SO_2、NO_x等气体的污染后常会形成酸雨（pH<5.6）。

带酸性的雨水降落到地面后与岩石、土壤发生化学作用，将矿物质等溶解出来，整个地球犹如是一个酸碱滴定系统，雨水中的酸滴定着岩石中的碱。由于地面组成的不同和自然界的生物活动（包括人类活动）差异使水的成分各不相同。

(3) 地表水和地下水（surface water and ground water）

具有代表性的地表水和地下水的组成，见表2-6。

表2-6 典型的地表水和地下水的组成/($mg \cdot L^{-1}$)

成 分	A	B	C	成 分	A	B	C
SiO_2	9.5	1.2	10	HCO_3^-	18.3	119	339
Fe(Ⅲ)	0.07	0.02	0.09	SO_4^{2-}	1.6	22	84
Ca^{2+}	4.0	36	92	Cl^-	2.0	13	9.6
Mg^{2+}	1.1	8.1	34	NO_3^-	0.41	0.1	13
Na^+	2.6	6.5	8.2	TDS	34	165	434
K^+	0.6	1.2	1.4	总硬度(以$CaCO_3$计)	14.6	123	369

注：引自V. L. Snoeyink，D. Jenkins. Water Chemistry，1980。

表中，A取自美国加利福尼亚州Pardec水库，为花岗岩地区上流下来的水，属良好的饮水水源；B取自美国纽约州Niagara河，这类水发源于非花岗岩地区，TDS要高，具体表现在硬度和碱度（HCO_3^-）较高；C取自美国俄亥俄州的地下水，由于土壤微生物的活动，土壤水中含有较高的CO_2浓度，从而使水中溶解较多的盐类，这类水的TDS、硬度和碱度更高。

表2-7列出了我国主要河流的组成。

表2-7 我国主要河流的组成/($mg \cdot L^{-1}$)

成 分	长江	黄河	黑龙江	西江	松花江	闽江
Ca^{2+}	28.9	39.1	11.6	18.5	12.0	2.6
Mg^{2+}	9.6	17.9	2.5	4.8	3.8	0.6
Na^++K^+	8.6	46.3	6.7	8.1	6.8	6.7
HCO_3^-	128.9	162.0	54.9	91.5	64.4	20.2
SO_4^{2-}	13.4	82.6	6.0	2.8	5.9	4.9
Cl^-	4.2	30.0	2.0	2.9	1.0	0.5
含盐量	193.6	377.9	83.7	128.6	93.9	35.5

注：引自任仁. 环境化学幻灯片，1989。

(4) 污水（waste water）

由于人类活动造成的环境污染改变着天然水的水质，在有些地方甚至使水质恶化。表2-8～表2-12列举了一些污水的成分及来源。

表 2-8　某酸性矿排水的水质/(mg·L^{-1})

项目	平均值	最小值	最大值	排放标准	项目	平均值	最小值	最大值	排放标准
pH	2.87	2	3	6～9	Cr	0.21	0.11	0.29	0.5
Cu	5.52	2.3	9.07	1.0	SS	32.3	14.5	50	200
Pb	2.18	0.39	6.58	1.0	SO_4^{2-}	43.40	2050	5250	
Zn	84.15	27.95	147	4.0	Fe(Ⅱ)	93	33	240	
Cd	0.75	0.38	1.05	0.1	Fe(Ⅲ)	679.2	328.5	1280	
As	0.73	0.2	2.65	0.5					

表 2-9　北京部分油脂工业企业废水排放水质/(mg·L^{-1})

企业名称	COD	BOD	SS	油脂	pH
北京某植物油厂①	5000～14000	2500～6700	3300～4000	2000～3000	6～8
北京某棕榈油脂厂①	1387～17870	780～10000	362～1686	154～14500	4～6
北京某油脂厂②	700～10000	300～6000	300～1000	250～5000	6～7
北京某制油有限公司①	2500～15000	1000～6000	350～800	300～3500	6～9

① 为化学精炼工艺。

② 为物理精炼工艺。

表 2-10　某些印染厂的废水组成/(mg·L^{-1})

工厂类型	pH	悬浮物	COD	BOD_5	硫化物	氰化物	挥发酚
大型印染厂	9～12	142.5	850～1500	350～500	4.8～7.4	0.01～0.04	0.04～0.06
大型印染厂	7.5～10	108.9	716.9	240.3	11.0	痕量	0.056
中型印染厂	6.9～9.5	—	1000	200～250	—	痕量	—
中型印染厂	9～11	220～340	500～700	300～700	6.5～14.0	—	0.053
色织厂	9～11	200～300	250～300	220～500	—	—	—

表 2-11　制革综合废水水质/(mg·L^{-1})

工厂序号	pH	COD_{Cr}	BOD_5	SS	S^{2-}	Cr^{3+}
1	7.5	1922	936.8	863.3	6.6	15.6
2	7.5	2532	768	619	12.4	2.1
3	8.7	1686	—	1627	18	1.2
4	7.5	1942	1200	1190	4.2	37
5	8.7	2975	1880	1377	64	34

表 2-12　化工行业主要废水和废水的主要来源

废水名称	废水主要来源	废水名称	废水主要来源
含汞废水	氯碱厂、无机盐厂	含有机氯化物废水	环氧氯丙烷厂、环氧树脂厂、农药厂、氯丁橡胶厂
含氰废水	合成氨厂、有机玻璃厂、丙烯腈厂	含氟化物废水	氟塑料厂、有机氟化工厂、磷肥厂
含酚废水	有机合成厂、酚醛树脂厂、合成材料厂、农药厂	含有机磷农药废水	农药厂
含氨废水	氮肥厂	含苯胺废水	染料厂、有机原料厂
含炭黑废水	合成氨厂、炭黑厂、橡胶加工厂	含有机氧化合物废水	有机原料厂、试剂厂、溶剂厂、合成材料厂
含硫废水	硫酸厂、有机原料厂、合成材料厂、染料厂	含有机氮化合物废水	有机原料厂、合成材料厂、染料厂
含铬废水	铬盐厂、无机颜料厂、催化剂厂	含硝基苯废水	染料厂、有机原料厂、农药厂
含磷废水	黄磷厂、磷肥厂、农药厂	含油废水	涂料厂、有机原料厂
含重金属废水	无机盐厂、颜料厂、染料厂	含酸废水	制酸厂、染料厂、农药厂、钛白粉厂
含砷废水	硫酸厂、磷肥厂、焦化厂	含碱废水	纯碱厂、烧碱厂
		含盐废水	氯碱厂、农药厂、染料厂

以下几种化合物是纸浆漂白废液中检出的具有代表性的有毒含氯有机物，尤其是二噁英引起了广泛的关注。

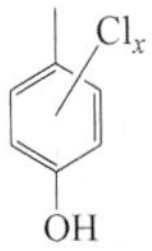

氯酚 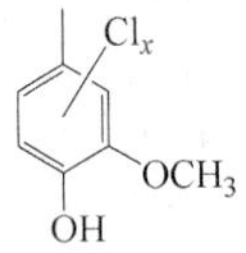　甲氧基氯酚 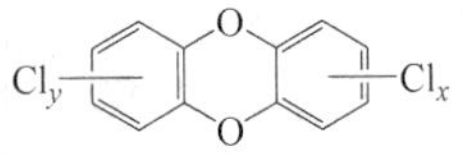　多氯二苯并对二噁英 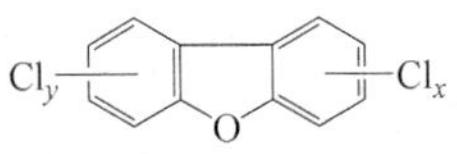　多氯二苯并呋喃

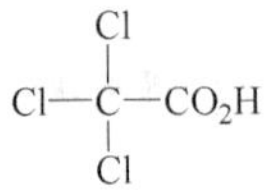

三氯乙酸 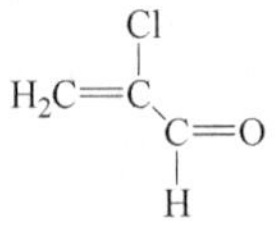　氯乙烯醛

因此，如何合理利用有限的水资源和防治水污染是摆在我们面前十分严峻的问题，水环境化学的知识将有助于应对这一问题。

2.2 化学平衡（Chemical Equilibrium）

热力学第一定律，即能量守恒和转化定律告诉我们，能量有各种不同的形式，如辐射能、热能、电能、机械能或化学能，能量能够从一种形式转化为另一种形式，但总能量保持不变。

热力学第二定律告诉我们，能量只沿有利的势能梯度传递，例如，水沿着斜坡向下流动，热能从热的物体传递给冷的物体，电流从高势能点流向低势能点。

化学反应也遵循上述热力学规律，向一定的方向进行，并逐渐达到平衡。

水环境中存在着各种化学平衡，包括酸碱平衡、沉淀平衡、络合平衡、氧化还原平衡和吸附平衡等。根据化学热力学的基本原理，可判别反应方向和计算反应达到平衡时水中组分的浓度。

2.2.1 判别反应方向（Determine reaction direction）

判断一个反应是否能自发进行的原则是：反应总是向体系总自由能减少的方向进行。平衡时，体系总自由能为最小。即

当 $\Delta G<0$，G_T 下降，反应自发进行；

当 $\Delta G>0$，G_T 升高，反应不能自发进行；

当 $\Delta G=0$，G_T 最低，处于平衡状态。

对于反应

$$a\mathrm{A}+b\mathrm{B} \rightleftharpoons c\mathrm{C}+d\mathrm{D}$$

有公式

$$\Delta G=\Delta G^{\ominus}+RT\ln\frac{[\mathrm{C}]^c[\mathrm{D}]^d}{[\mathrm{A}]^a[\mathrm{B}]^b} \tag{2-1}$$

$$\Delta G=\Big(\sum_i \nu_i \overline{G}_i\Big)_{产物}-\Big(\sum_i \nu_i \overline{G}_i\Big)_{反应物}$$

$$\Delta G^{\ominus}=\Big(\sum_i \nu_i \overline{G}_i^{\ominus}\Big)_{产物}-\Big(\sum_i \nu_i \overline{G}_i^{\ominus}\Big)_{反应物}$$

式中　ν_i——各组分的化学计量系数，即指 a，b，c，d；

$\overline{G}_i^{\ominus}$——标准生成自由能，即 25℃，1atm 下组分 i 的摩尔自由能；

R——理想气体常数；

T——热力学温度；

$[i]$——某组分浓度，严格讲应为活度，在稀溶液时可以浓度代替。如无特殊说明，本书均以浓度表示。

各物种的 $\overline{G}_i^{\ominus}$ 值可从手册上查得，表 2-13 列举了水中常见组分的标准生成自由能值和标准生成焓值两组热力学常数。

表 2-13　水环境化学中重要物种的热力学常数/(kcal · mol^{-1})

物　种	$\Delta\overline{H}_f^{\ominus}$	$\Delta\overline{G}_f^{\ominus}$	物　种	$\Delta\overline{H}_f^{\ominus}$	$\Delta\overline{G}_f^{\ominus}$
Ca^{2+}(aq)	−129.77	−132.18	Mg^{2+}(aq)	−110.41	−108.99
$CaCO_3$(s)(方解石)	−288.45	−269.78	$Mg(OH)_2$(s)	−221.00	−199.27
CaO(s)	−151.9	−144.4	NO_3^-(aq)	−49.372	−26.43
C(s)(石墨)	0	0	NH_3(g)	−11.04	−3.976
CO_2(g)	−94.05	94.26	NH_3(aq)	−19.32	−6.37
CO_2(aq)	−98.69	−92.31	NH_4^+(aq)	−31.74	−19.00
CH_4(g)	−17.889	−12.140	HNO_3(aq)	−49.372	−26.41
$H_2CO_3^*$(aq)	−167.0	−149.00	O_2(aq)	−3.9	3.93
HCO_3^-(aq)	−165.18	−140.31	O_2(g)	0	0
CO_3^{2-}(aq)	−161.63	−126.22	OH^-(aq)	−54.957	−37.595
CH_3COO^-	−116.84	−89.0	H_2O(g)	−57.7979	−54.6357
H^+(aq)	0	0	H_2O(l)	−68.3174	−56.690
H_2(g)	0	0	SO_4^{2-}(aq)	−216.90	−177.34
Fe^{2+}(aq)	−21.0	−20.30	HS^-(aq)	−4.22	3.01
Fe^{3+}(aq)	−11.4	−2.52	H_2S(g)	−4.815	−7.892
$Fe(OH)_3$(s)	−197.0	−166.0	H_2S(aq)	−9.4	−6.54
Mn^{2+}(aq)	−53.3	−54.4			

注：1. $H_2CO_3^*$ 是碳酸盐系统中一种假想的物种，它包括 CO_2（aq）和 H_2CO_3，全书余同。

2. 1cal=4.1840J。

下面举一个例子说明如何计算 ΔG 值以判别反应进行的方向。

对于水中是否有 $CaCO_3$ 沉淀产生的水质问题是许多部门都关心的问题，如锅炉用水和给排水等。

【例 2-1】 已知水中 $CaCO_3$(s) 的形成和溶解有如下可逆反应

$$Ca^{2+} + HCO_3^- \rightleftharpoons CaCO_3(s) + H^+$$

假定 $[Ca^{2+}]=[HCO_3^-]=1\times10^{-3}mol \cdot L^{-1}$，pH=7，水温为 25℃，问此时是否有 $CaCO_3$ 沉淀产生？

解：

根据公式
$$\Delta G = \Delta G^{\ominus} + RT\ln\frac{[H^+][CaCO_3(s)]}{[Ca^{2+}][HCO_3^-]}$$

计算 ΔG 值。先求 $\Delta G^{\ominus}$，根据公式：

$$\Delta G^{\ominus} = \left(\sum_i \nu_i \Delta\overline{G}_i^{\ominus}\right)_{产物} - \left(\sum_i \nu_i \Delta\overline{G}_i^{\ominus}\right)_{反应物}$$

$\Delta\overline{G}^{\ominus}$值从表 2-13 查得，则

$$\Delta G^{\ominus} = (-269.78+0)-(-132.18-140.31) = 2.71kcal$$

然后将各组分活度代入，在稀溶液中可直接将浓度代替活度，固体的活度为 1，纯溶剂

的活度也为1。

则有 $$\Delta G = 2.71 + 2.303 \times 1.987 \times 10^{-3} \times 298 \lg\left(\frac{10^{-7}}{10^{-3} \times 10^{-3}}\right)$$

$$= 5.65\text{kcal}$$

$$\Delta G > 0$$

故正反应不能自发进行，即不会有沉淀产生。

对于化学反应

$$a\text{A} + b\text{B} \rightleftharpoons c\text{C} + d\text{D}$$

当体系处于平衡状态时，有如下平衡关系

$$\frac{[\text{C}]^c[\text{D}]^d}{[\text{A}]^a[\text{B}]^b} = K$$

式中，K 为化学平衡常数。

标准自由能与化学平衡常数可以互相换算，有时标准自由能不易测得，可由平衡常数求得。

设 $$\frac{[\text{C}]^c[\text{D}]^d}{[\text{A}]^a[\text{B}]^b} = Q$$

则公式（2-1）变为

$$\Delta G = \Delta G^{\ominus} + RT\ln Q$$

当 $\Delta G = 0$ 时，体系处于平衡状态，故

$$\Delta G^{\ominus} = -RT\ln K$$

除了用 ΔG 判别反应方向外，还可利用组分活度关系与平衡常数之比进行判别。

将 $\Delta G^{\ominus} = -RT\ln K$ 代入 $\Delta G = -RT\ln K + RT\ln Q$

则有

$$\Delta G = RT\ln\frac{Q}{K}$$

因此

当 $\frac{Q}{K} < 1$，即 $\Delta G < 0$，反应自发进行；

当 $\frac{Q}{K} = 1$，即 $\Delta G = 0$，反应处于平衡状态；

当 $\frac{Q}{K} > 1$，即 $\Delta G > 0$，反应不能自发进行。

如果知道反应平衡常数 K 值，利用 Q/K 值判断反应方向就要方便得多。

2.2.2 范特荷夫公式（Van't Hoff equation）

范特荷夫公式表达了温度与化学平衡常数的关系

$$\frac{\mathrm{d}\ln K}{\mathrm{d}T} = \frac{\Delta H^{\ominus}}{RT^2}$$

假定 $\Delta H^{\ominus}$ 在有限温度范围内不随温度变化，将上式积分得

$$\ln K = -\frac{\Delta H^{\ominus}}{RT} + 常数$$

或
$$\ln\frac{K_1}{K_2}=\frac{\Delta H^{\ominus}}{R}\left(\frac{1}{T_2}-\frac{1}{T_1}\right)$$

式中　K——平衡常数；

　　T——热力学温度；

$\Delta H^{\ominus}$——标准生成焓。

因此，可以用手册上查到的25℃时的平衡常数 K 求算非25℃时的 K 值。

与 $\Delta G^{\ominus}$ 一样有

$$\Delta H^{\ominus}=\left(\sum_i \nu_i \Delta \overline{H}_i^{\ominus}\right)_{\text{产物}}-\left(\sum_i \nu_i \Delta \overline{H}_i^{\ominus}\right)_{\text{反应物}}$$

$\Delta \overline{H}_i^{\ominus}$ 值可从手册上查到，水中常见成分的 $\Delta \overline{H}_i^{\ominus}$ 值见表2-13。

2.2.3 化学平衡计算（Chemical equilibrium calculation）

水中的成分及其浓度，通常可利用分析化学的方法逐一分析检出，但也可以利用计算的方法求得。随着计算机科学的发展，计算方法将越来越多地发挥作用。一般来说，要计算水中多少种组分的浓度，就需要列出多少个方程，通过解联立方程组可求出各组分浓度。除了化学平衡关系外，以下两种平衡关系也常可利用。

2.2.3.1 质量平衡（mass balance）

对于一个均匀的封闭体系，包含A的各物种的浓度之和不变，即总浓度不变，有

$$c_{T,A}=c_{1,A}+c_{2,A}+\cdots+c_{n,A}$$

式中　$c_{T,A}$——包含A物种的总浓度；

$c_{1,A}$，$c_{2,A}$，…，$c_{n,A}$——包含A的各物种浓度。

例如：将醋酸溶入水中，醋酸有一部分会电离成醋酸根，根据pH值的不同，它的电离程度不同，但不管它如何电离，总有如下关系式

$$c_{T,Ac}=[HAc]+[Ac^-]$$

又如：将 Cl_2 通入水中，可能形成 $Cl_2(aq)$、HClO、ClO^- 和 Cl^-，则有

$$c_{T,Cl}=2[Cl_2(aq)]+[HClO]+[ClO^-]+[Cl^-]$$

注意：这里 $Cl_2(aq)$ 包含两个氯原子，因此它对含氯物种总浓度的贡献要乘以系数2。

2.2.3.2 电荷平衡（charge balance）

电荷平衡式也称电中性方程（electroneutrality equation）。

电荷平衡的基础是所有的溶液都必须是电中性的，一种溶液不可能只有带正电荷的物种或只有带负电荷的物种，溶液中正电荷的总数必须等于负电荷的总数。

例如，醋酸溶液中有HAc、Ac^-、H^+ 和 OH^-，有电荷平衡式

$$[H^+]=[Ac^-]+[OH^-]$$

又如，磷酸溶液中有 H_3PO_4、$H_2PO_4^-$、HPO_4^{2-}、PO_4^{3-}、H^+ 和 OH^-，有电荷平衡式

$$[H^+]=[H_2PO_4^-]+2[HPO_4^{2-}]+3[PO_4^{3-}]+[OH^-]$$

注意：HPO_4^{2-} 带2个负电荷，它对总电荷数的贡献要将它的浓度乘以系数2，同样 PO_4^{3-} 要将它的浓度乘以系数3。因此，在某离子的浓度前要乘以的系数即为该离子所带的电荷数。

下面举两个化学平衡计算的实例。

【例2-2】 加0.01mol HAc于1L水中，求平衡时水中 H^+、OH^-、HAc和 Ac^- 的浓

度。假定水温为25℃，忽略离子强度的影响。

解：

有4个未知数，需列出4个方程式

化学平衡 $HAc \rightleftharpoons H^+ + Ac^-$ $K_a = \frac{[H^+][Ac^-]}{[HAc]} = 10^{-4.7}$ ①

$H_2O \rightleftharpoons H^+ + OH^-$ $K_w = [H^+][OH^-] = 10^{-14}$ ②

质量平衡 $c_{T,Ac} = [HAc] + [Ac^-] = 10^{-2}\ (mol \cdot L^{-1})$ ③

电荷平衡 $[H^+] = [Ac^-] + [OH^-]$ ④

解上述方程组，得

$$[H^+] = [Ac^-] = 4.47 \times 10^{-4} mol \cdot L^{-1} \quad (pH = 3.35)$$

$$[OH^-] = 2.24 \times 10^{-11} mol \cdot L^{-1}$$

$$[HAc] = 9.55 \times 10^{-3} mol \cdot L^{-1}$$

【例2-3】 为什么 $pH<5.6$ 的雨水才能称为酸雨？

解：因为空气中 CO_2 溶于去离子水中，达到汽-液平衡时，水的pH值约为5.6。计算方法如下：水中有物种 $CO_2(aq)$、HCO_3^-、CO_3^{2-}、H^+ 和 OH^-。找出平衡关系，列出如下方程式（有5个未知数，需要5个方程）。

汽-液平衡（亨利定律）

$$CO_2(g) \rightleftharpoons CO_2(aq)$$

$$[CO_2(aq)] = K_H p_{CO_2} \quad ①$$

化学平衡

$$CO_2(aq) + H_2O \rightleftharpoons H^+ + HCO_3^-$$

$$\frac{[H^+][HCO_3^-]}{[CO_2(aq)]} = K_{a_1} \quad ②$$

$$HCO_3^- \rightleftharpoons H^+ + CO_3^{2-}$$

$$\frac{[H^+][CO_3^{2-}]}{[HCO_3^-]} = K_{a_2} \quad ③$$

$$H_2O \rightleftharpoons H^+ + OH^-$$

$$[H^+][OH^-] = K_w \quad ④$$

电荷平衡 $[H^+] = [HCO_3^-] + 2[CO_3^{2-}] + [OH^-]$ ⑤

解联列方程，得

$$[H^+]^3 - (K_w + K_H K_{a_1} p_{CO_2})[H^+] - 2K_H K_{a_1} K_{a_2} p_{CO_2} = 0$$

已知在25℃时，$K_w = 10^{-14}$

$$K_H = 3.36 \times 10^{-7} mol \cdot L^{-1} \cdot Pa^{-1}$$

$$K_{a_1} = 10^{-6.3}$$

$$K_{a_2} = 10^{-10.3}$$

CO_2 占空气的体积分数以0.0330%计，在1atm下有

$$p_{CO_2} = 101.3kPa \times 0.0330\% = 33.4Pa$$

将这些数据代入上式，解得

$$[H^+] = 2.49 \times 10^{-6} mol \cdot L^{-1} \quad 即\ pH = 5.6$$

因此在25℃，1atm下由于空气中 CO_2 的溶入可使水的pH值达到5.6。这一因素是自

然的，并非污染物引起，故通常把 pH<5.6 的雨水称为酸雨。温度对化学平衡常数有一些影响，气压的波动对 CO_2 的分压也略有影响，但这些影响是不大的。

对于天然水和较复杂的水体，可列出很长一系列的方程式，利用计算机，解这样的方程组当然也绝非难事。

在这一总的求解方程基础上又发展了各种图解方法，这在本章以下各节中会陆续接触到。

2.3 化学动力学（Chemical Kinetics）

化学动力学的理论对于水环境化学来说很重要，因为在研究天然水行为和设计水处理方案时，起决定作用的因素常常是反应速率，而不是平衡常数，特别在涉及氧化还原、沉淀-溶解的反应中，处于非平衡状态的情况是非常普遍的。

例如，硫化物跟氧的反应，根据平衡计算原则，硫化物不可能存在于含有溶解氧（DO）的水中，但实测中发现在 DO 达 $3mg \cdot L^{-1}$ 的水中仍可检出硫化物，这是因为在稀溶液中，氧和硫化物之间的反应速率并不快。

又如，羟基磷灰石（hydroxyapatite），分子式为 $Ca_5(PO_4)_3OH$，是热力学状态稳定的固体磷酸钙，它的溶度积非常小：

$$K_{sp}=[Ca^{2+}]^5[PO_4^{3-}]^3[OH^-]=1\times10^{-55}$$

假定 pH=7 即 $[OH^-]=1\times10^{-7}mol \cdot L^{-1}$

$[Ca^{2+}]=100mg \cdot L^{-1}$（以 $CaCO_3$ 计），即 $[Ca^{2+}]=1\times10^{-3}mol \cdot L^{-1}$

$1mmol \cdot L^{-1}$ 的钙离子浓度是一般天然水中的正常含量。将上述数据代入得

$$[PO_4^{3-}]=1\times10^{-11}mol \cdot L^{-1}=3\times10^{-7}mg\ (P) \cdot L^{-1}$$

根据平衡计算，得到一般天然水中磷的浓度是如此之低，人们大可不必担心由于磷引起的水体富营养化了。目前最苛刻的地面水磷标准值为 $0.002mg \cdot L^{-1}$，计算值较之还低了近4个数量级。但实际水体中磷的含量远远超过该计算值，我国大部分湖泊和近海都存在严重的富营养化问题，这是因为形成羟基磷灰石固体的速率非常缓慢。

化学反应速率差别悬殊，反应快的可在 10^{-12}s 内完成，反应慢的则以亿万年论计。

催化剂可促使反应速率加快。有些氧化还原反应在没有微生物存在时进行得很慢，而在微生物存在时则很快。

例如，根据热力学平衡的预测，铵离子可以被水中的溶解氧氧化为硝酸盐，但实际上在实验室中的 NH_4Cl 溶液却是长期稳定的，即使充氧也是稳定的。然而，当引入亚硝化细菌和硝化细菌后，铵离子会很快先转变为亚硝酸盐，然后进而转变为硝酸盐。

反过来，在水中没有溶解氧时，硝酸盐应转化为氮气，但这一过程也要在合适的细菌催化下才会发生，否则硝酸盐是很稳定的，正如实验室中的硝酸钠溶液是长期稳定的一样。

化学动力学将通过研究反应速率和反应机理来揭示这些现象的规律和原因，从而为研究污染物的降解规律和水处理等实际应用服务。

2.3.1 反应速率（Reaction rate）

反应速率的快慢，通常以单位时间内某一反应物浓度的减少或某一生成物浓度的增大来表示。描述反应速率与反应物浓度关系的式子称为反应的速率定律（rate law），也常称为反

应速率方程或反应动力学方程。

对于不可逆反应

$$aA+bB+\cdots \longrightarrow pP+qQ+\cdots$$

可写出如下速率方程

$$-\frac{d[A]}{dt}=k[A]^a[B]^b\cdots$$

式中 $\frac{d[A]}{dt}$——物种 A 的浓度随时间的变化速率；

k——反应速率常数（reaction rate constant）；

[A]、[B]——反应物 A 和 B 的浓度；

a、b——常数，分别表示组分 A 和组分 B 的反应级数（reaction order）；

$(a+b+\cdots)$——总反应级数（overall reaction order）。

注意：反应级数是否与反应式中反应物的系数一致，要通过实验验证，有的符合，有的不符合，这与反应机理有关。

根据化学计量关系，对于反应

$$aA+bB \longrightarrow pP+qQ$$

当有 a 个 A 分子消失时，就一定有 b 个 B 分子消失，以及 p 个 P 分子和 q 个 Q 分子生成，所以用不同物质的浓度随时间的变化率来表示反应速率时，其数值将是不同的，但它们之间应有下列关系

$$-\frac{1}{a}\frac{d[A]}{dt}=-\frac{1}{b}\frac{d[B]}{dt}=\frac{1}{p}\frac{d[P]}{dt}=\frac{1}{q}\frac{d[Q]}{dt}$$

因此，原则上，用参加反应的任何一种物质的浓度随时间的变化率都可以表示反应速率，通常是选用比较容易测定浓度变化的那一种物质。

在实际应用中，常利用积分形式的速率方程求算某反应的反应速率常数 k，以及求算某反应物的半衰期 $t_{1/2}$。

表 2-14 归纳了反应级数自零级至三级的有关反应式、速率方程、积分形式的速率方程、半衰期和线性关系特征等，供查阅。

表 2-14　不同反应级数的反应速率方程、半衰期和线性关系特征

反应级数	反应式	起始浓度	速率方程	积分式	$t_{1/2}$	线性关系特征
零级	A→产物	$[A]_0$	$-\frac{d[A]}{dt}=k$	$[A]=[A]_0-kt$	$\frac{[A]_0}{2k}$	[A]-t
一级	A→产物	$[A]_0$	$-\frac{d[A]}{dt}=k[A]$	$\ln[A]=\ln[A]_0-kt$	$\frac{\ln 2}{k}$	ln[A]-t
二级	2A→产物 A+B→产物	$[A]_0$ $[A]_0=[B]_0$	$-\frac{d[A]}{dt}=k[A]^2$	$\frac{1}{[A]}=\frac{1}{[A]_0}+kt$	$\frac{1}{k[A]_0}$	$\frac{1}{[A]}$-t
	A+B→产物	$[A]_0\neq[B]_0$	$-\frac{d[A]}{dt}=k[A][B]$	$\ln\frac{[B]}{[A]}=\ln\frac{[B]_0}{[A]_0}+([B]_0-[A]_0)kt$	—	$\ln\frac{[B]}{[A]}$-t
三级	3A→产物 A+B+C→产物 A+2B→产物	$[A]_0$ $[A]_0-[B]_0=[C]_0$ $2[A]_0=[B]_0$	$-\frac{d[A]}{dt}=k[A]^3$	$\frac{1}{[A]^2}=\frac{1}{[A]_0^2}+2kt$	$\frac{3}{2k[A]_0^2}$	$\frac{1}{[A]^2}$-t

2.3.2 反应机理（Reaction mechanism）

有的反应是一步完成的，即可以一步到位，这种反应称为基元反应（elementary reaction）。基元反应的反应级数可以直接从反应中的化学计量关系得到，也就是说基元反应的反应级数与反应中反应物的系数相一致。

大部分反应并不是经过简单的一步就能完成的，而是要经过生成中间产物的许多步骤完成的。这些中间步骤就是我们要研究的反应机理或称为反应历程。由两个以上基元反应构成的化学反应则称为复杂反应（complex reaction）。

例如，蔗糖在蔗糖酶作用下水解生成葡萄糖与果糖的反应

$$C_{12}H_{22}O_{11}+H_2O \xrightarrow{\text{蔗糖酶}} C_6H_{12}O_6+C_6H_{12}O_6$$

根据实验结果，该反应的速率随反应物蔗糖浓度即底物（substrate）浓度（[S]）的变化情况如图 2-5 所示。

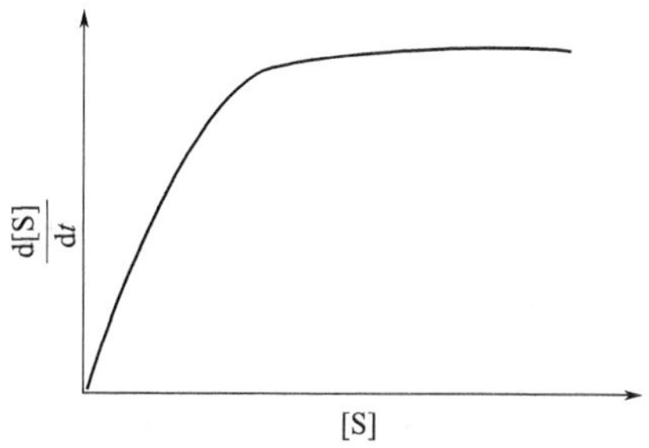

图 2-5 蔗糖水解速率与底物浓度的关系

当 [S] 较低时，水解速率与 [S] 成正比，即

$$-\frac{d[S]}{dt}=k[S]$$

当 [S] 较高时，水解速率趋近于一个最大速率，直至与 [S] 无关，即

$$-\frac{d[S]}{dt}=\text{常数}$$

对于这类酶催化反应，可表达为

$$S+E \longrightarrow P+E$$

式中 S——底物；

E——酶；

P——产物。

它的反应机理是首先形成了酶与底物的结合物 ES。假定

$$E+S \underset{k_2}{\overset{k_1}{\rightleftharpoons}} ES \underset{k_4}{\overset{k_3}{\rightleftharpoons}} P+E$$

利用稳态法作处理。所谓稳态法或稳态近似法，是指反应体系中的中间产物，在反应过程中近似处于稳定状态，即从某一基元反应生成的中间产物，立即在另一基元反应中消耗去，它的浓度基本上不随时间而变化。中间产物越活泼，用稳定法处理的效果越好。在上述反应中，可以认为，ES 的形成速率等于 ES 的去除速率。从而推导出如下酶催化反应的速率方程，即有名的米氏方程（Michaelis-Menten Equation）

$$v=\frac{v_{max}[S]}{k_m+[S]}$$

式中 v——反应速率；

v_{max}——最大反应速率；

[S]——底物浓度；

k_m——米氏常数，$k_m=\frac{k_2+k_3}{k_1}$。

根据公式作 v-[S] 图，得到的曲线和图 2-5 中所示的一致。

在米氏方程中，

① 当 $[S] \ll k_m$ 时

$$v = \frac{v_{max}}{k_m}[S]$$

符合一级反应的速率方程；

② 当 $[S] \gg k_m$ 时

$$v = v_{max}$$

这时反应速率与 [S] 无关，符合零级反应的速率方程；

③ 当 $[S] = k_m$ 时

$$v = \frac{1}{2} v_{max}$$

这时的底物浓度称为 $[S]_{1/2}$，表明只要达到与 k_m 同样数值的底物浓度，反应速率即可达到最大反应速率的一半。

米氏常数 k_m 是酶与底物之间结合强度的指标，k_m 值愈小，亲和力愈强。一般 k_m 在 $10^{-5} \sim 10^{-2}\, mol \cdot L^{-1}$ 之间。k_m 又称为半速率常数（half-velocity constant）。

2.3.3 阿仑尼乌斯公式（Arrhenius law）

反应速率的快慢除了与反应物浓度有关外，还与温度有关。一般温度越高反应越快，但对酶催化反应，有时温度太高会影响酶的活性，则另当别论。1889 年阿仑尼乌斯总结了大量实验数据，提出了描述速率常数与温度关系的经验公式，即有名的阿仑尼乌斯公式

$$k = A e^{-E_a/RT}$$

或

$$\ln k = \ln A - \frac{E_a}{RT}$$

式中 k——反应速率常数；

A——指前因子（pre-exponential factor），对特定反应为常数，因与分子间碰撞频率有关，故又称频率因子（frequency factor）；

E_a——活化能，对特定反应是常数；

R——理想气体常数；

T——热力学温度。

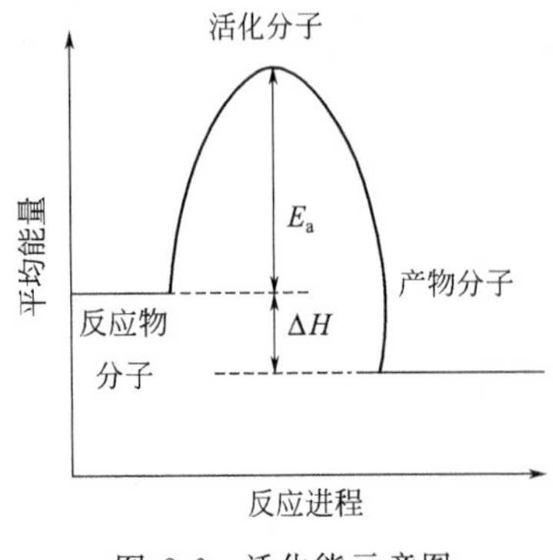

图 2-6 活化能示意图

活化能 E_a 的意义在于，一个化学反应，不是所有反应物的分子都能参与反应，只有那些平均能量较一般分子平均能量高一定值的分子才能参与反应，高出的这部分能量即活化能 E_a。换句话说，具有平均能量的普通反应物分子，要变成能够参与反应的“活化”分子，必须获得一定的能量，这一能量，平均地说就是活化能 E_a。图 2-6 可以简明地表达这一层意思。图中 ΔH 为反应热。

活化能 E_a 可通过实验求得。根据对数形式的阿仑尼乌斯公式

$$\ln k=\ln A-\frac{E_a}{RT}$$

$\ln k$-$\frac{1}{T}$为线性关系，直线斜率为$-\frac{E_a}{R}$。

因此，只要求得一组不同温度下的反应速率常数 k，便可由直线斜率求得 E_a。

如果降低反应活化能 E_a，便可使更多的分子有“资格”参与反应，从而提高反应速率。催化剂就是通过降低活化能，而达到加速反应的目的。

2.3.4 催化作用 (Catalysis)

化学反应速率除受浓度和温度的影响外，还会因催化剂的存在而变化。例如氢与氧化合成水的反应，根据计算，含氢 0.15%的氢氧混合气体，在 281K 时需 1.06×10^{11} 年才能完全化合成水，但若加入一些铂石棉作催化剂，则反应可在瞬间完成。

催化剂之所以能加速化学反应的进行，是因为催化剂能改变反应历程，使活化能降低。化学反应是化学键破旧立新的过程，或是参加反应分子的电子云重排的过程，这些过程都有能量需求，即活化能需求。催化剂的功能就在于凭借化学作用参与中间阶段反应，改变了反应历程，从而使反应选择一条容易的途径进行，参见图 2-7。

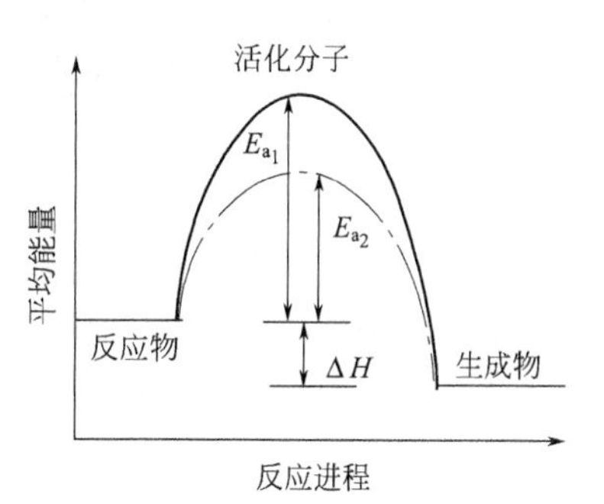

图 2-7 催化剂降低活化能改变反应历程示意图

图 2-7 中，实线表示无催化剂时的反应进程，需要较高的活化能 E_{a_1}；虚线表示有催化剂时的反应进程，需要的活化能 E_{a_2} 较 E_{a_1} 大为降低。

根据阿仑尼乌斯公式

$$\ln k=\ln A-\frac{E_a}{RT}$$

假定 25℃时，催化剂使反应速率增加 1 倍，也即反应速率常数 k 增大 1 倍，可计算得到活化能 E_a 将降低 $1.7\times10^3\text{J}\cdot\text{mol}^{-1}$。

从图 2-7 中还可看到，不管有无催化剂，反应热 ΔH 不变，说明催化剂只能改变反应速率，而不能改变反应平衡的状态。催化剂可以参与反应，形成活性结合物 (activated complex)，但在反应后将恢复其本来面目，即

反应物＋催化剂⟶生成物＋催化剂

一般来说，催化剂 (catalyst) 是指能参与化学反应中间历程的，又能选择性地改变化学反应速率，而其本身的数量和化学性质在反应前后基本保持不变的物质。通常把催化剂加速化学反应，使反应尽快达到化学平衡的作用叫做催化作用。

催化作用可分为化学催化和生物催化，化学催化又可分为均相催化和多相催化。当催化剂与反应体系同处于一个物相中，即催化剂以分子级大小均匀分布在反应介质中，称为均相催化 (homogeneous catalysis)；当催化剂与反应体系不处于同一物相中，即催化剂明显地作为分散相存在时，称为多相催化 (heterogeneous catalysis)。用作均相催化的催化剂有酸、碱和可溶性过渡金属化合物等；用作多相催化的催化剂大多指固体催化剂，有金属、氧化物、沸石、硫化物等。

生物催化主要指酶催化。酶（enzyme）是一种生物催化剂。生物体内含有千百种酶，它们支配着生物的新陈代谢、营养和能量转换等许多催化过程，与生命过程关系密切的反应大多是酶催化反应（enzyme-catalyzed reaction）。酶催化的特点为反应条件温和、催化效率高、高度专一性和酶反应历程的复杂性。酶催化在水中污染物的转化和生物处理技术中具有重要和广泛的应用。

2.3.5 经验速率方程（Empirical rate equation）

化学动力学可以用来描述关系明确的化学反应的反应速率、研究它们的反应机理，还可以对一些复杂反应提供数学模式。对于有些复杂反应，并不明确其化学反应的机理及其化学关系，但它们的行为可以用化学动力学公式描述，完全是经验性质的。

2.3.5.1 有机物生物氧化降解反应的经验速率方程(The empircal rate equation for BOD)

在水质指标中，生化需氧量（biochemical oxygen demand，简称 BOD）是反映有机物污染的重要指标，以在微生物作用下有机物降解消耗的溶解氧表示，反应式如下

$$\text{有机物}+O_2 \longrightarrow CO_2+H_2O+\text{其他氧化产物}$$

当溶解氧过量时，该有机物的降解反应被认为是一级反应，这完全是经验性质的，因为并不知道具体的污染物，它们各自的降解速率规律更无从知道。早在 1944 年，Streeter 和 Phelps 就指出："有机物的生物化学氧化速率与剩下的尚未被氧化的有机物浓度成正比"，被称为耗氧作用定律，可以用一级反应的速率方程描述

$$-\frac{dL}{dt}=kL$$

式中 L——可降解有机物浓度；

k——反应速率常数。

因为 L 不能直接测量，故无法从上式求得 k，但 L 的减少可以通过测定溶解氧 DO 的消耗得到反映，即可用 BOD 值表达

$$BOD=DO_0-DO=L_0-L$$

式中 DO_0——初始溶解氧浓度；

L_0——初始可溶解有机物浓度。

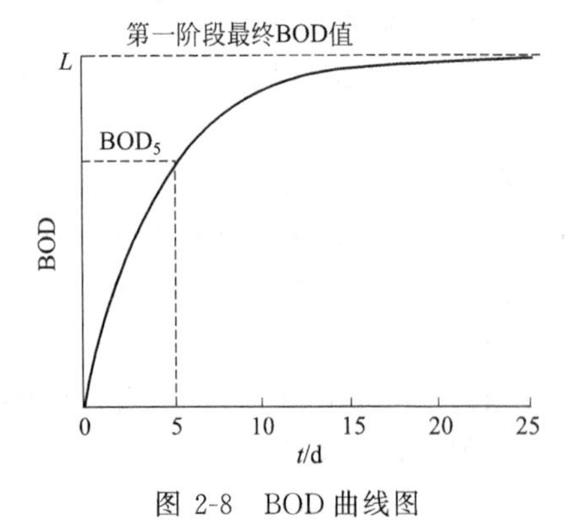

图 2-8 BOD 曲线图

将上面的速率方程式积分得

$$L=L_0e^{-kt}$$

代入 BOD 式得

$$BOD=L_0(1-e^{-kt})$$

上式即为 BOD 的一级反应经验速率方程，相应的 BOD 曲线见图 2-8。通过适当数学变换可求得 k 和 L_0。

相关地，有一个 Sreeter-Phelps 河流模型，它描述了污染物进入河流水体后随河流流过时间（或距离）水中溶解氧的变化规律，模型如下

$$D=\frac{k_dS_0}{k_a-k_d}[\exp(-k_dt)-\exp(-k_at)]+D_0\exp(-k_at)$$

$$t_c=\frac{1}{k_a-k_d}\ln\left[\frac{k_a}{k_d}\left(1-D_0\ \frac{(k_a-k_d)}{k_d S_0}\right)\right]$$

$$D=DO_{sat}-DO$$

式中　D——氧亏，$mg \cdot L^{-1}$；

k_d——耗氧速率常数，d^{-1}；

t——时间，d；

k_a——复氧速率常数，d^{-1}；

S_0——初始 BOD 值，$mg \cdot L^{-1}$；

D_0——初始氧亏，$mg \cdot L^{-1}$；

t_c——溶解氧达最低时所需时间，d；

DO_{sat}——饱和溶解氧浓度，$mg \cdot L^{-1}$；

DO——溶解氧浓度，$mg \cdot L^{-1}$。

2.3.5.2　细菌增殖的经验速率方程(The empirical rate equation for microbial growth)

经验的动力学方程的另一个例子是细菌增殖速率与底物浓度之间的关系

$$M=\frac{M_{max}[S]}{K_s+[S]}$$

式中　M——细菌增殖速率，$M=\frac{1}{X}\frac{dX}{dt}$；

X——细菌量；

$[S]$——底物浓度；

K_s——当 $M=\frac{1}{2}M_{max}$ 时的底物浓度。

该公式由法国微生物学家 Monod 提出，故称 Monod 公式。该式与米氏方程极其相像，这可能是由于细菌与细菌中的酶有着某种内在联系的缘故。

从该式中可看到底物浓度限制了细菌的增殖速率，这里底物被称为“生长限制底物”(growth limiting substrate)。

Monod 公式在废水的生化处理中有广泛的应用。在活性污泥法处理废水时，因为没有明确的底物，也不知道确切的细菌，常以 BOD 或 COD 这样的综合性参数作为生长限制底物浓度，而以活性污泥悬浮固体的质量或活性污泥挥发性悬浮固体的质量作为细菌量度的参数。以此建立起活性污泥增长速率与 BOD 去除率或 COD 去除率等的数学关系，对活性污泥处理厂的设计与运行参数的确定，对预先估计出从处理系统中排出的剩余污泥量、控制曝气池内污泥和决定污泥处理设备能力都有重要意义。

2.4　酸碱化学 (Acid-base Chemistry)

天然水中的酸碱化学现象无处不在，例如水把矿物质溶解出来，常使水呈碱性；酸雨使缓冲能力较弱的水体呈酸性。水中金属离子的含量在很大程度上受水的酸碱性控制。

工业废水对环境水体的污染更扰乱了水中的酸碱平衡，直接影响水生生物的生长和人的身体健康。在水处理中，也要注意水中的酸碱性质，例如保持一定的碱度可使加铝盐絮凝剂的处理效率提高。

本节中将在明确酸碱化学的一些基本概念的基础上讨论酸碱系统中的化学平衡计算，介绍表示不同 pH 值各组分浓度分布的 pc-pH 图、α-pH 图及其应用，并特别对天然水中普遍存在的碳酸盐缓冲系统作较详细的讨论。

2.4.1 酸碱化学基础（The basis of acid-base chemistry）

根据布朗斯特德-劳莱（Brönsted-Lowry）的酸碱质子理论，有如下对酸和碱的定义：酸是能给出（donate）氢离子 H^+（或称为质子）的物质；碱是能接受（accept）质子的物质。

对于下面的酸碱反应

$$HA+B^- \rightleftharpoons HB+A^-$$

正反应过程中，HA 给出质子，B^- 接受质子，生成 HB 和 A^-；逆反应过程中，HB 给出质子，A^- 接受质子，生成 HA 和 B^-，故该系统中 HA、HB 均为酸，B^-、A^- 均为碱。

对于 HA-A^- 或 HB-B^- 这样的酸碱对有一个专门名称，称为共轭酸碱对（acid-conjugate base pair）。作为酸 HA，要给出质子，有如下电离反应

$$HA \rightleftharpoons H^+ + A^-$$

$$K_a=\frac{[H^+][A^-]}{[HA]}$$

K_a 称为酸平衡常数。作为碱 A^- 要接受质子有如下水解反应

$$A^- + H_2O \rightleftharpoons HA+OH^-$$

$$K_b=\frac{[HA][OH^-]}{[A^-]}$$

K_b 称为碱平衡常数。常见的酸碱和相关的平衡常数见表 2-15。

（注：文中如无特别说明，均忽略离子强度的影响，以浓度代替活度）。

表 2-15 常见的酸碱和相关的平衡常数

酸	$-\lg K_a=pK_a$	共轭碱	$-\lg K_b=pK_b$	酸	$-\lg K_a=pK_a$	共轭碱	$-\lg K_b=pK_b$
$HClO_4$	−7	ClO_4^-	21	$H_2PO_4^-$	7.2	HPO_4^{2-}	6.8
HCl	约−3	Cl^-	17	HClO	7.5	ClO^-	6.4
H_2SO_4	约−3	HSO_4^-	17	HCN	9.3	CN^-	4.7
HNO_3	−0	NO_3^-	14	H_3BO_3	9.3	$B(OH)_4^-$	4.7
H_3O^+	0	H_2O	14	NH_4^+	9.3	NH_3	4.7
HIO_3	0.8	IO_3^-	13.2	H_4SiO_4	9.5	$H_3SiO_4^-$	4.5
HSO_4^-	2	SO_4^{2-}	12	C_6H_5OH	9.9	$C_6H_5O^-$	4.1
H_3PO_4	2.1	$H_2PO_4^-$	11.9	HCO_3^-	10.3	CO_3^{2-}	3.7
$Fe(H_2O)_6^{3+}$	2.2	$Fe(H_2O)_5OH^{2+}$	11.8	HPO_4^{2-}	12.3	PO_4^{3-}	1.7
HF	3.2	F^-	10.8	$H_3SiO_4^-$	12.6	$H_2SiO_4^{2-}$	1.4
HNO_2	4.5	NO_2^-	9.5	HS^-	14	S^{2-}	0
CH_3COOH	4.7	CH_3COO^-	9.3	H_2O	14	OH^-	0
$Al(H_2O)_6^{3+}$	4.9	$Al(H_2O)_5OH^{2+}$	9.1	NH_3	约 23	NH_2^-	−9
$H_2CO_3^*$	6.3	HCO_3^-	7.7	OH^-	约 24	O^{2-}	−10
H_2S	7.1	HS^-	6.9				

从表 2-15 中可以看出，对于每一组共轭酸碱对都有如下规律

$$K_a K_b = K_w$$

这是因为

$$K_a K_b = \frac{[H^+][A^-]}{[HA]} \times \frac{[HA][OH^-]}{[A^-]} = [H^+][OH^-] = K_w$$

K_w 称为水的离子积（ion product），25℃时 $K_w = 10^{-14}$（可以从标准生成自由能推得）。

pH 的定义为氢离子活度的负对数，即

$$pH = -\lg[H^+]$$

对下式作变换

$$K_w = [H^+][OH^-]$$

两边取负对数

$$-\lg K_w = -\lg[H^+] - \lg[OH^-]$$

即

$$pK_w = pH + pOH$$

因此水中 pH 与 pOH 之和总是等于 14。

水溶液中的酸碱反应速率一般都非常快，氢离子与氢氧根离子反应生成水的反应是水溶液中已知的最快反应。

$$H^+ + OH^- \longrightarrow H_2O$$

该反应是基元反应，反应速率为

$$r = k[H^+][OH^-]$$

25℃时该反应速率常数 $k = 1.4 \times 10^{11} L \cdot mol^{-1} \cdot s^{-1}$。

2.4.2 平衡计算（Equilibrium calculation）

根据化学平衡方程式利用酸平衡常数或碱平衡常数可写出水中组分活度的关系式。在酸碱化学中还有一个特殊的关系式，那就是质子转移关系式，又称为质子条件式。

2.4.2.1 质子条件式(Proton condition)

当酸或碱进入水中后便有质子转移，达到平衡时，质子得失应该是平衡的，用通俗的话说就是质子是收支平衡的。可用下式表达

$$\sum_i (m[PG]) = \sum_i (n[PL])$$

式中 m——得到质子数；

n——失去质子数；

PG(proton gain)——得到质子的物种；

PL(proton lost)——失去质子的物种。

【例 2-4】 将弱酸 HA 加入水中，写出质子条件式。

解：当质子发生转移时，得到质子的物种有 H_3O^+($H_2O + H^+$)，即 H^+；失去质子的物种有 A^-($HA-H^+$)，OH^- (H_2O-H^+)。因此有质子条件式

$$[H^+] = [A^-] + [OH^-]$$

为了更方便地列出质子条件式，把上例中的 HA 和 H_2O 作为质子参比水平（proton reference level，简称 PRL），它们是初始状态的倾向于失去或得到质子的物种。

【例 2-5】 将 H_3PO_4 加入水中，写出质子条件式。

解：以 H_3PO_4 和 H_2O 作为质子参比水平，得到质子的物种有 H^+，失去质子的物种

有 $H_2PO_4^-$，HPO_4^{2-}，PO_4^{3-} 和 OH^-。故质子条件式为：

$$[H^+]=[H_2PO_4^-]+2[HPO_4^{2-}]+3[PO_4^{3-}]+[OH^-]$$

因为 HPO_4^{2-} 是 H_3PO_4 失去 2 个质子后的产物，因此它的浓度前要乘以系数 2；PO_4^{3-} 是 H_3PO_4 失去 3 个质子后的产物，因此它的浓度前要乘以系数 3。

2.4.2.2 酸碱平衡计算实例(Examples of acid-base equilibrium calculation)

通过列出质子条件式或电荷平衡式以及质量平衡式、水的离子积和酸碱化学平衡式，便可进行计算酸碱平衡体系中各组分的浓度。

【例 2-6】 有硫酸进入某水体，使该水体成为 $1.00\times10^{-3}\,mol\cdot L^{-1}$ 的 H_2SO_4 溶液。求平衡时溶液的 pH 值以及各组分的浓度。假定该水体缓冲能力很小，可忽略不计。

解：水中可能有 5 种组分：H^+、OH^-、H_2SO_4、HSO_4^-、SO_4^{2-}，需要列出 5 个方程式

质量平衡式 $c_T=[H_2SO_4]+[HSO_4^-]+[SO_4^{2-}]=10^{-3}$

水的离子积 $[H^+][OH^-]=10^{-14}$

化学平衡式（K_a 值由表 2-15 中查得）

$$H_2SO_4 \rightleftharpoons H^+ + HSO_4^-,\quad \frac{[H^+][H_2SO_4^-]}{[H_2SO_4]}=10^3$$

$$HSO_4^- \rightleftharpoons H^+ + SO_4^{2-},\quad \frac{[H^+][SO_4^{2-}]}{[HSO_4^-]}=10^{-2}$$

质子条件式 $[H^+]=[HSO_4^-]+2[SO_4^{2-}]+[OH^-]$

解上述联立方程组可求解各组分浓度，得

$$[H^+]=1.84\times10^{-3}\,mol\cdot L^{-1},pH=2.74$$

$$[HSO_4^-]=1.56\times10^{-4}\,mol\cdot L^{-1}$$

$$[OH^-]=5.42\times10^{-12}\,mol\cdot L^{-1}$$

$$[SO_4^{2-}]=8.44\times10^{-4}\,mol\cdot L^{-1}$$

$$[H_2SO_4]=2.87\times10^{-10}\,mol\cdot L^{-1}$$

【例 2-7】 NaClO 是常用的漂白剂和杀菌剂。若配制的 NaClO 水溶液浓度为 $10^{-3}\,mol\cdot L^{-1}$，问水溶液中的 pH 值以及各组分的浓度。

解：水溶液中有 5 种组分

$$H^+、OH^-、HClO、ClO^-、Na^+$$

需列出 5 个方程

质量平衡式 $c_{T,Na}=[Na^+]=10^{-3}\,mol\cdot L^{-1}$ ①

$c_{T,ClO}=[HClO]+[ClO^-]=10^{-3}\,mol\cdot L^{-1}$ ②

化学平衡式 $ClO^- + H_2O \rightleftharpoons HClO+OH^-$

$$K_b=\frac{[HClO][OH^-]}{ClO^-}=10^{-6.5} \quad ③$$

$$K_w=[H^+][OH^-]=10^{-14} \quad ④$$

质子条件式 $[HClO]+[H^+]=[OH^-]$ ⑤

除了解联立方程组的办法外，也可以利用我们掌握的化学知识作一些假设，使解题简化。

因为 ClO^- 是碱，假设

$$[ClO^-]\gg[HClO]$$

则②式为 $[ClO^-]=10^{-3}(mol\cdot L^{-1})$

再假设 $[OH^-]\gg[H^+]$

则⑤式为 $[HClO]=[OH^-]$

代入③式

$$\frac{[HClO]^2}{10^{-3}}=10^{-6.5}$$

$$[HClO]=10^{-4.75}=1.78\times10^{-5}(mol\cdot L^{-1})$$

同样 $[OH^-]=10^{-4.75}=1.78\times10^{-5}(mol\cdot L^{-1})$

故 $[H^+]=\dfrac{10^{-14}}{10^{-4.75}}=10^{-9.25}(mol\cdot L^{-1})$

$$pH=9.25$$

所作的两个假设是否成立，需要验证。

把结果代入②式

$$[HClO]+[ClO^-]=10^{-3}mol\cdot L^{-1}$$

$$1.78\times10^{-5}+10^{-3}=10^{-3}mol\cdot L^{-1}$$

误差为 1.78%，一般认为误差小于 5%可允许假设成立，因此第一个假设成立。

再把结果代入⑤式

$$[HClO]+[H^+]=[OH^-]$$

$$10^{-4.75}+10^{-9.25}=10^{-4.75}mol\cdot L^{-1}$$

上式成立故第 2 个假设也成立。

人们注意到，HClO 和 ClO^- 的杀菌效力是不同的，对某些细菌来说，HClO 的杀菌效力是 ClO^- 的 80～100 倍，在本例题的状况下 pH=9.25，杀菌剂几乎都以 ClO^- 形式存在，在许多情况下，人们希望有较高的 HClO 浓度，这可以通过调节 pH 值提高 [HClO] 与 $[ClO^-]$ 之比，从而提高杀菌效力。

2.4.3 p*c*-pH 图（p*c*-pH diagrams）

2.4.3.1 一元酸-共轭碱体系的 p*c*-pH 图(The p*c*-pH diagrams of monoprotic acid-conjugate base systems)

p*c*-pH 图是由表示水中各组分浓度随 pH 值变化而变化的曲线组成。利用 p*c*-pH 图可以直观、简洁、快速地求解平衡时水中各组分的浓度。还是以 NaClO 水溶液为例，看如何作 p*c*-pH 图。

【例 2-8】 $10^{-3}mol\cdot L^{-1}$ 的 NaClO 水溶液，作 H^+、OH^-、HClO 和 ClO^- 的 p*c*-pH 图。

解：画 p*c*-pH 图就是找各组分浓度与氢离子浓度的函数关系的过程，可以从如下方程式中去找。

先看 H^+ 和 OH^- 与 pH 的关系

$$pc_{H^+}=pH \quad ①$$

$$pc_{OH^-}=14-pH \quad ②$$

再看 HClO 和 ClO^-

$$c_{T,ClO}=[HClO]+[ClO^-] \quad ③$$

$$K_a=\frac{[H^+][ClO^-]}{[HClO]} \quad ④$$

将③式代入④

$$K_a=\frac{[H^+](c_{T,ClO}-[HClO])}{[HClO]}$$

整理得

$$[HClO]=\frac{c_{T,ClO}[H^+]}{[H^+]+K_a} \quad ⑤$$

⑤式反映了 [HClO] 和 $[H^+]$ 之间的关系，让我们分析该式：

当 $[H^+]\gg K_a$，也即当 $pH<pK_a$ 时，则 $[HClO]=c_{T,ClO}$，即 $pc_{HClO}=pc_{T,ClO}$

本例中 $c_{T,ClO}=10^{-3}mol\cdot L^{-1}$，故 $pc_{HClO}=3$，它是一条平行于 pH 轴的直线。

当 $[H^+]\ll K_a$，也即当 $pH>pK_a$ 时，

则

$$[HClO]=\frac{c_{T,ClO}}{K_a}[H^+]$$

$$pc_{HClO}=pc_{T,ClO}-pK_a+pH$$

将 $pc_{T,ClO}=3$　$pK_a=7.5$ 代入得

$$pc_{HClO}=-4.5+pH$$

它是一条斜率为 1 的直线。

当 $[H^+]=K_a$，也即 $pH=pK_a$ 时，$[HClO]=1/2c_{T,ClO}$

即 $pc_{HClO}=pc_{T,ClO}+lg2$，将 $pc_{T,ClO}=3$ 代入得

$$pc_{HClO}=3.3$$

同样，将④式中 [HClO] 变换成 $c_{T,ClO}$-$[ClO^-]$ 得

$$K_a=\frac{[H^+][ClO^-]}{c_{T,ClO}-[ClO^-]}$$

即

$$K_ac_{T,ClO}-K_a[ClO^-]=[H^+][ClO^-]$$

得

$$[ClO^-]=\frac{K_ac_{T,ClO}}{[H^+]+K_a} \quad ⑥$$

⑥式反映了 $[ClO^-]$ 与 $[H^+]$ 之间的关系。

当 $[H^+]\gg K_a$，即 $pH<K_a$ 时，则

$$[ClO^-]=\frac{K_ac_{T,ClO}}{[H^+]}$$

即

$$pc_{ClO^-}=pK_a+pc_{T,ClO}-pH$$

将

$$pK_a=7.5，pc_{T,ClO}=3 \text{ 代入得}$$

$$pc_{ClO^-}=10.5-pH$$

它是斜率等于－1 的直线。

当 $[H^+]\ll K_a$，即 $pH>pK_a$ 时，则

$$[ClO^-]=c_{T,ClO}$$

即

$$pc_{ClO^-}=pc_{T,ClO}$$

将 $pc_{T,ClO}$ 代入

$$pc_{ClO^-}=3$$

它为平行于 pH 轴的一条直线。

当 $[H^+]=K_a$，即 $pH=pK_a$ 时，则

$$[ClO^-]=1/2c_{T,ClO}$$

即
$$pc_{ClO^-}=pc_{T,ClO}+\lg 2$$

将 $pc_{T,ClO}=3$ 代入得

$$pc_{ClO^-}=3.3$$

根据以上计算结果便可画出 HClO-ClO^-（$c_{T,ClO}=10^{-3}mol\cdot L^{-1}$）的 pc-pH 图（图 2-9）。

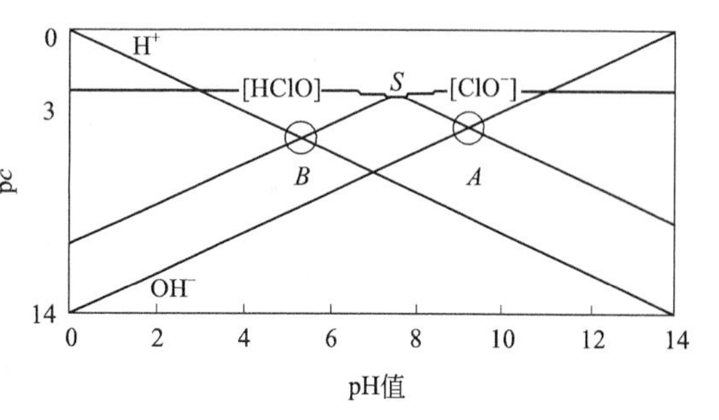

图 2-9 HClO-ClO^- 水溶液系统的 pc-pH 图

如果需要更精确的图，可在 $pH=pK_a$ 附近再设几个点，根据⑤式和⑥式，计算相应的 pc_{HClO} 和 pc_{ClO^-} 值。

为了作图方便，把 $pc=pc_T$ 与 $pH=pK_a$ 两条直线的交点称为系统点（system point），见图中 S 点。

因此，对于一元酸碱共轭体系，以 HA-A^- 代表，在系统点左侧，$pc_{HA}=pc_{T,A}$，$pc_{A^-}=pc_{T,A}+pK_a-pH$；在系统点右侧，$pc_{A^-}=pc_{T,A}$，$pc_{HA}=pc_{T,A}-pK_a+pH$。$pc_{HA}$ 和 pc_{A}-随 pH 变化的曲线相交于 $pH=pK_a$，$pc=pc_{T,A}+0.3$ 这一点。

对于任意 HA-A^- 共轭酸碱系统，只要知道 $c_{T,A}$，并查得 pK_a 值，即可很方便地画出该体系的 pc-pH 图。

【例 2-9】 利用 pc-pH 图，求解 $10^{-3}mol\cdot L^{-1}$ NaClO 水溶液达到平衡时的 pH 值以及水中各组分的浓度。

解：pc-pH 图已画好，见图 2-9。以 ClO^- 和 H_2O 为参比水平，写出质子条件式

$$[HClO]+[H^+]=[OH^-]$$

对上式两边取负对数

$$p([HClO]+[H^+])=p[OH^-]$$

在图中，找到 HClO 线、H^+ 线和 OH^- 线。上式左边的 $p([HClO]+[H^+])$ 值，沿着 HClO 线和 H^+ 线上方者自左至右变化，上式右边的 $p[OH^-]$ 值则沿着 OH^- 线自右至左变化，两者相交于 A 点，该点满足 $p([HClO]+[H^+])=p[OH^-]$，因此该点对应的 pH 值便是我们要求的溶液平衡时的 pH 值，从该点对应的各组分的 pc 值便可得到平衡时各组分的浓度。从图中可量得

$pH=9.25$，$[H^+]=10^{-9.25}mol\cdot L^{-1}$，$[HClO]=[OH^-]=10^{-4.75}$ $mol\cdot L^{-1}$，$[ClO^-]=10^{-3}mol\cdot L^{-1}$

这一结果与计算得到的完全一致。

如果换作 $10^{-3}mol\cdot L^{-1}$ 的 HClO 溶液，要求平衡时的 pH 值以及各组分的浓度，那也很容易，以 HClO 和 H_2O 为参比水平，写出质子平衡式

$$[H^+]=[ClO^-]+[OH^-]$$

找到 H^+ 线与 ClO^- 和 OH^- 线上方的交点，即 B 点。

得
$$pH=5.25$$

$$[H^+]=[ClO^-]=10^{-5.25}\ mol \cdot L^{-1}$$
$$[HClO]=10^{-3}\ mol \cdot L^{-1}$$
$$[OH^-]=10^{-8.75}\ mol \cdot L^{-1}$$

2.4.3.2 多元酸-共轭碱体系的 p*c*-pH 图（The p*c*-pH diagrams of pdyprotc acid-conjugate base systems）

按相似的方法可以画出多元酸-共轭碱体系的 p*c*-pH 图。对于二元酸 H_2A，根据化学平衡和质量平衡，可推导得

$$[H_2A]=c_{T,A}\times\frac{[H^+]^2}{[H^+]^2+K_{a_1}[H^+]+K_{a_1}K_{a_2}}$$

$$[HA^-]=c_{T,A}\times\frac{K_{a_1}[H^+]}{[H^+]^2+K_{a_1}[H^+]+K_{a_1}K_{a_2}}$$

$$[A^{2-}]=c_{T,A}\times\frac{K_{a_1}K_{a_2}}{[H^+]^2+K_{a_1}[H^+]+K_{a_1}K_{a_2}}$$

根据以上各组分浓度与氢离子浓度的关系，假设 $c_{T,A}=10^{-2}\ mol \cdot L^{-1}$，$K_{a_1}=10^{-4}$，$K_{a_2}=10^{-8}$，可画得 p*c*-pH 图，见图 2-10。

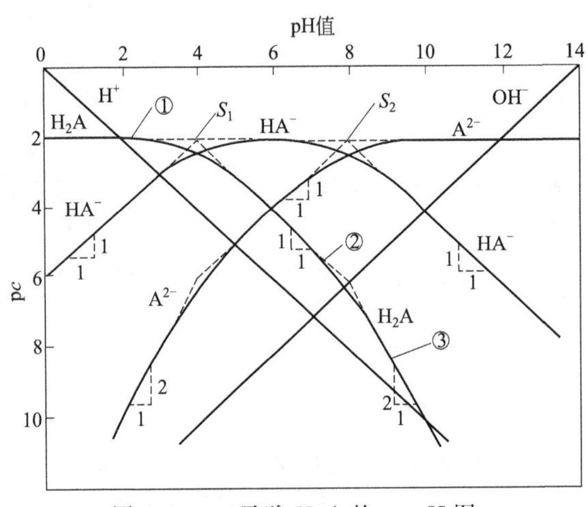

图 2-10 二元酸 H_2A 的 p*c*-pH 图

（$c_{T,A}=10^{-2}\ mol \cdot L^{-1}$，$pK_{a_1}=4$，$pK_{a_2}=8$）

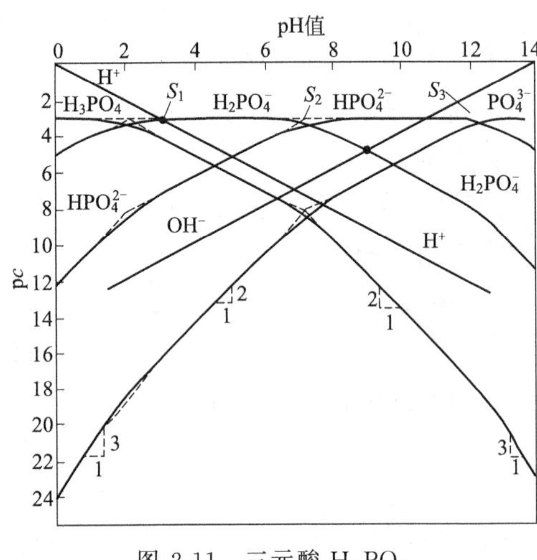

图 2-11 三元酸 H_3PO_4 的 p*c*-pH 图

三元酸 H_3PO_4 可根据化学平衡式和质量平衡式推导得

$$[H_3PO_4]=\frac{c_{T,A}[H^+]^3}{[H^+]^3+K_{a_1}[H^+]^2+K_{a_1}K_{a_2}[H^+]+K_{a_1}K_{a_2}K_{a_3}}$$

$$[H_2PO_4^-]=\frac{c_{T,A}K_{a_1}[H^+]^2}{[H^+]^3+K_{a_1}[H^+]^2+K_{a_1}K_{a_2}[H^+]+K_{a_1}K_{a_2}K_{a_3}}$$

$$[HPO_4^{2-}]=\frac{c_{T,A}K_{a_1}K_{a_2}[H^+]}{[H^+]^3+K_{a_1}[H^+]^2+K_{a_1}K_{a_2}[H^+]+K_{a_1}K_{a_2}K_{a_3}}$$

$$[PO_4^{3-}]=\frac{c_{T,A}K_{a_1}K_{a_2}K_{a_3}}{[H^+]^3+K_{a_1}[H^+]^2+K_{a_1}K_{a_2}[H^+]+K_{a_1}K_{a_2}K_{a_3}}$$

根据上述各组分浓度与氢离子浓度之间的关系，假设 $c_{T,PO_4}=10^{-3}mol\cdot L^{-1}$，便可画出如图 2-11 的磷酸盐系统的 p$c$-pH 图。

$$c_{T,PO_4}=10^{-3}\ mol\cdot L^{-1},\ pK_{a_1}=2.1,\ pK_{a_2}=7.2,\ pK_{a_3}=12.3$$

利用计算机，经编制程序，通过输入 pK_a 和 c_T 等有关数据即可得到精确的 pc-pH 图。

2.4.3.3 α-pH 图(α-pH diagrams)

α-pH 图可以表达组分随 pH 值变化的分布情况。α 称为电离分数（ionization fraction），表示某组分占总浓度 c_T 的分数。

例如：

$$c_{T,ClO}=[HClO]+[ClO^-]$$

则：

$$HClO\text{ 的电离分数 }\alpha_{HClO}=[HClO]/c_{T,ClO}$$

$$ClO^-\text{ 的电离分数 }\alpha_{ClO^-}=[ClO^-]/c_{T,ClO}$$

因此：

$$\alpha_{HClO}+\alpha_{ClO^-}=\frac{[HClO]}{c_{T,ClO}}+\frac{[ClO^-]}{c_{T,ClO}}=1$$

下面以 HClO-ClO^-系统为例，看如何画 α-pH 图。

从前面的内容中，已经知道

$$[HClO]=c_{T,A}\times\frac{[H^+]}{[H^+]+K_a}$$

$$[ClO^-]=c_{T,A}\times\frac{K_a}{[H^+]+K_a}$$

式子两边同除以 $c_{T,A}$，即得

$$\alpha_{HClO}=\frac{[H^+]}{[H^+]+K_a},\ \alpha_{ClO^-}=\frac{K_a}{[H^+]+K_a}$$

当$[H^+]\gg K_a$，即 $pH<pK_a$ 时，

$$\alpha_{HClO}=1$$

$$\alpha_{ClO^-}=0$$

当$[H^+]=K_a$，即 $pH=pK_a$ 时，

$$\alpha_{HClO}=0.5$$

$$\alpha_{ClO^-}=0.5$$

当$[H^+]\ll K_a$，即 $pH>pK_a$ 时，

$$\alpha_{HClO}=0$$

$$\alpha_{ClO^-}=1$$

为了使图形更准确，可在 pK_a 附近增设几点，如当 $pH=pK_a-0.5$。

即

$$[H^+]=10^{-7}mol\cdot L^{-1}$$

计算得

$$\alpha_{HClO}=0.76,\ \alpha_{ClO^-}=0.24$$

当 $pH=pK+0.5$，即$[H^+]=10^{-8}mol\cdot L^{-1}$

计算得 $\alpha_{HClO}=0.24$，$\alpha_{ClO^-}=0.76$

根据上述计算结果，可画得如图 2-12 的 α-pH 图。

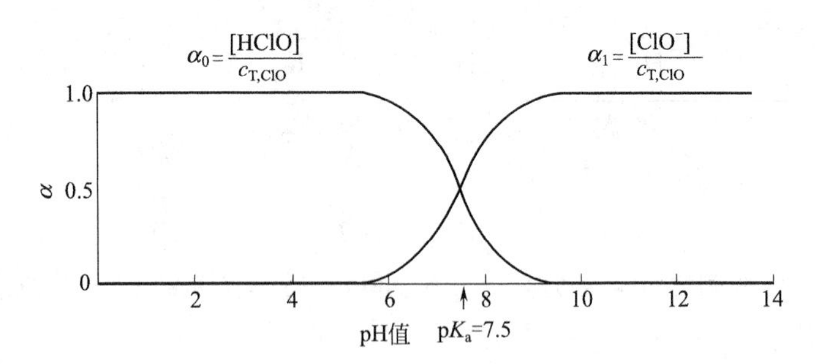

图 2-12　HClO-ClO^- 系统的 α-pH 图

为了统一起见，把电离了 0 个 H^+ 的物种的电离分数定为 α_0，电离 1 个 H^+ 的物种的电离分数定为 α_1，电离 2 个 H^+ 的物种的电离分数定为 α_2，以此类推。因此这里 α_{HClO} 即 α_0，α_{ClO^-} 即 α_1。

二元酸的 α-pH 图可通过分析以下式子求得 α 随 pH 值变化的数据而得到，见图 2-13。

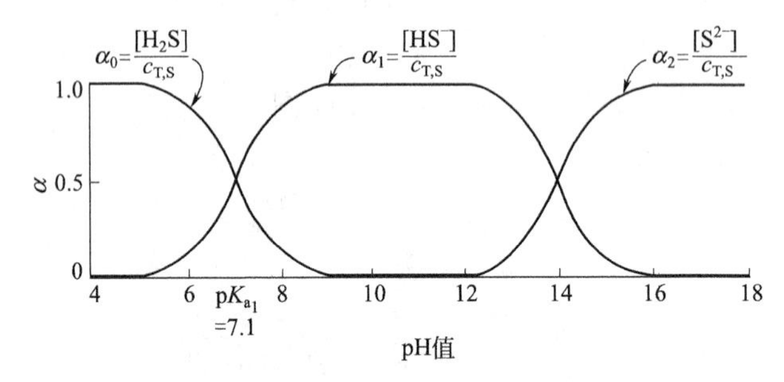

图 2-13　二元酸 H_2S 的 α-pH 图

$$\alpha_0=\frac{[H^+]^2}{[H^+]^2+K_{a_1}[H^+]+K_{a_1}K_{a_2}}$$

$$\alpha_1=\frac{K_{a_1}[H^+]}{[H^+]^2+K_{a_1}[H^+]+K_{a_1}K_{a_2}}$$

$$\alpha_2=\frac{K_{a_1}K_{a_2}}{[H^+]^2+K_{a_1}[H^+]+K_{a_1}K_{a_2}}$$

三元酸的 α-pH 图可通过分析以下式子求得 α 随 pH 值变化的数据画得。

$$\alpha_0=\frac{[H^+]^3}{[H^+]^3+K_{a_1}[H^+]^2+K_{a_1}K_{a_2}[H^+]+K_{a_1}K_{a_2}K_{a_3}}$$

$$\alpha_1=\frac{K_{a_1}[H^+]^2}{[H^+]^3+K_{a_1}[H^+]^2+K_{a_1}K_{a_2}[H^+]+K_{a_1}K_{a_2}K_{a_3}}$$

$$\alpha_2=\frac{K_{a_1}K_{a_2}[H^+]}{[H^+]^3+K_{a_1}[H^+]^2+K_{a_1}K_{a_2}[H^+]+K_{a_1}K_{a_2}K_{a_3}}$$

$$\alpha_3=\frac{K_{a_1}K_{a_2}K_{a_3}}{[H^+]^3+K_{a_1}[H^+]^2+K_{a_1}K_{a_2}[H^+]+K_{a_1}K_{a_2}K_{a_3}}$$

图 2-14 是 H_3PO_4 的 α-pH 图。

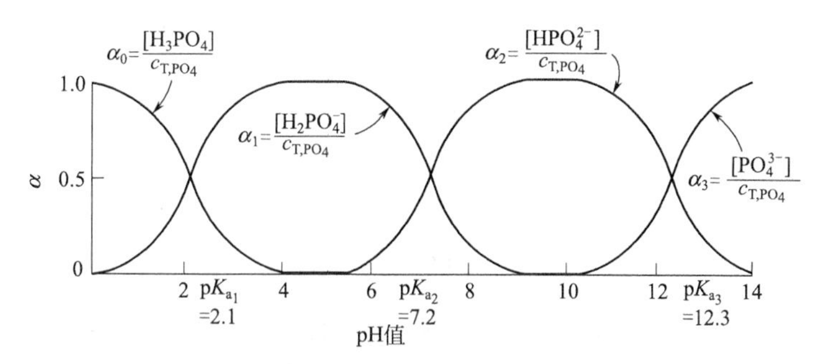

图 2-14　三元酸 H_3PO_4 α-pH 图

表 2-16 是根据 $\alpha_0=\frac{[H^+]}{[H^+]+K_a}$ 和 $\alpha_1=\frac{K_a}{[H^+]+K_a}$ 计算得到的不同 pH 值时的 α_0 和 α_1 值，便于在计算酸碱化学平衡问题时查得有关的 α 值。该表不但适用于一元酸系统，而且也常常可用于确定二元酸系统和三元酸系统的 α 值，方法是把二元酸分解成两个一元酸，把三元酸分解成三个一元酸。

表 2-16　α 值表

$pH=pK_a+\Delta pH$	$\alpha_0=[HA]/c_{T,A}$	$\alpha_1=[A^-]/c_{T,A}$	$pH=pK_a+\Delta pH$	$\alpha_0=[HA]/c_{T,A}$	$\alpha_1=[A^-]/c_{T,A}$
pK_a-5	1.0000	0.0000	$pK_a+0.1$	0.4427	0.5573
pK_a-4	0.9999	0.0001	$pK_a+0.2$	0.3669	0.6131
pK_a-3	0.9990	0.0010	$pK_a+0.3$	0.3337	0.6663
pK_a-2	0.9901	0.0099	$pK_a+0.4$	0.2847	0.7153
$pK_a-1.6$	0.9755	0.0245	$pK_a+0.5$	0.2401	0.7599
$pK_a-1.5$	0.9694	0.0306	$pK_a+0.6$	0.2007	0.7993
$pK_a-1.3$	0.9523	0.0477	$pK_a+0.7$	0.1663	0.8337
$pK_a-1.2$	0.9407	0.0593	$pK_a+0.8$	0.1367	0.8633
$pK_a-1.0$	0.9091	0.0909	$pK_a+1.0$	0.0909	0.9091
$pK_a-0.8$	0.8633	0.1367	$pK_a+1.2$	0.0593	0.9407
$pK_a-0.7$	0.8337	0.1663	$pK_a+1.3$	0.0477	0.9523
$pK_a-0.6$	0.7993	0.2007	$pK_a+1.5$	0.0306	0.9694
$pK_a-0.5$	0.7599	0.2401	$pK_a+1.6$	0.0245	0.9755
$pK_a-0.4$	0.7153	0.2847	$pK_a+2.0$	0.0099	0.9901
$pK_a-0.3$	0.6663	0.3337	$pK_a+3.0$	0.0010	0.9990
$pK_a-0.2$	0.6131	0.3869	$pK_a+4.0$	0.0001	0.9999
$pK_a-0.1$	0.5573	0.4427	$pK_a+5.0$	0.0000	1.0000
pK_a	0.5000	0.5000			

例如，H_3PO_4 有如下电离平衡

$$H_3PO_4 \rightleftharpoons H^+ + H_2PO_4^- \qquad pK_{a_1}=2.1$$

$$H_2PO_4^- \rightleftharpoons H^+ + HPO_4^{2-} \qquad pK_{a_2}=7.2$$

$$HPO_4^{2-} \rightleftharpoons H^+ + PO_4^{3-} \qquad pK_{a_3}=12.3$$

参见图 2-14，当 $pH \leqslant \frac{pK_{a_1}+pK_{a_2}}{2}$ 时，主要为 H_3PO_4 和 $H_2PO_4^-$，这时可把它看作是 H_3PO_4-$H_2PO_4^-$ 的一元酸系统，表中的 α_0 即 $\alpha_{H_3PO_4}$，α_1 即 $\alpha_{H_2PO_4^-}$。

当 $\frac{pK_{a_1}+pK_{a_2}}{2} \leqslant pH \leqslant \frac{pK_{a_2}+pK_{a_3}}{2}$ 时，主要为 $H_2PO_4^-$ 和 HPO_4^{2-}，这时可把它看

作 $H_2PO_4^-$-HPO_4^{2-} 的一元酸系统，表中的 α_0 即 $\alpha_{H_2PO_4^-}$，α_1 即 $\alpha_{HPO_4^{2-}}$。

当 $pH \gg \frac{pK_{a_2}+pK_{a_3}}{2}$ 时，主要为 HPO_4^{2-} 和 PO_4^{3-}，这时可把它看作 HPO_4^{2-}-PO_4^{3-} 的一元酸系统，表中的 α_0 即 $\alpha_{HPO_4^{2-}}$，α_1 即 $\alpha_{PO_4^{3-}}$。

2.4.4 碳酸盐系统（The Carbonate System）

碳酸盐系统是天然水中优良的缓冲系统，它对避免天然水的 pH 值急剧变化起缓冲作用；碳酸盐系统与水的酸度和碱度密切相关；碳酸盐系统与生物活动有关，如光合作用和呼吸作用；碳酸盐系统也与水处理有关，如水质软化等。因此值得把碳酸盐系统单独列出来介绍，这方面的研究也比较多、比较细。

2.4.4.1 碳酸盐系统的平衡关系(Equilibria in the carbonate system)

$H_2CO_3^*$ 是碳酸盐系统中的一种人为假想的物种，它实际上包括了 $CO_2(aq)$ 和 H_2CO_3 两种物种，在碳酸盐系统中除了它们还有 HCO_3^- 和 CO_3^{2-}，物种之间存在着各种平衡关系，而且溶解于水中的 $CO_2(aq)$ 还与空气中的 $CO_2(g)$ 存在平衡关系，CO_3^{2-} 也与碳酸盐沉淀之间存在平衡关系。可把这些平衡关系归纳如下

$$CO_2(g) \rightleftharpoons CO_2(aq) \qquad K_H=\frac{[CO_2(aq)]}{p_{CO_2}}=3.34\times10^{-7}\,mol\cdot L^{-1}\cdot Pa^{-1} \qquad ①$$

$$CO_2(aq)+H_2O \rightleftharpoons H_2CO_3 \qquad K_m=\frac{[H_2CO_3]}{[CO_2(aq)]}=10^{-2.8} \qquad ②$$

$$H_2CO_3 \rightleftharpoons H^+ + HCO_3^- \qquad K'_{a_1}=\frac{[H^+][HCO_3^-]}{[H_2CO_3]}=10^{-3.5} \qquad ③$$

$$H_2CO_3^* \rightleftharpoons H^+ + HCO_3^- \qquad K_{a_1}=\frac{[H^+][HCO_3^-]}{[H_2CO_3^*]}=10^{-6.3} \qquad ④$$

$$HCO_3^- \rightleftharpoons H^+ + CO_3^{2-} \qquad K_{a_2}=\frac{[H^+][CO_3^{2-}]}{[HCO_3^-]}=10^{-10.3} \qquad ⑤$$

$$CO_3^{2-}+Ca^{2+} \rightleftharpoons CaCO_3(s) \qquad K=\frac{1}{K_{sp}}=\frac{1}{[Ca^{2+}][CO_3^{2-}]}=10^{8.54} \qquad ⑥$$

$$CO_3^{2-}+Mg^{2+} \rightleftharpoons MgCO_3(s) \qquad K=\frac{1}{K_{sp}}=\frac{1}{[Mg^{2+}][CO_3^{2-}]}=10^{5.17} \qquad ⑦$$

从②式可看到平衡时 $[H_2CO_3]/[CO_2(aq)]$ 之比接近 10^{-3}，也就是说 CO_2 进入水中后生成的 H_2CO_3 是很少的，可以说基本上还是以游离的 CO_2 存在的。有的书上就把 H_2CO_3 忽略了，直接写成 $CO_2(aq)+H_2O \rightleftharpoons H^+ + HCO_3^-$。本书采纳把 $CO_2(aq)$ 和 H_2CO_3 两种物质合并成一种人为假想的物种 $H_2CO_3^*$，其实质是 $CO_2(aq)$ 和 H_2CO_3，主要是 $CO_2(aq)$。下面是 K_{a_1} 的推导过程

$$K_{a_1}=\frac{[H^+][HCO_3^-]}{[H_2CO_3^*]}=\frac{[H^+][HCO_3^-]}{[CO_2(aq)]+[H_2CO_3]}$$

分子分母同除以 $[H_2CO_3]$

$$K_{a_1}=\frac{[H^+][HCO_3^-]/[H_2CO_3]}{\frac{[CO(aq)]}{[H_2CO_3]}+1}=\frac{K'_{a_1}}{\frac{1}{K_m}+1}$$

由于 $$\frac{1}{K_m}=10^{2.8}\gg 1$$

因此 $$K_{a_1}=K'_{a_1}K_m=10^{-3.5}\times 10^{-2.8}=10^{-6.3}$$

可以把 $H_2CO_3^*$ 看作 $CO_2(aq)$ 的另一个理由是

$$CO_2(aq)+H_2O \longrightarrow H_2CO_3$$

的反应速度非常缓慢，反应速度常数非常小，反应速度慢的原因是分子构型的改变，CO_2 的结构是线形的：O═C═O，而碳酸的结构为非线形的

```
HO
  \
   C═O
  /
HO
```

总之，碳酸系统中存在的平衡关系可概括地表达如下

$$\begin{array}{l} CO_2(g) \\ \quad\Updownarrow \\ CO_2(aq)+H_2O \rightleftharpoons H^+ + HCO_3^- \rightleftharpoons CO_3^{2-}+H^+ \\ \qquad\qquad\qquad\qquad\qquad\qquad\qquad\quad \Updownarrow \\ \qquad\qquad\qquad\qquad\qquad\qquad\qquad CaCO_3(s) \\ \qquad\qquad\qquad\qquad\qquad\qquad\qquad MgCO_3(s) \end{array}$$

当遇到与碳酸盐有关的实际问题时，可分别处理成无固体存在的封闭系统、有固体存在的封闭系统、无固体存在的开放系统和有固体存在的开放系统 4 种情况。

例如，在水处理厂，当处理池的表面积对总体积比值较小，水的停留时间较短，当水中没有碳酸盐固体时，可看作是无固体存在的封闭系统。又如，在研究一个分层湖泊下层水时，当底泥中存在 $CaCO_3$ 沉积物时，可把研究对象看成有固体存在的封闭系统。再如，在活性污泥水处理厂中的曝气池是一个开放系统。

2.4.4.2 碳酸盐物种浓度的计算(Calculation of carbonate species concentrations)

(1) 封闭系统 (closed system)

碳酸盐封闭系统是一个二元酸系统，$pK_{a_1}=6.3$，$pK_{a_2}=10.3$，假定 $c_{T,CO_3}=10^{-5}mol\cdot L^{-1}$，我们可以很快找到两个系统点，画出如图 2-15 的 pc-pH 图。利用该图和质子条件式可以很容易求得不同起始条件下达到平衡时水中各组分的浓度。

① $10^{-5}mol\cdot L^{-1}$ 的 $H_2CO_3^*$ 溶液。从下面的内容中，可以知道 $[H_2CO_3^*]=10^{-5}mol\cdot L^{-1}$，正好是当 CO_2 在水中达到溶液平衡时的浓度。写出质子条件式

$$[H^+]=[HCO_3^-]+2[CO_3^{2-}]+[OH^-]$$

在图上找到满足上式的点为 A 点，这时

$$[H^+]=10^{-5.7}，即\ pH=5.7$$

② $10^{-5}mol\cdot L^{-1}$ 的 HCO_3^-($NaHCO_3$) 溶液。写出质子条件式

$$[H_2CO_3^*]+[H^+]=[CO_3^{2-}]+[OH^-]$$

在图上找到满足上式的点为 B 点，这时

$$[H^+]=10^{-7.6}，即\ pH=7.6$$

③ $10^{-5}mol\cdot L^{-1}$ 的 CO_3^{2-} (如 Na_2CO_3) 溶液。写出质子条件式

$$[HCO_3^-]+2[H_2CO_3^*]+[H^+]=[OH^-]$$

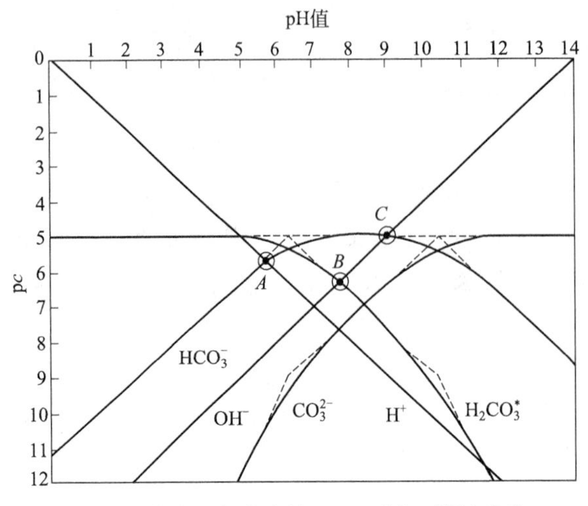

图 2-15 碳酸盐水溶液的 pc-pH 图（封闭系统）

$c_{T,CO_3}=10^{-5}mol\cdot L^{-1}$，25℃

在图上找到满足上式的点为 C 点，这时

$$[H^+]=10^{-9}，即\ pH=9$$

(2) 开放系统 (open system)

开放系统的特点是空气中的 CO_2 与水中的 CO_2 达汽-液平衡，水中 CO_2 的浓度可根据亨利定律求得

$$[H_2CO_3^*]\approx[CO_2(aq)]=K_H p_{CO_2}$$

CO_2 的亨利定律常数 25℃时为 $K_H=3.34\times10^{-7}mol\cdot L^{-1}\cdot Pa^{-1}$，干空气中 CO_2 的体积比为 0.0314%（现已升高到 0.0367%），H_2O（25℃）蒸气压为 0.03167×10^5Pa，则有

$$p_{CO_2}=(1.01325-0.03167)\times10^5\times0.0314\%=30.82Pa$$

$$[H_2CO_3^*]\approx[CO_2(aq)]=p_{CO_2}\cdot K_H=30.82\times3.34\times10^{-7}=10^{-5}mol\cdot L^{-1}$$

画 pc-pH 图

$$pc_{H_2CO_3^*}=5$$

由

$$K_{a_1}=\frac{[H^+][HCO_3^-]}{[H_2CO_3^*]}=10^{-6.3}$$

$$[HCO_3^-]=\frac{K_{a_1}[HCO_3^*]}{[H^+]}=\frac{10^{-6.3}\times10^{-5}}{[H^+]}$$

得

$$pc_{HCO_3^-}=11.3-pH$$

由 $K_{a_2}=\dfrac{[H^+][CO_3^{2-}]}{[HCO_3^-]}=10^{-10.3}$

$$[CO_3^{2-}]=\frac{K_{a_2}[HCO_3^-]}{[H^+]}=\frac{K_{a_1}K_{a_2}[H_2CO_3^*]}{[H^+]^2}$$

$$=\frac{10^{-6.3}\times10^{-10.3}\times10^{-5}}{[H^+]^2}$$

得 $\quad pc_{CO_3^{2-}}=21.6-2pH$

根据 $H_2CO_3^*$、HCO_3^- 和 CO_3^{2-} 的 pc-pH 方程式，在图上可得到相应的三条直线。见图 2-16。

从图中可得到不同 pH 值时各物种的浓度。从该图中还可以看到 c_{T,CO_3} 随 pH 值升高而迅速增加。

下面也分 3 种情况讨论。

① $10^{-5}mol\cdot L^{-1}$ 的 $H_2CO_3^*$ $[CO_2(aq)]$

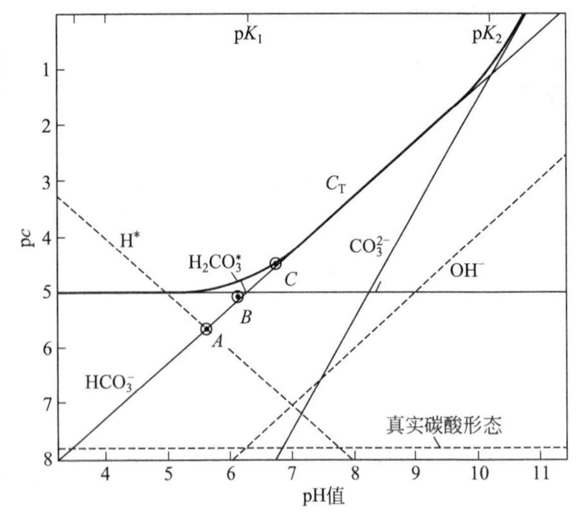

图 2-16 碳酸盐水溶液的 pc-pH 图

（开放系统）25℃，1atm

溶液。这是蒸馏水暴露于空气至CO_2汽-液平衡时的情况。

写出质子条件式

$$[H^+]=[HCO_3^-]+2[CO_3^{2-}]+[OH^-]$$

在图中满足上式的点为A点，这时

$$[H^+]=10^{-5.7}，即 pH=5.7$$

② $10^{-5}mol\cdot L^{-1}$的$NaHCO_3$溶液。因开放体系，还有CO_2溶入进来，故写不出质子条件式，改写电荷平衡式

$$[Na^+]+[H^+]=[HCO_3^-]+2[CO_3^{2-}]+[OH^-]$$

在图中满足上式的点为B点，这时

$$[H^+]=10^{-6.3}，即 pH=6.3$$

③ $10^{-5}mol\cdot L^{-1}$的Na_2CO_3溶液。同样写出电荷平衡式

$$[Na^+]+[H^+]=[HCO_3^-]+2[CO_3^{2-}]+[OH^-]$$

这时 $[Na^+]=2\times10^{-5}mol\cdot L^{-1}$

在图中满足上式的点为C点，这时

$$[H^+]=10^{-6.7}，即 pH=6.7$$

从以上计算结果，可看出封闭系统与开放系统有两点明显的不同之处：

封闭系统	开放系统
c_{T,CO_3}为常数	c_{T,CO_3}随pH值升高而增加
$[H_2CO_3^*]$随pH值变化而变化	$[H_2CO_3^*]$为常数

还可以看出，当蒸馏水与大气平衡时，水中溶解的游离CO_2浓度约为$10^{-5}mol\cdot L^{-1}$，这一浓度的$H_2CO_3^*$溶液不论在封闭体系还是在开放体系中的pH值都约为5.7，这也从另一个侧面说明为什么把pH<5.7（或pH<5.6）的雨水才称为酸雨。对于$NaHCO_3$溶液和Na_2CO_3溶液，开放体系中的pH值要低于封闭体系中的pH值，这是由于大气中CO_2溶入溶液与之达到平衡的缘故。因此如果配制一个$10^{-5}mol\cdot L^{-1}$的Na_2CO_3溶液，鼓入空气一段时间后，溶液的pH值可从9.0降至6.6。

根据气体交换动力学，CO_2在气液界面的平衡时间常需数日。因此若所研究的溶液中的反应在数小时内完成，就可以应用封闭体系的方法进行计算。

【例 2-10】 某河流，pH=8.3，$c_{T,CO_3}=3\times10^{-3}mol\cdot L^{-1}$。有含$1\times10^{-2}mol\cdot L^{-1}$ H_2SO_4的废水排入该河流。假如河流pH值不得降低至6.7以下，问每升河水中可最多排入这种废水多少毫升？

解：由于酸碱反应十分迅速，可以应用封闭体系的方法进行计算。

当pH=8.3时，主要物种为HCO_3^-。$[HCO_3^-]=c_{T,CO_3}=3\times10^{-3}mol\cdot L^{-1}$

加入酸将一部分HCO_3^-转化为$H_2CO_3^*$：$H^++HCO_3^-\longrightarrow H_2CO_3^*$。

当pH=6.7时，主要物种为HCO_3^-和$H_2CO_3^*$。

由
$$K_{a_1}=\frac{[H^+][HCO_3^-]}{[H_2CO_3^*]}=10^{-6.3}$$

则
$$\frac{[HCO_3^-]}{[H_2CO_3^*]}=\frac{K_{a_1}}{[H^+]}=\frac{10^{-6.3}}{10^{-6.7}}=2.5$$

$$[H_2CO_3^*]=\alpha_0 c_{T,CO_3}=\frac{1}{2.5+1}\times 3\times 10^{-3}=8.6\times 10^{-4}\text{mol}\cdot L^{-1}$$

$$[HCO_3^-]=\alpha_1 c_{T,CO_3}=\frac{2.5}{2.5+1}\times 3\times 10^{-3}=2.14\times 10^{-3}\text{mol}\cdot L^{-1}$$

加酸至 pH=6.7 时，有 8.6×10^{-4} mol·L^{-1} 的 $H_2CO_3^*$ 生成，故每升河水中要加入 8.6×10^{-4} mol 的 H^+，相当于每升河水加入含 1×10^{-2} mol·L^{-1} H_2SO_4 的废水量 V 为

$$V=\frac{8.6\times 10^{-4}\text{mol}}{2\times 10^{-2}\text{mol}\cdot L^{-1}}=0.043L=43mL$$

因此每升河水最多可排入这种废水 43mL。本例中 α_0 和 α_1 值也可通过查 α 值表获得。

2.4.4.3 碱度和酸度(alkalinity and acidity)

(1) 碱度与酸度的意义（the significance of alkalinity and acidity)

常有人把水的酸碱度与 pH 值混淆起来，其实它们是两个不同的概念。水的碱度是水接受质子能力的量度，或者说是中和强酸能力的量度；水的酸度是水接受羟基离子能力的量度，或者说是中和强碱能力的量度。而水的 pH 值是水中氢离子活度的反映。

它们之间的区别可以用下面的例子加以说明。

试比较 1×10^{-3} mol·L^{-1} 的 NaOH 溶液和 0.1mol·L^{-1} 的 $NaHCO_3$ 溶液，NaOH 溶液的 pH 值为 11，但用盐酸滴定时仅需 1×10^{-3} mol·L^{-1} 的 H^+，即碱度为 1×10^{-3} mol·L^{-1}；而 $NaHCO_3$ 溶液的 pH 值为 8.3，参见图 2-17，它的 pH 值比 NaOH 溶液低得多，但中和时需 0.1mol·L^{-1} 的 H^+，即碱度为 0.1mol·L^{-1}。因此，在这个例子中，$NaHCO_3$ 溶液的碱度要比 pH 值更高的 NaOH 溶液高 100 倍。

水的碱度对于水处理、天然水的化学与生物学作用具有重要意义。通常，在水处理中常要知道水的碱度。例如常用铝盐作为絮凝剂除去水中悬浮物

$$Al^{3+}+3OH^- \longrightarrow Al(OH)_3(s)$$

胶状的 $Al(OH)_3$ 沉淀在把悬浮物带下的同时，也除去了水中的碱度，为了不使处理效率下降，需保持水中具有一定的碱度。

一般来说，高碱度的水具有较高的 pH 值和较多溶解固体。

碱度与生物生产量（biomass production）之间也有关系。通过光合作用生成生物物质的反应可用下面的简式表示

$$CO_2+H_2O+h\nu \longrightarrow \{CH_2O\}+O_2$$

$$HCO_3^-+H_2O+h\nu \longrightarrow \{CH_2O\}+OH^-+O_2$$

式中 $\{CH_2O\}$ 表示生物物质的简单形式。

当藻类迅速生长，特别在形成“水华”（algal blooms）的情况下，由于 CO_2 消耗得很快，以至于不能保持与大气 CO_2 平衡，pH 值常会升高至 10，甚至更高，在此过程中，水中的 HCO_3^- 参与光合作用转化为生物物质。如果水的起始碱度高，随着 pH 值升高而没有外界 CO_2 源时，可产生相当多的生物物质。由于这个原因，生物学家也把碱度作为估量水的营养量的指标。

水的酸度对于水处理也具有重要意义。对于酸性废水，常需测定水中的酸度以确定需加入水中的石灰或其他化学试剂的用量。

(2) 碳酸盐系统中的碱度与酸度及其滴定终点 (alkalinity and acidity in the carbonate system and their endpoints)

对于碳酸盐系统，对碱度有贡献的物种为 OH^-、CO_3^{2-} 和 HCO_3^-，有反应

$$H^+ + OH^- \rightleftharpoons H_2O$$

$$H^+ + CO_3^{2-} \rightleftharpoons HCO_3^-$$

$$H^+ + HCO_3^- \rightleftharpoons H_2CO_3^*$$

碱度的测定一般采用标准酸溶液滴定至选定的 pH 值，根据所消耗的酸的量来确定，常用所需 H^+ 的浓度表示碱度，在工程上也常用相应量的 $CaCO_3$（单位：$mg \cdot L^{-1}$）来表示碱度。

根据滴定终点的不同有苛性碱度、碳酸盐碱度（酚酞碱度）和总碱度（甲基橙碱度）之分。

苛性碱度（caustic alkalinity），当滴定到 $c_{T,CO_3}=[CO_3^{2-}]$ 时，这时所有的 OH^- 被 H^+ 中和，因此称为苛性碱度。滴定终点为 $pH_{CO_3^{2-}}$。pH 值根据 c_T 的不同在 10～11 之间。由于受到水的缓冲作用，滴定时不容易找到滴定终点，准确的 pH 值可通过计算求得。

碳酸盐碱度（carbonate alkalinity），当继续滴定到 $c_{T,CO_3}=[HCO_3^-]$，这时所有的 CO_3^{2-} 也都被 H^+ 中和，因此称为碳酸盐碱度。滴定终点为 $pH_{HCO_3^-}$，pH＝8.3 左右，可用酚酞作指示剂，因此又称酚酞碱度。

总碱度（total alkalinity），当继续滴定到 $c_{T,CO_3^-}=[H_2CO_3^*]$，这时所有的 HCO_3^- 也都被 H^+ 中和，至此，所有对碱度有贡献的物种都被 H^+ 中和，因此称为总碱度。滴定终点为 pH_{CO_2}，pH＝4.5 左右，可用甲基橙作指示剂，因此又称甲基橙碱度。

图 2-17 是一张非常精巧的图，它将碳酸盐系统的 pc-pH 图与酸碱度滴定曲线联系了起来，各种酸度和碱度的含义和滴定终点在图上一目了然。

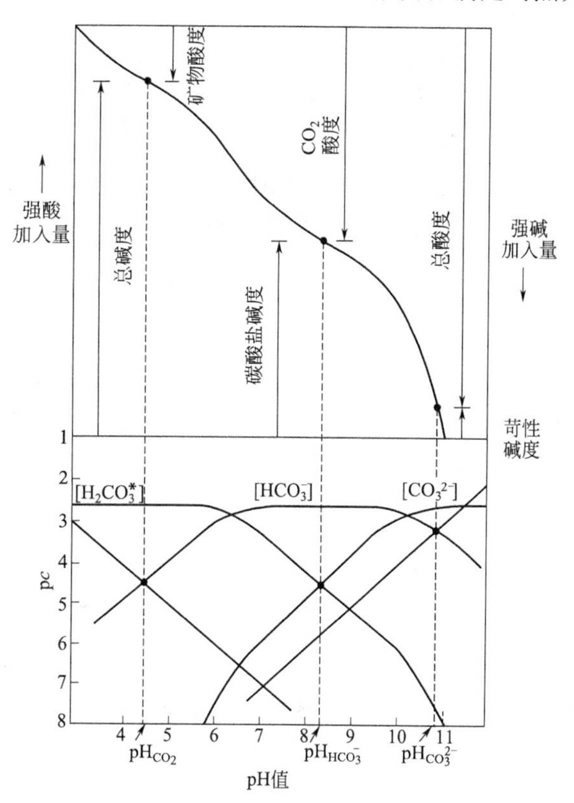

图 2-17 碳酸盐系统的 pc-pH 图与酸碱度滴定曲线图

酸度正好与碱度相反，它是用标准碱溶液进行滴定来测定的。碳酸盐系统中对酸度有贡献的物种有 H^+、$H_2CO_3^*$ 和 HCO_3^-，有反应

$$OH^- + H^+ \rightleftharpoons H_2O$$

$$OH^- + H_2CO_3^* \rightleftharpoons HCO_3^- + H_2O$$

$$OH^- + HCO_3^- \rightleftharpoons CO_3^{2-} + H_2O$$

矿物酸度（mineral acidity）滴定至 $c_{T,CO_3}=[H_2CO_3^*]$，这时所有 H^+（矿物酸）被 OH^- 中和，故称矿物酸度。确定终点 pH_{CO_2} 为 pH＝4.5 左右，可用甲基橙作指示剂，故又称甲基橙酸度。

二氧化碳酸度（carbon dioxide acidity）继续滴定至 $c_{T,CO_3}=[HCO_3^-]$，这时所有的 $H_2CO_3^*$ 也都被 OH^- 中和，故称 CO_2 酸度。滴定终点 $pH_{HCO_3^-}$ 为 pH=8.3 左右，可用酚酞作指示剂，故又称酚酞酸度。

总酸度（Total acidity）继续滴定至 $c_{T,CO_3}=[CO_3^{2-}]$，这时所有的 HCO_3^- 也都被 OH^- 中和，至此所有对酸度有贡献的物种均被 OH^- 中和，故称总酸度，滴定终点 $pH_{CO_3^{2-}}$ 为 pH=10～11。

碱度和酸度的滴定终点随 c_{T,CO_3} 的不同有所不同，如图 2-18 所示。

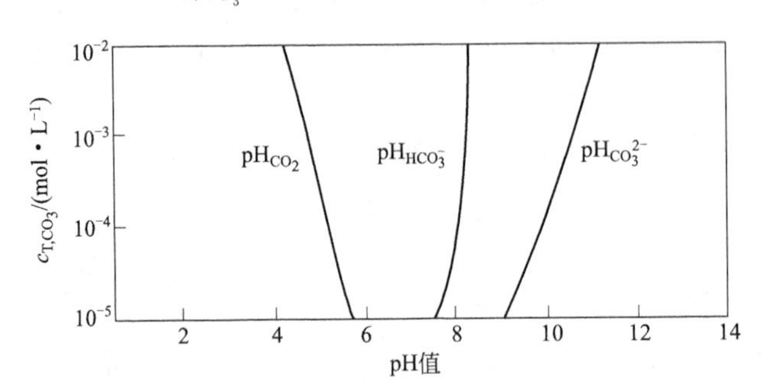

图 2-18　碱度和酸度的滴定终点随 c_{T,CO_3} 的变化曲线

从图 2-18 中可看出 pH_{CO_2} 和 $pH_{CO_3^{2-}}$ 随 c_{T,CO_3} 变化较大，而 $pH_{HCO_3^-}$ 变化较小。美国《水和废水标准分析方法》（第 14 版）建议：当总碱度分别为 50mg·L^{-1}、150mg·L^{-1}、500mg·L^{-1}（以 $CaCO_3$ 计）时，pH_{CO_2} 分别为 5.1，4.8，4.5。这与理论计算值有些差异，计算值分别为 4.65，4.5，4.2。这是因为在实际滴定过程中有部分 CO_2 会逃逸到空气中去，使 $[H_2CO_3^*]$ 下降，因此实际终点的 pH 值要高些。

(3) 碳酸盐系统中碱度与酸度的计算（calculations of alkalinity and acidity in the carbonate system）

当碳酸盐系统是封闭系统或可看作封闭系统时，根据化学计量点时的质子条件式可推导得各碱度与酸度的计算公式，归纳于表 2-17。

表 2-17　各碱度与酸度的计算公式

化学计量点	参比物种	质子条件式	各碱度与酸度公式
pH_{CO_2}	$H_2CO_3^*$ H_2O	$[H^+]=[HCO_3^-]+2[CO_3^{2-}]+[OH^-]$	总碱度 $=[HCO_3^-]+2[CO_3^{2-}]+[OH^-]-[H^+]$；矿物酸度 $=[H^+]-[H_2CO_3^-]-2[CO_3^{2-}]-[OH^-]$
pH_{HCO_3}	HCO_3^- H_2O	$[H^+]+[H_2CO_3^*]=[CO_3^{2-}]+[OH^-]$	碳酸盐碱度 $=[CO_3^{2-}]+[OH^-]-[H_2CO_3^*]-[H^+]$；二氧化碳酸度 $=[H^+]+[H_2CO_3^*]-[CO_3^{2-}]-[OH^-]$
$pH_{CO_3^{2-}}$	CO_3^{2-} H_2O	$[H^+]+[HCO_3^-]+2[H_2CO_3^*]=[OH^-]$	苛性碱度 $=[OH^-]-[HCO_3^-]-2[H_2CO_3^*]-[H^+]$；总酸度 $=[H^+]+[HCO_3^-]+2[H_2CO_3^*]-[OH^-]$

由于 $[H_2CO_3^*]=\alpha_0 c_{T,CO_3}$，$[HCO_3^-]=\alpha_1 c_{T,CO_3}$，$[CO_3^{2-}]=\alpha_2 c_{T,CO_3}$，$[OH^-]=K_w/[H^+]$，把这些关系代入各碱度与酸度公式，又可以得到与 c_{T,CO_3}、α 有关的各碱度与酸度的计算公式

$$总碱度=c_{T,CO_3}(\alpha_1+2\alpha_2)+\frac{K_w}{[H^+]}-[H^+]$$

$$碳酸盐碱度=c_{T,CO_3}(\alpha_2-\alpha_0)+\frac{K_w}{[H^+]}-[H^+]$$

$$苛性碱度=\frac{K_w}{[H^+]}-[H^+]-c_{T,CO_3}(\alpha_1+2\alpha_0)$$

$$总酸度=c_{T,CO_3}(\alpha_1+2\alpha_0)+[H^+]-\frac{K_w}{[H^+]}$$

$$二氧化碳酸度=c_{T,CO_3}(\alpha_0-\alpha_2)+[H^+]-\frac{K_w}{[H^+]}$$

$$矿物酸度=[H^+]-\frac{K_w}{[H^+]}-c_{T,CO_3}(\alpha_1+2\alpha_2)$$

从以上公式中，可以看到碱度（或酸度）pH 值与 c_{T,CO_3} 存在一定的关系，知道其中之二便可以计算出第三者。例如通过测定水样的总碱度和 pH 值，就可计算出 c_{T,CO_3} 碳酸盐各物种的浓度。

【例 2-11】 已知某个属于碳酸盐系统的水样的 pH=7.8，测定总碱度时，对 100mL 水样用 0.02mol·L^{-1} 的盐酸滴定，至甲基橙指示剂变色消耗盐酸 13.7mL。求水中的总无机碳浓度，即 c_{T,CO_3}。

解：已知

$$总碱度=c_{T,CO_3}(\alpha_1+2\alpha_2)+\frac{K_w}{[H^+]}-[H^+]$$

其中 $$总碱度=\frac{13.7\times10^{-3}\times0.02}{100\times10^{-3}}=2.74\times10^{-3}\text{mol}\cdot\text{L}^{-1}$$

当 pH=7.8 时， $$\alpha_1=0.969,\ \alpha_2\approx0$$

代入公式得

$$2.74\times10^{-3}=c_{T,CO_3}\times0.969+\frac{10^{-14}}{10^{-7.8}}-10^{-7.8}$$

即 $$c_{T,CO_3}=\frac{2.74\times10^{-3}}{0.969}=2.83\times10^{-3}\text{mol}\cdot\text{L}^{-1}$$

如果以 mg·L^{-1} 表示水中总无机碳浓度，则

$$总无机碳=2.83\times10^{-3}\text{mol}\cdot\text{L}^{-1}\times12\times10^3\text{mg}\cdot\text{mol}^{-1}=33.9\text{mg}\cdot\text{L}^{-1}$$

从上例可看出，当 pH=7.8 时，对水中总碱度主要有贡献的物种是 HCO_3^-。实际上，在通常 pH 值条件下都是如此，因此常可把 HCO_3^- 的浓度作为总碱度的量度。

以上讨论的是碳酸盐系统中水的碱度和酸度。如果除了碳酸盐、H^+ 和 OH^- 外，还存在其他对碱度或酸度有贡献的物种，则要加以考虑和修正。如硅酸盐、硼酸盐、磷酸盐、醋酸盐、氨等对碱度有贡献，它们的共轭酸则对酸度有贡献。

表 2-18 是水和海水中需要关注的一些共轭酸碱对的酸电离反应及相关的平衡常数。

表 2-18 水和海水中对酸碱度可能有贡献物种的相关反应及平衡常数（25℃）

酸	电离反应	pK_a	酸	电离反应	pK_a
硅酸	$H_4SiO_4 \rightleftharpoons H_3SiO_4^- + H^+$	9.5	硫化氢	$H_2S(aq) \rightleftharpoons HS^- + H^+$	7.1
硼酸	$H_3BO_3 \rightleftharpoons H_2BO_3^- + H^+$	9.3	铵离子	$NH_4^+ \rightleftharpoons NH_3 + H^+$	9.3
磷酸二氢根	$H_2PO_4^- \rightleftharpoons HPO_4^{2-} + H^+$	7.2	醋酸	$HAc \rightleftharpoons Ac^- + H^+$	4.7

如果把表中的各因素考虑进去的话，总碱度的公式可修正为

$$总碱度=[OH^-]+[HCO_3^-]+2[CO_3^{2-}]+[H_3SiO_4^-]+[H_2BO_3^-]+2[HPO_4^{2-}]+[HS^-]+[NH_3]+f[Ac^-]-[H^+]$$

式中，f 表示滴定点终点时被酸滴定作用掉的 Ac^- 的分数。

2.4.5 酸碱化学在水处理中的应用（Water treatment applications of acid-base chemistry）

有许多工业废水带酸碱性。这些废水如果直接排放，要腐蚀管道、损坏农作物、伤害鱼类等水生生物，危害人体健康，因此必须处理至符合排放标准后才能排放。

酸性废水主要来自钢铁厂、电镀厂、化工厂和矿山等；碱性废水主要来自造纸厂、印染厂和化工厂等。在处理过程中除了将废水中和至中性 pH 值外，还同时考虑回收利用或将水中重金属形成氢氧化物沉淀除去。

对于酸性废水，中和的药剂有石灰、苛性钠、碳酸钠、石灰石、电石渣、锅炉灰和水软化站废渣等。

例如，德国对含有 1%硫酸和 1%～2%硫酸亚铁的钢铁提取废液，先经石灰浆处理到 pH=9～10，然后进行曝气以帮助氢氧化亚铁氧化成氢氧化铁沉淀，经过沉降，上层清液再加酸调至 pH=7～8，使水可以重复使用。

对于碱性废水，可采用酸碱废水相互中和、加酸中和或烟道气中和的方法处理。因为烟道气中含有 CO_2、SO_2、H_2S 等酸性气体，故利用烟道气中和碱性废水是一种经济有效的方法。

例如，印染废水常采用加酸的方法处理。常用的酸有硫酸和盐酸，其中工业硫酸价格较低，应用较多。印染废水水质特征见表 2-19。

表 2-19 印染废水水质特征

工　序	生化需氧量	酸碱性	总固体	温　度
退浆	高	碱性	高	—
煮练	高	强碱性	高	高
漂白	低	碱性	高	—
丝光	低	碱性	低	—
染色和印花	高	中性至强碱性	高	—

印染废水中的碱性物质主要有 $NaOH$、Na_2CO_3 和 Na_2S 等，它们与硫酸的反应如下

$$2NaOH+H_2SO_4 \longrightarrow Na_2SO_4+2H_2O$$

$$Na_2CO_3+H_2SO_4 \longrightarrow Na_2SO_4+H_2O+CO_2$$

$$Na_2S+H_2SO_4 \longrightarrow Na_2SO_4+H_2S$$

可根据化学计量关系计算加入硫酸量，计算公式如下

$$N_A=\frac{\alpha}{c}N_B k$$

式中 N_A——酸总耗量，$kg \cdot h^{-1}$；

α——酸性药剂比耗量；

c——酸纯度，%；

N_B——废水中的耗碱量，$kg \cdot h^{-1}$；

k——反应不均匀系数，一般取 $k=1.1$～1.2。

表 2-20 列出了酸性药剂比耗量 α 值（常用浓硫酸、浓盐酸和浓硝酸的浓度分别为 98%、36%和 65%），表 2-20 同时列出了它们的 α/c 值。

表 2-20　酸性药剂比耗量 α 值和常用 α/c 值

碱	H_2SO_4		HCl		HNO_3	
	α	α/98%	α	α/36%	α	α/65%
NaOH	1.22	1.24	0.91	2.53	1.57	2.42
Na_2CO_3	0.92	0.94	0.69	1.92	1.19	1.83
Na_2S	1.26	1.29	0.94	2.61	1.62	2.49

在用强酸中和碱性废水时，当水的缓冲强度较小时，pH 值难以控制，英国采用 CO_2 取代工业硫酸，取得很好的效果。以下是英国对 CO_2 和 H_2SO_4 处理强碱废水的研究和应用的报告摘录，这是理论应用于实际的一个例子，对我们有启示作用和参考价值。

在造纸、化工、纺织和食品行业等许多工艺过程中，都产生强碱性的废液。传统上用无机酸（如硫酸和盐酸）中和，使之符合排入河流及下水道的要求（pH 值的允许范围为 6～9）。然而，这类无机酸的酸性强，难以进行严密的工艺管理，不能保证有效而稳定的运行。

使用 CO_2 调节废水的 pH 值，其费用较无机酸更为低廉。此外尚有许多其他优点，如安全、灵活、可靠、易操作和便于工艺管理。

用总碱度为 1000mg・L^{-1}（以 $CaCO_3$ 计）的废液进行试验，其初始 pH 值为 12.5，是一种强腐蚀性废液。

当分别加入纯 CO_2 和纯硫酸进行试验时，在 pH=7.8 以上的情况下，使用 CO_2 比使用 H_2SO_4 的效率高。如在 pH≥12 时，调节效率相同时，CO_2 的量按质量计为 H_2SO_4 的 10%，当 pH<7.8 时，两种结果近于相同，然而这时调节废水 pH 值的意义已不大。试验表明用 CO_2 调节 pH 值有一个极限，即将 pH 值降低至 5 以下是难以实现的，见图 2-19。

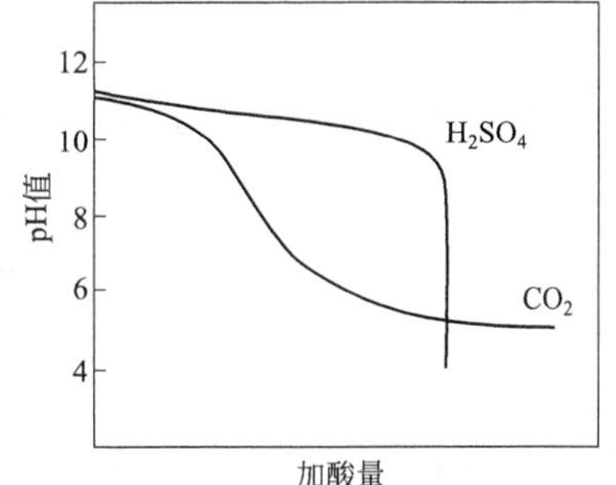

图 2-19　用 CO_2 和 H_2SO_4 处理碱性废水时，pH 值随加酸量增加而变化的示意图

CO_2 是一种相当有效的中和剂。在处理碱性废液时，为了符合排放标准，一般要求 pH 值为 8～9，此时也正是用 CO_2 比用大多数普通无机酸更加有效的范围。

常用的 CO_2 系统由储藏容器、汽化器、CO_2 注入系统、连接管网和 CO_2 控制系统组成。液态 CO_2 储藏在约 20atm 和−18℃条件下，然后汽化，并在合适的压力下分配到注入系统，再溶入水中。

pH 值的波动由设置在注入点下部的 pH 探头进行监测。它连续反馈信息至 pH 控制部件，并通过控制阀门调整 CO_2 的注入速率。该系统完全自动化，并可根据用户要求进行特殊设计和调整。

CO_2 具有无机酸所没有的优越性，表现在以下几个方面。

(1) 安全

CO_2 与无机酸相比具有危险性低和腐蚀性小等优点。不需设置隔离墙、眼睛冲洗及其他安全冲洗站，而且液态 CO_2 不易泄漏。CO_2 的另一个优点是大量超剂量使用不会造成灾害，但需有良好的通风条件。

(2) 操作简便

CO_2 能自动地从储藏容器中分布到各注入点。它不同于无机酸，在使用前不需稀释。

(3) 改善工艺流程

使用 CO_2 时，其曲线缓慢地向下弯曲；与之相反，H_2SO_4 曲线在 pH＝10～7 时则迅速下降（几乎为垂直），参见图 2-19。这是无机酸的特点，因为它破坏了水的自然缓冲能力。可见用无机酸准确控制 pH 值通常是困难的，而用 CO_2 系统可以使 pH 值下降速率达到较平稳的状态。

(4) 设备效率高

因为 CO_2 系统可移动部件少，不用计量泵，因而维修方便，可靠性也高。气态 CO_2 无腐蚀性，所以该系统可长期稳定地运转。

(5) 有利于环境

在水中，CO_2 由植物、鱼类等呼吸作用产生，仅对水的酸度产生影响。它不增加对环境有额外影响的阴离子，如 SO_4^{2-}、Cl^- 等。

(6) 费用低

商品 CO_2 不是制造的，而是从废气中获得的，因而是一种较纯的可循环的产品。而无机酸如商品 H_2SO_4 按质量计其有效成分一般为 77%～98%、HCl 为 33%～36%。在英国 CO_2 的价格大约与硫酸相同。由于 CO_2 消耗量低，因而节约开支的潜力大。其操作管理系统的投资费用也比等量的无机酸系统要低，如需对管理系统作些调整，也很容易。

2.5 配位化学 (Coordination Chemistry)

我们比较熟悉自由离子状态的金属，而实际上其存在状态要复杂得多。

水体中溶解态的重金属大部分以配合物形式存在，因为水体中存在多种无机和有机配位体。重要的无机配位体有 OH^-、Cl^-、CO_3^{2-}、HCO_3^-、F^-、S^{2-} 等。有机配位体情况比较复杂，有动植物组织的天然降解产物，如氨基酸、糖、腐殖酸等，由于工业及生活废水的排入使存在配位体更为复杂，如无机 CN^-、有机洗涤剂、NTA、EDTA、农药和大分子环状化合物。这些有机物大都是含有未共用电子对的活性基团，是较典型的电子供给体，易与重金属形成稳定的配合物。湖水中汞大部分与腐殖酸配合，而在海水中汞则主要与 Cl^- 配合。

配合作用对金属化合物的形态、溶解度、迁移和生物效应等均具有重要意义。配合作用的结果使原来不溶于水的金属化合物转变为可溶性的金属化合物，如废水中的配位体可从管道和沉积物中将金属溶出。配合作用可以改变固体的表面性质及吸附行为，可以因为在固体表面争夺金属离子使金属的吸附受到抑制，也可以因为配合物被吸附到固体表面后又成为固体表面新的吸附点。配合作用还可以改变金属对水生生物的营养可给性和毒性。金属配合物，如血红蛋白中的铁配合物和叶绿素中的镁配合物对于生命活动是至关重要的。

2.5.1 配位化学基础（The basis of coordination chemistry）

配位化学又称络合物化学。配位化合物（coordination compounds）简称配合物或络合物（complexes）。

配合物是由处于中心位置的原子或离子（一般为金属，可称配合物的核）与周围一定数目的配位体（ligands）分子或离子键合组成。与中心原子或离子直接键合的原子叫配位原子，配位原子的数目叫配位数（coordination number）。

例如 $Co(NH_3)_6^{3+}$，Co 是中心离子，NH_3 是配位体，N 是配位原子，6 是配位数。对该配合物的命名为六氨合钴（Ⅲ）离子。

在命名时，一般可按以下顺序：

配位数—配位体名称—合—金属名称（价态）—离子

当配合物为中性分子时，后面的“离子”二字就不用了。当配位体有多个时，掌握先阴离子后中性分子，先简单后复杂的原则。

例如，$Fe(CN)_6^{4-}$　　六氰合铁（Ⅱ）离子

$Al(H_2O)_6^{3+}$　　六水合铝（Ⅲ）离子

$CaSO_4^0$　　硫酸合钙（Ⅱ）

$Co(CN)(H_2O)(NH_3)_4^{2+}$　　一氰·一水·四氨合钴（Ⅲ）离子

当配位体只有一个配位原子与中心金属离子相连时，称为单齿配位体（monodentate ligand）；当配位体有两个或两个以上的配位原子与中心金属相连时，称为多齿配位体（multidentate ligand），多齿配位体也即螯合剂（chelating agent）。由螯合剂与同一中心金属离子形成的配合物称为螯合物（chelate）。

例如 EDTA 有 6 个配位原子与钙离子相连。

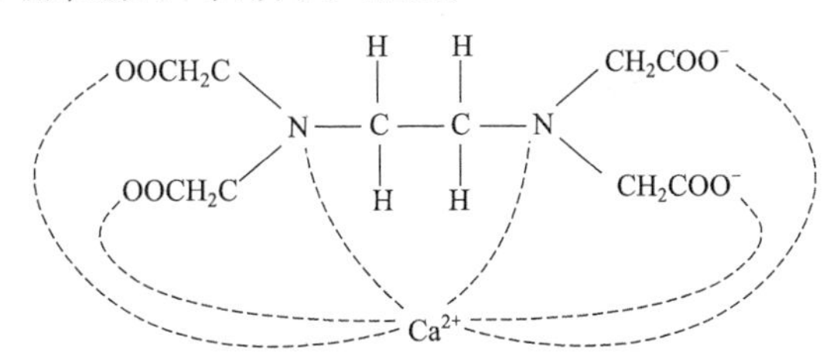

在测定水中 COD 时，当用 Fe^{2+} 滴定未作用完的 $Cr_2O_7^{2-}$ 时，用到的邻菲啰啉（1,10-phenanthroline）指示剂是一种螯合剂，它能与 Fe^{2+} 形成的如下结构的红色配合物（见下图）。当 $Cr_2O_7^{2-}$ 被滴定完后，略过量的 Fe^{2+} 立即与邻菲啰啉生成红色物质，指示终点。

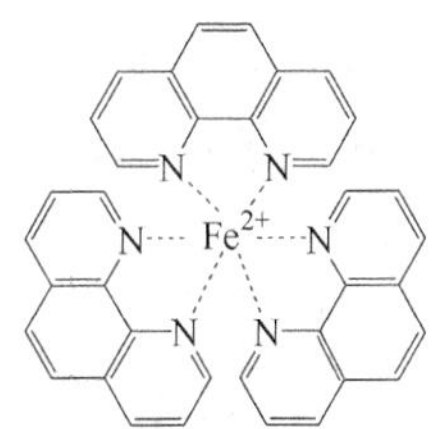

含有一个中心金属离子的配合物称为单核配合物（mononuclear complex），含有一个以上中心金属离子的配合物称为多核配合物（polynuclear complex）。当 Al^{3+} 作为絮凝剂加入水中，在中性 pH 值缓冲条件下可形成多核配合物，如 $Al_2(H_2O)_8(OH)_2^{4+}$，它的形成过程如下

$$Al(H_2O)_6^{3+} + H_2O \longrightarrow Al(H_2O)_5OH^{2+} + H_3O^+$$

$$2Al(H_2O)_5OH^{2+} \longrightarrow Al_2(H_2O)_8(OH)_2^{4+} + 2H_2O$$

即

$$\left[(H_2O)_4-Al\begin{matrix}OH\\ \\OH_2\end{matrix}\right]^{2+} + \left[\begin{matrix}HO\\ \\H_2O\end{matrix}Al-(OH_2)_4\right]^{2+} \longrightarrow \left[(H_2O)_4-Al\begin{matrix}\overset{H}{O}\\ \\ \underset{H}{O}\end{matrix}Al-(OH_2)_4\right]^{4+} + 2H_2O$$

常把 $Al_2(H_2O)_8(OH)_2^{4+}$ 简写为 $Al_2(OH)_2^{4+}$，其他典型的多核铝配合物还有：$Al_7(OH)_{17}^{4+}$ 和 $Al_{13}(OH)_{34}^{5+}$。

有一类配合物的配位体和中心离子的键合作用较弱，在配位体和中心离子之间有水层相隔，它们相互结合的强度仅比静电作用稍强，这一类配合物称为离子对（ion pairs），如 $CaCO_3^0$、$CaHCO_3^+$、$CaSO_4^0$、$CaOH^+$、$MgCO_3^0$、$MgSO_4^0$ 等。

配合物的稳定性可由平衡常数表示。对于

$$Cu^{2+} + NH_3(aq) \rightleftharpoons Cu(NH_3)^{2+}$$

在忽略离子强度影响时，有

$$K = \frac{[Cu(NH_3)^{2+}]}{[Cu^{2+}][NH_3(aq)]}$$

这里的平衡常数 K 称为形成常数（formation constant）或稳定常数（stability constant）。稳定常数越大表示形成的配合物越稳定。

上述反应的逆反应的平衡常数为

$$K' = \frac{[Cu^{2+}][NH_3(aq)]}{[Cu(NH_3)^{2+}]}$$

这里 K' 称为离解常数（dissociation constant）或不稳定常数（instability constant）。

因此有 $K = 1/K'$　即　　$K_{稳} = 1/K_{不稳}$

取对数后有　　$\lg K_{稳} = -pK_{不稳}$

在实际应用中，常以 $\lg K_{稳}$ 或 $pK_{不稳}$ 的大小比较配合物的稳定性，$\lg K_{稳}$ 或 $-pK_{不稳}$ 越大，表示配合物越稳定。

中心离子能否形成稳定配合物与中心离子的外层电子构型有关，以具有电子未充满 d 轨道的过渡元素形成配合物的能力最强。周期表中各元素形成配合物的稳定性的大致情况见图 2-20 所示。

配位体在形成稳定配合物的能力方面也是不同的。磷酸盐、羟基和碳酸盐等倾向于形成稳定配合物，而高氯酸盐和硝酸盐形成配合物的倾向极小，因此 ClO_4^- 和 NO_3^- 常用作控制离子强度不变的试剂，例如在用氟离子选择电极法测定水中氟化物时，常用到以 $1mol \cdot L^{-1}$ $NaNO_3$ 和 $0.2mol \cdot L^{-1}$ 柠檬酸钠配制成的总离子强度缓冲溶液。

多齿配位体与金属离子形成螯合物时，螯合物的稳定性比组成和结构相近似的非螯合物更高。螯合物的特殊稳定性和环形结构的形成有关。一般将这种由于螯合成环而使配合物具有特殊稳定性的作用称为“螯合效应”（chelate effect）。一般来说，具有五元环和六元环的螯合物最稳定，它们比较小或较大的螯合物都稳定。当螯合物分子中含有多个环时称为稠环，环越多，螯合物越稳定。

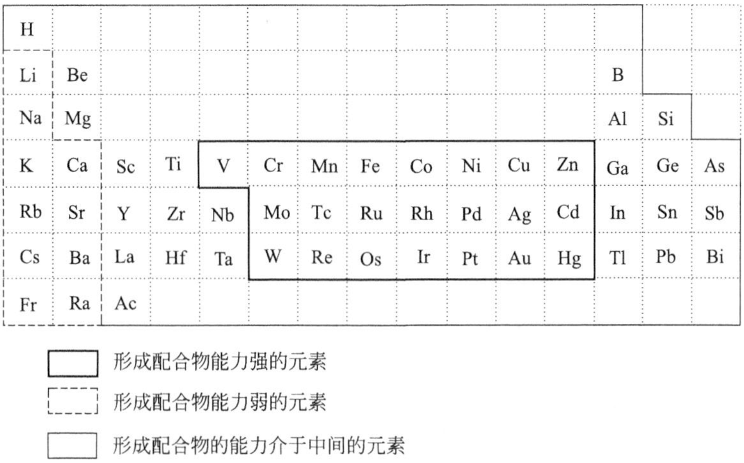

H														
Li	Be											B		
Na	Mg											Al	Si	
K	Ca	Sc	Ti	V	Cr	Mn	Fe	Co	Ni	Cu	Zn	Ga	Ge	As
Rb	Sr	Y	Zr	Nb	Mo	Tc	Ru	Rh	Pd	Ag	Cd	In	Sn	Sb
Cs	Ba	La	Hf	Ta	W	Re	Os	Ir	Pt	Au	Hg	Tl	Pb	Bi
Fr	Ra	Ac												

形成配合物能力强的元素

形成配合物能力弱的元素

形成配合物的能力介于中间的元素

图 2-20　周期表中形成不同稳定性的配合物的 3 类元素

2.5.2　平衡计算（Equilibrium calculation）

当中心离子与配位体形成多配位数配合物时，配合物的稳定（形成）常数有两种写法，一种称为分级形成常数（stepwise formation constant），以 K 表示，另一种称为累积形成常数（overall formation constant），以 β 表示。

例如 Hg^{2+} 与 Cl^- 的配合反应，有

$$Hg^{2+} + Cl^- \rightleftharpoons HgCl^+ \qquad \lg K_1 = 7.15$$

$$HgCl^+ + Cl^- \rightleftharpoons HgCl_2^0 \qquad \lg K_2 = 6.9$$

$$HgCl_2^0 + Cl^- \rightleftharpoons HgCl_3^- \qquad \lg K_3 = 1.0$$

$$HgCl_3^- + Cl^- \rightleftharpoons HgCl_4^{2-} \qquad \lg K_4 = 0.7$$

或

$$Hg^{2+} + Cl^- \rightleftharpoons HgCl^+ \qquad \lg\beta_1 = 7.15$$

$$Hg^{2+} + 2Cl^- \rightleftharpoons HgCl_2^0 \qquad \lg\beta_2 = 14.05$$

$$Hg^{2+} + 3Cl^- \rightleftharpoons HgCl_3^- \qquad \lg\beta_3 = 15.05$$

$$Hg^{2+} + 4Cl^- \rightleftharpoons HgCl_4^{2-} \qquad \lg\beta_4 = 15.75$$

下面以 COD 测定中加入 $HgSO_4$ 防止 Cl^- 的干扰为例作计算练习。

【例 2-12】 某水样含 Cl^- 浓度为 $1000mg \cdot L^{-1}$，在 20mL 水样中加入 0.4g H_2SO_4 和其他试剂 40mL，求平衡时 Hg^{2+} 与 Cl^- 的各种配合物的浓度以及游离 Cl^- 的浓度。忽略离子强度影响，温度为 25℃。

解：有未知数 $[Hg^{2+}]$，$[Cl^-]$，$[HgCl^+]$，$[HgCl_2^0]$，$[HgCl_3^-]$ 和 $[HgCl_4^{2-}]$ 共 6 个，Hg^{2+} 与 OH^- 形成配合物的可能性不大，因为在 COD 测定中加入相当量的浓硫酸，pH 值极低。需列出 6 个方程式

① $$c_{T,Hg} = \frac{0.4g\ HgSO_4}{297g\ HgSO_4 \cdot mol^{-1}} \times \frac{1}{(20+40)\times 10^{-3}L}$$

$$= 2.24 \times 10^{-2} mol \cdot L^{-1}$$

$$=[Hg^{2+}]+[HgCl^{+}]+[HgCl_2^0]+[HgCl_3^-]+[HgCl_4^{2-}]$$

② $$c_{T,Cl}=\frac{1g\ Cl^- \cdot mol^{-1}\times(20\times10^{-3})L}{35.5g\ Cl^- \cdot mol^{-1}\times(20+40)\times10^{-3}L}$$
$$=9.39\times10^{-3}mol\cdot L^{-1}$$
$$=[Cl^-]+[HgCl^+]+2[HgCl_2^0]+3[HgCl_3^-]+4[HgCl_4^{2-}]$$

③ $$\beta_1=10^{7.15}=\frac{[HgCl^+]}{[Hg^{2+}][Cl^-]}$$

④ $$\beta_2=10^{14.05}=\frac{[HgCl_2^0]}{[Hg^{2+}][Cl^-]^2}$$

⑤ $$\beta_3=10^{15.05}=\frac{[HgCl_3^-]}{[Hg^{2+}][Cl^-]^3}$$

⑥ $$\beta_4=10^{15.75}=\frac{[HgCl_4^{2-}]}{[Hg^{2+}][Cl^-]^4}$$

解上述联立方程，可求出各物种浓度，从逐级形成常数看，形成 $[HgCl^+]$ 和 $[HgCl_2^0]$ 趋势远比形成 $[HgCl_3^-]$ 和 $[HgCl_4^{2-}]$ 的大，溶液中，Hg^{2+} 和 Cl^- 形成的配合物主要为 $[HgCl^+]$ 和 $[HgCl_2^0]$，其他可忽略不计，这样便使问题大为简化，解得

$$[HgCl^+]=6.0\times10^{-3}mol\cdot L^{-1}$$
$$[HgCl_2^0]=1.6\times10^{-3}mol\cdot L^{-1}$$
$$[HgCl_3^-]=4.3\times10^{-9}mol\cdot L^{-1}$$
$$[HgCl_4^{2-}]=6.0\times10^{-16}mol\cdot L^{-1}$$
$$[Hg^{2+}]=1.4\times10^{-2}mol\cdot L^{-1}$$
$$[Cl^-]=3.0\times10^{-8}mol\cdot L^{-1}$$

经验证，答案成立。从结果中可看出，游离 Cl^- 浓度已降得很低，此时 Cl^- 对 COD 的测定的干扰可以消除。虽然在反应过程中，由于 $K_2Cr_2O_7$ 对 Cl^- 的氧化作用，可使 $HgCl_2^0$ 进一步离解

$$HgCl_2^0 \rightleftharpoons Hg^{2+}+2Cl^-$$

这一影响随着加热回流时间增加而增大，但该误差一般可忽略不计。

如果不在水样中加 $HgSO_4$，那么测到的 COD 值会由于 Cl^- 消耗 $K_2Cr_2O_7$ 而产生很大的误差。Cl^- 与 $K_2Cr_2O_7$ 的氧化还原反应如下

$$6Cl^-+Cr_2O_7^{2-}+14H^+\longrightarrow 3Cl_2+2Cr^{3+}+7H_2O$$

根据化学计量关系，1mol Cl^- 消耗 $\frac{1}{6}$mol $Cr_2O_7^{2-}$ 相当于 $\frac{1}{4}$mol O_2，因此在本例中由 Cl^- 产生的对 COD 的贡献为

$$\frac{1000mg\cdot L^{-1}}{35.5mg\cdot mmol^{-1}}\times8mg\cdot mmol^{-1}=225mg\cdot L^{-1}$$

下面以次氮基三乙酸（NTA，nitrilotriacetic acid）为例，再来作一些计算，看看 NTA 作为洗涤剂中聚磷酸盐的取代品，随生活污水进入水体后与水中重金属形成配合物的情况，以及使原来的氢氧化物沉积于底泥中的重金属溶出的情况。

NTA 在失去三个氢离子时有如下结构：

它与两价金属形成四面体结构的螯合物，如图 2-21 所示。

NTA 电离时有如下平衡，以 H_3T 表示 NTA：

$$H_3T \rightleftharpoons H^+ + H_2T^-$$

$$K_{a_1}=\frac{[H^+][H_2T^-]}{[H_3T]}=2.18\times10^{-2}$$

$$pK_{a_1}=1.66$$

$$H_2T^- \rightleftharpoons H^+ + HT^{2-}$$

$$K_{a_2}=\frac{[H^+][HT^{2-}]}{[H_2T^-]}=1.22\times10^{-3} \qquad pK_{a_2}=2.95$$

$$HT^{2-} \rightleftharpoons H^+ + T^{3-}$$

$$K_{a_3}=\frac{[H^+][T^{3-}]}{[H_2T^{2-}]}=5.25\times10^{-11}$$

$$pK_{a_3}=10.28$$

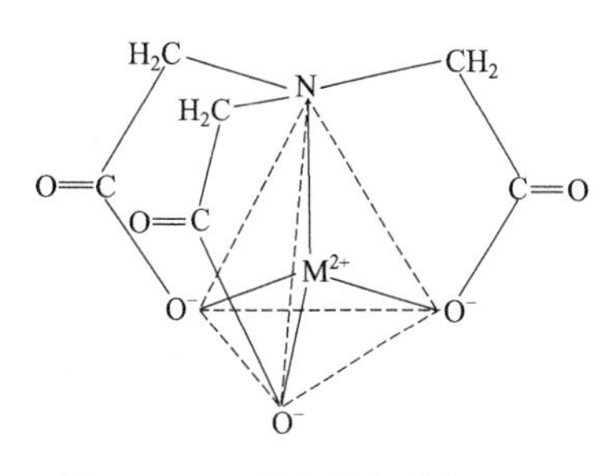

图 2-21　二价金属离子与 NTA 形成四面体构型的螯合物

从以上平衡式中可看出，NTA 有四种存在形式：H_3T、H_2T^-、HT^{2-} 或 T^{3-}，它们的浓度均与溶液的 pH 值有关，同三元酸的 α-pH 图一样，可以画出这四种物质随 pH 值变化的分配图。

T^{3-} 占总 NTA 的分数可以用下式表达：

$$\alpha_{T^{3-}}=\frac{[T^{3-}]}{[H_3T]+[H_2T^-]+[HT^{2-}]+[T^{3-}]}$$

以 K_a 表达式代入可得到如下式子：

$$\alpha_{T^{3-}}=\frac{K_{a_1}K_{a_2}K_{a_3}}{[H^+]^3+K_{a_1}[H^+]^2+K_{a_1}K_{a_2}[H^+]+K_{a_1}K_{a_2}K_{a_3}}$$

令上式分母为 G，则

$$\alpha_{T^{3-}}=\frac{K_{a_1}K_{a_2}K_{a_3}}{G}$$

对于其他三种物质也可推得

$$\alpha_{HT^{2-}}=\frac{K_{a_1}K_{a_2}[H^+]}{G}$$

$$\alpha_{H_2T^-}=\frac{K_{a_1}[H^+]^2}{G}$$

$$\alpha_{H_3T}=\frac{[H^+]^3}{G}$$

典型的不同 pH 值时的 α 各值见表 2-21。

表 2-21　选定 pH 值下 NTA 形态分数

pH 值	α_{H_3T}	$\alpha_{H_2T^-}$	$\alpha_{HT^{2-}}$	$\alpha_{T^{3-}}$
pH<1.00	1.00	0.00	0.00	0.00
$pH=pK_{a_1}$	0.49	0.49	0.02	0.00
$pH=(pK_{a_1}+pK_{a_2})/2$	0.16	0.68	0.16	0.00
$pH=pK_{a_2}$	0.02	0.49	0.49	0.00
$pH=(pK_{a_2}+pK_{a_3})/2$	0.00	0.00	1.00	0.00
$pH=pK_{a_3}$	0.00	0.00	0.50	0.50
pH>12.00	0.00	0.00	0.00	1.00

然后可画得各存在形式随 pH 值变化的分数图，见图 2-22。

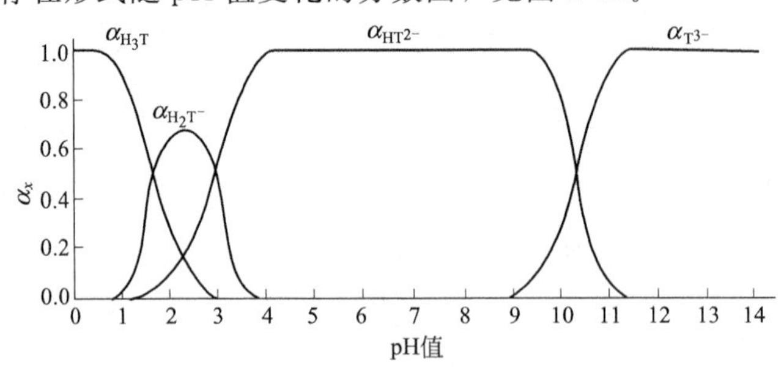

图 2-22　水中 NTA 形态分数 α_x-pH 值图

从图中可看，T^{3-} 只有在 pH 值很高时才占主导地位，对于天然水的 pH 值范围内 HT^{2-} 是占主导地位的。

下面看一下 NTA 与 Pb^{2+} 的配合反应在中性条件下的配合效果。

【例 2-13】 假定水的 pH=7.00，水中未配合的 NTA 浓度为 1.00×10^{-2}mol·L^{-1}，总 Pb 浓度为 1.00×10^{-5}mol·L^{-1}，问 $[Pb^{2+}]/[PbT^-]=?$

解：pH=7.00 时，NTA 的主要存在形式为 HT^{2-}，有如下平衡：

$$HT^{2-}+Pb^{2+}\rightleftharpoons PbT^-+H^+$$

上式的平衡常数可由下面两式得到：

$$Pb^{2+}+T^{3-}\rightleftharpoons PbT^-$$

$$K_f=\frac{[PbT^-]}{[Pb^{2+}][T^{3-}]}=2.45\times10^{11}$$

$$HT^{2-}\rightleftharpoons H^++T^{3-}$$

$$K_{a_3}=\frac{[H^+][T^{3-}]}{[HT^{2-}]}=5.25\times10^{-11}$$

将两式相加得

$$HT^{2-}+Pb^{2+}\rightleftharpoons PbT^-+H^+$$

$$K=\frac{[PbT^-][H^+]}{[HT^{2-}][Pb^{2+}]}=K_fK_{a_3}=2.45\times10^{11}\times5.25\times10^{-11}=12.9$$

由上式可得

$$\frac{[Pb^{2+}]}{[PbT^-]}=\frac{[H^+]}{[HT^{2-}]K}=\frac{1.00\times10^{-7}}{1.00\times10^{-2}\times12.9}=7.75\times10^{-7}$$

所以即使在 pH=7.00 的情况下，T^{3-} 仅占 NTA 很小的比例，但还是能很好地螯合 Pb^{2+}。这时 Pb^{2+} 的浓度非常低。

$$[Pb^{2+}]=7.75\times10^{-7}\times1.00\times10^{-5}=7.75\times10^{-12}\,mol\cdot L^{-1}$$

环境化学中一个重要的问题是：当水生态系统引入强配位体后使沉积物中的有毒重金属溶解出来。这个问题可以通过实验进行研究，也可以通过计算来预测。重金属的溶解度由很多因素决定，包括重金属配合物的稳定性、配位体浓度、pH 值和不溶金属化合物性质。

【例 2-14】 水的 pH＝8.00，水中 NTA 浓度为 $25mg\cdot L^{-1}$ [以三钠盐形式存在，$N(CH_2COONa)_3$，相对分子质量为 257]，问：是否有 $Pb(OH)_2$ 溶解？若有，溶出多少？

解：当 pH＝8.00，由图 2-22 可知，NTA 基本上还是以 HT^{2-} 的形式存在，因此 $Pb(OH)_2$ 的溶解反应如下：

$$Pb(OH)_2(s)+HT^{2-}\rightleftharpoons PbT^{-}+OH^{-}+H_2O$$

K 值可由下面几式相加得到：

$$Pb(OH)_2(s)\rightleftharpoons Pb^{2+}+2OH^{-}$$

$$K_{sp}=[Pb^{2+}][OH^{-}]^2=1.61\times10^{-20}$$

$$HT^{2-}\rightleftharpoons H^{+}+T^{3-}$$

$$K_{a_3}=\frac{[H^{+}][T^{3-}]}{[HT^{2-}]}=5.25\times10^{-11}$$

$$Pb^{2+}+T^{3-}\rightleftharpoons PbT^{-}$$

$$K_f=\frac{[PbT^{-}]}{[Pb^{2+}][T^{3-}]}=2.45\times10^{11}$$

$$H^{+}+OH^{-}\rightleftharpoons H_2O$$

$$\frac{1}{K_w}=\frac{1}{[H^{+}][OH^{-}]}=\frac{1}{1.00\times10^{-14}}$$

将上面四式相加得

$$Pb(OH)_2(s)+HT^{2-}\rightleftharpoons PbT^{-}+OH^{-}+H_2O$$

$$K=\frac{[PbT^{-}][OH^{-}]}{[HT^{2-}]}=\frac{K_{sp}K_{a_3}K_f}{K_w}=2.07\times10^{-5}$$

NTA 总浓度为 $$\frac{25\times10^{-3}g\cdot L^{-1}}{257g\cdot mol^{-1}}=9.7\times10^{-5}mol\cdot L^{-1}$$

在 pH＝8.0 时，NTA 只有以 HT^{2-} 或 PbT^{-} 形式存在，它们的浓度比为

$$\frac{[PbT^{-}]}{[HT^{2-}]}=\frac{K}{[OH^{-}]}=\frac{2.07\times10^{-5}}{1.00\times10^{-6}}=20.7$$

因此，$[PbT^{-}]\approx9.7\times10^{-5}mol\cdot L^{-1}$，Pb 的原子量为 207，因而约有 $9.7\times10^{-5}\times207=20mg\cdot L^{-1}$ 的铅溶出。由上式可看出 PbT^{-} 的浓度与 pH 值有关，当 pH 值升高，NTA 配合的铅减少。

实际情况是较复杂的，氢氧化物、碳酸盐、碳酸氢盐之间有竞争。金属离子之间也有竞争，如 Pb^{2+} 与 Ca^{2+} 之间的竞争，还有动力学的因素，因此这样的计算只能得到一般的指导性数据。

当研究海水中重金属的配合时，还要考虑 Cl^{-} 的配合作用。图 2-23 显示了海水中 Cd^{2-} 与 NTA 的配合情况，Cl^{-} 过量形成氯配合物，当 H^{+} 浓度高时 CdT^{-} 被打破，Ca^{2+} 与 Mg^{2+} 都与 Cd^{2+} 争 NTA 配位体。

$$
\begin{array}{ccccccccc}
 & & & & & & \mathrm{CaT^-} & & \\
 & & & & & & \Big\Updownarrow \mathrm{Ca^{2+}} & & \\
\mathrm{CdCl_2} & \underset{}{\overset{\mathrm{Cl^-}}{\rightleftharpoons}} & \mathrm{CdCl^+} & \overset{\mathrm{Cl^-}}{\rightleftharpoons} & \mathrm{Cd^{2+}} & \overset{\mathrm{T^{3-}}}{\rightleftharpoons} & \mathrm{CdT^-} & \overset{\mathrm{H^+}}{\rightleftharpoons} & \mathrm{HT^{2-}} \\
 & & & & & & \Big\Updownarrow \mathrm{Mg^{2+}} & & \\
 & & & & & & \mathrm{MgT^-} & &
\end{array}
$$

图 2-23 海水中镉与 NTA 的螯合图解

2.5.3 金属 (Metals)

2.5.3.1 铜在水与废水中的行为(The behaviour of copper in water and wastewater)

铜在天然水与废水中可与许多无机配位体和有机配位体形成配合物，例如 Cu^{2+} 可与氨基酸形成螯合物。

一些氨基酸，如亮氨酸、丙氨酸、缬氨酸、丝氨酸、谷氨酸、天（门）冬氨酸和酪氨酸的 $\lg\beta_1$ 在 7～9 的范围内，$\lg\beta_2$ 在 14～16 的范围内。半胱氨酸含有—SH 基，它能与 Cu^{2+} 形成稳定配合物，其 $\lg\beta_1=19.5$。

表 2-22 列举了铜在自来水、污水和天然水中形成可溶性配合物的情况。

表 2-22 铜在自来水、污水和天然水中形成可溶性配合物的浓度分布

水样	铜加入量/($\mu g \cdot L^{-1}$)	pH	硬度 (以 HCO_3^- 计)/($mmol \cdot L^{-1}$)	硬度 (以 $CaCO_3$ 计)/($mg \cdot L^{-1}$)	以不同形态存在的铜浓度/($\mu g \cdot L^{-1}$)					
					Cu^{2+}	$CuCO_3^0$	氨基酸配合物	惰性腐殖质配合物	乙醇萃取物	氰配合物等
自来水	200	7.51	5.6	320	5.8	202	—	—	—	—
沉淀后的污水	200	7.87	9	250	0.03	3.5	32	40	24	100
河水 1	800	7.62	5.1	400	11	435	126	48	—	200
河水 2	800	8.19	5.7	340	0.9	148	480	—	170	—

从表 2-22 中可看出，不管哪一种水，游离 Cu^{2+} 都不是主要的溶解物种，可见，绝大部分铜是以配合物形式存在的。当考虑到多相平衡时，除了 CuO(s)外，由于颗粒物的吸附作用，一部分溶解态含铜物种会转化到颗粒相中去。有人研究了英国一些被污染的河流后，发现总铜含量的 43%～88%（平均 69%）是存在于颗粒相中的。

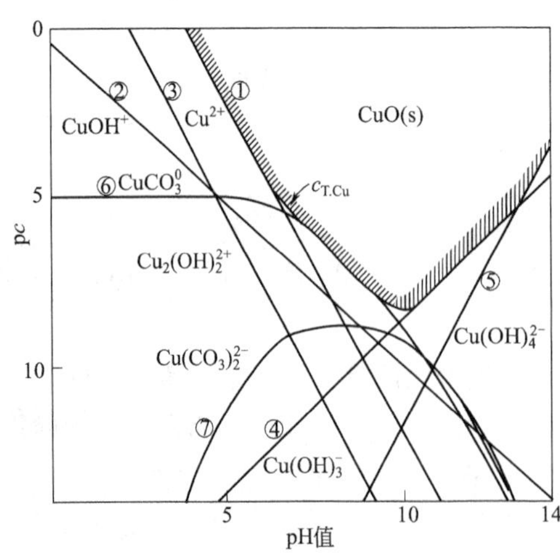

图 2-24 水中铜物种分布 pc-pH 值图

($c_{T,CO_3}=10^{-3} mol \cdot L^{-1}$)

在天然水中，存在着碳酸盐缓冲系统，从表 2-22 中也可看出 $CuCO_3^0$ 占有重要的比重。图 2-24 是天然水中铜与 OH^- 和 CO_3^{2-} 等配位体形成的各种配合物处于多相平衡时的 pc-pH 图。

从图中可看出，当 pH 值较高，浓度较高时，铜以固相 CuO 存在，包围它的是溶解铜物种的 c_T 浓度。当 pH<6.5 时，溶解铜的主要物种是 Cu^{2+}，在 pH＝6.5～9.5 范围内，溶解铜的主要物种是 $CuCO_3^0$，这一 pH 值范围是大多数天然水中的范围，从表 2-22 中的数据也说明了这一点。当 pH>9.5 溶解铜的主要物种是 $Cu(OH)_3^-$ 和 pH 值更高时的 $Cu(OH)_4^{2-}$。

一般认为游离 Cu^{2+} 对鱼有较高的毒性，当水的 pH 值在中性偏酸性时，由于较高的 Cu^{2+} 浓度会对鱼产生毒性，当 pH 值升高至 7 或 7 以上时，Cu^{2+} 浓度急剧下降。这时水对鱼的毒性也会大为减轻。铜在硬水中的毒性要较在软水中小，这是因为高硬度的水常伴随高碱度，Ca^{2+}、Mg^{2+} 在从岩石中溶解到水中时也伴随着 HCO_3^- 和 CO_3^{2-} 进入水中，因此形成 $CuCO_3^0$ 配合物比重增大，相对游离 Cu^{2+} 的浓度减小，故而硬水比软水有较低的毒性。这与一般观察到的重金属在硬水中对鱼的毒性要比软水中小得多是一致的。

2.5.3.2 金属离子的水解——以 H_2O 和 OH^- 为配位体(Hydrolysis of metal ions——H_2O and OH^- as ligands)

金属离子与水配位体形成的配合物称为水合（或称水化）金属离子（hydrated metal ions），当水中的 OH^- 配位体与 H_2O 配位体发生交换反应时，常称为水解（hydrolysis）。金属离子的水解反应在天然水与水处理中具有重要意义。

例如，水合铝（Ⅲ）离子的分级水解反应可以用下面一系列反应式表示：

$$Al(H_2O)_6^{3+} + H_2O \rightleftharpoons Al(H_2O)_5OH^{2+} + H_3O^+$$

$$Al(H_2O)_5(OH)^{2+} + H_2O \rightleftharpoons Al(H_2O)_4(OH)_2^+ + H_3O^+$$

$$Al(H_2O)_4(OH)_2^+ + H_2O \rightleftharpoons Al(H_2O)_3(OH)_3(s) + H_3O^+$$

$$Al(H_2O)_3(OH)_3(s) + H_2O \rightleftharpoons Al(H_2O)_3(OH)_4^- + H_3O^+$$

上述反应常简写成：

$$Al^{3+} + H_2O \rightleftharpoons AlOH^{2+} + H^+$$

$$AlOH^{2+} + H_2O \rightleftharpoons Al(OH)_2^+ + H^+$$

$$Al(OH)_2^+ + H_2O \rightleftharpoons Al(OH)_3(s) + H^+$$

$$Al(OH)_3(s) + H_2O \rightleftharpoons Al(OH)_4^- + H^+$$

上述反应也可以写成：

$$Al^{3+} + OH^- \rightleftharpoons AlOH^{2+}$$

$$AlOH^{2+} + OH^- \rightleftharpoons Al(OH)_2^+$$

$$Al(OH)_2^+ + OH^- \rightleftharpoons Al(OH)_3(s)$$

$$Al(OH)_3(s) + OH^- \rightleftharpoons Al(OH)_4^-$$

表 2-23 中列举了水化学中一些重要金属离子与羟基形成配合物的累积形成常数。三价金属离子和大部分二价金属离子在天然水中都能与 OH^- 形成配合物，碱土金属只有在较高 pH 值（pH>9）时才会发生水解。显然，pH 值升高将促进金属离子的水解。

表 2-23 金属的羟基配合物的有关平衡常数

离　子	$\lg\beta_1$ ①	$\lg\beta_2$	$\lg\beta_3$	$\lg\beta_4$	$\lg K_{sp}$ ②
Fe^{3+}	11.84	21.26	—	33.0	−38
Al^{3+}	9	—	—	34.3	−33
Cu^{2+}	8.0	—	15.2	16.1	−19.3
Fe^{2+}	5.7	(9.1)③	10	9.6	−14.5
Mn^{2+}	3.4	(6.8)	7.8	—	−12.8
Zn^{2+}	4.15	(10.2)	(14.2)	(15.5)	−17.2
Cd^{2+}	4.16	8.4	(9.1)	(8.8)	−13.6

① β_i 是反应 $M^{n+} + iOH^- \rightleftharpoons M(OH)_i^{(n-i)+}$ 的累积平衡常数。

② K_{sp} 是反应 $Mn(OH)_n(s) \rightleftharpoons M^{n+} + nOH^-$ 的平衡常数。

③ 括号表示估计值。

在用铝盐絮凝剂进行水处理过程中，由于铝离子的水解，消耗水中的碱度，因此为了不使絮凝剂效果降低，需要保持水中具有一定的碱度。

【例 2-15】 在水处理中加入 $25mg \cdot L^{-1}$ 硫酸铝絮凝剂 [$Al_2(SO_4)_3 \cdot 14H_2O$]，问：为了保持水在絮凝过程中的碱度不变，需加入多少 NaOH 就可以认为铝盐水解的主要产物是 $Al(OH)_3(s)$。这符合一般水处理的实际情况。

解：这实际是一个酸碱反应的题目。铝离子是酸，水解时消耗水中的 OH^-，OH^- 是碱，这部分碱需要加入 NaOH 补偿，才能保持水的总碱度不变。根据反应：

$$Al^{3+} + 3OH^- \rightleftharpoons Al(OH)_3(s)$$

1mol Al^{3+} 水解生成 $Al(OH)_3$（s）时需消耗 3mol OH^-，加入铝盐的浓度为 [$Al_2(SO_4)_3 \cdot 14H_2O$ 的相对分子质量为 594]

$$[Al^{3+}] = \frac{25mg \cdot L^{-1}}{594mg \cdot mmol^{-1}} \times 2 = 0.084mmol \cdot L^{-1}$$

消耗的羟基离子浓度为

$$[OH^-] = 3 \times 0.084 = 0.25\ (mmol \cdot L^{-1})$$

故需要加入 NaOH（NaOH 的相对分子质量为 40）

$$0.25mmol \cdot L^{-1} \times 40mg \cdot mmol^{-1} = 10mg \cdot L^{-1}$$

研究表明，铝离子在水中除了形成单核羟基配合物外，还能形成多核羟基配合物，如 $Al_2(OH)_2^{4+}$，$Al_7(OH)_{17}^{4+}$ 和 $Al_{13}(OH)_{34}^{5+}$ 等。多核配合物在水处理中相对于单核配合物而言是更有效的絮凝剂。

2.5.4 腐殖质（Humic substances）

腐殖质是一类天然有机物质，来自动植物的分解产物及其副产物。腐殖质广泛地存在于水体中，含量往往较高，如河水中平均在 $10 \sim 50mg \cdot L^{-1}$ 之间，有时高达 $200mg \cdot L^{-1}$；且有很强的螯合能力，因而被认为是重金属离子最重要的天然螯合剂。

2.5.4.1 腐殖质成分、性质与结构(Characteristics of humic substances)

腐殖质的组成非常复杂。目前根据它在溶剂中的溶解度和颜色，分成如图 2-25 所示的几种成分。即一大成分是富里酸（fulvic acid），又称黄腐酸，这是腐殖质中能够溶于碱或酸的部分。另一大成分是胡敏酸（humic acid），它是腐殖质中能够溶于碱不溶于酸的部分。胡敏酸在酒精等有机溶剂中的可溶部分叫棕腐酸，不溶部分叫黑腐酸。至于胡敏素，则是腐殖质中既不溶于碱也不溶于酸的部分。研究表明，它是与矿物质牢固结合的胡敏酸，或是变性了的胡敏酸。实际上还是属于胡敏酸这一成分。鉴于腐殖质在水溶液中的溶解度和颜色，使天然水和活性污泥水处理厂的出水常带浅棕黄色。

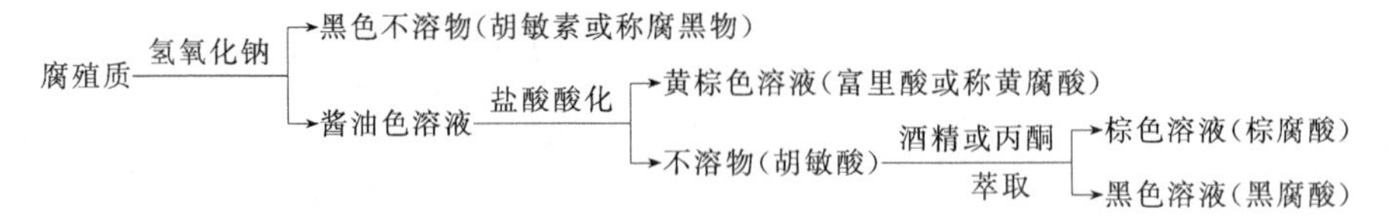

图 2-25 腐殖质成分的划分

腐殖质的性质可以归纳为以下几点：①主要由碳、氢、氧、氮和少量硫、磷等元素组成。②相对分子量范围从几百至 10^6，其中富里酸相对分子质量较低。③深棕色或黑色是腐殖质高相对分子质量部分的特征，浅棕色或黄色则是其低相对分子质量的特征。④酸性大多来自于所含有的羟基和酚基的解离。⑤对金属离子的螯合能力强。⑥在氧化剂作用下可被氧化分解。利用这一性质，能够排除腐殖质对研究对象的干扰。⑦结构中心部分的碳骨架牢固，能抵制环境中化学和微生物的作用。⑧通过氢键等理化作用，形成巨大的聚集体，呈现多孔疏松的海绵结构，有很大的表面积。如经 BET（由 Brunauer、Emmett 和 Teller 三人提出的多分子吸附层理论）法测定一种腐殖酸的表面积高达 $340m^2/g$。⑨来源不同，性质相似而不相同。

表 2-24 对胡敏酸与富里酸的相对分子质量、各元素所占比重、溶解性质及其与金属形成配合物功能基团的比例等性质作大致比较。

表 2-24 胡敏酸与富里酸的性质比较

性质	胡敏酸	富里酸	性质	胡敏酸	富里酸
元素组成(以质量分数计)			羧基(carboxyl)—COOH	14～45	58～65
C	50～60	40～50	酚基(phenol)—C_6H_4—OH 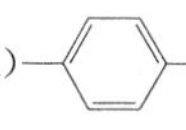	10～38	9～19
H	4～6	4～6			
O	30～35	44～50			
N	2～4	<1～3	羟基(hydroxyl)—C—OH	13～15	11～16
S	1～2	0～2			
在 pH=1 的强酸中的溶解性	不溶	溶解	羰基(carbonyl) >C=O	4～23	4～11
相对分子质量范围	10^3～10^6	180～10^4			
下述官能团中氧的百分率			甲氧基(methoxyl)—O—CH_3	1～5	1～2

从表中可看出，富里酸有较高的氧含量，其中以羧基中的居多。因此富里酸较胡敏酸具有更强的螯合能力。

腐殖质的结构十分复杂，即使是相对低分子质量的富里酸的结构也没有被确定下来。然而，根据腐殖质性质和其他方面的研究，说明腐殖质是以多元酚和醌作为芳香核心的多聚物。其中芳香核心上有羧基、酚基、羰基、糖、肽等，核心之间通过多种桥键（如—O—、—CH_2—、=CH—、—NH—、—S—S—）连接起来。在上面共同见解的基础上，有人提出腐殖质的分子结构模型，但也有人对此持相反看法，认为腐殖质的结构有别于其他天然高分子化合物，不存在着完整固定的分子结构，而是芳香核心随机聚集的化学结构。

一种假设的代表富里酸主干成分的结构式如图 2-26 所示。

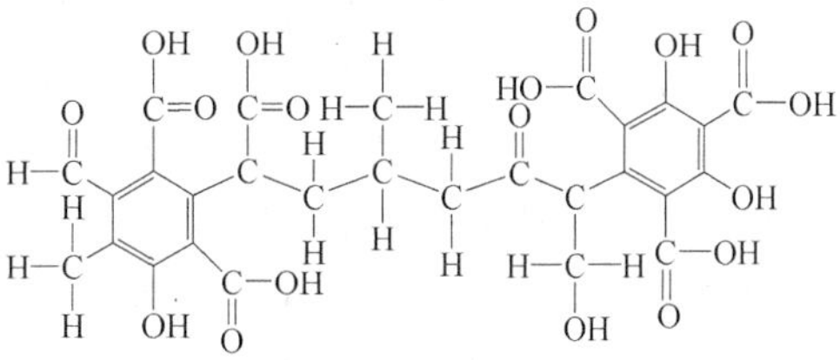

这一结构式代表了组成富里酸的典型化合物，该化合物的相对分子质量为 666，分子式为 $C_{20}H_{15}(COOH)_6(OH)_5(CO)_2$。

由于氢键的作用，可使富里酸成为庞大的分子。富里酸犹如一张敞开的网，能通过物理和化学作用把与之结合的金属及其他有机物，如肽、碳水化合物等都网罗进来。

图 2-26 一种假设的代表富里酸主干成分的结构式

2.5.4.2 腐殖质与金属离子的螯合(Chelation between humic substances and metals)

实验证明，除碱金属离子尚未定论以外，其余金属离子都能同腐殖质螯合。腐殖质担负螯合的配位基团，主要是芳香核心侧键上的活性羧基、酚基、羰基以及氨基等。腐殖质与金属离子的螯合反应可用下式示意：

$$\mathrm{Hum}\begin{matrix}\diagup \mathrm{COOH}\\ \diagdown \mathrm{OH}\end{matrix} + M^{2+} \rightleftharpoons \mathrm{Hum}\begin{matrix}\diagup \overset{\displaystyle O}{\overset{\|}{C}}-O \diagdown \\ \diagdown O \diagup \end{matrix} M + 2H^{+}$$

腐殖质的螯合能力随金属离子而改变，表现出较强的选择性。湖泊腐殖质的螯合能力按Hg^{2+}、Cu^{2+}、Ni^{2+}、Zn^{2+}、Co^{2+}、Cd^{2+}、Mn^{2+}顺序递降。腐殖质的螯合能力与其来源有关，并与同一来源的不同成分有关。一般，相对分子质量小的成分对金属离子螯合能力强，反之，螯合能力弱。如富里酸螯合能力大于棕腐酸，而后者又大于黑腐酸。从上面腐殖质与金属离子的螯合的代表反应式可以看出，腐殖质的螯合能力还同体系 pH 值有关。体系 pH 值降低，螯合能力减弱。另外，水的盐度和钙、镁、氯等常见离子的含量对腐殖质的螯合作用也有影响。一些研究表明，湖水中大多数汞（Ⅱ）是与腐殖质螯合存在；但在海水中由于盐度增加，离子强度较大，钙、镁离子含量较高对腐殖质争夺可观，氯离子含量较高成为腐殖质配位螯合的有力竞争者，而使得海水中腐殖质与汞（Ⅱ）的螯合作用显著减弱。不少人认为，海水中汞的基本存在形态是汞（Ⅱ）氯配合物。

虽然写不出金属与富里酸确切的配合反应，但可通过实验求得金属-富里酸配合物的稳定常数，富里酸可从水中的腐殖质分离得到。表 2-25 是一些金属-富里酸配合物的形成常数(即稳定常数)。

表 2-25　一些金属-富里酸配合物的形成常数（离子强度为 $0.1mol \cdot L^{-1}$）

金属离子	测量时的 pH 值	lg$K$	金属离子	测量时的 pH 值	lg$K$
Fe^{3+}	1.7	6.1	Pb^{2+}	3.0	2.6
Al^{3+}	2.35	3.7	Zn^{2+}	3.0	2.4
Cu^{2+}	3.0	3.3	Mn^{2+}	3.0	2.1
Ni^{2+}	3.0	3.1	Mg^{2+}	3.0	1.9
Co^{2+}	3.0	2.9			

一般来说，在腐殖质分子中胡敏酸-金属离子螯合物的可溶性较小，富里酸的较大。这类螯合物的可溶性还与溶液 pH 值有密切关系。通常，胡敏酸金属离子螯合物在酸性时可溶性最小，而富里酸在接近中性时可溶性最小。所以，天然水中腐殖质与金属离子形成螯合物后，根据水的 pH 值和螯合的腐殖质成分情况，可能增强或减弱重金属的水迁移能力。水中重金属离子若能与腐殖质形成可溶稳定螯合物时，则可阻止重金属转化为其他难溶物而沉降。水中腐殖质大多以胶体或悬浮颗粒状态存在，这对金属在水中的富集过程起着重要作用。水体腐殖质除明显影响金属形态、迁移转化、富集等环境行为外，还对金属的生物效应产生影响。例如，在腐殖质存在下，因为形成 Fe(Ⅲ)-腐殖质配合物，使总溶解性铁增加，可使水体中被水生生物可利用的 Fe(Ⅲ) 增加，从而促进生物生产量的增加。

此外，在有机物含量高的土壤和沉积物（如泥炭和煤）中，铁、铜和铀的浓度较高，据认为也是由于金属与腐殖质类有机物结合的缘故。

2.6　氧化还原化学（Oxidation and Reduction Chemistry）

氧化还原反应在天然水和水处理中起着重要作用。天然水被有机物污染后与水中的溶解氧发生氧化还原反应，使水中溶解氧减少，可使鱼致死。一个分层湖泊，上下层由于氧化还原气氛的不同，物质的形态会有很大的不同，上层多为氧化态，如 SO_4^{2-}、NO_3^-、HCO_3^-、Fe(Ⅲ)、Mn(Ⅳ) 等，下层多为还原态，如 HS^-、NH_4^+、Fe^{2+}、Mn^{2+} 等，在底泥中，由于处于厌氧条件下，还原性很强，可把碳还原至负 4 价，形成 CH_4。水中三氮盐的转化、重金属形态的转化都与氧化还原反应有直接的关系。水处理中常用到化学氧化剂，如 Cl_2、ClO_2、MnO_4^-、H_2O_2、O_3 等。水处理的效果除了与氧化剂的强弱有关外，氧化速率也是至关重要的。微生物在许多重要的氧化还原反应中起着催化作用。微生物参与的氧化还原作用是生物处理，诸如活性污泥、生物滤池、厌氧消化等废水处理方法的基础。微生物参与的氧化还原反应还对水中营养物质、污染物质转化具有重要意义。此外，金属的腐蚀以及水质分析等也都与氧化还原化学有关。

2.6.1 氧化还原化学基础（The Basis of Oxidation and Reduction Chemistry）

氧化还原化学的本质涉及电子转移，因此氧化还原化学又称为电化学。氧化是失去电子的过程，还原则是得到电子的过程。还原剂（reductant）在反应中被氧化要失去电子，而氧化剂（oxidant）在反应中被还原要得到电子。还原剂是电子的给予体（donor），氧化剂是电子的受体（acceptor）。这与酸碱化学有类似之处，酸碱化学中，酸是质子的给予体，碱是质子的受体。

2.6.1.1 氧化还原反应的化学计量关系(Redox stoichiometry)

可以把一个氧化还原反应分解为两个半反应。例如：

$$Fe+2H^+ \rightleftharpoons Fe^{2+}+H_2(g)$$

可把它分解为

$$\text{氧化反应}\quad Fe \rightleftharpoons Fe^{2+}+2e^-$$

$$\text{还原反应}\quad 2H^+ +2e^- \rightleftharpoons H_2(g)$$

这有助于对一个氧化还原反应本质的理解，也有助于写出一个平衡的氧化还原反应方程式。例如，在用铬法测定水中 COD(COD_{Cr}) 时，以 Fe^{2+} 回滴过量 $Cr_2O_7^{2-}$ 的反应，就可以通过以下方法写出：

$$\text{氧化反应}\quad Fe^{2+} \rightleftharpoons Fe^{3+}+e^-$$

$$\text{还原反应}\quad Cr_2O_7^{2-}+14H^+ +6e^- \rightleftharpoons 2Cr^{3+}+7H_2O$$

为了保持电子得失的平衡，将氧化反应式乘以 6，再与还原反应式相加即得

$$6Fe^{2+}+Cr_2O_7^{2-}+14H^+ \rightleftharpoons 6Fe^{3+}+2Cr^{3+}+7H_2O$$

这个反应式从表面的化学计量关系到实质的电子得失关系都已处于平衡，在计算中必须用这样的平衡方程式。

又如，在用锰法测定 COD(COD_{Mn}，又称高锰酸盐指数）时，以草酸钠回滴过量高锰酸钾的反应也可根据如下两个半反应写出：

$$\text{氧化反应}\quad C_2O_4^{2-} \rightleftharpoons 2CO_2+2e^-$$

$$\text{还原反应}\quad MnO_4^- +8H^+ +5e^- \rightleftharpoons Mn^{2+}+4H_2O$$

因此总反应为

$$5C_2O_4^{2-}+2MnO_4^- +16H^+ \rightleftharpoons 10CO_2+2Mn^{2+}+8H_2O$$

COD 是指能用化学氧化剂氧化的有机污染物，以消耗氧化剂相当于氧的量表示的指标。在计算时要搞清化学计量关系。

2.6.1.2 氧化还原平衡(Redox equilibrium)

(1) 电极电位 (electrode potential)

如果把一个氧化还原反应，如 Zn 与 $CuSO_4$ 的置换反应的两个半反应分别置于两个室中进行，为了保持离子的流动，中间用盐桥相接，如图 2-27 所示。

Zn 与 $CuSO_4$ 溶液的反应为 $Zn+Cu^{2+}+SO_4^{2-} \rightleftharpoons Zn^{2+}+Cu+SO_4^{2-}$

两个半反应分别为

氧化反应 $Zn \rightleftharpoons Zn^{2+}+2e^-$

还原反应 $Cu^{2+}+SO_4^{2-}+2e^- \rightleftharpoons Cu+SO_4^{2-}$

锌棒与铜棒在这里是两个电极，锌棒为阳极，铜棒为阴极。氧化反应总是发生在阳极上，而还原反应则发生在阴极上。锌棒有溶解成 Zn^{2+} 并释放电子的倾向，而溶液中的 Cu^{2+} 则有得到电子变为铜在铜棒上析出的倾向。如果用导线将两极相连，中间接上一个高阻抗的电压表计，可显示在两极间存在电位差。这也就是化学原电池的工作原理，它把化学能转化成了电能。有

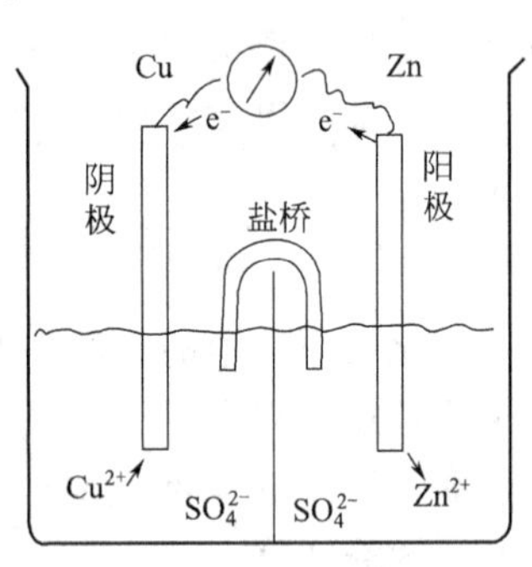

图 2-27 电极电位示意图（一）

$$E_{cell}=E_{ox}+E_{red}$$

式中 E_{cell}——原电池电动势；

E_{ox}——氧化半反应电极电位；

E_{red}——还原半反应电极电位。

许多氧化还原反应都是在溶液中发生的，如 Fe^{2+} 滴定 $Cr_2O_7^{2-}$ 的反应，电子的转移直接发生在溶液中的物种之间。如果设想把两个半反应分开，中间用盐桥相连，当在两室中各插入一根铂电极，然后以导线相连时也会有电流通过。如图 2-28 所示。因此每一个氧化还原半反应都存在电极电位。

电极电位可通过与已知电极电位的半反应构成电池来测定。规定：

$$H^++e^- \rightleftharpoons \frac{1}{2}H_2(g)$$

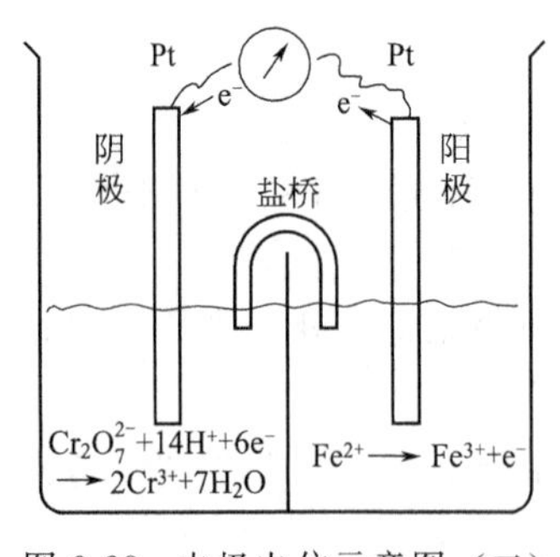

图 2-28 电极电位示意图（二）

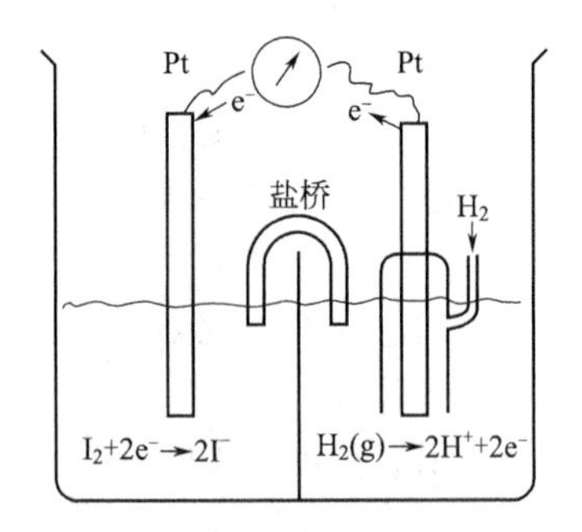

图 2-29 标准电极电位测定示意图

在 H^+ 活度为 1，$p_{H_2}=1atm$，25℃时的电极电位为零，即 $E^{\ominus}=0$。

$E^{\ominus}$称为标准电极电位 (standard electrode potential)，是指在 25℃、有关物种活度都为 1 时的电极电位。

例如：$I_2+2e^- \rightleftharpoons 2I^-$ 的标准电极电位可通过图 2-29 的装置测定。

当控制条件在25℃，p_{H_2}=1atm，H^+和I^-的活度均为1时，测得的电动势即为$I_2 + 2e^- \rightleftharpoons 2I^-$的标准电极电位。

因为 $E^{\ominus}_{cell} = E^{\ominus}_{ox} + E^{\ominus}_{red}$

$E^{\ominus}_{ox}$规定为零，则 $E^{\ominus}_{cell} = E^{\ominus}_{red}$

表2-26列出了水环境化学中常见的氧化还原半反应的标准电极电位，根据国际纯化学与应用化学会（International Union of Pure and Applied Chemistry，简称IUPAC）的约定，表中$E^{\ominus}$是指写成还原半反应形式时的标准电极电位。

表2-26 标准电极电位（25℃）

反应	$E^{\ominus}$/V	$p\varepsilon^{\ominus}\left(\frac{1}{n}\lg K\right)$
$O_3(g) + 2H^+ + 2e^- \rightleftharpoons O_2(g) + H_2O$	+2.07	+35.0
$Ag^{2+} + e^- \rightleftharpoons Ag^+$	+2.0	+33.8
$PbO_2(s) + 4H^+ + SO_4^{2-} + 2e^- \rightleftharpoons PbSO_4(s) + 2H_2O$	+1.68	+28.4
$Mn^{4+} + e^- \rightleftharpoons Mn^{3+}$	+1.65	+27.9
$2HClO + 2H^+ + 2e^- \rightleftharpoons Cl_2(aq) + 2H_2O$	+1.60	+27.0
$2HBrO + 2H^+ + 2e^- \rightleftharpoons Br_2(l) + 2H_2O$	+1.59	+26.9
$MnO_4^- + 8H^+ + 5e^- \rightleftharpoons Mn^{2+} + 4H_2O$	+1.51	+25.5
$Au^{3+} + 3e^- \rightleftharpoons Au(s)$	+1.5	+25.3
$2HIO + 2H^+ + 2e^- \rightleftharpoons I_2(s) + 2H_2O$	+1.45	+24.5
$Cl_2(aq) + 2e^- \rightleftharpoons 2Cl^-$	+1.39	+23.5
$Cl_2(g) + 2e^- \rightleftharpoons 2Cl^-$	+1.36	+23.0
$Cr_2O_7^{2-} + 14H^+ + 6e^- \rightleftharpoons 2Cr^{3+} + 7H_2O$	+1.33	+22.5
$O_2(aq) + 4H^+ + 4e^- \rightleftharpoons 2H_2O$	+1.27	+21.5
$2NO^{3-} + 12H^+ + 10e^- \rightleftharpoons N_2(g) + 6H_2O$	+1.24	+21.0
$O_2(g) + 4H^+ + 4e^- \rightleftharpoons 2H_2O$	+1.23	+20.8
$MnO_2(s) + 4H^+ + 2e^- \rightleftharpoons Mn^{2+} + 2H_2O$	+1.23	+20.8
$ClO_2 + e^- \rightleftharpoons ClO_2^-$	+1.15	+19.44
$Br_2 + 2e^- \rightleftharpoons 2Br^-$	+1.09	+18.4
$Fe(OH)_3(s) + 3H^+ + e^- \rightleftharpoons Fe^{2+} + 3H_2O$	+1.06	+17.9
$2Hg^{2+} + 2e^- \rightleftharpoons Hg_2^{2+}$	+0.91	+15.4
$NO_2^- + 8H^+ + 6e^- \rightleftharpoons NH_4^+ + 2H_2O$	+0.89	+15.0
$NO_3^- + 10H^+ + 8e^- \rightleftharpoons NH_4^+ + 3H_2O$	+0.88	+14.9
$NO_3^- + 2H^+ + 2e^- \rightleftharpoons NO_2^- + H_2O$	+0.84	+14.2
$Ag^+ + e^- \rightleftharpoons Ag(s)$	+0.8	+13.5
$Fe^{3+} + e^- \rightleftharpoons Fe^{2+}$	+0.77	+13.0
$I_2(aq) + 2e^- \rightleftharpoons 2I^-$	+0.62	+10.48
$MnO_4^- + 2H_2O + 3e^- \rightleftharpoons MnO_2(s) + 4OH^-$	+0.59	+10.0
$I_3^- + 2e^- \rightleftharpoons 3I^-$	+0.54	+9.12
$SO_4^{2-} + 8H^+ + 6e^- \rightleftharpoons S(s) + 4H_2O$	+0.35	+6.0
$SO_4^{2-} + 10H^+ + 8e^- \rightleftharpoons H_2S(g) + 4H_2O$	+0.34	+5.75
$Cu^{2+} + 2e^- \rightleftharpoons Cu(s)$	+0.34	+5.7
$N_2(g) + 8H^+ + 6e^- \rightleftharpoons 2NH_4^+$	+0.28	+4.68
$Hg_2Cl_2(s) + 2e^- \rightleftharpoons 2Hg(l) + 2Cl^-$	+0.27	+4.56
$SO_4^{2-} + 9H^+ + 8e^- \rightleftharpoons HS^- + 4H_2O$	+0.24	+4.13
$AgCl(s) + e^- \rightleftharpoons Ag(s) + Cl^-$	+0.22	+3.72
$S_4O_6^{2-} + 2e^- \rightleftharpoons 2S_2O_3^{2-}$	+0.18	+3.0
$S(s) + 2H^+ + 2e^- \rightleftharpoons H_2S(g)$	+0.17	+2.9

续表

反　　应	$E^{\ominus}/V$	$p\varepsilon^{\ominus}\left(\frac{1}{n}\lg K\right)$
$CO_2(g)+8H^++8e^- \rightleftharpoons CH_4(g)+2H_2O$	+0.17	+2.87
$Cu^{2+}+e^- \rightleftharpoons Cu^+$	+0.16	+2.7
$H^++e^- \rightleftharpoons \frac{1}{2}H_2(g)$	0	0
$6CO_2(g)+24H^++24e^- \rightleftharpoons C_6H_{12}O_6$(葡萄糖)$+6H_2O$	−0.01	−0.20
$SO_4^{2-}+2H^++2e^- \rightleftharpoons SO_3^{2-}+H_2O$	−0.04	−0.68
$Pb^{2+}+2e^- \rightleftharpoons Pb(s)$	−0.13	−2.2
$Sn^{2+}+2e^- \rightleftharpoons Sn(s)$	−0.14	−2.37
$CO_2(g)+H^++2e^- \rightleftharpoons HCOO^-$(甲酸盐)	−0.31	−5.23
$Cr^{3+}+e^- \rightleftharpoons Cr^{2+}$	−0.41	−6.9
$Cd^{2+}+2e^- \rightleftharpoons Cd(s)$	−0.40	−6.8
$Fe^{2+}+2e^- \rightleftharpoons Fe(s)$	−0.44	−7.4
$Zn^{2+}+2e^- \rightleftharpoons Zn(s)$	−0.76	−12.8
$Al^{3+}+3e^- \rightleftharpoons Al(s)$	−1.68	−28.4
$Mg^{2+}+2e^- \rightleftharpoons Mg(s)$	−2.37	−40.0
$Na^++e^- \rightleftharpoons Na(s)$	−2.72	−46.0

电池的电动势与自由能有关，有如下关系式：

$$\Delta G=-nFE$$

$$\Delta G^{\ominus}=-nFE^{\ominus}$$

式中　ΔG——自由能的变化；

n——参与反应的电子数；

F——法拉第常数（the Faraday 或 Faraday's constant）；

E——电动势或电极电位；

$\Delta G^{\ominus}$——标准生成自由能的变化；

$E^{\ominus}$——标准电动势或标准电极电位。

上述公式是由体系的自由能由于做电功（$W_{电}$）而减少推导而来，即

$$\Delta G=-W_{电}=-E\times nF=-nFE$$

因此原则上也可以从 $\Delta G^{\ominus}$ 的数据计算得到 $E^{\ominus}$ 值。

（2）能斯特方程（Nernst equation）

我们对自由能的变化与溶液中反应物及产物活度的关系式（即化学反应等温式）已经比较熟悉了：

$$\Delta G=\Delta G^{\ominus}+RT\ln Q$$

对于反应

$$aA+bB \rightleftharpoons cC+dD$$

$$Q=\frac{\{C\}^c\{D\}^d}{\{A\}^a\{B\}^b}$$

对上述化学反应等温式两边除以 $-nF$ 得

$$\frac{\Delta G}{-nF}=\frac{\Delta G^{\ominus}}{-nF}+\frac{RT}{-nF}\ln Q$$

即

$$E=E^{\ominus}-\frac{RT}{nF}\ln Q$$

这便是有名的能斯特方程。

将 $T=298\text{K}$，$R=8.31\text{J}\cdot\text{mol}^{-1}\cdot\text{K}^{-1}$，$F=96500\text{C}$，代入上式并把自然对数换算成常用对数，则上式可简化成：

$$E=E^{\ominus}-\frac{0.059}{n}\lg Q$$

当反应达到平衡时，$\Delta G=0$，故 $E=0$，这时 Q 即平衡常数 K，有

$$E^{\ominus}=-\frac{0.059}{n}\lg K$$

因此可根据 25℃时电池电动势求算平衡常数 K。

利用 Nernst 方程可以从溶液中参与氧化还原反应的反应物和产物的活度，计算体系的氧化还原电位，也可通过测定氧化还原电位求算溶液中有关物种的活度。pH 计和离子活度计就是根据这一原理制成的分析仪器。

(3) 电子活度的负对数 pε（pε，the negative logarithm of electron activity）

在酸碱反应中，我们以氢离子活度衡量酸碱性。水中的氢离子活度高，称为酸性，如酸性矿排水；水的氢离子活度低，称为碱性，如碱性土壤渗漏水。

同样，也可以用电子活度来衡量氧化还原性。水中的电子活度高，称为还原性，如厌氧消化的废水；水中的电子活度低，称为氧化性，如以高浓度氯处理的水。

试比较下面的酸碱反应和氧化还原反应：

$$HCO_3^- + H^+ \longrightarrow CO_2(g) + H_2O$$

$$HCO_3^- + 8e^- + 9H^+ \longrightarrow CH_4(g) + 3H_2O$$

$$Fe(H_2O)_6^{2+} \rightleftharpoons Fe(H_2O)_5OH^+ + H^+$$

$$Fe(H_2O)_6^{2+} \rightleftharpoons Fe(H_2O)_6^{3+} + e^-$$

其相似之处是显而易见的。

与定义 $pH=-\lg\{H^+\}$ 一样，pε 的定义为

$$p\varepsilon=-\lg\{e^-\}$$

式中 $\{e^-\}$ 为水溶液中的电子活度。

从上式可知，pε 越小，电子活度越高，体系提供电子的倾向就越强；反之，pε 越大，电子活度越低，体系接受电子的倾向就越强。当 pε 增大时，体系氧化态相对浓度升高；当 pε 减小时，体系还原态浓度升高。

注意：pε 是电子活度的负对数，而不是电极电位的负对数，即 $p\varepsilon\neq-\lg E$，请不要混淆。那么，pε 与 E 有何关系呢？

对于一个氧化还原半反应：

$$\text{Ox(氧化态)}+ne^- \rightleftharpoons \text{Red(还原态)}$$

若忽略离子强度的影响，有

$$K=\frac{[\text{Red}]}{[\text{Ox}][e^-]^n}$$

$$[e^-]^n=\frac{1}{K}\frac{[\text{Red}]}{[\text{Ox}]}$$

取对数

$$n\lg[e^-]=\lg\frac{1}{K}+\lg\frac{[\text{Red}]}{[\text{Ox}]}$$

$$-n\lg[e^-]=\lg K+\lg\frac{[Ox]}{[Red]}$$

$$p\varepsilon=\frac{1}{n}\lg K+\frac{1}{n}\lg\frac{[Ox]}{[Red]}$$

令

$$p\varepsilon^\ominus=\frac{1}{n}\lg K$$

$$p\varepsilon=p\varepsilon^\ominus+\frac{1}{n}\lg\frac{[Ox]}{[Red]}$$

我们知道，Nernst 方程可写作：

$$E=E^\ominus+\frac{2.303RT}{nF}\lg\frac{[Ox]}{[Red]}$$

将上式两边除以 $2.303RT/F$ 并与 pε 式相比较，可得

$$p\varepsilon=\frac{E}{2.303RT/F}$$

$$p\varepsilon^\ominus=\frac{E^\ominus}{2.303RT/F}$$

在 25℃时：

$$p\varepsilon=\frac{E}{0.0591}=16.9E$$

$$p\varepsilon^\ominus=\frac{E^\ominus}{0.0591}=16.9E^\ominus$$

天然水中重要的氧化还原反应的 $p\varepsilon^\ominus$ 值也列于表 2-27。

$p\varepsilon^\ominus$ 和 $E^\ominus$ 都能表示氧化还原性的强弱，只是 $p\varepsilon^\ominus$ 把数据拉开了，更方便比较；而且 pε 有特定的意义，即 $p\varepsilon=-\lg\{e^-\}$；再者用 pε 表达与半反应中有关物种浓度关系方程更简明。

【例 2-16】 一位学生在取水样时缺乏经验，现场测定水样的温度为 25℃，pH=7.8，放在小卡车上的水样瓶被太阳晒着带回实验室，这时 pH 值已升至 10.2，瓶中水样上方的 p_{O_2} 增至 0.40atm，温度还是 25℃。问这是什么原因造成的？水样的 pε 在现场和实验室改变了多少？

解：由于水样中藻类的光合作用，消耗水中的 CO_2 和 HCO_3^-，使水中 CO_3^{2-} 比例增高，因而使 pH 值升高。光合作用产生 O_2 使 DO 增加，因而水面上方的氧的分压也要升高。

在天然水中，也常有 pH 值偏碱性的情况出现，尽管水并没有受到酸碱污染。这是由于剧烈的光合作用，使水中 CO_2 迅速减少，而空气中的 CO_2 来不及补充进来，使 pH 值升高，当藻类迅速生长时，pH 值可升至 10 甚至更高。

根据题意，控制水中 pε 值的有关物种是 O_2，题目给出的已知条件是 p_{O_2}，查表 2-27 有如下半反应

$$O_2(g)+4H^++4e^-\rightleftharpoons 2H_2O\qquad p\varepsilon^\ominus=20.8$$

在代入 pε 式时，气体的活度用分压表示，固体和水的活度为 1。

水样在现场：

$p_{O_2}=0.21$atm，pH=7.8，并将 $n=4$ 代入下式：

$$p\varepsilon=p\varepsilon^\ominus+\frac{1}{n}\lg\frac{p_{O_2}[H^+]^4}{[H_2O]^2}$$

$$p\varepsilon = 20.8 + \frac{1}{4}\lg 0.21 \times (10^{-7.8})^4 = 12.83$$

水样在实验室：

$p_{O_2} = 0.40\text{atm}$，$pH = 10.2$，故

$$p\varepsilon = 20.8 + \frac{1}{4}\lg 0.40 \times (10^{-10.2})^4 = 10.5$$

$$\Delta p\varepsilon = 10.5 - 12.83 = -2.33\ (V)$$

虽然经过光合作用，p_{O_2} 增高，但 pε 值反而下降了，这是因为 pH 值与 pε 值也有关系的缘故。

2.6.2 氧化还原平衡的图解表示（Graphical representation of redox equilibrium）

2.6.2.1 pc-pε 图(pc-pεdiagrams)

在酸碱平衡中，常用 pc-pH 图来表达水中各物种浓度随 pH 值变化的变化情况。同样在氧化还原平衡中也可用 pc-pε 图来表达水中各氧化还原物种的浓度与 pε 的关系。

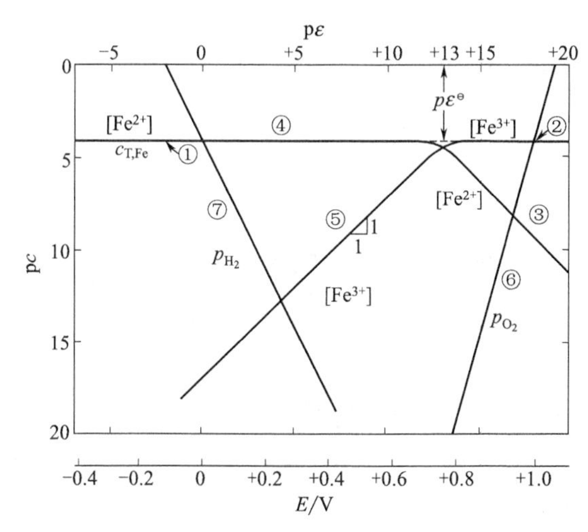

图 2-30　Fe^{3+}/Fe^{2+} 体系的 pc-pε 图

（$pH=2$，$c_{T,Fe}=10^{-4}mol \cdot L^{-1}$，25℃）

例如，水溶液的 $pH=2$，$c_{T,Fe}=10^{-4}mol/L$，25℃，假如该水溶液的氧化还原电位主要由 Fe^{3+} 与 Fe^{2+} 之间的半反应所控制，该体系的 pc-pε 图可由以下步骤画出，见图 2-30。

由表 2-26 查得：

$$Fe^{3+} + e^- \rightleftharpoons Fe^{2+} \quad E^{\ominus} = 0.77V \quad p\varepsilon^{\ominus} = 13.0$$

忽略离子强度影响，有

$$p\varepsilon = p\varepsilon^{\ominus} + \lg\frac{[Fe^{3+}]}{[Fe^{2+}]}$$

$$p\varepsilon = 13 + \lg\frac{[Fe^{3+}]}{[Fe^{2+}]}$$

忽略配合作用等的影响，有

$$c_{T,Fe} = [Fe^{2+}] + [Fe^{3+}] = 10^{-4}mol \cdot L^{-1}$$

故　　$pc_{T,Fe} = 4$（图中线①）

pε 式经变换后得：　　$p\varepsilon - p\varepsilon^{\ominus} = \lg[Fe^{3+}] - \lg[Fe^{2+}]$

当 $p\varepsilon \gg p\varepsilon^{\ominus}$ 时，则　　$\lg[Fe^{3+}] \gg \lg[Fe^{2+}]$

故 $\lg[Fe^{3+}] = -4$　即 $p[Fe^{3+}] = 4$(图中线②)

且　$p\varepsilon - 13 = 4 - \lg[Fe^{2+}]$

$$-\lg[Fe^{2+}] = -9 + p\varepsilon \quad 即\ p[Fe^{2+}] = -9 + p\varepsilon（图中线③）$$

当 $p\varepsilon \ll p\varepsilon^{\ominus}$ 时，则 $\lg[Fe^{3+}] \ll \lg[Fe^{2+}]$

故　$\lg[Fe^{2+}] = -4$　即 $\lg[Fe^{2+}] = 4$(图中线④)

且　$p\varepsilon - 13 = \lg[Fe^{3+}] + 4$

$$-\lg[Fe^{3+}]=17-p\varepsilon \quad 即\ p[Fe^{3+}]=17-p\varepsilon（图中线⑤）$$

当 $p\varepsilon=p\varepsilon^{\ominus}$时，$\lg[Fe^{3+}]=\lg[Fe^{2+}]$

$$-\lg[Fe^{3+}]=-\lg[Fe^{2+}]=-\lg(1/2\times10^{-4})=4.3（图中[Fe^{3+}]线与[Fe^{2+}]线的交点）$$

线⑥和线⑦是水的稳定限制线，当 $p\varepsilon$ 高于线⑥时，H_2O 倾向于被氧化，产生 O_2；当 $p\varepsilon$ 低于线⑦时，H_2O 倾向于被还原，产生 H_2。

O_2/H_2O 对的半反应为

$$O_2(g)+4H^++4e^-\rightleftharpoons 2H_2O \qquad p\varepsilon^{\ominus}=20.8$$

$$\begin{aligned}p\varepsilon&=p\varepsilon^{\ominus}+\frac{1}{4}\lg(p_{O_2}[H^+]^4)\\&=20.8+\frac{1}{4}\lg p_{O_2}+\frac{1}{4}\lg(10^{-2})^4\\&=18.8+\frac{1}{4}\lg p_{O_2}\end{aligned}$$

得

$$-\lg p_{O_2}=75.2-4p\varepsilon\ （图中直线⑥）$$

H_2O/H_2 对的半反应为

$$2H_2O+2e^-\rightleftharpoons H_2+2OH^-$$

或写作：

$$2H^++2e^-\rightleftharpoons H_2 \qquad p\varepsilon^{\ominus}=0$$

$$\begin{aligned}p\varepsilon&=p\varepsilon^{\ominus}+\frac{1}{2}\lg\frac{[H^+]^2}{p_{H_2}}\\&=0+\lg(10^{-2})-\frac{1}{2}\lg p_{H_2}\quad -\lg p_{H_2}=-4-2p\varepsilon（图中线⑦）\end{aligned}$$

作为图 2-30 的应用，看一个例题。

【例 2-17】 根据图 2-30 回答以下问题。

（1）25℃，pH=2，$p_{O_2}=0.21$ 的充氧水中占优势的物种是 Fe^{3+} 还是 Fe^{2+}？

（2）$c_{T,Fe}=10^{-4}mol\cdot L^{-1}$，在上述条件下 Fe^{3+} 和 Fe^{2+} 的浓度各为多少？

（3）当 pH 值由 2 升至 6 时，$p\varepsilon$ 有何变化？

（4）pH=2，$[Fe^{2+}]=10^6[Fe^{3+}]$ 时的氧分压为多少？

（忽略形成固体或羟基铁配合物）

解：（1）当 $p_{O_2}=0.21$，$-\lg p_{O_2}=0.68$，从图中查得 $p\varepsilon=19$，此时 Fe^{3+} 为优势物种。

（2）当 $p\varepsilon=19$ 时，$[Fe^{3+}]=10^{-4}mol\cdot L^{-1}$，$[Fe^{2+}]=10^{-10}mol\cdot L^{-1}$。

（3）当 pH=6 时，根据：

$$O_2(g)+4H^++4e^-\rightleftharpoons 2H_2O \qquad p\varepsilon^{\ominus}=20.8$$

$$\begin{aligned}p\varepsilon&=20.8+\frac{1}{4}\lg p_{O_2}[H^+]^4\\&=20.8+\frac{1}{4}\lg(0.21)+\lg(10^{-6})=14.6\end{aligned}$$

这时 Fe^{3+} 还是优势物种。但从动力学的角度，在以后的铁化学一节中可以知道，Fe^{2+} 被氧化为 Fe^{3+}，在 pH=2 时氧化速度很慢，而在 pH=6 时则很快被氧化。

（4）当 $[Fe^{2+}]=10^6[Fe^{3+}]$，即 $[Fe^{3+}]=10^{-10}$ 时，这时 $p\varepsilon=7$，p_{O_2} 非常之低，在

图外，根据计算：$p_{O_2}=10^{-47}$ atm。

2.6.2.2 pε-pH 值图(pε-pH diagrams)

pε-pH 值图能反映某一 pε、pH 值区域的优势物种，因此是一种优势区域图（predominance area diagram)。在画这种图时，主要是寻找物种之间的边界线，在边界线上相邻两种物种的浓度相等。pε-pH 值图除了考虑氧化还原平衡，还涉及酸碱、沉淀和配合平衡。

下面以氯气溶解于水中的各物种优势区域的 pε-pH 图为例，对 pε-pH 图的画法和应用加以讨论。

氯气溶解水后可能有如下物种：

$$Cl_2(aq)\text{、}HClO\text{、}ClO^-\text{和}Cl^-$$

假定 $c_{T,Cl}=10^{-4}$ mol·L^{-1}，25℃，在此稀溶液中，离子强度影响可忽略。

首先找 $Cl_2(aq)$-HClO 间的边界线

从表 2-26 查得：

$$2HClO+2H^++2e^-\rightleftharpoons Cl_2(aq)+2H_2O \qquad p\varepsilon^{\ominus}=27.0$$

有
$$p\varepsilon=p\varepsilon^{\ominus}+\frac{1}{2}\lg\frac{[HClO]^2[H^+]^2}{[Cl_2(aq)]}$$

边界条件为
$$[HClO]=[Cl_2(aq)]$$

$$c_{T,Cl}=2[Cl_2(aq)]+[HClO]+[ClO^-]+[Cl^-]$$

在 $Cl_2(aq)$-HClO 边界线上，优势物种为 [$Cl_2(aq)$] 和 [HClO]，其他可忽略。

则
$$c_{T,Cl}=2[Cl_2(aq)]+[HClO]=10^{-4}$$

即
$$c_{T,Cl}=3[Cl_2(aq)]=3[HClO]=10^{-4}$$

$$[Cl_2(aq)]=[HClO]=\frac{1}{3}\times10^{-4}$$

代入 pε 式：

$$p\varepsilon=27.0+\frac{1}{2}\lg\left(\frac{1}{3}\times10^{-4}\right)+\lg[H^+]$$

得
$$p\varepsilon=24.8\text{-pH}\ (\text{图中线③})$$

再找 $Cl_2(aq)$-Cl^- 的边界线

从表中查到：

$$Cl_2(aq)+2e^-\rightleftharpoons 2Cl^- \qquad p\varepsilon^{\ominus}=23.5$$

有
$$p\varepsilon=23.5+\frac{1}{2}\lg\frac{[Cl_2(aq)]}{[Cl^-]^2}$$

同样
$$[Cl_2(aq)]=[Cl^-]=\frac{1}{3}\times10^{-4}$$

则
$$p\varepsilon=23.5+\frac{1}{2}\lg\frac{1}{\frac{1}{3}\times10^{-4}}$$

得
$$p\varepsilon=25.7\ (\text{图中线④})$$

再找 HClO-ClO^- 的边界线

HClO 和 ClO^- 之间没有发生电子转移，而只有质子的转移，因此，存在酸碱平衡：

$$HClO \rightleftharpoons H^+ + ClO^- \qquad pK_a = 7.5$$

$$\frac{[H^+][ClO^-]}{[HClO]} = K_a$$

边界条件为 $$[HClO] = [ClO^-]$$

则 $$[H^+] = K_a$$

$$pH = pK_a$$

得 $$pH = 7.5 \text{（图中线⑤）}$$

再找 $HClO\text{-}Cl^-$ 的边界线

在表 2-26 中找不到 $HClO/Cl^-$ 对的半反应，但可从以下两个半反应相加得到：

$$2HClO + 2H^+ + 2e^- \rightleftharpoons Cl_2(aq) + 2H_2O \qquad E_1^\ominus = 1.60$$

$$Cl_2(aq) + 2e^- \rightleftharpoons 2Cl^- \qquad E_2^\ominus = 1.39$$

$$2HClO + 2H^+ + 4e^- \rightleftharpoons 2Cl^- + 2H_2O \qquad E^\ominus = ?$$

$E^\ominus$不能简单相加，但 $\Delta G^\ominus$可相加：

$$\Delta G^\ominus = 2FE_1^\ominus - 2FE_2^\ominus = 2F(E_1^\ominus + E_2^\ominus)$$

$$-4FE^\ominus = 2F(E_1^\ominus + E_2^\ominus) = 2F(1.60 + 1.39)$$

$$E^\ominus = 1.50$$

$$p\varepsilon^\ominus = 16.9E^\ominus = 25.4$$

有 $$p\varepsilon = p\varepsilon^\ominus + \frac{1}{4}\lg\frac{[HClO]^2[H^+]^2}{[Cl^-]^2}$$

边界条件为 $$[HClO] = [Cl^-]$$

则 $$p\varepsilon = 25.4 + \frac{1}{2}\lg[H^+]$$

得 $$p\varepsilon = 25.4 - \frac{1}{2}pH \text{（图中线⑥）}$$

最后找 $ClO^-\text{-}Cl^-$ 的边界线（从图中可看出，$Cl_2(aq)$ 已不可能与 ClO^- 有共同边界线）

ClO^-/Cl^- 对的半反应可由以下两式相减得到：

$$HClO + H^+ + 2e^- \rightleftharpoons Cl^- + H_2O \qquad E_1^\ominus = 1.5$$

$$HClO \rightleftharpoons H^+ + ClO^- \qquad pK_a = 7.5$$

$$ClO^- + 2H^+ + 2e^- \rightleftharpoons Cl^- + H_2O \qquad E^\ominus = ?$$

$$\Delta G^\ominus = \Delta G_1^\ominus + \Delta G_2^\ominus$$

$$\Delta G_1^\ominus = -nFE_1^\ominus = -2F(1.50) = -2\times\frac{96500}{4.18}\times 10^{-3}\times 1.50 = 69.2\ (\text{kcal}\cdot\text{mol}^{-1})$$

$$\Delta G_2^\ominus = -RT\ln K_a = -1.987\times 10^{-3}\times 298\times 2.303\lg 10^{-7.5} = 10.2\ (\text{kcal}\cdot\text{mol}^{-1})$$

$$\Delta G^\ominus = 69.2 + 10.2 = 79.4\ (\text{kcal}\cdot\text{mol}^{-1})$$

$$\Delta G^\ominus = -nFE^\ominus$$

$$E^\ominus = \frac{79.4}{-2\times\frac{96500}{4.18}\times 10^{-3}} = 1.72(\text{V})$$

$$p\varepsilon^\ominus = 16.9E^\ominus = 29.1$$

代入 pε 式：$$p\varepsilon=29.1+\frac{1}{2}\lg\frac{[ClO^-][H^+]^2}{[Cl^-]}$$

边界条件为 $$[ClO^-]=[Cl^-]$$

则 $$p\varepsilon=29.1+\frac{1}{2}\lg[H^+]^2$$

得 $$p\varepsilon=29.1-pH\ \text{（图中线⑦）}$$

至此，全部边界线已画出，再补上两条显示水的稳定区域的限制线就成为一张完整的 Cl_2 溶入水中后含 Cl 物种的 pε-pH 图。见图 2-31。

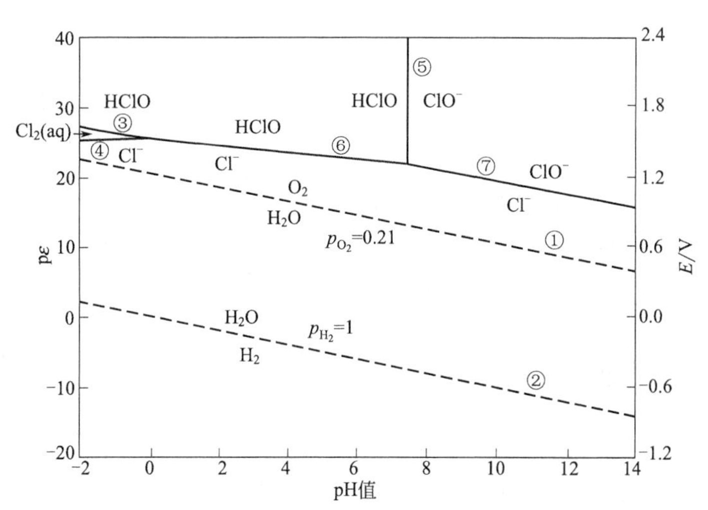

图 2-31　Cl_2 溶入水中后含 Cl 物种的 pε-pH 值优势区域图

（25℃，$c_{T,Cl}=10^{-4}mol\cdot L^{-1}$）

水的限制线可分别由 O_2/H_2O 和 H_2O/H_2 的半反应求得

$$O_2/H_2O:\quad O_2(g)+4H^++4e^-\rightleftharpoons 2H_2O\qquad p\varepsilon^\ominus=20.8$$

$$p\varepsilon=20.8+\frac{1}{4}\lg p_{O_2}+\lg[H^+]$$

当 $p_{O_2}=0.21$ 时，$p\varepsilon=20.6-pH$　（图中虚线①）

$$H_2O/H_2:\quad 2H_2O+2e^-\rightleftharpoons H_2+2OH^-$$

此式可写作：$$2H^++2e^-\rightleftharpoons H_2\quad p\varepsilon^\ominus=0$$

$$p\varepsilon=0+\frac{1}{2}\lg\frac{[H^+]^2}{p_{H_2}}$$

假定 $p_{H_2}=1$，则

$$p\varepsilon=-pH\qquad\text{（图中虚线②）}$$

从图 2-31 中可以看出：

① 在水的稳定区域中 Cl^- 是稳定的物种。

② $Cl_2(aq)$ 只有在 pH 值很低时才占优势。

③ 在 pH 值较高时，$Cl_2(aq)$ 变成了 HClO 和 Cl^-，这是由于下面的歧化反应所致：

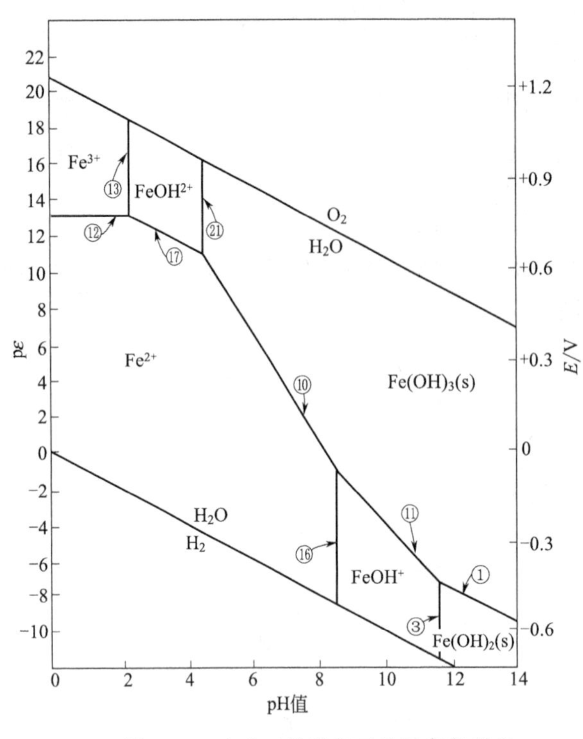

图 2-32 水中二价铁和三价铁各物种的 pε-pH 优势区域图

(25℃，$c_{T,Fe}=10^{-7}mol \cdot L^{-1}$)

$$Cl_2+H_2O \rightleftharpoons HClO+Cl^-+H^+$$

④ Cl_2，HClO 和 ClO^- 都是比 O_2 更强的氧化剂。在紫外光催化下有如下反应发生：

$$2HClO \rightleftharpoons 2Cl^-+2H^++O_2(aq)$$

该反应可由以下两个半反应组成：

$$2H_2O \rightleftharpoons O_2+4H^++4e^-$$

$$2HClO+2H^++4e^- \rightleftharpoons 2Cl^-+2H_2O$$

可以认为 HClO 将水氧化为 O_2，而自身还原为 Cl^-。这也说明 HClO 是比 O_2 更强的氧化剂。因此在游泳池中，在日光下含氯杀菌剂的浓度会由于这一原因而下降。

2.6.2.3 有固体存在时的 pε-pH 值图 (The pε-pH diagram incorporating solids)

当水中存在多相平衡时，要把沉淀平衡的因素考虑进去。在确定固液边界线时，c_T 浓度完全由溶液一边的物种贡献。下面以铁为例，对有固体存在时的 pε-pH 值图加以讨论。在水中感兴趣的铁物种有

固体：$Fe(OH)_3(s)$，$Fe(OH)_2(s)$

溶液组分：Fe^{3+}，$FeOH^{2+}$，$Fe(OH)_2^+$，Fe^{2+}，$FeOH^+$

表 2-27 列出了所有这些物种间有关的反应、25℃时的 lg$K$ 和平衡表达式。有意义的边界线在编号上有一个小 a，这些线可以在图 2-32 中找到相应的位置。

图 2-32 是当 $c_{T,Fe}=10^{-7}mol \cdot L^{-1}$ 时的 pε-pH 值图，当 c_T 变化时，图形的基本框架是一致的，只是边界线的位置略有差异，在下面铁化学一节中会看到这种差异。图中未显示 $Fe(OH)_2^+$ 的优势区域，它是紧挨着㉑线的很小一个区域，无法在图中显示出来。

从图 2-32 中可看出，在 pH 值、pε 两者都较低时，Fe^{2+} 是主要稳定存在形态，但实际范围还要窄，因为还要形成 FeS 或 $FeCO_3$ 沉淀。在 pH 值很低和 pε 很高时，Fe^{3+} 和 $FeOH^{2+}$ 是主要的。在氧化性气氛中，pH 值较高时，$Fe(OH)_3(s)$ 是主要的。在还原性气氛和碱性条件下，$FeOH^+$ 和 $Fe(OH)_2(s)$ 是主要的。

天然水体的 pH 值一般为 5～9，因此主要存在形态是 $Fe(OH)_3(s)$ 和 Fe^{2+}。水中有溶解氧时，一般 pε 较高，主要是 $Fe(OH)_3(s)$，因此这样的水中有较多悬浮铁化合物，溶解性的铁化合物只能是配合物。

在厌氧条件下的水，pε 较低，可能有相当量的 Fe^{2+}，当这样的水暴露于空气下时，pε 升高，并产生 $Fe(OH)_3$ 沉淀，这就解释了许多日常生活中的现象，如用泵抽地下水，在泵附近有红棕色斑痕，在井壁上和厕所里也会发现这样的红棕色斑痕。

表 2-27　水中二价铁和三价铁各物种间的有关反应，25℃的 lg*K* 和平衡表达式

边　界	反　　应	lg$K$	平衡表达式	边界线编号①
$Fe(OH)_2(s)/Fe(OH)_3(s)$	$Fe(OH)_3(s)+H^++e^-\longrightarrow Fe(OH)_2(s)+H_2O$	+4.62	$pH+p\varepsilon=4.62$	1[a]
$Fe(OH)_2(s)/Fe^{2+}$	$Fe(OH)_2(s)\longrightarrow Fe^{2+}+2OH^-$	−15.1	$pH=+6.5-\frac{1}{2}lg[Fe^{2+}]$	2
$Fe(OH)_2(s)/FeOH^+$	$Fe(OH)_2(s)+H^+\longrightarrow FeOH^++2H_2O$	+4.6	$pH=+4.6-lg[FeOH^+]$	3[a]
$Fe(OH)_2(s)/Fe^{3+}$	$Fe(OH)_2(s)\longrightarrow Fe^{3+}+2OH^-+e^-$	−28.2	$p\varepsilon=+0.2+2pH+lg[Fe^{3+}]$	4
$Fe(OH)_2(s)/FeOH^{2+}$	$Fe(OH)_2(s)+H^+\longrightarrow FeOH^{2+}+H_2O+e^-$	−2.2	$p\varepsilon=+2.2+pH-lg[FeOH^{2+}]$	5
$Fe(OH)_2(s)/Fe(OH)_2^+$	$Fe(OH)_2(s)\longrightarrow Fe(OH)_2^++e^-$	−6.9	$p\varepsilon=+6.9+lg[Fe(OH)_2^+]$	6
$Fe(OH)_3(s)/Fe^{3+}$	$Fe(OH)_3(s)\longrightarrow Fe^{3+}+3OH^-$	−37.2	$pH=+1.6-\frac{1}{3}lg[Fe^{3+}]$	7
$Fe(OH)_3(s)/FeOH^{2+}$	$Fe(OH)_3(s)+2H^+\longrightarrow FeOH^{2+}+2H_2O$	+2.4	$pH=+1.2-\frac{1}{2}lg[FeOH^{2+}]$	8
$Fe(OH)_3(s)/Fe(OH)_2^+$	$Fe(OH)_3(s)+H^+\longrightarrow Fe(OH)_2^++H_2O$	−2.3	$pH=+2.3-lg[Fe(OH)_2^+]$	9[a]
$Fe(OH)_3(s)/Fe^{3+}$	$Fe(OH)_3(s)+3H^++e^-\longrightarrow Fe^{2+}+3H_2O$	+17.9	$p\varepsilon=+17.9-3pH-lg[Fe^{3+}]$	10[a]
$Fe(OH)_3(s)/FeOH^+$	$Fe(OH)_3(s)+2H^++e^-\longrightarrow FeOH^++2H_2O$	+9.25	$p\varepsilon=+9.25-2pH-lg[FeOH^+]$	11[a]
Fe^{3+}/Fe^{2+}	$Fe^{3+}+e^-\longrightarrow Fe^{2+}$	+13.1	$p\varepsilon=+13.0-lg\frac{[Fe^{2+}]}{[Fe^{3+}]}$	12[a]
$Fe^{3+}/FeOH^{2+}$	$Fe^{3+}+H_2O\longrightarrow FeOH^{2+}+H^+$	−2.4	$pH=+2.4+lg\frac{[FeOH^{2+}]}{[Fe^{3+}]}$	13[a]
$Fe^{3+}/FeOH^+$	$Fe^{3+}+H_2O+e^-\longrightarrow FeOH^++H^+$	+4.4	$p\varepsilon=+4.4+pH-lg\frac{[FeOH^+]}{[Fe^{3+}]}$	14
$Fe^{3+}/Fe(OH)_2^+$	$Fe^{3+}+2H_2O\longrightarrow Fe(OH)_2^++2H^+$	−7.1	$pH=+3.6+\frac{1}{2}lg\frac{[Fe(OH)_2^+]}{[Fe^{3+}]}$	15
$Fe^{2+}/FeOH^+$	$Fe^{2+}+H_2O\longrightarrow FeOH^++H^+$	−8.6	$pH=+8.6+lg\frac{[FeOH^+]}{[Fe^{2+}]}$	16[a]
$Fe^{2+}/FeOH^{2+}$	$Fe^{2+}+H_2O\longrightarrow FeOH^{2+}+H^++e^-$	−15.5	$p\varepsilon=+15.5-pH+lg\frac{[FeOH^{2+}]}{[Fe^{2+}]}$	17[a]
$Fe^{2+}/Fe(OH)_2^+$	$Fe^{2+}+2H_2O\longrightarrow Fe(OH)_2^++2H^++e^-$	−20.2	$p\varepsilon=+20.2-2pH+lg\frac{[Fe(OH)_2^+]}{[Fe^{2+}]}$	18
$FeOH^+/FeOH^{2+}$	$FeOH^+\longrightarrow FeOH^{2+}+e^-$	−6.9	$p\varepsilon=+6.9-lg\frac{[FeOH^{2+}]}{[FeOH^+]}$	19
$FeOH^+/Fe(OH)_2^+$	$FeOH^++H_2O\longrightarrow Fe(OH)_2^++H^++e^-$	−11.6	$p\varepsilon=+11.6-pH+lg\frac{[Fe(OH)_2^+]}{[FeOH^+]}$	20
$FeOH^{2+}/Fe(OH)_2^+$	$Fe(OH)_2^++H^+\longrightarrow FeOH^{2+}+H_2O$	+4.7	$p\varepsilon=+4.7-lg\frac{[FeOH^{2+}]}{[Fe(OH)_2^+]}$	21[a]

① 上角 a 表示只有这些边界线是有意义的，它们出现在图 2-32 中。

在讨论图 2-32 时，有一样东西还没有考虑进去，那就是铁本身。与铁相关的有如下平衡：

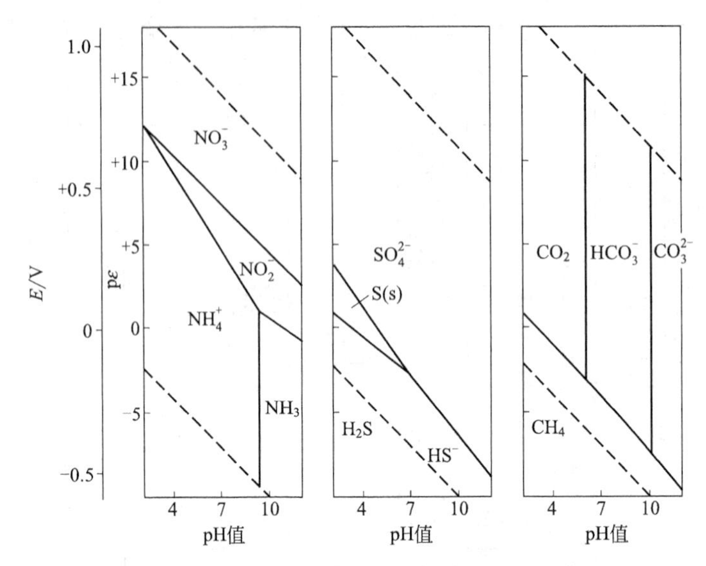

图 2-33　氮、硫、碳体系重要物种的 pε-pH 值图

$$Fe^{2+}+2e^- \rightleftharpoons Fe \qquad p\varepsilon^{\ominus}=-7.45$$

$$p\varepsilon=p\varepsilon^{\ominus}+\frac{1}{2}\lg[Fe^{2+}]=-7.45+\frac{1}{2}\lg 1.00\times10^{-7}=-10.95$$

这个 pε 值在通常的 pH 值条件下已处于水的还原界限的下面，因此铁在水中从热力学角度讲是不稳定的，这也是为什么铁接触水要生锈的原因之一。

pε-pH 值图的应用非常广泛，如在稀土元素的生产中当控制一定的 pε-pH 值条件，可得到某一形态的稀土化合物，如 $Ce(OH)_4$，从而与其他稀土元素分离。又如在含砷废水处理中，如果将三价砷（AsO_3^{3-}）还原成 AsH_3 气体排放到空气中，AsH_3 是剧毒气体，将引起大气污染和对工人健康造成威胁，如果能控制 pε-pH 值在一定条件下使 AsO_3^{3-} 还原到单质砷沉淀出来，这样既避免了产生剧毒气体，又达到了资源回收的目的。

图 2-33 中的三张图分别是氮、硫、碳体系重要物种的 pε-pH 值图。

2.6.2.4　天然水的 pε 值（The pε value of natural water）

天然水的 pε 值可以通过用电极测量水的 E_h 值得到，但在实际情况中 E_h 值不易准确测定。原则上，pε 值也可通过平衡状态下水中有关化学物质的浓度计算得到。

【例 2-18】 计算 pH=7 的好氧水的和厌氧水的 pε 值。

解：在好氧水中，有

$$O_2(g)+4H^++4e^- \rightleftharpoons 2H_2O \qquad p\varepsilon^{\ominus}=20.8$$

$$p\varepsilon=p\varepsilon^{\ominus}+\frac{1}{4}\lg(p_{O_2}[H^+]^4)=20.8+\frac{1}{4}\lg(0.21)+\lg(10^{-7})=13.6$$

在厌氧水中，在微生物作用下有如下平衡存在：

$$CO_2(g)+8H^++8e^- \rightleftharpoons CH_4(g)+2H_2O \qquad p\varepsilon^{\ominus}=2.87$$

假定 $p_{CO_2}=p_{CH_4}$，则 pε 值为

$$p\varepsilon=p\varepsilon^{\ominus}+\frac{1}{8}\lg\frac{p_{CO_2}[H^+]^8}{p_{CH_4}}=2.87-7=-4.13$$

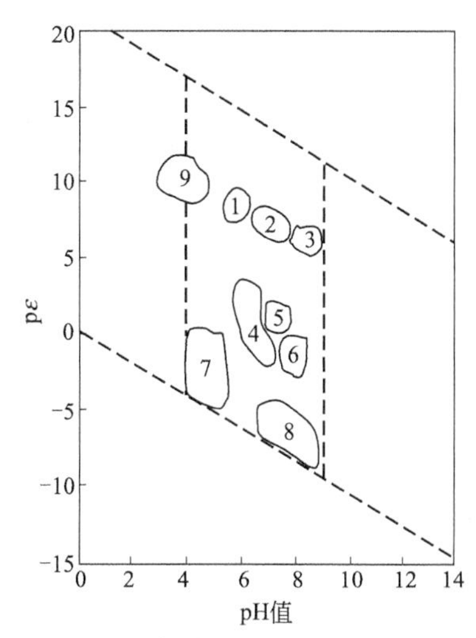

图 2-34 各种天然水在 pε-pH 值图中的大致位置

1—雨水；2—河水、湖水；3—海洋水；4—地下水；5—深层湖水；6—深层海洋水；7—土壤水；8—富有机质盐水；9—酸雨

这一数值并没有超过水的 pε 值的界限。

对于只有一个氧化还原平衡的单体系，该平衡的电位就是体系的电位。至于有多个氧化还原平衡共存的混合体系，它的电位应该介于其中各个单体系的电位之间，而且接近于含量较高的单体系的电位。如果某个单体系的含量比其他体系高得多，则其电位几乎等于混合体系的电位，称为该单体系的电位为“决定电位”。

天然水含许多无机及有机的氧化剂和还原剂，是一复杂的氧化还原混合体系。水中重要的氧化剂有溶解氧、Fe(Ⅲ)、Mn(Ⅳ)和 S(Ⅵ)。其作用后本身依次转变为 H_2O、Fe(Ⅱ)、Mn(Ⅱ)和 S(－Ⅱ)。水中重要的还原剂有种类繁多的有机化合物，Fe(Ⅱ)、Mn(Ⅱ)和 S(－Ⅱ)。在还原物质的过程中，有机物本身的氧化产物是非常复杂的。

在多数情况下，天然水中起决定电位作用的物质是溶解氧。而在有机物积累的缺氧水中，有机物起着决定电位的作用。显然，在上面两种状况之间的水中，决定电位的体系应该是溶解氧体系和有机物体系的综合。除氧和有机物外，铁和锰是环境中分布相当普遍的变价元素，它们是天然水中氧化还原反应的主要参与者，在特殊条件下，甚至起着决定电位的作用。至于其他变价元素如铜、锌、铅、铬、钒及砷等，由于其含量甚微，对天然水 pε 值的影响一般可以忽略不计。

天然水的 pε 均在水的上、下界限之间，绝大多数天然水的 pH 在 4～9 之间。各类天然水在 pε-pH 值图上的大致位置见图 2-34 所示。

2.6.3 电化学腐蚀（Electrochemical corrosion）

金属的腐蚀是危害最大的氧化还原现象之一，每年由于腐蚀引起的损失不计其数，腐蚀使设备、管道、建筑、文物遭到破坏，使金属进入水体，这种情形由于空气和水的污染而更加加剧。

2.6.3.1 腐蚀电池（Corrosion cell）

腐蚀的发生需要形成电化学电池，包括阳极、阴极、外电路和内电路。外电路可以是阳极和阴极的连接，内电路可以是与阳极和阴极接触的电解质溶液。

当金属表面形成电化学电池时，腐蚀便会发生。受腐蚀的金属表面是阳极，发生氧化反应，如以 M 表示金属，则有如下阳极反应：

$$M \longrightarrow M^{n+} + ne^-$$

最通常的阴极反应是氢离子的还原反应：

$$2H^+ + 2e^- \longrightarrow H_2(g)$$

氧也可以参与阴极反应：

$$O_2 + 4H^+ + 4e^- \longrightarrow 2H_2O$$

$$O_2 + 2H_2O + 4e^- \longrightarrow 2OH^- + H_2O_2$$

氧可以通过参与阴极反应使腐蚀加快，也可生成保护膜减缓腐蚀。

当镀锌管与铜管相连，管内有水通过时便形成了腐蚀电池。在同一块金属上也可形成腐蚀电池，由于金属表面成分、结构、表面缺陷及环境的差异均可导致金属表面具有不同的电位。

由于阴极反应要消耗 H^+，使溶液中 OH^- 浓度升高，OH^- 通过电解质向阳极迁移，因而在阳极上可发生如下反应。

$$Fe \rightleftharpoons Fe^{2+} + 2e^-$$

$$Fe^{2+} + 2OH^- \rightleftharpoons Fe(OH)_2(s)$$

在充氧水中：

$$4Fe^{2+} + 4H^+ + O_2(aq) \rightleftharpoons 4Fe^{3+} + 2H_2O$$

$$Fe^{3+} + 3OH^- \rightleftharpoons Fe(OH)_3(s)$$

$Fe(OH)_3(s)$脱水变成 Fe_2O_3，这就是我们熟悉的红棕色铁锈：

$$Fe(OH)_3(s) \rightleftharpoons Fe_2O_3 + 3H_2O$$

2.6.3.2 浓差电池（Concentration cell）

根据 Nernst 方程，同一种物质当浓度不同时也会产生电位差，例如，铁棒两端与不同 Fe^{2+} 浓度的电解质溶液接触时，便形成浓差腐蚀电池。

当金属表面不同部位的溶解氧浓度不同也会形成浓差腐蚀电池，这种由于溶解氧浓度不同引起的腐蚀常称为“充氧差腐蚀”（differential oxygenation corrosion）。

由于溶解氧参与是阴极反应：

$$O_2 + 4H^+ + 4e^- \longrightarrow 2H_2O$$

溶解氧浓度高的部位倾向于发生阴极反应，以减小溶解氧浓度的差异，因此为阴极，相对来说，溶解氧浓度低的部位则为阳极。这是为什么金属的交界面之间如铁板与铆钉的接合部位更容易生锈的原因。

从溶解氧的阴极反应看到，H^+ 浓度也与该反应有关，因此 pH 值不同时也可形成浓差腐蚀电池，缓冲强度大的水不易形成 pH 值浓度的差异，故不容易产生腐蚀。

2.6.3.3 腐蚀的控制（Corrosion control）

既然腐蚀是由于形成了电化学电池才发生的，因此，只要阻止电化学电池的形成，便能控制腐蚀的发生。可以借助于消除阳极和阴极，消除或降低金属部位间的电位差，或者借助于断开内电路或外电路来对腐蚀进行控制。

（1）材料的选择（selection of materials）

尽量选用非金属材料，或者是用电位序低的材料。电位序低的材料更适宜于用作阴极而不是阳极。但是，在某些条件下，一些在电位序中高的金属的腐蚀产物，例如金属氧化物，可对金属起保护作用，使金属“钝化”。一个很好的例子是铝，在铝的表面总是存在着它的氧化物。铝锅在使用后是不光亮的，呈浅灰色，这是因为积累了保护性的氧化膜。在膜下的腐蚀是很慢的。某些离子，如 Cl^- 可以穿透过铝的氧化膜，并促使下层金属腐蚀。Cl^- 明显有助于释放出铝离子，这很可能是由于形成可溶性的氯化铝配合物，并同时有助于为保持腐蚀所必需的电流通过的缘故。为此，在与咸水相接触的情况下，铝不是一种好的选择。美国旧金山市双峰（Twin Peaks）区的西侧不用铝的灯杆，就是由于靠近太平洋，大气中的氯化物含量高的关系。

其他的金属也能被“钝化”。例如，含12%铬的不锈钢在充氧的环境中能使钢表面形成氧化膜而钝化，电解质中的铬酸盐可促使在铁的表面上形成γ-Fe_2O_3，使铁免遭腐蚀。

（2）涂盖层（coatings）

在金属表面覆盖涂料如油漆、电镀保护层如镀铬、沉淀物如碳酸钙以及水泥或沥青材料等都能起到抗腐蚀的作用。可通过使阳极或/和阴极与外界隔离，达到抗腐蚀的目的。

油漆防腐一般包括先彻底清洗金属的表面，以除去所有的腐蚀产物，然后，刷一道含有诸如铬酸锌或铅酸钙等缓蚀剂的底漆，再接着加一层厚的内涂层，目的是减少向金属表面的渗水（消除内电路——电解质），最后，涂第三层抗大气的装饰漆。

在金属结构物上覆盖保护层时，特别是在阳极区和阴极区的埋地管线中，常首先把阴极区保护起来。其基本原理是，如果在阴极的涂盖层上有一个小孔，腐蚀将从一个大的阳极到一小的阴极以很慢的速率进行。但如果同样的小孔是发生在阳极的涂盖层上，则将成为一个小面积的阳极和一个巨大面积的阴极的局面。在小阳极上产生的电子可以被迅速地释放。因为所有电流都从一个小面积上产生，电流密度大，因此在阳极区的管上就会迅速地被腐蚀。

覆盖一薄层$CaCO_3$(s)[或含铁盐的$CaCO_3$(s)]来保护管道金属的内表面是市政供水处理的基本目标之一，这就要求在输配水之前，水的Langelier指数要稍微大于零（参见相间作用一节）。但要注意，紧挨金属表面的pH值可能与本体溶液的pH值不同。因此，由于紧邻表面局部条件的不同，有沉淀趋向的水，即Langelier指数为正值的水，可能并不一定真的会在金属表面出现沉淀。如果$CaCO_3$(s)结垢过多或者不均匀，也会导致腐蚀问题。因为当水中碱度和钙的浓度较低时，结垢有可能被管中的流水冲刷下来，留出裸露的金属区，那里就会发生腐蚀。

（3）绝缘（insulation）

有时需要把两种金属相连接。例如把镀锌的供水管接在热水器上，而热水器伸出的热水管是铜的。在这种情况下，只要在镀锌管和铜管之间插入一个绝缘的管接头即可阻止腐蚀电池的形成，绝缘的管接头能有效地将外电路切断。

（4）化学药剂处理（chemical treatment）

利用各种化学药剂对水进行调节和处理是控制腐蚀的常用手段。缓蚀剂（corrosion inhibitor）通常通过在金属表面的阳极或阴极的部位形成某种不透水层，这种不透水层阻止在电极上的反应，从而减慢或抑制腐蚀反应。例如，各种碱金属的氢氧化物、碳酸盐、硅酸盐、硼酸盐、磷酸盐、铬酸盐和亚硝酸盐都促使在金属上形成稳定的表面氧化物，或使金属表面氧化膜上的损坏得以修复。如果作阳极缓蚀剂的化学药剂使用的数量太少，就有可能促使局部的急剧腐蚀，因为可能在阳极上遗留下未加保护的区域，那里，电流密度会很大。当缓蚀剂用的是铬酸盐和聚磷酸盐时，特别要注意这种情况。

硫酸锌可以用作阴极的缓蚀剂。溶液中的Zn^{2+}将与由阴极反应产生的OH^-作用，或者与碳酸盐作用，而形成微溶的锌沉淀物，这种锌沉淀物可将阴极覆盖住。

在一些腐蚀反应中，溶解氧的存在是很重要的，例如充氧差腐蚀和O_2与H^+反应生成H_2O的阴极反应。从电解质溶液中消除溶解氧便可以防止这些问题的发生。对于热水和冷却水的循环系统以及锅炉用水来说，除去水中的氧气是常用的工业水处理法。典型的方法是用二氧化硫（SO_2）或亚硫酸氢钠（$NaHSO_3$），以钴作催化剂。也可以用蒸汽脱气（Steam degasification）方法。

城市供水系统的管道设备对于硬度和碱度低的水容易引起腐蚀。pH 值的降低会加快腐蚀的进行。美国西雅图市水处理厂在 1970 年由于同时采取了三项措施，使进水 pH 值由 7.6 降到出水 6.8～7.2，而使腐蚀加剧。这三项措施是：

① 增加 Cl_2 杀菌，$Cl_2 + H_2O \longrightarrow H^+ + Cl^- + HClO$；

② 停止使用去除游离氯的 NH_3 以保持水中的游离氯；

③ 加氟，用的是 H_2SiF_6。后来他们采取了加入 1.7mg CaO · L^{-1} 的方法使腐蚀大为减轻。

(5) 阴极保护（cathodic protection）

阴极保护是将需要保护的金属构件转化为阴极。因为金属的腐蚀总是发生在阳极上，而不会发生在阴极上。阴极保护可以有以下的两种方式。

① 通过用一个所谓的"牺牲阳极（sacrificial anode）"与要保护的材料相连接。牺牲阳极的材料比要保护的材料更易受腐蚀，对整个系统来说是阳极，从而将要保护的材料转化为阴极。

通常用镁作牺牲阳极。镁很容易失去电子，镁的氧化反应 $Mg \longrightarrow Mg^{2+} + 2e^-$，其 $E^{\ominus}$ 高达 2.37。也可以用锌，但其氧化电位势较低（$E^{\ominus} = 0.76$）。牺牲电极和欲保护结构之间必须用锡焊或铜焊，使接触良好。

② 在系统上施加一个与腐蚀电流方向相反的直流电流，其大小要能抵消腐蚀电池所产生的电流。这种情况下，可以用一块金属（例如废铁或石墨）作阳极。

镀锌是另一种形式的阴极保护。镀锌管是镀覆有一锌薄层的钢管。由于锌对钢来说是阳极的，锌将比铁先腐蚀，从而保护了铁。而且，锌的腐蚀产物（碳酸盐和氢氧化物）黏附在镀锌的表面上，也会使锌钝化。

对腐蚀的控制无论从节约资源还是减轻环境污染来说都具有重要意义。酸雨因为提供了 $2H^+ + 2e^- \longrightarrow H_2$ 的阴极反应而使腐蚀更易发生。因此控制酸雨的发生也能减轻腐蚀问题，同时也减轻腐蚀溶出的重金属对环境的污染。海水是强电解质，为腐蚀电池提供了很好内电路，因此船舶、码头和其他海上构筑件极易发生腐蚀，重金属以及涂料中的有机锡等对海洋造成污染，对海洋水生生物也会带来影响。因此，腐蚀和防腐蚀的研究是电化学家和环境化学家等共同关心的问题。

2.6.4 水中含氮物种的氧化还原转化（Redox transformation of nitrogen species in water）

水中含氮的主要物种有 N_2、NO_3^- 和 NH_4^+，在一定条件下可产生中间产物 NO_2^-，NO_2^- 由于它的毒性而受到关注。

根据亨利定律可计算 25℃，$p_{N_2} = 0.78$ atm 时水中溶解的 N_2 为

$$[N_2(aq)] = K_H p_{N_2} = 6.48 \times 10^{-4} mol \cdot L^{-1} \cdot atm^{-1} \times 0.78 atm$$
$$= 5.05 \times 10^{-4} mol \cdot L^{-1} = 5.05 \times 10^{-4} mol \cdot L^{-1} \times 28 g \cdot mol^{-1}$$

$=14.1 \text{mg} \cdot L^{-1}$

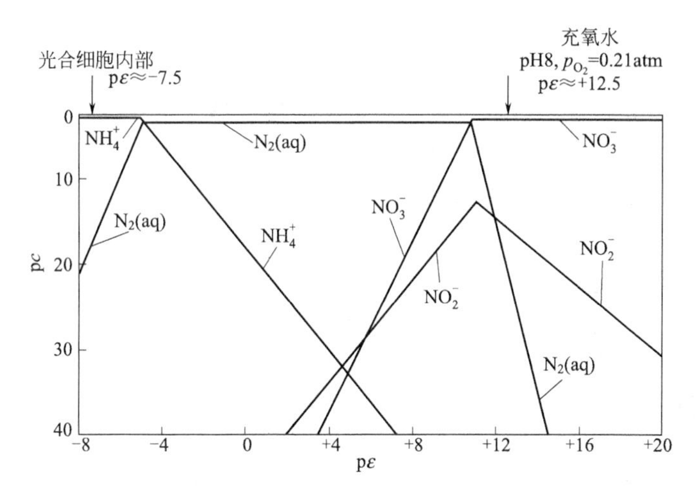

图 2-35 水中含氮物种的 pc-pε 图

($c_{T,N}=10^{-3} \text{mol} \cdot L^{-1}$, $p_{O_2}=0.78 \text{atm}$, pH=8)

根据表 2-26 中所列的反应和 $p\varepsilon^{\ominus}$ 值，当 pH=8，$p_{N_2}=0.78 \text{atm}$ 和 $c_{T,N}=10^{-3} \text{mol} \cdot L^{-1}$ 可画出如图 2-35 所示的水中含氮物种的 pc-pε 图。其中

$$c_{T,N}=10^{-3}=2[N_2(aq)]+[NH_4^+]+[NO_2^-]+[NO_3^-]$$

从图中可看出水中主要的无机含氮物种为 NH_4^+、N_2 和 NO_3^-，在氧化性气氛即充氧水中以 NO_3^- 存在。但根据该图，当达到热力学平衡时，N_2(aq) 均要转化为 NO_3^-，照此推理，空气中的 N_2 也都要转化为 NO_3^-，这与事实不符。实际上水中 NO_3^- 浓度是很低的，这是因为 N_2 的分子结构为

$$N \equiv N$$

被三键相连接的两个氮原子很难拆开，N_2 要被氧化为 NO_3^-，必须首先破坏牢固的三键，因此反应速度极其缓慢。

只有在固氮生物内部的还原气氛下才可促使下述反应进行

$$N_2(g)+8H^+ +6e^- \longrightarrow 2NH_4^+ \qquad p\varepsilon^{\ominus}=4.68$$

鉴于 N_2 转化为 NO_3^- 和 NH_4^+ 的反应速度很慢，常在氮物种的 pc-pε 图中将 N_2 忽略，这相当于是一个与大气隔绝的水封闭体系。这时的 pc-pε 图如图 2-36 所示。

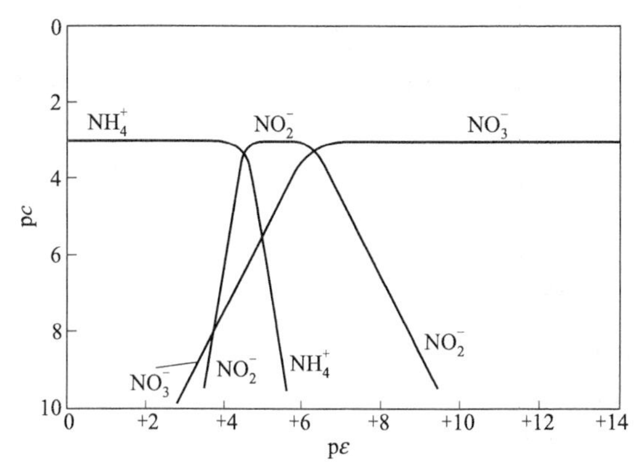

图 2-36 水中三氮盐的 pc-pε 图

(pH=8，$c_{T,N}=10^{-3} \text{mol} \cdot L^{-1}$，忽略 N_2)

从图中可看出，NO_2^- 仅在 pε=4.5～6.2 很窄的范围内出现，它很容易转化为 NO_3^- 或 NH_4^+，这与实际情况相符。

表层水的 pε 大多超过 8，水中无机含氮物种以 NO_3^- 为主。水中硝酸盐的含量过高具有毒性，特别会引起儿童血液中变性血红蛋白的增加，而且具有潜在的危害性，表现在当人和动物体液由于溶氧不足 pε 明显下降时，会将所含有的硝酸盐还原成亚硝酸盐或进一步形成亚硝胺，亚硝酸

盐能毒害血液和引起肾脏障碍。亚硝胺是致癌物质。硝酸盐的这一潜在危害性，对于食物多次发酵体液 pε 较低的反刍动物就更加突出。目前，我国规定 NO_3^--N 的地面水的标准为 10～25mg·L^{-1}，饮用水标准为 20mg·L^{-1}。

在氮化合物的转化过程中，微生物起着重要作用。微生物在催化氧化还原反应的同时从反应中获取能量。氮的微生物转化是自然界中一个很活跃的动态变化过程，在氮循环、农业生产和水处理中起着极其重要的作用，包括：

固氮——分子氮被固定为有机氮；

硝化——氨被氧化为硝酸盐；

硝酸盐的还原——硝酸盐被还原为氧化价态较低的氮化合物；

反硝化——硝酸盐或亚硝酸被还原为 N_2。

见图 2-37 所示。

2.6.5 酸性矿山排水（Acid mine drainage）

含硫化物特别是黄铁矿的矿山普遍存在酸性矿排水的问题，由于开采、风化、淋溶等原因，形成大量酸性矿山排水，对生态环境造成极大的危害。煤矿中一般都含有 0.3%～5% 的硫，并主要以黄铁矿（FeS_2）形式存在，因而在煤炭开采中也常伴随着产生大量的酸性矿山排水。

一般认为，酸性矿山排水的形成机理如图 2-38 所示。

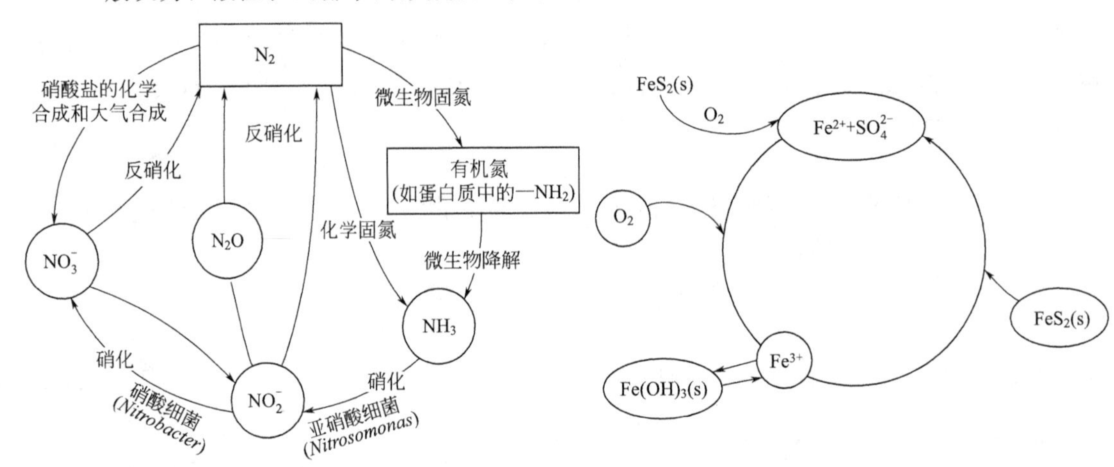

图 2-37 氮的转化过程

图 2-38 黄铁矿氧化形成酸性矿排水的机理示意图

首先有一些 FeS_2 被氧化产生 Fe^{2+} 和 SO_4^{2-}：

$$2FeS_2(s)+7O_2+2H_2O \rightleftharpoons 2Fe^{2+}+4H^++4SO_4^{2-}$$

接着 Fe^{2+} 又被氧化成 Fe^{3+}：

$$4Fe^{2+}+4H^++O_2 \rightleftharpoons 4Fe^{3+}+2H_2O$$

Fe^{3+} 水解生成 $Fe(OH)_3(s)$，污水呈红棕色：

$$Fe^{3+}+3H_2O \rightleftharpoons Fe(OH)_3(s)+3H^+$$

同时 Fe^{3+} 又能与 $FeS_2(s)$ 反应生成 Fe^{2+} 和 SO_4^{2-}：

$$14Fe^{3+}+FeS_2(s)+8H_2O \rightleftharpoons 15Fe^{2+}+2SO_4^{2-}+16H^+$$

如此形成循环，并在此过程中产生大量的 H^+。

根据动力学研究，当 pH<5.5，亚铁的氧化速率非常缓慢，其半衰期为许多年。可以认为，在这一个 pH 值范围内，Fe^{2+} 在充氧水中是稳定的。但是，这一结论与酸性矿山排水中的实际情形不符，酸性矿山排水中 Fe^{2+} 能迅速被氧化为 Fe^{3+}。

已经证明，微生物如硫氧化硫杆菌（*Thiobacillus thiooxidans*）、氧化亚铁硫杆菌（*Thiobacillus ferrooxidans*）和氧化亚铁亚铁杆菌（*Ferrobacillus ferrooxidans*）均能催化亚铁的氧化。灭菌试验表明，未经灭菌的水较灭菌水的氧化速率要高 10^6 倍。因此生物催化作用在酸性矿山排水的形成过程中起关键作用。

酸性矿山排水的特点是 pH 值大多在 2～4 之间，硫酸根离子浓度高，常达每升数百至数千毫克，重金属离子浓度高，硬度高，TDS 高，且水带红棕色，被称为“红龙之害”。美国西弗吉尼亚某酸性矿排水的水样分析结果参见表 2-28。

表 2-28　美国西弗吉尼亚某酸性矿山排水的水样分析结果

水质指标	浓度范围	水质指标	浓度范围
pH 值	2.4～2.3	SO_4^{2-}/(mg·L^{-1})	340～1650
矿物酸度(以 $CaCO_3$ 计)/(mg·L^{-1})	204～980	硬度(以 $CaCO_3$ 计)/(mg·L^{-1})	190～740
Fe/(mg·L^{-1})	35～260		

美国排放的酸性矿山废水相当于 2.7 百万吨酸/年，污染河流 12000km，据对美国酸敏感地区的淡水大型调查，有 3%的湖泊和 26%的河流被酸性矿山排水酸化。我国江西德兴铜矿是多金属硫化物的大型露天矿山，产生的大量酸性矿山废水直接排入乐安江，由于乐安江 HCO_3^- 浓度较低，缓冲能力差，使江水遭到严重污染，重金属含量超标，渔业产量急剧下降，对农业生产也带来了极大的危害。

对酸性矿山排水的治理一般采用化学中和、抑菌等方法，但不能根治，因此应在开矿同时要综合考虑对酸性矿山排水的防治工作以及开矿后的土地复垦。

2.6.6　氯与有机物反应形成的有害副产物（The hazardous by-products of chlorine reactions with organic substances）

氯作为氧化剂和杀菌剂广泛应用于水与废水处理。在饮水处理中用作杀菌剂，在含氰、硫化物、氨等工业废水和生活污水处理中作为氧化剂，在工业用水设施如冷却塔中用来控制生物污垢，在活性污泥处理中用来杀灭丝状微生物以防止污泥膨胀。氯亦广泛用于游泳池的消毒。然而，氯也会与水中的腐殖质等物质反应，生成的副产物可能威胁人的健康，正日益受到人们的关注。

2.6.6.1　氯酚（Chlorinated phenols）

氯很容易与酚类化合物发生取代反应，生成各种氯酚，有些氯酚有强烈的气味。图 2-39 显示了苯酚被 HClO 氯化后生成的各种氯酚及其嗅阈浓度（odor threshold concentration）。这里的嗅阈浓度指刚能闻到气味时的某氯酚在水中的浓度。从图中可看到，

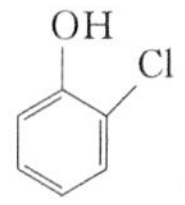

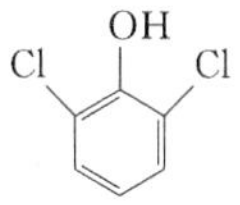

OH Cl（邻位）、 Cl OH Cl 和 OH Cl Cl 的气味最强烈。氯酚产物的种类及其浓度与反应时间、pH 值、加氯量、酚浓度和温度有关。

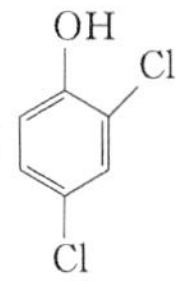

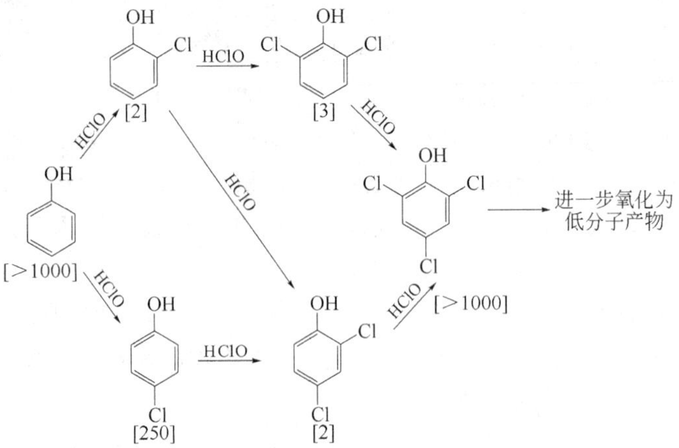

图 2-39　苯酚的氯化反应

方括号内的数字为嗅阈浓度（$\mu g \cdot L^{-1}$）

2.6.6.2　三卤甲烷（Trihalomethanes）

三卤甲烷简称 THMs，是一类挥发性有机物，通式为 CHX_3，其中 X 为卤素，通常指 Cl、Br、I。氯仿（$CHCl_3$）（chloroform）具有致癌倾向，故引起人们的特别关注。1973 年荷兰和美国科学家同时发现自来水中含有氯仿，因而在以后的水处理中越来越多地以 O_3 代替 Cl_2。但用 O_3 成本较高，尚不能普遍采用。直接饮用以 Cl_2 消毒的自来水和洗热水澡时间过长都是对身体不利的。

自来水中的氯仿被认为主要是来自氯与腐殖质的分解产物如酰基化合物反应而形成的，可能的形成机理如下：

① $$R{-}\overset{O}{\overset{\|}{C}}{-}CH_3 \xrightleftharpoons{OH^-} R{-}\overset{O^-}{\overset{|}{C}}{=}CH_2 + H^+$$

② $$R{-}\overset{O^-}{\overset{|}{C}}{=}CH_2 + HClO \longrightarrow R{-}\overset{O}{\overset{\|}{C}}{-}CH_2Cl + OH^-$$

③ $$R{-}\overset{O}{\overset{\|}{C}}{-}CH_2Cl \xrightleftharpoons{OH^-} R{-}\overset{O^-}{\overset{|}{C}}{=}CHCl + H^+$$

④ $$R{-}\overset{O^-}{\overset{|}{C}}{=}CHCl + HClO \longrightarrow R{-}\overset{O}{\overset{\|}{C}}{-}CHCl_2 + OH^-$$

⑤ $$R{-}\overset{O}{\overset{\|}{C}}{-}CHCl_2 \xrightleftharpoons{OH^-} R{-}\overset{O^-}{\overset{|}{C}}{=}CCl_2 + H^+$$

⑥ $$R{-}\overset{O^-}{\overset{|}{C}}{=}CCl_2 + HClO \longrightarrow R{-}\overset{O}{\overset{\|}{C}}{-}CCl_3 + OH^-$$

⑦ $$R{-}\overset{O}{\overset{\|}{C}}{-}CCl_3 + H_2O \xrightarrow{OH^-} R{-}\overset{O}{\overset{\|}{C}}{-}OH + CHCl_3$$

在一些处理过的水中除了发现 $CHCl_3$ 外，还发现其他三卤甲烷，如 $CHCl_2Br$、$CHClBr_2$、$CHBr_3$ 和 $CHCl_2I$ 等，这是因为 HClO 可使水中存在的 Br^- 或 I^- 转化为 HBrO 或 HIO，它们与有机化合物的作用同 HClO 类似。

2.6.7 高级氧化方法（Advanced oxidation processes，简称 AOPs）

随着工业化水平的不断发展，水源污染已成为世界上密切关注的问题。各国围绕如何有效地利用有限的水资源，并对已受污染水的净化再利用进行广泛而深入的研究。一般的工业废水都可以通过组合传统工艺而得到适当处理，然而对于难降解的毒性有机废水如焦化、染料、农药、工业废水，由于技术和经济之类的原因还没有形成完整而有效的治理对策。近年来，高级氧化方法（通常也称为高级氧化技术），即利用物理手段、催化氧化技术或者各种手段的联合使用产生高活性、低选择性的自由基进攻大分子有机物，达到去除废水中难降解有毒物的水处理技术得到了较快的发展。

高级氧化技术内容广泛，各方法之间互相穿插交错。但根据产生自由基的方式和反应条件的不同，总的可分为化学氧化法、湿式空气氧化法、超临界水氧化法、光化学氧化法、声化学氧化法等。

化学氧化法（chemical oxidation）是以化学物质的强氧化性为主，结合其他手段进一步提高氧化性，并且达到降低氧化选择性的一种氧化手段。目前，这方面的研究主要集中在臭氧、过氧化氢等氧化性物质的研究。

湿式空气氧化法（waterish air oxidation）（简称湿式氧化法）是在高温（125～320℃）、高压（0.5～20MPa）条件下通入空气，使废水中的有机污染物直接氧化。结合催化剂进行湿式氧化产生的湿式催化氧化也受到了广泛的重视和研究。按催化剂在体系中存在的形式，可将湿式催化法分为均相湿式氧化法和多相湿式催化氧化法。

超临界水氧化（supercritical water oxidation）实质上是湿式氧化的强化与改进，与湿式氧化法一样，超临界水氧化法也以水为液相主体，以空气中的氧为氧化剂，但它是利用水在超临界状态（$T_c>374$℃，$p_c>22.05$MPa）下其性质发生较大的变化，从而使气体、有机物完全溶解于水中，气液相界面消失，形成均相氧化体系，提高了反应速率。超临界水氧化技术具有反应迅速，氧化程度彻底的优点而备受欢迎。研究人员正着力于将催化剂引进超临界水氧化技术的研究，以降低反应条件的要求和提高反应速度。

光化学氧化法（photo-chemical oxidation）是在可见光或紫外光作用或结合活性物质存在下进行的反应过程。光化学氧化法由于其反应条件温和（常温常压）、氧化能力强而发展迅速。光氧化可分为直接光氧化和加入活性物质的间接光氧化。间接光氧化又可细分为光敏化氧化、光激发氧化和光催化氧化。目前，对光催化氧化的研究居多。其中 TiO_2/UV 与 O_3/UV 是研究较多也是最有前途的两种光化学氧化技术。

声化学氧化法（sonochemical oxidation）是利用超声空化（ultrasonic cavitation）效应所带来的高温高压（温度大于 5000K），使几乎任何污染物在此条件下完全氧化降解。超声空化降解有机物的机理是当有一定功率的超声波辐射水溶液时，水中的微小泡核（附着在固体杂质、微尘或容器表面上及细缝中的微气泡或气泡、或因结构不均匀造成的液体内抗张强度减弱的微小区域中析出的溶解气体等）在超声负压和正压的作用下急速膨胀和压缩、破裂和崩溃。由于该过程仅发生在 ns～μs 之间，气泡内的气体受压后急剧升温，高温使气泡内的气体和液体交界面的介质裂解产生自由基，从而造成超声空化效应。超声空化效应使在高温下产生 HO・、HO_2・自由基，水中有机物被这些自由基氧化发生降解而形成稳定产物。声化学处理废水效率很高，但其发生装置复杂，废水处理成本较高。

2.7 相间作用（Phase Interactions）

在天然水和废水中完全的均相反应是很少的，实际上水中大部分重要的化学和生化现象都涉及相间的相互作用，有的还涉及三相间的相互作用，例如，藻类的光合作用产生固体生物物质：

$$CO_2 + H_2O \xrightarrow{h\nu} \{CH_2O\} + O_2$$

式中，$\{CH_2O\}$ 表示简单的生物物质。

在水环境化学中重要的相间相互作用如表 2-29 所示。

表 2-29 水环境化学中重要的相间作用

相间作用	界面	实例
气体的溶解	气-液	溶解氧、曝气，CO_2 平衡
气体的挥发	气-液	挥发性有机污染物，厌氧条件下产生的 H_2S、CH_4 等的挥发
固体的溶解	固-液	岩石风化，底泥中重金属的溶出，酸雨、酸性矿排水对环境的影响
固体的沉淀	固-液	沉积物的形成，用絮凝剂进行水处理
固体表面的吸附作用	固-液	水中悬浮颗粒对污染物的吸附，黏土颗粒对水中磷酸盐的吸附，用活性炭、沸石等进行水处理
胶体颗粒的聚集作用	固-液	河口地区有较多沉积物
有机物的憎水作用	液-液	油、农药等形成不溶膜浮在水面上
膜的渗透作用	固-液	生物体的生命活动，用膜进行水处理
	液-液	

2.7.1 气体在水中的溶解与挥发（Dissolution and volatilization of gases in water）

2.7.1.1 亨利定律的应用（Henry's Law）

利用亨利定律原理，我们还可以在水中通入空气，将水中挥发性污染物质从水中驱赶出来，以达到水处理的目的；或把被驱赶出来的挥发性污染物用吸附剂收集起来，通过加热释放并与气相色谱仪相连，以达到定量分析的目的，这种分析挥发性有机物（VOCs）的方法称为吹扫捕集（purge and trap）。

亨利定律还应用于有机污染物在环境中迁移的研究以及环境污染修复与治理的设计，亨利定律常数在这些应用中是一个重要的参数。有一点值得引起注意的是：由于亨利定律有不同的表达形式，同一种物质的亨利定律常数也会有不同的数值和单位。

2.7.1.2 气体在水中的溶解速率（Dissolution rate of gases in water）

当某气体气相分压力超过液相的分压力时，就会发生该气体由气相向液相的转移，即发生净溶解；反之，当某气体的气相分压力小于液相的分压力时，就会发生该气体由液相向气相的转移，即发生净逸出。气体溶解或逸出的速率与多种因素有关。

(1) 影响气体溶解速率的因素

① 气体不饱和程度。水中溶解气体含量与饱和含量相差越远，由气相溶于液相的速度就越快。如果用 c 表示气体在水中的含量，c_s 表示在该温度下对应于气相分压的气

体溶解度（饱和含量），用单位时间内气体含量的增加来表示气体溶解速率，则有

$$\frac{\mathrm{d}c}{\mathrm{d}t} \propto (c_{\mathrm{s}} - c)$$

② 水的单位体积表面积。因为用单位时间内气体含量的增加来表示溶解速率，在同样的不饱和程度下，显然是比表面积大的浓度增加快，即 $\mathrm{d}c/\mathrm{d}t$ 与单位体积表面积（A/V）成正比：

$$\frac{\mathrm{d}c}{\mathrm{d}t} \propto \frac{A}{V}$$

将上面两式合并，并写成等式为

$$\frac{\mathrm{d}c}{\mathrm{d}t} = K_{\mathrm{g}} \frac{A}{V} (c_{\mathrm{s}} - c)$$

式中，K_{g} 称气体迁移系数，它与气体的性质、温度及扰动状况有关，单位为 $\mathrm{cm \cdot min^{-1}}$。在这些条件固定时 K_{g} 就是常数。

③ 扰动状况。增加液相内部扰动作用，把已溶有较多气体的靠近界面的水移向深部，把深部溶解气体较少的水移向界面，可加快溶解速度。增加气相内部的扰动作用，也能加快溶解速度。气、液两相内部扰动（不增加比表面时）的体现是 K_{g} 值增大。增加比表面积和 K_{g} 值，可以加快逼近饱和值。

（2）气体溶解和挥发速率中的双膜理论

气体溶解中的“双膜理论”认为：在气、液界面两侧，分别存在相对稳定的气膜和液膜；即使气相、液相呈湍流状态，这两层膜内仍保持层流状态（层流是指流体质点的运动迹线互相平行、有条不紊的流动；湍流是指流体质点的运动迹线极其紊乱，流向随时改变的一种流动）。无论如何扰动气体或液体，都不能将这两层膜消除，只能改变膜的厚度。气体主体内的分子溶入液体主体中的过程有以下 4 个步骤：

① 靠湍流从气体主体内部到达气膜；

② 靠扩散穿过气膜到达气-液界面，并溶于液膜；

③ 靠扩散穿过液膜；

④ 靠湍流离开液膜进入液相内部。

当气体分子在气相主体与液相主体中迁移时，靠的是湍流，运动速度快，混合均匀，可以认为在气相主体与液相主体中都不存在浓度梯度。而在气膜和液膜内只存在层流，气体分子只能靠扩散通过，易溶气体主要受气膜扩散限制，难溶气体主要受液膜扩散限制。参见图 2-40。

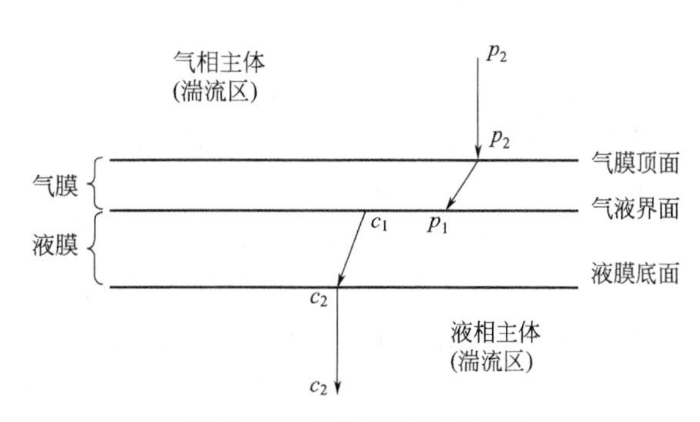

图 2-40　双膜理论的示意图

图中 p 表示气体的分压；c 表示气体在水中的浓度

同理，气体挥发也要克服液膜和气膜所产生的阻力，在图中箭头相反。

双膜理论已成功应用于环境中化合物在大气-水界面的传质过程，利用费克扩散定律，可计算大气污染物如 SO_2、CCl_4 等向海洋的迁移和有机污染物从水中的挥发。

2.7.1.3 溶解氧（Dissolved Oxygen）

根据亨利定律计算得 25℃、1 大气压时溶解氧浓度为 8.32mg・L^{-1}。如果以 CH_2O 代表简单生物有机质，它在水中的降解耗氧过程可以用下式表示：

$$\{CH_2O\} + O_2 \longrightarrow CO_2 + H_2O$$

根据上式计算可知，每升水只要有 7.8mg 有机质，便可消耗光水中的溶解氧。当温度更高时，只需更少的有机质便可消耗光水中的溶解氧，因为那时溶解氧浓度也更低。当耗氧过程在水中进行时，如果没有有效的复氧机制，溶解氧会很快趋近于零。不像 CO_2 可以通过化学反应从水中的 HCO_3^- 那里得到补充：

$$HCO_3^- \rightleftharpoons CO_2 + OH^-$$

氧的补充，除了光合作用外，只有来自于空气。复氧可通过增加水的流动，向水中鼓空气等加快进行。复氧速率与水的流动情况、空气气泡大小、温度等因素有关。要注意区别平衡时的溶解氧浓度与不平衡时的溶解氧浓度，前者是平衡时具有的饱和溶解氧浓度，后者不等于前者，它受到氧的溶解速率的限制。如果单纯靠分子扩散，复氧速率是很慢的。有人试验，在 20℃、1atm 时，在没有任何扰动的静止状况下，要使 30cm 深处的水中溶解氧从 3mg・L^{-1} 升高到 4mg・L^{-1}，需要 12 天。

温度对溶解氧的影响十分明显，随着温度升高，溶解氧从 0℃的 14.74mg・L^{-1} 降到 35℃的 7.03mg・L^{-1}。常有这种情况：水温升高时，溶解氧下降，同时水温升高时，水生生物的呼吸速率加快，需氧量却要增加。

一般来说，地下水的溶解氧较少，但也发现有些地区的地下水含 8～10mg・L^{-1} 的溶解氧，其原因可能是由于铁-钛氧化态矿的缘故造就了氧化性的地下水。

2.7.2 固体的沉淀与溶解（Precipitation and dissolution of solids）

固体的沉淀与溶解在天然水化学和水污染控制化学中具有重要意义。例如，天然水中各种离子从矿物中溶出，废水处理中使污染物形成沉淀除去。在解决这些问题时，除了考虑沉淀与溶解平衡外，还要考虑反应速度、形成配合物的影响等因素。

2.7.2.1 沉淀与溶解动力学（Precipitation and dissolution kinetics）

与人从出生、长大到老一样，沉淀的形成要经过成核、晶体长大、成熟和老化等步骤。

成核作用（nucleation）指沉淀作用可在细微颗粒上发生，这些细微颗粒便称为核或晶种。如果不引入晶种，溶液可能需要饱和几十倍（溶液中相关离子浓度的乘积为溶度积常数的几十倍）才会发生沉淀。如核是沉淀成分的分子或离子对簇（cluster），称为均相成核作用（homogeneous nucleation）；如核是外来颗粒，则称为非均相成核作用（heterogeneous nucleation）。由于水中含有各种各样的细微颗粒，因此大多数的成核作用为非均相成核作用。从不规则的溶液离子到形成有规则的固体微粒，需要消耗能量，因此需要过饱和。在相似表面上形成晶体所需要的自由能较少，因此当外来颗粒表面结构与沉淀本身相似时，容易形成沉淀。

晶体长大（crystal growth）指溶液中的相关离子在核上不断淀积长大的过程，这一过程的快慢决定了水处理的效率。晶体长大速率可由下式表示：

$$\frac{dc}{dt} = -kS(c - c^*)^n$$

式中 $\frac{dc}{dt}$——晶体长大速率；

k——速率常数；

S——固体表面积；

c——溶液中相关离子的实际浓度；

c^*——溶液中相关离子的饱和浓度；

n——常数，如溶液中离子淀积到晶体表面的过程以扩散速率为决定因素时，$n=1$。

从上述公式中可看出，当固体表面积越大，实际浓度越高时，晶体长大速率越快。

成熟（ripening）和老化（aging）常常是同时进行的。

成熟指固体从小颗粒变成大颗粒的过程。由于小颗粒比大颗粒有较高的表面能，与小颗粒相平衡的溶液（c_1）要比与大颗粒相平衡的溶液浓度高（c_2），c_1 对于大颗粒来说是过饱和的，因此，大颗粒不断长大，c_2 对于小颗粒来说是未饱和的，因此，小颗粒不断溶解。

老化指晶体结构随着时间发生变化的过程。开始形成的固体可能并不是最稳定的固体，经过一段时间后变为稳定状态的晶体，使溶液浓度进一步降低，因为稳定状态的晶体一般具有更低的溶解度。

溶解过程主要受溶解的物种离开固体的扩散速率所控制，因此溶解速率可由下式表示：

$$\frac{dc}{dt}=kS(c-c^*)$$

公式中的符号意义与晶体长大速率公式相同。

2.7.2.2 沉淀与溶解的平衡计算（Equilibrium calculation of precipitation and dissolution）

(1) 溶度积（solubility product）

对于一般的沉淀与溶解反应可用下式表示：

$$A_zB_y(s) \rightleftharpoons zA^{y+}+yB^{z-}$$

有

$$K_{sp}=[A^{y+}]^z[B^{z-}]^y$$

这里的 K_{sp} 称为溶度积常数（solubility product constant）。

水环境化学中常用的溶度积常数见表 2-30。

表 2-30 溶度积常数（25℃）

固 体	pK_{sp}	固 体	pK_{sp}	固 体	pK_{sp}
$Fe(OH)_3$(无定形)	38	CaF_2	10.3	$MgNH_4PO_4$	12.6
$FePO_4$	17.9	$Ca(OH)_2$	5.3	$MgCO_3$	5.0
$Fe_3(PO_4)_2$	33	$Ca_3(PO_4)_2$	26.0	$Mg(OH)_2$	10.7
$Fe(OH)_2$	14.5	$CaSO_4$	4.59	$Mn(OH)_2$	12.8
FeS	17.3	SiO_2(无定形)	2.7	AgCl	10.0
Fe_2S_3	88	$BaSO_4$	10	Ag_2CrO_4	11.6
$Al(OH)_3$(无定形)	33	$Cu(OH)_2$	19.3	Ag_2SO_4	4.8
$AlPO_4$	21.0	$PbCl_2$	4.8	$Zn(OH)_2$	17.2
$CaCO_3$(方解石)	8.34	$Pb(OH)_2$	14.3	ZnS	21.5
$CaCO_3$(文石)	8.22	$PbSO_4$	7.8	$Ca_5(PO_4)_3OH$	55.9
$CaMg(CO_3)_2$(白云石)	16.7	PbS	27.0		

除 25℃以外的其他温度下的溶度积常数可通过 Van't Hoff 公式计算得到。值得指出的

是，温度既能影响平衡状态，又能影响反应速率。一般温度升高，溶解度增大，但也有一些例外，例如 $CaCO_3$、$Ca_3(PO_4)_2$、$CaSO_4$ 和 $FePO_4$ 等的溶解度是随温度升高而降低的。

（2）溶解度的计算（solubility calculation）

【例 2-19】 求 CaF_2 在 25℃水中的溶解度，忽略离子强度的影响。

解：

$$CaF_2(s) \rightleftharpoons Ca^{2+} + 2F^-$$

1mol 的 CaF_2 在溶解后生成 1mol 的 Ca^{2+} 和 2mol 的 F^-，故 CaF_2 的溶解度：

$$S=[Ca^{2+}] \quad 或 \quad S=\frac{[F^-]}{2}$$

由溶度积公式：

$$K_{sp}=[Ca^{2+}][F^-]^2$$

即

$$K_{sp}=S\times(2S)^2=4S^3=10^{-10.3}$$

得

$$S=2.32\times10^{-4}\,mol/L=18.1mg\cdot L^{-1}$$

【例 2-20】 如考虑 Cd^{2+} 与羟基配位体形成配合物的影响，求当 pH=9 时，$Cd(OH)_2$ 的溶解度。假定 25℃，并不考虑离子强度的影响。

解：在手册上查得

$$Cd(OH)_2(s) \rightleftharpoons Cd^{2+}+2OH^- \qquad K_{sp}=10^{-13.65}$$

$$Cd(OH)_2(s) \rightleftharpoons CdOH^+ +OH^- \qquad K_{s_1}=10^{-9.49}$$

$$Cd(OH)_2(s) \rightleftharpoons Cd(OH)_2^0 \qquad K_{s_2}=10^{-9.42}$$

$$Cd(OH)_2(s)+OH^- \rightleftharpoons Cd(OH)_3^- \qquad K_{s_3}=10^{-12.97}$$

$$Cd(OH)_2(s)+2OH^- \rightleftharpoons Cd(OH)_4^{2-} \qquad K_{s_4}=10^{-13.97}$$

当 pH=9 时：

$$S=c_{T,Cd}=[Cd^{2+}]+[CdOH^+]+[Cd(OH)_2^0]+[Cd(OH)_3^-]+[Cd(OH)_4^{2-}]$$
$$=10^{-3.65}+10^{-4.49}+10^{-9.42}+10^{-17.97}+10^{-23.97}$$
$$=2.56\times10^{-4}\quad(mol\cdot L^{-1})$$

而不考虑羟基配合物的影响：

$$S=[Cd^{2+}]=10^{-3.65}=2.24\times10^{-4}\quad(mol\cdot L^{-1})$$

因此考虑羟基配合物的影响，$Cd(OH)_2$ 的溶解度增加了：

$$\frac{(2.56-2.24)\times10^{-4}}{2.24\times10^{-4}}\times100\%=14\%$$

如果水中 Cl^- 浓度较高，还应考虑形成 $CdCl^+$，$CdCl_2^0$，$CdCl_3^-$ 和 $CdCl_4^{2-}$ 等配合物的影响。海水中 $[Cl^-]$ 高达 $20g\cdot L^{-1}$ $(0.56mol\cdot L^{-1})$，这时，$Cd(OH)_2$ 的溶解度可增加 100 多倍。

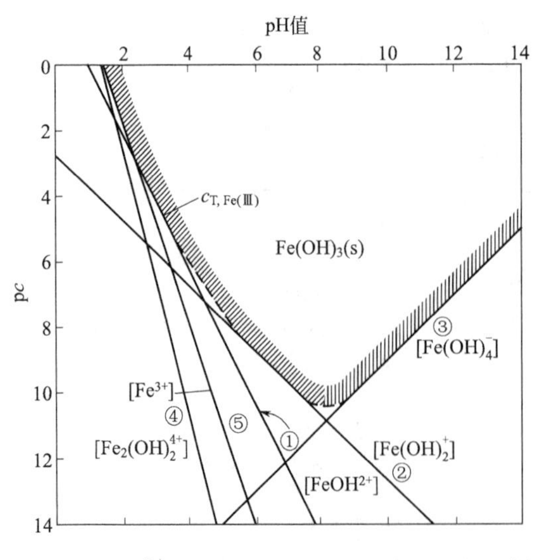

图 2-41 Fe^{3+}、羟基合铁（Ⅲ）配合物在与新鲜沉淀的 $Fe(OH)_3(s)$ 处于多相平衡时的 pc-pH 图（25℃）

图 2-41 是 $Fe(OH)_3$ 在水中溶解形成的羟基配合物 $FeOH^{2+}$，$Fe(OH)_2^+$，$Fe(OH)_4^-$，$Fe_2(OH)_2^{4+}$ 等物种以及游离 Fe^{3+} 的 pc-pH 图。该图各直线可根据以下平衡画出：

$$Fe(OH)_3(s) \rightleftharpoons Fe^{3+} + 3OH^- \qquad pK_{sp}=38$$

$$Fe^{3+} + H_2O \rightleftharpoons FeOH^{2+} + H^+ \qquad pK_1=2.16$$

$$Fe^{3+} + 2H_2O \rightleftharpoons Fe(OH)_2^+ + 2H^+ \qquad pK_2=6.74$$

$$Fe^{3+} + 4H_2O \rightleftharpoons Fe(OH)_4^- + 4H^+ \qquad pK_3=23$$

$$Fe^{3+} + 2H_2O \rightleftharpoons Fe_2(OH)_2^{2+} + 2H^+ \qquad pK_4=2.85$$

经运算，可得各溶解物种浓度的负对数随 pH 值的变化曲线方程如下：

① $p[FeOH^{2+}]=-1.84+2pH$

② $p[Fe(OH)_2^+]=2.74+pH$

③ $p[Fe(OH)_4^-]=19-pH$

④ $p[Fe_2(OH)_2^{2+}]=-5.2+4pH$

⑤ $p[Fe^{3+}]=-4+3pH$

由于各线所表示的浓度是与 $Fe(OH)_3$(s)相平衡时的浓度，因此在各线上方的部分是各物种过饱和的浓度区域，据此可勾勒出 $Fe(OH)_3$ 的沉淀区域，如图中粗灰线所示。

从图中可以看出，在通常 pH 值条件下的优势溶解物种是 $Fe(OH)_2^+$；当 pH>9 时，$Fe(OH)_4^-$ 占优势；Fe^{3+} 只有当 pH<2 时才占优势。还可看出，在通常 pH 值条件下溶解的含三价铁物种的浓度很低（$<10^{-6}$ mol·L^{-1}），反过来说明了在通常 pH 值条件下最主要的含三价铁物种是 $Fe(OH)_3$(s)。

图 2-42 是 $Al(OH)_3$(s)及其溶解物种处于平衡时的 pc-pH 值图。图(a)是新鲜沉淀的 $Al(OH)_3$ 情况。从图中可看出，新鲜沉淀的 $Al(OH)_3$ 具有较大的形成多核配合物的倾向，老化后的 $Al(OH)_3$ 的晶体结构发生变化，成为溶解度更小的水铝氧(gibbsite)，而这时大部分多核配合物已消失，说明多核配合物多为中间产物。从图(a)中还可看出，当 pH 值在 6.5 左右时新鲜沉淀的 $Al(OH)_3$ 有最小的溶解度，也就是说，在水处理中控制 pH 值在该范围内，投加一定量的铝盐，可得到最多的 $Al(OH)_3$ 沉淀量。

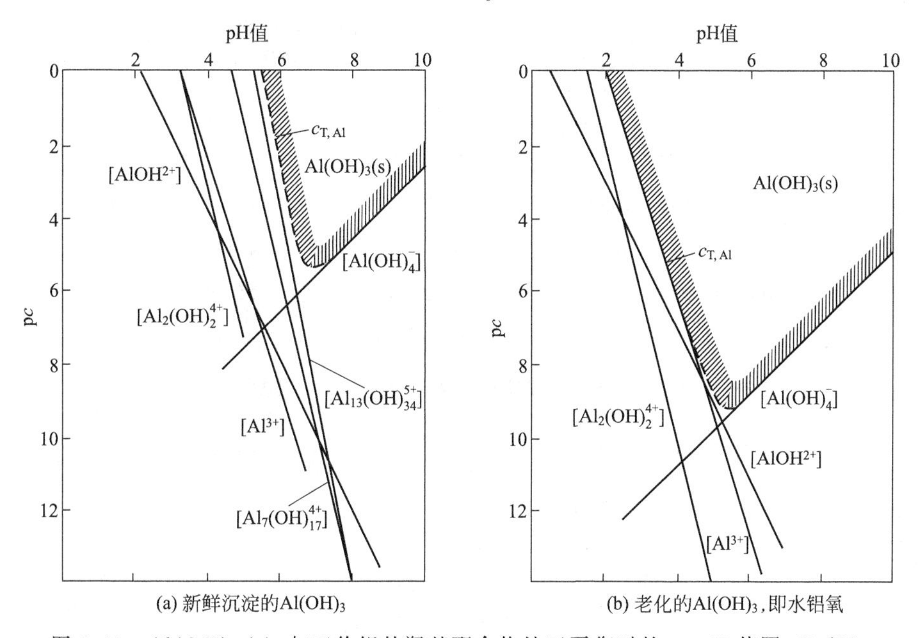

图 2-42 $Al(OH)_3$(s) 与三价铝的羟基配合物处于平衡时的 pc-pH 值图（25℃）

2.7.2.3 磷酸盐化学（Phosphate chemistry）

把磷酸盐化学专门提出来讨论，不但因为水中的磷酸盐涉及多相平衡，而且磷酸盐作为水生生物和微生物的营养物质，对于天然水中的生命活动、水体富营养化以及水处理等方面具有重要的实际意义，聚磷酸盐还被广泛用作水的软化剂。表 2-31 列出了水中重要含磷化合物的种类、结构、重要物种和有关酸平衡常数。

表 2-31 水中重要含磷化合物种类、结构、重要代表物种和有关平衡常数

类 别	典 型 结 构	重 要 物 种	酸平衡常数(25℃)
正磷酸盐	$O=P(O^-)_3$	H_3PO_4，$H_2PO_4^-$ HPO_4^{2-}，PO_4^{3-} HPO_4^{2-}，配合物	$pK_{a_1}=2.1$ $pK_{a_2}=7.2$ $pK_{a_3}=12.3$
聚磷酸盐	$^-O-P(=O)(O^-)-O-P(=O)(O^-)-O^-$ 焦磷酸盐 $^-O-P(=O)(O^-)-O-P(=O)(O^-)-O-P(=O)(O^-)-O^-$ 三聚磷酸盐	$H_4P_2O_7$，$H_3P_2O_7^-$， $H_2P_2O_7^{2-}$， $HP_2O_7^{3-}$，$P_2O_7^{4-}$， $HP_2O_7^{3-}$ 配合物 $H_3P_3O_{10}^{2-}$， $H_2P_3O_{10}^{3-}$， $HP_3O_{10}^{4-}$，$P_3O_{10}^{5-}$， $HP_3O_{10}^{4-}$ 配合物	$pK_{a_1}=1.52$ $pK_{a_2}=2.4$ $pK_{a_3}=6.6$ $pK_{a_4}=9.3$ $pK_{a_3}=2.3$ $pK_{a_4}=6.5$ $pK_{a_5}=9.2$
偏磷酸盐	环状 $(PO_3^-)_3$（P—O—P 六元环，每个 P 带 =O 和 O^-） 三偏磷酸盐	$HP_3O_9^{2-}$，$P_3O_9^{3-}$	$pK_{a_3}=2.1$
有机磷化合物	$CH_2O-P(=O)(OH)-OH$ 连于吡喃糖环（OH, OH, OH, OH） 葡萄糖磷酸盐	磷脂，糖磷酸盐，核苷酸，磷酰胺，有机磷农药等	

三偏磷酸盐由于它的环状结构，其配合钙、镁离子的效果不如三聚磷酸盐好。三聚磷酸钠曾大量用作洗涤剂的助剂，可增强洗涤效果，但由于生活污水造成对水体富营养化的威胁，现在在全世界都已提倡使用无磷洗涤剂，三聚磷酸钠遂多被 NTA 或沸石取代了。表 2-32 列出了各种难溶磷酸盐的溶度积常数和配合磷酸盐的配合平衡常数。

表 2-32 水中代表性磷酸盐的溶度积常数和配合平衡常数（25℃）

多 相 平 衡		pK_{sp}
磷酸氢钙	$CaHPO_4(s) \rightleftharpoons Ca^{2+}+HPO_4^{2-}$	+6.66
磷酸二氢钙	$Ca(H_2PO_4)_2(s) \rightleftharpoons Ca^{2+}+2H_2PO_4^-$	+1.14
羟基磷灰石	$Ca_5(PO_4)_3OH(s) \rightleftharpoons 5Ca^{2+}+3PO_4^{3-}+OH^-$	+55.9
β-磷酸三钙	$\beta\text{-}Ca_3(PO_4)_2(s) \rightleftharpoons 3Ca^{2+}+2PO_4^{3-}$	+24.0
磷酸铁	$FePO_4(s) \rightleftharpoons Fe^{3+}+PO_4^{3-}$	+21.9
磷酸铝	$AlPO_4(s) \rightleftharpoons Al^{3+}+PO_4^{3-}$	+21.0

续表

配合平衡		pK
以正磷酸盐为配位体	$NaHPO_4^- \rightleftharpoons Na^+ + HPO_4^{2-}$	+0.6
	$MgHPO_4^0 \rightleftharpoons Mg^{2+} + HPO_4^{2-}$	2.5
	$CaHPO_4^0 \rightleftharpoons Ca^{2+} + HPO_4^{2-}$	+2.2
	$MnHPO_4^0 \rightleftharpoons Mn^{2+} + HPO_4^{2-}$	+2.6
	$FeHPO_4^+ \rightleftharpoons Fe^{3+} + HPO_4^{2-}$	+9.75
	$CaH_2PO_4^+ \rightleftharpoons Ca^{2+} + HPO_4^{2-} + H^+$	−5.6
以焦磷酸盐为配位体	$CaP_2O_7^{2-} \rightleftharpoons Ca^{2+} + P_2O_7^{4-}$	+5.6
	$CaHP_2O_7^- \rightleftharpoons Ca^{2+} + HP_2O_7^{3-}$	+2.0
	$Fe(HP_2O_7)_2^{3-} \rightleftharpoons Fe^{3+} + 2HP_2O_7^{3-}$	+22
以三聚磷酸盐为配位体	$CaP_3O_{10}^{3-} \rightleftharpoons Ca^{2+} + P_3O_{10}^{5-}$	+8.1

从表 2-32 中可看到，羟基磷灰石的溶度积常数仅为 $10^{-55.9}$，如以化学平衡计算，一般天然水中的磷的含量微乎其微，也不会存在水体富营养化的问题了。但事实并非如此，说明羟基磷灰石并不控制正磷酸盐浓度。根据沉淀动力学，过饱和溶液经沉淀诱导期（induction period）（引入外来品种，可大大缩短诱导期）成核，先形成无定形沉淀，通过相变再形成热力学稳定的晶体，是一个缓慢的过程。研究认为，可能是比羟基磷灰石溶解度大的先期形成的稳定相 β-磷酸三钙控制着水中的磷酸盐浓度。

另一个控制水中磷酸盐浓度的因素是晶体增长速率（前面已提及），晶体长大速率越快，水中磷酸盐浓度降得越低。晶体长大速率与固体表面积 S 和水中磷酸盐浓度 c 有关，S 越大，c 越大，则晶体长大速率越快。利用这一点，在通过磷酸钙沉淀去除水中磷酸盐的水处理工艺中，寻求反应器构型的最佳设计，可大大提高水处理的除磷效率。

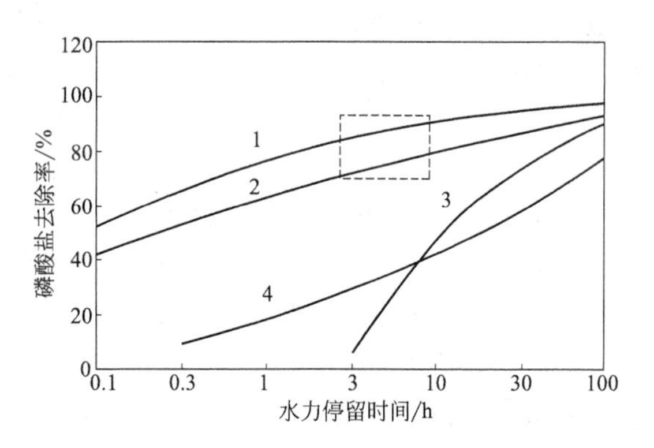

图 2-43　四种不同构型反应器的除磷酸盐效率的比较
1—有固体回流的管式反应器；2—有固体回流的完全混合式反应器；3—无固体回流的管式反应器；4—无固体回流的完全混合式反应器

图 2-43 显示四种不同构型的反应器的除磷效率的比较。从图中可看出，有固体回流的管式反应器的除磷效果最好，水力停留时间仅需 3h，磷酸盐的去除率即可达 90%左右，图中虚线表示实际应用的范围。有固体回流的反应器较无固体回流的反应器的效果好，是因为回流中的固体提供了更大的表面积。管状推流式反应器较桶状完全搅拌均匀混合式反应器的效果好，是因为前者创建了局部区域的高浓度，有经验公式：

$$\frac{dc}{dt} = -\left(\frac{4.1}{c_{T,CO_3}}\right)c^{2.7}$$

表明磷酸盐浓度的降低速率与浓度的2.7次方成正比。

从这一例子也使我们看到理论知识应用得当将产生巨大的经济效益。

2.7.3 分配作用

我们常用有机溶剂萃取水中有机物，这是利用了有机物在有机溶剂相与水相中有不同溶解度的原理。这种化学物质在两相中的分布过程便称为分配作用。达到分配平衡时，某化学物质在某两相中的浓度比为常数，称为分配系数，可用下式表达：

$$K_p = c_A / c_B$$

式中 K_p——分配系数；

c_A、c_B——某化学物质分别在相A和相B中的平衡浓度。

当A为正辛醇、B为水时，有

$$K_{ow} = c_o / c_w$$

式中 K_{ow}——辛醇-水分配系数；

c_O、c_W——某化学物质分别在正辛醇相和水相中的平衡浓度。

K_{ow}反映了有机物的脂溶性程度，是药理学中的重要参数，也是环境化学中的重要参数。有机物的辛醇-水分配系数可在有关手册中查到。

环境水化学中常要研究农药在水体沉积物（或悬浮物）中的分布情况，这时可利用：

$$K_p = c_s / c_w$$

式中 K_p——分配系数；

c_s、c_w——某化学物质分别在沉积物（或悬浮物）和水中的平衡浓度。

但是，不同的沉积物有不同的有机质含量，同一物质涉及不同的沉积物便有不同的分配系数，使得在应用上难以比较，因此引入了标化分配系数：

$$K_{oc} = K_p / X_{oc}$$

式中 K_{oc}——标化分配系数；

X_{oc}——沉积物中有机碳的质量分数。

标化分配系数是以有机碳为基础表示的分配系数，因此对于不同类型的沉积物来说K_{oc}为常数。K_{oc}在土壤环境化学中也有应用。

人们最关心的底泥污染物有粪醇、多环芳烃（PAHs）、直链烷基苯磺酸盐（LASs）、有机氯农药和多氯联苯（PCBs）等。粪醇的K_{oc}约为10^5；PAHs因分子结构的不同，其K_{oc}为$10^3 \sim 10^7$；LASs包括26个同系物和位置异构体，K_{oc}为$10^4 \sim 10^5$；有机氯农药如p,p'-DDT及其代谢产物的K_{oc}为$10^4 \sim 10^6$；PCBs有209个异构体，K_{oc}为$10^4 \sim 10^8$。从中不难看出，这些有机污染物在底泥中的浓度要大大高于他们在水中的浓度。

2.7.4 固体表面吸附（Adsorption of solids）

水中固体的许多特点和功效都与固体的表面吸附有关。固体表面具有多余的表面能，这是由于表面的原子、离子和分子受周围的作用力不平衡所致。当表面积减小时表面能则降低，通常这种表面积减小的过程是通过颗粒物的聚集或对溶质的吸附来完成的。

对于不同的固体物质和不同的吸附对象可能有各种不同的吸附机制，但总的来说可分为物理吸附和化学吸附两大类。物理吸附是由固体表面与吸附物之间的分子间作用力引起的，化学吸附是由固体表面与吸附物之间的化学键、离子交换、氢键等作用引起的。实际上这两类吸附常常是同时发生的。

2.7.4.1 吸附量与吸附等温线（Adsorption amount and adsorption isotherms）

表示吸附剂的吸附能力可用吸附量表示。吸附量的定义为：在一定条件下吸附达到平衡后，单位质量吸附剂所吸附的吸附物的量。数学公式如下：

$$G=\frac{X}{m}$$

式中 G——吸附量；

X——总吸附量；

m——吸附剂重量。

吸附量可通过测定吸附物平衡浓度求得。在一定浓度下，将已知质量的固体吸附剂与已知体积和吸附物浓度的溶液混合在一起，搅拌至溶液浓度不再改变时为止。用化学或物理方法测定溶液浓度的变化后，可按下式求得吸附量：

$$G=\frac{V(c_0-c_{eq})}{m}$$

式中 G——吸附量；

c_0——吸附物初始浓度；

c_{eq}——吸附物平衡浓度；

V——溶液体积；

m——吸附剂质量。

吸附量与吸附剂（固体微粒）的组成、性质、比表面、浓度有关，也与吸附物组成、形态、浓度有关，还与水体温度、pH 值、pε、含盐量以及共存的无机与有机物的情况有关。

吸附等温线是指：一定温度条件下，吸附量与吸附物平衡浓度的关系曲线，相应的数学方程式称为吸附等温式。在稀溶液中最常见的有以下两种类型。

（1）弗罗因德利希吸附等温式（Freundlich equation）

$$G=Kc_{eq}^{n}$$

式中 G——吸附量；

c_{eq}——吸附物平衡浓度。

K、n 均为常数，n 介于 0～1 之间。

对上式两边取对数，得

$$\lg G=\lg K+n\lg c_{eq}$$

以 $\lg G$ 对 $\lg c_{eq}$ 作图可得一直线。$\lg K$ 为截距。K 值为当 $c_{eq}=1$ 时的吸附量，可大致表示吸附能力的强弱。n 为斜率，表示吸附量随浓度增加的强度。

（2）朗格缪尔等温式（Langmuir equation）：

$$G=\frac{G^{\ominus}bc_{eq}}{1+bc_{eq}}$$

式中 G——吸附量；

$G^{\ominus}$——饱和吸附量；

b——常数；

c_{eq}——吸附物平衡浓度。

将上式两边取倒数，得

$$\frac{1}{G}=\frac{1}{G^{\ominus}}+\frac{1}{G^{\ominus}\ bc_{eq}}$$

以 $1/G$ 对 $1/c_{eq}$ 作图可得一直线，从直线的截距可求得饱和吸附量 $G^{\ominus}$。两种吸附等温线简示如图 2-44 所示。

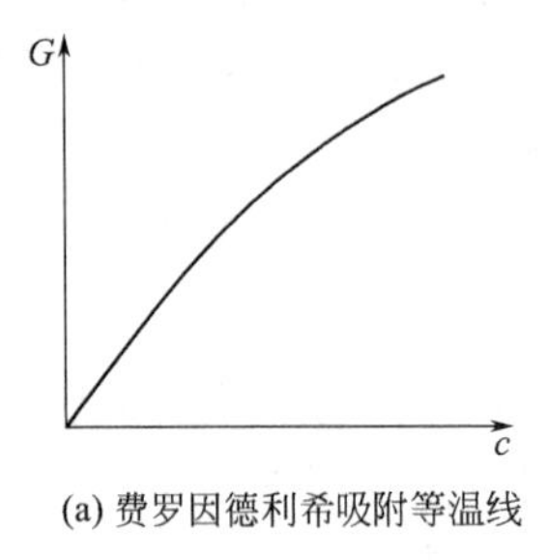

(a) 费罗因德利希吸附等温线

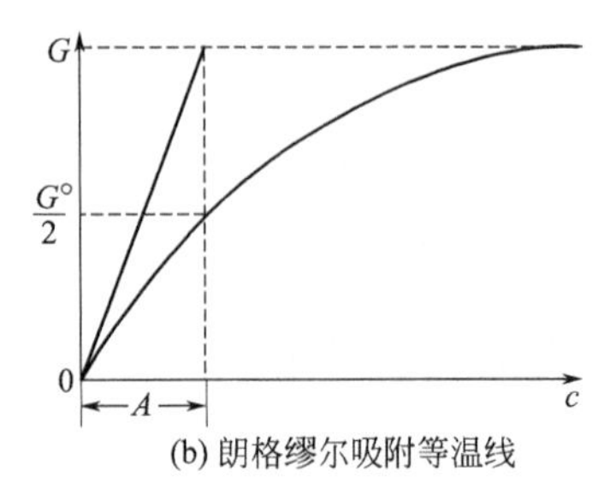

(b) 朗格缪尔吸附等温线

图 2-44 吸附等温线

2.7.4.2 吸附速度与吸附活化能（Adsorption velocity and activated energy）

吸附速度和吸附活化能是与动力学有关的物理化学参数。吸附速度可以通过实验，测定 c_0-c_t 对时间的关系后求得。其中 c_0 为吸附物起始浓度，c_t 为 t 时的瞬间吸附物浓度，c_0-c_t 为经过 t 时刻转到吸附剂上的吸附物浓度。例如，实验测得此关系为图 2-45 所示。则从图上原点作各条曲线的切线，其斜率就是在相同的 c_0 下各对应温度的吸附速度。

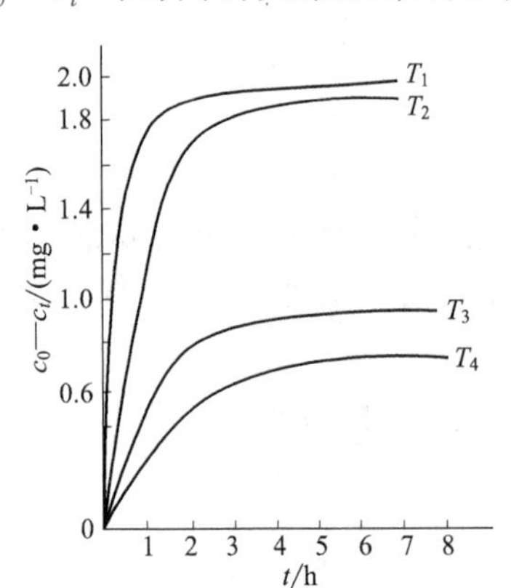

图 2-45 不同温度下某重金属离子 c_0-c_t 与时间的关系

吸附活化能可用下法求得，反应速率常数随温度变化的关系（阿仑尼乌斯公式）为

$$\lg k=-\frac{E_a}{2.303RT}+\lg A$$

式中 k——反应速率常数；

E_a——反应活化能；

T——热力学温度；

R——理想气体常数，8.314J·K^{-1}·mol^{-1}；

$\lg A$——积分常数。

考虑到吸附过程初期的速度 v 往往可用下式表示：

$$v=kc$$

式中 c——吸附物瞬时浓度。

该式对数形式为

$$\lg v=\lg k+\lg c$$

将此关系代入阿仑尼乌斯公式，得到

$$\lg v=-\frac{E_a}{2.303RT}+\lg Ac$$

因此，在相同吸附物浓度 c 下，求得不同温度的吸附速度后，从 $\lg v$-$1/T$ 直线的斜率可算得吸附活化能。

从式中可看出，在其他条件相同下活化能越大的吸附过程，其速度也就越小；在不高的温度范围，吸附速度随温度升高增加比较明显，而在高的温度范围，吸附速度随温度升高增加就比较不明显。

由于天然水的状况是在瞬息变化着的，而解吸速度又往往显著地慢于吸附速度。所以水中微粒的吸附过程从根本上讲，是不处在热力学平衡状态，因而决定吸附效率的主要因素大多不是吸附平衡时的吸附量，而是吸附速度。后者与吸附活化能有密切关系，因此了解吸附过程的速度与活化能是十分必要的。

2.7.4.3 吸附行为举例（Examples of adsorption behaviour）

下面通过 MnO_2 胶体对金属的吸附的具体例子展开进一步讨论。一些水合金属氧化物，如 Mn（Ⅳ）和 Fe（Ⅲ）的氧化物，能有效地吸附水中各种物质。胶体 MnO_2 的吸附作用是一个很好的例子。天然水中 MnO_2 可以来自 Mn（Ⅱ）的氧化和 Mn（Ⅶ）的还原。Mn（Ⅱ）来自于还原气氛中底泥 Mn 的氧化物的还原，Mn（Ⅶ）常为了改善水中的嗅觉和味觉而以高锰酸盐加入水中。新沉淀的 MnO_2 有很大的表面积，约每克几百平方米。水合 MnO_2 可以失去质子使表面带负电，也可以得到质子使表面带正电，见图 2-46。

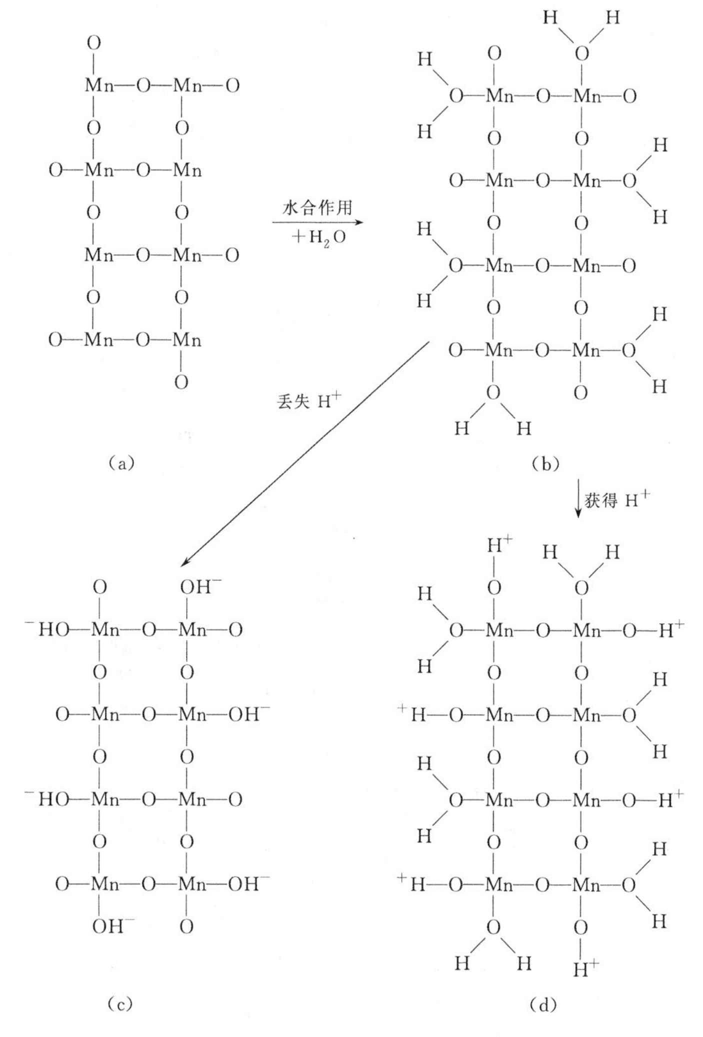

图 2-46　胶体粒子获得表面电荷的主要途径

无水 MnO_2（A）中，每个 Mn 原子与两个氧原子以胶体形式悬浮在水中，它与水分子结合形成水合 MnO_2（B），从结合的水分子中失掉氢离子产生了带负电荷的胶体粒子（C），水合 MnO_2 表面上氧原子得到 H^+ 而产生了带正电荷的胶体粒子（D）。对金属氧化物来说，前者（失去 H^+ 的过程）是主要的。

当表面正电荷数与负电荷数相等即净电荷为零时，称为零电点（zero point of charge，简称 ZPC）。水合 MnO_2 的零电点 pH 值在 2.8～4.5 之间，由于大部分天然水的 pH 值超过 4.5，因此水合 MnO_2 的胶体通常是带负电的。水合 MnO_2 吸附金属离子除了异性相吸的原因外，还可能发生如下类型的反应：

$$
\begin{array}{l}
\text{O—H} \\
\mid \\
\text{Mn—OH} \\
\mid \\
\text{O—H} \\
\mid \\
\text{Mn—OH} \\
\mid \\
\text{O—H}
\end{array}
\quad + M^{2+} \longrightarrow \quad
\begin{array}{l}
\text{O—H} \\
\mid \\
\text{Mn—O} \\
\mid \qquad \diagdown \\
\text{O—H} \qquad M + 2H^+ \\
\mid \qquad \diagup \\
\text{Mn—O} \\
\mid \\
\text{O}
\end{array}
$$

有人研究了新鲜生成的 MnO_2 胶体溶液对 Ag^+、Mn^{2+}、Ba^{2+}、Ca^{2+}、Sr^{2+}、Nd^{3+} 等离子的吸附作用。用如下反应制备 MnO_2

$$3Mn^{2+} + 2MnO_4^- + 2H_2O \longrightarrow 5MnO_2(s) + 4H^+$$

使成为 $1mmol \cdot L^{-1}$ MnO_2 胶体溶液，吸附过程延续 30min，用 EDTA 滴定滤液中金属离子含量。结果表明，吸附量与吸附物平衡浓度的关系相当好地符合朗格缪尔公式，即

$$G = \frac{G^{\ominus} bc_{eq}}{1 + bc_{eq}} \quad 或 \quad \frac{1}{G} = \frac{1}{G^{\ominus}} + \frac{1}{G^{\ominus} bc_{eq}}$$

吸附容量可由饱和吸附量 $G^{\ominus}$ 表示，对于 2 价金属 Mg^{2+}、Ca^{2+}、Sr^{2+}、Ba^{2+}，$G^{\ominus}$ 相当接近，为 $0.100mol \cdot mol^{-1}$（Mg^{2+}）～$0.180mol \cdot mol^{-1}$（Ba^{2+}）。但对于 Mn^{2+} 的 $G^{\ominus}$ 要高得多，为 $0.284mol \cdot mol^{-1}$，这可能是由于下面的反应所致：

$$MnO_2(s) + Mn^{2+} + 2H_2O \longrightarrow 2Mn(O)OH(s) + 2H^+$$

人们对除草剂 2,4-D 被黏土颗粒物吸附的行为作了很多研究，其吸附行为符合 Freundlich 吸附等温式：

$$G = Kc_{eq}^n$$

或

$$\lg G = \lg K + n \lg c_{eq}$$

棕色土在 5℃时 $n = 0.76$，$\lg K = 0.815$；25℃时 $n = 0.83$，$\lg K = 0.716$。

2.7.5 沉积物（Sediments）

2.7.5.1 沉积物的形成（Formation of sediments）

沉积物包括泥沙、有机物质、矿物质等，是经过一系列物理、化学和生物过程而沉积于水底的。例如水对沿岸土壤的浸蚀和冲刷，使泥沙等物质沉积于水底，又如当富含磷酸盐的废水进入硬水时产生羟磷灰石沉淀，反应如下：

$$5Ca^{2+} + OH^- + 3PO_4^{3-} \longrightarrow Ca_5OH(PO_4)_3(s)$$

瑞士苏黎世湖的底泥中出现黑白相间的分层结构（见图 2-47），可以解释如下：夏天由于强烈的光合作用，消耗较多 CO_2，使下述反应向右进行，产生白色的 $CaCO_3$ 沉淀：

$$Ca^{2+} + 2HCO_3^- \longrightarrow CaCO_3(s) + CO_2 + H_2O$$

或写成：

$$Ca^{2+} + 2HCO_3^- + h\nu \longrightarrow \{CH_2O\} + CaCO_3(s) + O_2$$

另一方面，在底层水的还原气氛中，在细菌的作用下，有如下反应发生：

$$SO_4^{2-} \longrightarrow HS^-$$

$$Fe^{2+} + HS^- \longrightarrow FeS(s) + H^+$$

这一过程频繁地发生在冬天，因此出现了黑色 FeS 层与白色 $CaCO_3$ 层相间的结构。

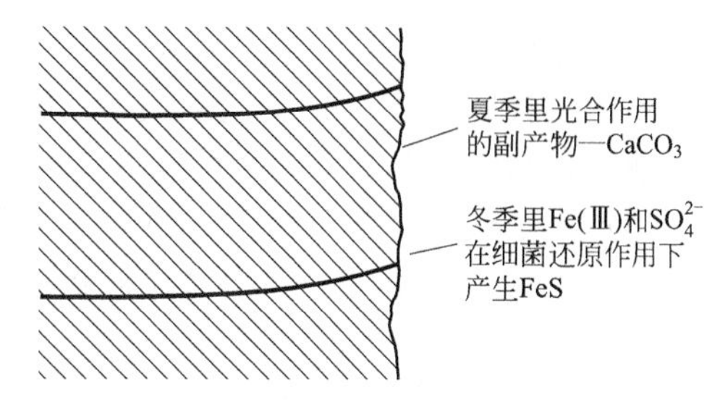

图 2-47　湖泊沉积物中 $CaCO_3$ 和 FeS 交替排列的层型结构（这是由 Zurich 湖观察到的）

2.7.5.2　胶体微粒的聚沉 (Aggregation of colloidal particles)

天然水中大部分胶体微粒都带有负电荷，只有少数胶体微粒，如铁、铝水合氧化物等在水的 pH 值偏酸性时带正电荷。

黏土矿物微粒的一部分负电荷，可以认为是由其表面上羟基离解以及硅氧基水解形成的硅羟基离解引起的。即

$$\text{黏土矿物微粒-Si—OH} \rightleftharpoons \text{黏土矿物微粒-SiO}^- + H^+$$

腐殖质微粒的负电荷，主要由下述过程引起的：

$$Hum\langle^{C(=O)—OH}_{OH} \rightleftharpoons Hum\langle^{C(=O)—O^-}_{O^-} + 2H^+$$

水合氧化硅微粒的负电荷由它表面上分子酸式离解产生，即

$$H_2SiO_3 \rightleftharpoons HSiO_3^- + H^+ \rightleftharpoons SiO_3^{2-} + 2H^+$$

至于水合氧化铁、铝微粒，在水偏酸性条件下表面上进行下述过程：

$$Al(OH)_3 + H^+ \rightleftharpoons Al(OH)_2^+ + H_2O$$

离解出 OH^-，自身便带上正电荷，而在水偏碱性条件下表面上进行下述过程：

$$Al(OH)_3 + OH^- \rightleftharpoons Al(OH)_2O^- + H_2O$$

离解出 H^+，自身就带上负电荷。

下面以黏土矿物为例，说明有关无机胶体微粒的聚沉问题。

黏土矿物微粒带有负电荷，被吸附的溶液中正离子，由于热运动将扩散地分布在微粒界面的周围，如图 2-48 所示，图中界面 MN 是黏土矿物微粒表面的一部分，符号“+”表示被吸附的正离子反离子。实际上，微粒界面周围的溶液中有正离子也有负离子，只因微粒负电场作用，正离子过剩罢了。显然，与界面 MN 距离越远的液面，由于微粒电场力不断减弱，正离子过剩趋势也越小，直至为零。这样，由界面 MN 和同它距离为 d 正离子过剩刚刚为零的液面 CD，构成了微粒扩散双电层。实验证明，与微粒界面紧靠的 MN 至 AB 液层，将随微粒一起运动，称作不流动液层，其厚度为 δ，约与离子大小相近，包含着一部分过剩正离子。而离界面稍远的 AB 至 CD 液层，不跟微粒一起运动，称作流动液层，其厚度为 d-δ，包含着其余的过剩正离子。曲线 NC 表示相对界面不同距离的液面电位，液面 CD 呈电中性，设其电位为零，并作为衡量其他液面电位的基准。界面 MN 电位为 ε，称为胶体微粒总电位。不流动液层与流动液层交界液面 AB 的电位为 ζ，称为胶体微粒的 ζ 电位（Zeta 电位）或电动电位。不流动液层中总有一部分与微粒电性相反的离子，所以，ζ 电位绝对值小于 ε 电位绝对值。由于同种胶体微粒具有同号 ζ 电位。因此，当它们彼此接近时能

在静电力作用下分开，而成为无机胶体微粒可在长时间内不会凝聚的主要原因。

然而，胶体微粒 ζ 电位会随不流动液层过剩离子浓度而变化。如果黏土矿物微粒溶液加入电解质，其中正离子会被微粒吸附，进入不流动液层而使 ζ 电位绝对值降低，同时，不流动液层正离子过剩状况加剧，流动液层过剩正离子数目也就减少，引起流动液层变薄（图 2-49）。如果 ζ 电位降到不足以排斥胶体微粒相互碰撞时的分子间作用力，则微粒会聚集变大，而在重力作用下沉降。

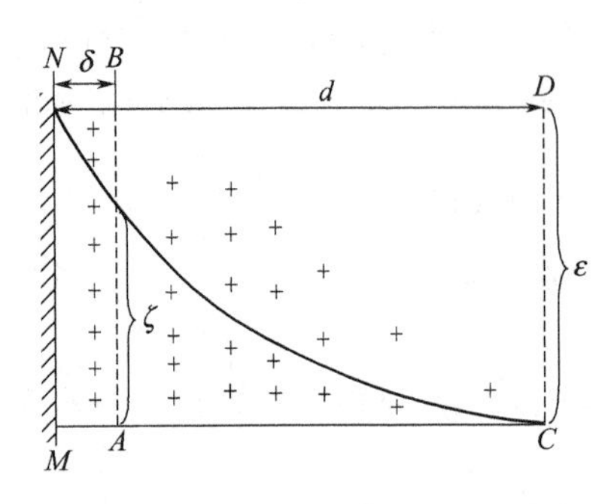

图 2-48　黏土矿物微粒双电层及其反离子扩散分布示意图

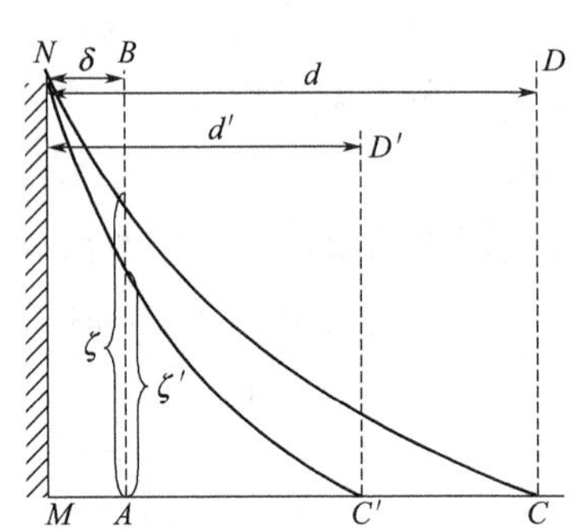

图 2-49　电解质对电位的影响

胶体微粒受电解质的影响使双电层变薄的理论称为双电层压缩（double layer compression）理论。根据这一理论，可以部分地解释为何在河流与海洋交界的河口地区有大量的泥沙沉积。

应当指出，影响天然水中无机胶体微粒凝聚的因素是复杂的，除电解质外，还有胶体微粒浓度，水的温度、pH 值及其流动状况，带相反电性的胶体微粒的相互作用，光的作用等因素。

高分子电解质不管是天然的还是合成的都是很好的胶体絮凝剂，表 2-33 列出一些典型的合成高分子絮凝剂。高分子絮凝剂分子量大，一般具有可以电离的活性基团，涉及化学键合作用，因而凝聚颗粒大、效果好。

表 2-33　典型的合成高分子絮凝剂

阴离子聚合电解质		阳离子聚合电解质	非离子聚合物		
聚苯乙烯磺酸盐	聚丙烯酸	聚乙烯吡啶嗯	聚乙烯亚胺	聚乙烯醇	聚丙烯酰胺

微生物细胞的絮凝作用在废水生物处理中是很重要的。在生物处理中微生物通过生命活动分解含碳有机物为 CO_2，同时也有相当一部分含碳有机物是通过微生物细胞的絮凝作用而去除的。有证据表明，由细菌形成的高分子物质，包括高分子电解质，诱导了细菌的絮凝过程。

2.7.5.3　絮凝动力学（Flocculation kinetics）

要实现絮凝，颗粒物之间必须发生碰撞。絮凝速度与颗粒物的碰撞频率成正比：

$$v = CP$$

式中　v——絮凝速度；

　　　C——有效碰撞系数；

　　　P——碰撞频率。

根据碰撞过程的不同，有下面三种情况：

（1）异向絮凝　由颗粒物的热运动即布朗运动而引起。

（2）同向絮凝　由水流运动过程产生的速度梯度引起，在剪切力的作用下使颗粒物产生不同速度而发生碰撞。

（3）差速沉降絮凝　由重力作用引起，由于颗粒物的密度、粒径、形状等不同使颗粒物的沉降速度不同而发生碰撞。

当颗粒物的粒径小于 1μm 时，以异向絮凝为主，当颗粒物粒径增大时，同向絮凝和差速沉降絮凝的重要性将急剧增长。天然水的絮凝过程与污染物的迁移密切相关。天然水的絮凝过程常以同向絮凝为主，根据同向絮凝公式：

$$-\frac{dN}{dt} = \frac{4}{\pi}\alpha G\phi N$$

式中　N——总颗粒数；

　　　α——有效碰撞系数；

　　　ϕ——颗粒物体积浓度；

　　　G——速度梯度。

表 2-34 为各种水体的絮凝条件参数，在人工强化的水处理条件下可以创造更有利的絮凝条件，它们在 α-G-ϕ 三维图上的大致位置见图 2-50。

表 2-34　各种水体和絮凝条件参数

水　体	α	G	ϕ
湖泊	$10^{-4} \sim 10^{-5}$	1	10^{-7}
深海	0.1～1.0	1	10^{-7}
河流	10^{-3}	10	$10^{-5} \sim 10^{-7}$

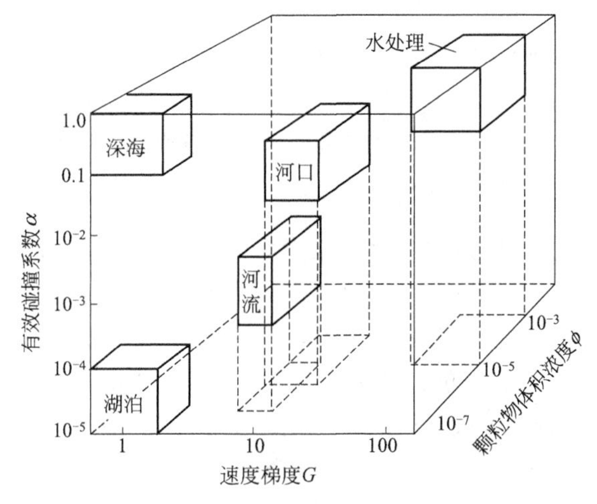

图 2-50　各种水体的絮凝条件示意图

从表 2-35 可看出，河流具有较好的絮凝条件，深海其次，湖泊最不容易产生絮凝。河口地区由于海潮回流，含盐量较高和颗粒物浓度较高，α、G、ϕ 值都较高，在天然水体中具有最佳的絮凝条件。在水处理中，由于投加药剂、增加扰动可大大提高 α 值和 G 值，而污水具有较高的颗粒物浓度，因而具有显著的絮凝效果。

2.8 水污染（Water Pollution）

过去，饮用水中的细菌污染曾是决定人类健康的一个重要因素，由于细菌污染引起的传染病可以使大批人口死亡。现在这一问题已基本得到控制，当然在一些地区的饮用水中还存在这方面的潜在危险。非典、禽流感等疾病的出现，又向人类敲响了警钟。第二次世界大战以来，合成化学品生产的迅速增长，使得今天水质的主要威胁来自于有害化学物质的污染。工业污水的排放和农田大量施用杀虫剂、除草剂的径流使地面水受到污染，更严重的是化学废弃物的不适当处理使地下水也受到污染。水中常见的污染物类型及其影响见表 2-35。在本节中将有选择地作论述。

表 2-35　水中常见的污染物类型及其影响

污染物的种类	影　响	污染物的种类	影　响
重金属与微量元素	健康,水生生物群	痕量有机污染物	毒性
金属-有机化合物	金属迁移	农药	毒性,水生生物群,野生生物
无机污染物	毒性,水生生物群	多氯联苯	对生物可能有影响
藻类营养物	富营养化	化学致癌物	癌症发病率
放射性核素	毒性	石油废物	野生生物,感官
酸度、碱度、盐度(如果过量则为污染物)	水质,水生生物	病原体	健康
		洗涤剂	富营养化,野生生物,感官
污水	水质,氧含量	沉积物	水质,水生生物群,野生生物
生化需氧量	水质,氧含量	味道、臭味和颜色	感官

2.8.1 重金属与微量元素（Heavy metals and minor elements）

有许多微量元素是动植物的营养元素，它们在低含量时是必需元素，但在高含量时则是有毒害的。有些重金属被划入最有害的元素污染物行列，这些元素一般位于元素周期表的右下角，如 Pb、Cd、Hg。而有些位于金属与非金属之间的元素也是重要的污染物，如 As、Se、Sb。

2.8.1.1 汞

汞是我们最关心的重金属污染物。在许多矿石中都有一点，陆地岩石中的平均含量约为 $80\mu g \cdot kg^{-1}$，煤里约有 $100\mu g \cdot kg^{-1}$ 或更高。汞主要用来制造电极（如用于电解法生产氯气），也用于制造实验室真空设备等。无机汞盐和有机汞化合物大量用作农药、杀菌剂等。

最典型的毒害事件是 1953～1960 年日本水俣病事件。汞的来源是一个化工厂的废水排入水俣湾。在 100 多例由于食用了汞污染的海产品而遭汞中毒的病人中有 43 人死亡。由于母亲食用汞污染海产品致使 19 个婴儿先天缺陷。海产品汞含量为 $2\sim5\mu g \cdot mL^{-1}$。汞中毒的主要症状是神经系统受损，表现为急躁、插足麻痹、疯癫、失明等。后来才发现了是甲基汞所致。

原来无机汞在还原细菌的作用下可以转化为溶于水的 CH_3Hg^+，因而在水中与鱼组织中才会有更高浓度的汞含量。

在中性或碱性水中，偏向于形成挥发性的 $(CH_3)_2Hg$。图 2-51 显示了汞在水体中的转化途径。

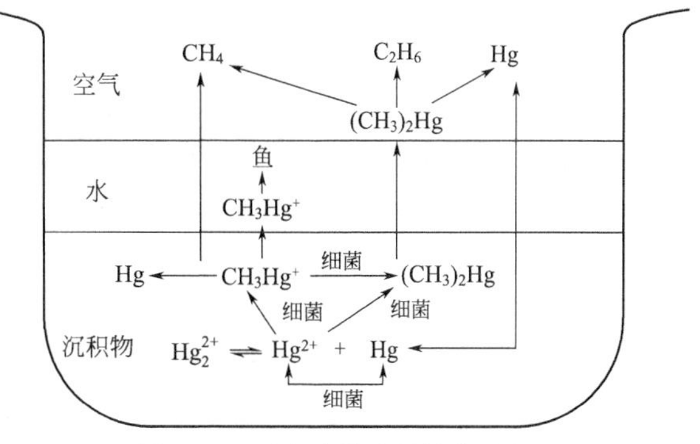

图 2-51 汞在水体中的转化途径

2.8.1.2 镉

水中镉污染来自于工厂和矿区废水。镉广泛应用于金属电镀。在化学性质上 Cd 与 Zn 非常相似，因此，在地球化学过程中这两个元素经常在一起。镉对人体健康非常有害，可引起高血压、肾脏受损、睾丸组织和血红蛋白被破坏。在日本由镉引起了著名的“痛痛病”事件，镉来源于河水被开矿废水污染，人们通过饮水和吃了由该水灌溉的稻米而得病。镉的生理作用是被认为是：在人体一些酶中，由于 Cd 取代了 Zn，从而影响了酶的催化功能。

镉和锌是工业区港湾水和底泥中的常见污染物。有人研究了河口锌和镉的迁移规律。夏天风平浪静，表面水中含溶解 Cd 浓度较高，以 $CdCl^+$ 为主，底部处于还原气氛，在细菌作用下生成 CdS 沉淀。冬天风很大，由于水的流动性增大，海底 pε 升高，Cd 会从底泥中解析出来，并被带至港口外的海湾中，在那里被悬浮固体吸附沉降又成为海湾沉积物。这是污染物在水体中由于水力、化学和微生物诸因素的影响发生迁移转化的一个例子。

2.8.2 藻类营养物质与水体富营养化（Algal nutrients and eutrophication）

水体富营养化常指湖泊或水库中藻类过度生长最终导致水质恶化的现象，其表现为出现水华（water bloom）。水体富营养化也可以出现在缓流的江河和近海中。赤潮（red tide）就是海水富营养化的表现。由藻类分泌的藻毒素由于其对水生生物和人体产生毒害作用而受到关注。

氮、磷等营养物质浓度过高是水体富营养化的主要原因。大量使用合成洗涤剂、农作物施肥后的流失、生活污水和工业造纸、食品等废水的增加均是大量氮、磷的来源，这些废水进入天然水体使营养物质增加，促使自养型生物旺盛生长，使某种藻类增加，而品种逐渐减少。

水体富营养化可用有关参数给以指示和分类，沃伦韦德（Vollenweider）提出的参数和分类等级如表 2-36 所示。

表 2-36 沃伦韦德提出的参数和分类等级

分类等级	初级生产量/$(mgC \cdot m^{-2} \cdot d^{-1})$	总磷/$(mg \cdot L^{-1})$	α-叶绿素/$(\mu g \cdot L^{-1})$
贫营养	0～136	<0.01	0.3～2.5
中等营养		0.01～0.03	1～15
富营养	410～547	>0.03	5～140

其中水体初级生产量是指 $1m^2$ 水面水柱中植物光合作用固定碳的质量（mg）。在光合作用中阳光被吸收产生绿色植物，可用下式简单表示：

$$CO_2 + H_2O + 微量元素(N、P等) + 能量 \longrightarrow \underbrace{碳水化合物 + 蛋白质 + 脂肪}_{绿色植物} + O_2$$

可见，绿色植物产量，或者说绿色植物固定碳的量与氧产量有关。假定水生植物光合作用的

理想反应式为

$$CO_2 + H_2O \longrightarrow \{CH_2O\} + O_2$$

则通过测定水体产生的氧量，可算出水体每天固定的碳量。水体 α-叶绿素含量能确定该水体中绿色植物体的含量。α-叶绿素值大，水体绿色植物体含量多；反之，则少。α-叶绿素的含量测定，可通过用丙酮提取色素后测其可见光吸收率。

不少水体富营养化指标中还包括无机氮含量参数。但其规定值都远远大于总磷规定值。说明在引起水体富营养化过程中，磷的作用远远大于氮的作用。当然，不能因此而忽视高浓度氮的作用。应当指出，判断水体富营养化的指标都是统计方法得出的一般规律，所以应根据各地实际情况加以改进而应用。

2.8.3 农药（Pesticides）

大量农药通过直接、间接的途径进入水体，直接的如消灭蚊子等，间接的主要来自于农田。有些农药的毒害问题来自于农药生产的副产物。例如，六氯苯作为农药的原料在水中常能发现。以这种原料制造农药的工厂有副产物二噁英 TCDD（2,3,7,8-tetrachlorodibenzo-*p*-dioxin）排放到环境中，在农药厂附近的水中和鱼中均有发现，TCDD 是已知的最毒的化合物之一。

农药进入水体以后与水体中各类物质接触，发生一系列的物理、化学和生化反应，它们的行为可归纳为以下几个方面：被水体颗粒物质吸附、被生物吸附并积累、发生降解反应，使农药含量逐渐降低。

水体中溶解态农药的含量一般都比较低，这主要因为大多数农药属于非极性有机化合物。在水中的溶解度很低，其溶解度介于 $mg \cdot L^{-1} \sim \mu g \cdot L^{-1}$ 级的范围内。一些氯化碳氢化合物如狄氏剂、林丹（γ-六六六）等，在水中的溶解度均在 $\mu g \cdot L^{-1}$ 级范围内。此外，水体中的悬浮物、沉积物等对农药有强烈的吸附作用，使沉积物中农药的含量一般要高于水相中农药含量。农药被吸附以后，能降低其迁移能力和生理毒性，但当被吸附的农药被其他的物质置换出来时，又恢复了它原来的性质。

农药的降解可以通过光化反应、氧化还原反应、水解反应和生化反应等实现。

农药的光化反应：用波长 254nm 紫外光照射除草剂 2,4-D 水溶液，发现其光化反应比较快，过程为

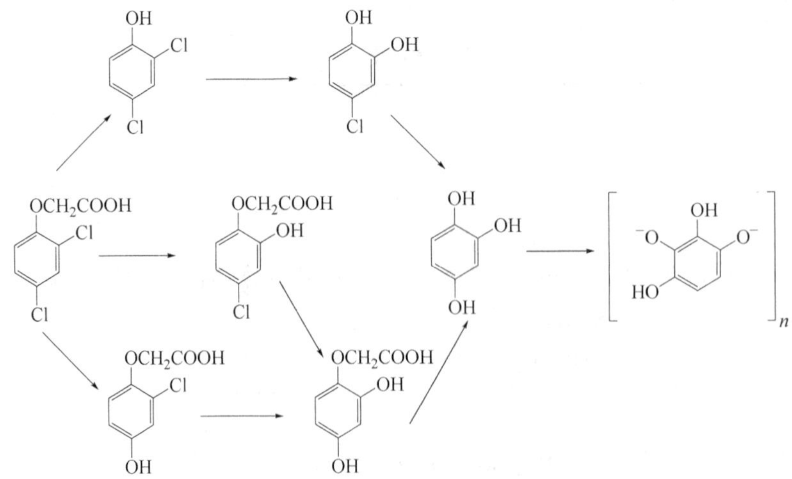

即 2,4-D 的乙酸基断裂，形成二氯苯酚，或 2,4-D 苯环上氯原子逐步被羟基取代，最终变成苯三酚并聚合为腐殖酸类化合物。

影响环境物质光化反应的因素除了光的波长、强度外，还与天然光敏剂的存在与否有关。

在光化反应中有些反应物不能直接吸收某波长的光进行反应。但如果有光敏剂存在，它能吸收这种波长的光，并把光能传递给反应物而发生光化反应。如叶绿素就是一种天然光敏剂，它能够吸收阳光中的可见光，并将光能传递给水和二氧化碳来合成糖和氧气，如果没有叶绿素，植物就不能利用水和二氧化碳吸收可见光来完成光合作用。

农药的水解反应例：有机磷农药较易水解，故作为农药使用，可减轻对环境的影响。如敌敌畏在酸性下可逐渐水解，而在中性，尤其在碱性下水解更快，其反应式如下：

$$(CH_3O)_2P(=O)—O—CH{=}CCl_2 \xrightarrow{H_2O} (CH_3O)_2P(=O)—OH \xrightarrow{H_2O} (CH_3O)(HO)P(=O)—OH \xrightarrow{H_2O} (HO)_2P(=O)—OH$$

不同的有机磷农药有不同的水解速率，这在使用农药时必须加以考虑，表 2-37 列出部分有机磷酸酯杀虫剂的水解半衰期。

表 2-37　部分有机磷酸酯杀虫剂的水解半衰期

名　称	$t_{1/2}$	名　称	$t_{1/2}$	名　称	$t_{1/2}$
亚胺硫磷	7.1h	马拉硫磷	10.5d	毒死蜱	53d
氯亚磷	14.0h	异氯硫磷	29d	对硫磷	130d

2.8.4　洗涤剂（Detergents）

肥皂和合成洗涤剂的去污原理主要是由于胶束的乳化作用。为了说明其原理，先考察一下肥皂的结构，作为肥皂主要成分的硬脂酸钠具有一个羧基头和长长的碳氢尾巴，头亲水，尾巴憎水：

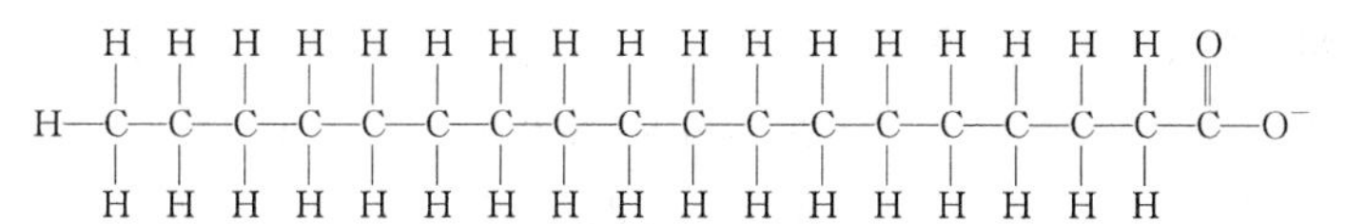

在水中形成胶束，如图 2-52 所示。

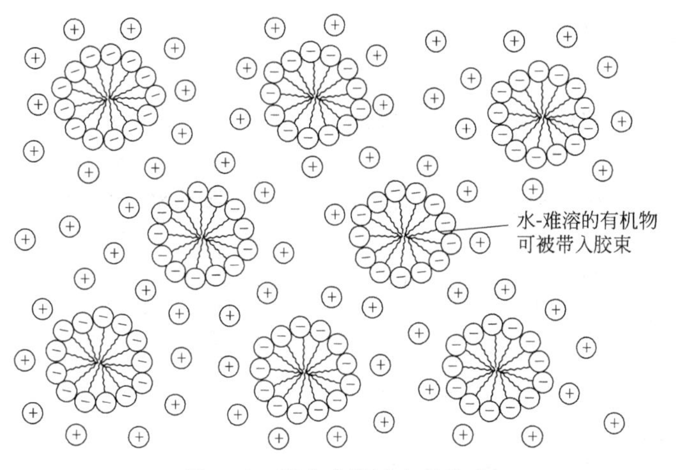

图 2-52　肥皂水溶液中的胶束

肥皂能降低水的表面张力，使有机物进入胶束而被乳化。利用胶束增溶原理在比色分析中也有很多应用。

肥皂的不利方面是与 Ca^{2+} 、Mg^{2+} 等生成固体沉淀物，留在衣服和洗衣机里，并消耗肥皂用量。由于肥皂在水体中会与 Ca^{2+} 、Mg^{2+} 形成沉淀，因此在水中很少，加上生物降解，无甚环境问题。

合成洗涤剂具有很好的洗涤效果，也不会与“硬度离子” Ca^{2+} 、Mg^{2+} 形成不溶盐。合成洗涤剂中的主要成分是表面活性剂，以前，最常用的表面活性剂为烷基苯磺酸钠，即ABS，它的典型结构如下：

```
             O          H   H   H   H   H   H   H   H   H
             ‖          |   |   |   |   |   |   |   |   |
Na+- O—S—⌬—C—C—C—C—C—C—C—C—C—CH3
             ‖          |   |   |   |   |   |   |   |   |
             O         CH3  H  CH3  H  CH3  H  CH3  H  CH3
```

ABS 最大的弱点是因为它的支链结构不容易被生物降解，微生物在分解烷烃时偏爱直链型的，支链结构使微生物在攻击 β-碳原子时受阻。ABS 给水质带来的问题是出现泡沫、表面张力降低，胶体不易凝聚沉降、乳化油酸、损伤有用的细菌等。因此 ABS 逐渐被直链型的 LBS 所取代，LBS 的结构式如下：

```
   H   H   H   H   H   H   H   H   H   H   H   H
   |   |   |   |   |   |   |   |   |   |   |   |
H—C—C—C—C—C—C—C—C—C—C—C—C—H
   |   |   |   |   |   |   |   |   |   |   |   |
   H   H   H   H   H   H   H   H   |   H   H   H
                                   ⌬
                                   |
                                O═S═O
                                   |
                                  O- Na+
```

苯环的位置可以接于烷基链的任一个碳原子（除了端点）。采用 LBS 后，水中表面活性剂含量显著减少，水质情况大为改善。

现在由洗涤剂带来的环境问题主要不是表面活性剂，而是洗涤剂中的其他成分，它们的作用是软化水，增加碱性，改善洗涤效果等。其中对环境影响最大的是聚磷酸盐，它被认为是水中磷酸盐的主要来源，是加速水体富营养化的重要因素。有些国家用 NTA 取代聚磷酸盐，如加拿大和瑞典，NTA 与 Ca^{2+} 、Mg^{2+} 有很好的络合能力，本身容易降解，但存在使底泥中的重金属重新溶出和迁移的问题。沸石由于具有很好的离子交换能力，而被广泛用来取代聚磷酸盐，作为洗涤剂的助剂。

2.9 水处理（Water Treatment）

在前面的内容中对化学原理在水处理中的应用已有很多涉及，这里再作一些补充。

2.9.1 水处理和水利用（Water treatment and water use）

水处理可分为三类：

① 水的净化以满足生活用水需要；

② 特殊工业用水处理；

③ 废水处理以达到排放标准或重复利用。

处理方式和程度极大地依赖于水的来源和水的应用方式。居民用水需彻底杀灭致病细菌，但允许有一定的硬度；而锅炉用水可含细菌但必须是软水以避免结垢。排入大河里的水可较再用于干旱地区的水处理得简单些。随着全世界对水资源的用量日增，各种复杂和深度水处理方法将不得不被更多地采用。

2.9.2 民用水处理（Municipal water treatment）

不管进水来自河流或地下水，处理后的水应该是清洁、安全、甚至是可直接饮用的。图2-53是民用水处理厂的流程图。井水中可能有较高的硬度和较高浓度的铁。原水首先进入曝气池，使水与空气接触以除去挥发性物质，如 H_2S、CO_2、CH_4、CH_3SH 等，也有利于使溶解铁（Ⅱ）转化为难溶的铁（Ⅲ）。加入石灰提升水的 pH 值，使 Ca、Mg 等离子沉淀，以降低硬度，这些沉淀发生于初沉池。加入凝聚剂，如铁盐、铝盐，它们在水中形成絮状氢氧化物，可除去水中胶体物质，也可加入活化硅或聚合电解质，促使凝聚或絮凝。这一沉降过程在加入 CO_2 降低 pH 值后发生于二沉池中。初沉池与二沉池的污泥被泵入污泥池，水最后经氯化、过滤后进入城市自来水管道。

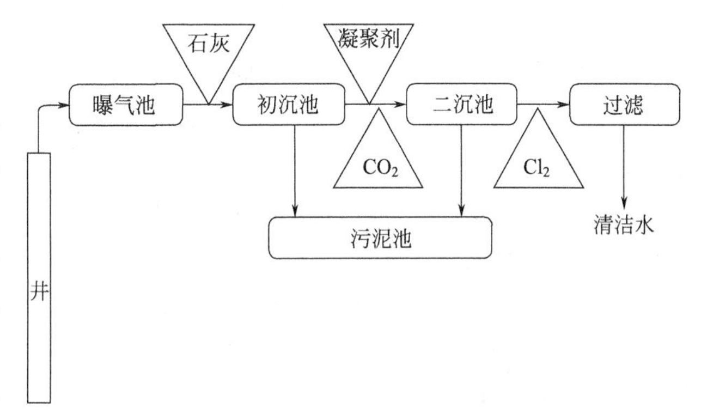

图 2-53　民用水处理厂流程图

2.9.3 工业用水处理（Treatment of water for industrial use）

水在工业中有广泛的用途，如锅炉用水和冷却水。水处理方法和程度取决于水的最终用途，如冷却水只需要很少的处理，锅炉用水需除去腐蚀性物质和结垢物质，而食品加工用水必需无致病物质和有毒物质。不适当的处理可引起腐蚀、结垢、降低热交换器效率、减缓水的流速和使产品污染。这些影响可能引起设备运行故障、能量消耗增加、泵水费用增加和产品质量下降。因此低成本、高效水处理对工业用水处理十分重要。在设计和运行工业用水处理设施时需考虑以下因素：水的要求、水源的数量和质量、水的连续使用、水循环及排放标准。

除了各种特殊的工业用水处理方法，总的来说可分为外部处理和内部处理两类。外部处理包括：曝气、过滤和澄清以去除悬浮体、溶解固体、硬度和溶解气体等。内部处理用来改进水质以满足特殊的用途，如：加硫化物或肼去除溶解氧；加螯合剂与 Ca^{2+} 作用，防止钙盐沉淀；加入沉淀剂，如加入磷酸盐除钙；加入分散剂防止结垢；加入抑制剂防止腐蚀；调解 pH 值；加入杀菌剂用于食品加工或在冷却水中防止细菌生长。

2.9.4 废水处理（Wastewater treatment）

典型的城市污水包含需氧物质、沉淀物、泡沫、油脂、致病菌、病毒、盐、藻类营养物、农药、有机物、重金属和各种杂物。描述污水的指标有浊度（turbidity）、悬浮固体

(SS)、总溶解固体（TDS）、pH 值、溶解氧（DO）、化学需氧量（COD）和生化需氧量（BOD）等。

现行废水处理可分为三类，即一级处理、二级处理和三级处理。废水的一级处理主要是除去不溶物，如石子、油脂和泥沙等。废水的二级处理主要是除去可生化降解的有机物，常采用生物转盘、活性污泥等方法。废水的三级处理也称为废水的深度处理，以进一步除去水中的有机物和无机物，下面是常需考虑除去的物质。

2.9.4.1 金属的去除

城市供水中有时会出现“黄水”，这多半是由于水中溶解的铁与锰在氧化气氛中生成为红棕色的氢氧化铁和二氧化锰沉淀的缘故。溶解于水中的铁与锰常发现于地下水中，因为在还原性条件下它们倾向于成为二价而较易溶于水中。地下水中铁一般不超过 $10mg \cdot L^{-1}$，锰一般不超过 $2mg \cdot L^{-1}$，除去它们的基本方法是氧化它们至高价不溶态。常利用曝气的办法，氧化速率取决于 pH 值，高 pH 值使氧化迅速，Mn（Ⅱ）氧化至不溶的 MnO_2 是一个复杂的过程，好像能被固体 MnO_2 催化，MnO_2 可以吸附 Mn（Ⅱ），被吸附的 Mn（Ⅱ）慢慢在 MnO_2 表面氧化。

氯与高锰酸钾有时也被用作氧化铁与锰的氧化剂，有证据表明还原性有机螯合剂可以保持铁以Ⅱ价状态溶于水中，在这样的情况下，Cl_2 是有效的，因为它可以破坏有机物，从而使铁（Ⅱ）被氧化。

石灰处理，可使重金属成为不溶氢氧化物除去，或使重金属与 $CaCO_3$ 或 $Fe(OH)_3$ 共沉淀除去。这一方法不能完成除去汞、镉或铅，因此对于它们还需加入硫化物（大部分重金属可与硫化物生成沉淀）。石灰沉淀方法一般不能回收金属，因此从经济角度是不利的。

电沉析（通过电子使金属离子还原变成金属在电极上析出）、反渗透和离子交换也常用于金属的除去，利用有机螯合剂-溶剂萃取的方法也能有效除去许多金属。

活性炭吸附能有效除去水中 $\mu g \cdot mL^{-1}$ 级别的有些金属，有时吸附于炭上的螯合剂将有利于金属的除去。

不是特殊为除去重金属设计的大多数水处理方法均能除去相当数量的重金属。生物处理可有效除去重金属，这些金属积累于污泥上，因此在污泥处置上要多加小心。

各种物理-化学处理方法能从废水中有效除去重金属，其中之一是石灰沉淀后接着用活性炭过滤，活性炭过滤也可在氯化铁（Ⅲ）处理生成氢氧化铁（Ⅲ）后进行，能有效除去重金属。相似地，铝矾也可在活性炭过滤前加入。

重金属的形态与金属去除效果密切相关，例如，Cr（Ⅵ）一般比 Cr（Ⅲ）更难去除，螯合态金属较游离态金属难去除。

2.9.4.2 溶解性有机物的去除

饮水中低含量的外来有机物可能致癌或致其他疾病。在水杀菌过程中，在化学作用下，特别是氧化，可以产生“杀菌副产物”（disinfection by-products)。有些是氯化有机物，源于水中有机物，特别是腐殖质，在氯化作用下产生的。人们发现，在氯化前将有机物除去至很低浓度，将可有效地避免三卤甲烷的生成。另一类杀菌副产物是含氧有机物，如醛、羧酸、含氧酸等。

各种有机物存在于或产生于二级废水处理的排水中，在排放和再利用时均要作为考虑的因素。差不多一半这些有机物是腐殖质，其他有机物有醚萃取物、碳水化合物、脂肪、洗涤剂、丹宁和木质素等。醚萃取物包含许多难生物降解化合物，特别是它们的潜在毒性、致癌性和致畸性而受到关注，在醚萃取物中发现有脂肪酸、烷烃、萘、二苯甲烷、二苯基甲基萘、异丙苯，酚、邻苯二甲酸酯和三乙基磷酸酯等。

除去溶解有机物的标准方法是活性炭吸附。活性炭可利用木村、泥炭、褐煤等原材料在600℃以下厌氧炭化，并随后通过部分氧化进行活化而制得。CO_2 可以作为氧化剂在600～700℃：

$$CO_2 + C \longrightarrow 2CO$$

或以水作为氧化剂在800～900℃：

$$H_2O + C \longrightarrow H_2 + CO$$

这些过程可产生孔隙，增加表面积，并使炭对有机物有亲和力。活性炭有两种：一种是颗粒状活性炭，粒径为0.1～1mm；另一种是粉末状活性炭，粒径为50～100μm。

虽然现在粉末状活性炭在水处理应用的兴趣增加，但颗粒状活性炭还是用得更广，它可作为固定床，水通过活性炭床，积累于床上的颗粒物需要定期反冲洗清除。膨胀床（expended bed）水流方向朝上使颗粒物较分散，不易阻塞。

从经济考虑，活性炭再生，可通过在水蒸气-空气95℃下完成，这一过程使吸附的有机物氧化并使炭表面再生，伴随约有10%炭损失。

除去有机物也可利用聚合物作为吸附剂，如 Amberlite XAD-4 具有憎水表面，能强烈地吸引相对不溶的有机物，如有机氯农药。这些聚合物的孔隙率可达体积的50%，表面积高达850$m^2 \cdot g^{-1}$，它们可利用溶剂如异丙醇和丙酮再生，在适当的运行条件下，这些聚合物几乎可除去所有的非离子有机物，例如利用 Amberlite XAD-4 经适当处理可使250$mg \cdot L^{-1}$ 苯酚降低至0.1$mg \cdot L^{-1}$ 以下。

氧化方法也可除去水中溶解有机物，如臭氧、过氧化氢、分子氧、氯及其衍生物、高锰酸盐或高铁酸盐［铁（Ⅵ）］均可用作氧化剂，电化学氧化有时也是可能的。此外，利用高压电子加速器产生的高能电子束也具有潜在的破坏有机化合物的能力。

2.9.4.3 溶解性无机物的去除

为了使水能循环使用，除去溶解性无机物是必需的。二级水处理出水一般含300～400$mg \cdot L^{-1}$ 溶解无机物，因此对于完全的水循环使用，如不除去无机物，则会引起溶解物质积累。即使不重复使用，除去无机营养物磷与氮，可大大减轻下游水体富营养化。有时还需除去痕量有毒物质。

除去无机物可通过蒸馏的方法，但能量需求大，不经济，而且，如无特殊防止措施，氨和有气味物质会随之进入水中。冷冻可产生非常纯净的水，但以今天的技术水平是不经济的。因此目前膜技术是去除水中无机物具有最佳价效化的方法，常用的有电渗析、离子交换、反渗透、纳滤、超滤、微滤等。

（1）除磷

高级废水处理一般需除磷以避免藻类生长。活性污泥处理可除去废水中约20%磷，因此相当部分生物磷随污泥除去。在常规活性污泥处理厂曝气池运行条件下，CO_2浓度一般较高，因为在生物降解有机物时释放出 CO_2，高 CO_2浓度使 pH 值相对较低，这时磷酸盐主要以 $H_2PO_4^-$ 形式存在。当曝气速率高，且相对是硬水，这时 CO_2 被扫出，pH 值因而升高，则有如下反应发生：

$$5Ca^{2+} + 3HPO_4^{2-} + H_2O \longrightarrow Ca_5OH(PO_4)_3(S) + 4H^+$$

羟基磷灰石或其他形式的磷酸盐沉淀则混入污泥絮凝中。从上式可看出，增加氢离子浓度，平衡向左移动，因此在厌氧条件下，当污泥处于较酸性时，即有较高 CO_2 浓度时，磷将重新转入溶液。

从化学角度来看，磷酸盐最常用的去除方法是沉淀，常见的沉淀剂和它们的产物见表2-38。沉淀法可除去至90%～95%磷，且价格可以接受。

表 2-38　化学沉淀剂除磷酸盐及其产物

沉淀剂	产物	沉淀剂	产物
$Ca(OH)_2$	$Ca_5OH(PO_4)_3$(羟基磷灰石)	$FeCl_3$	$FePO_4$
$Ca(OH)_2+NaF$	$Ca_5F(PO_4)_3$(氟磷灰石)	$MgSO_4$	$MgNH_4PO_4$
$Al_2(SO_4)_3$	$AlPO_4$		

磷酸盐也可以通过吸附的方法从溶液中除去，特别是采用活性氧化铝，去除正磷酸盐效率高达99.9%。

(2) 除氮

氮是除磷之外又一个藻类营养物、作为高级废水处理需要除去的物质。

氮在城市污水中一般以有机氮或氨存在，氨是大多数生物废水处理过程产生的氮产物，可通过吹脱法将氨从水中吹出，要使吹脱法工作，需将铵氮转化为挥发性 NH_3，需要调节 pH 值高于 NH_4^+ 的 pK_a，实践中一般通过加入石灰（也对除磷起作用）使 pH 值升至约11.5，在吹脱塔中通空气将氨从水中吹出。易结垢、结冰和空气污染是其主要缺点。

硝化、接着反硝化是最有效的从废水中除氮的技术。第一步在强曝气条件下使氨和有机氮转化为硝酸盐：

$$NH_4^+ + 2O_2(\text{硝化细菌}) \longrightarrow NO_3^- + 2H^+ + H_2O$$

第二步是硝酸盐到氮气的还原，这一反应也是细菌催化反应，需要碳源和还原剂，一般可加入甲醇：

$$6NO_3^- + 5CH_3OH + 6H^+(\text{反硝化细菌}) \longrightarrow 3N_2(g) + 5CO_2 + 13H_2O$$

反硝化过程可在釜中进行，也可在炭柱上进行。通过中试厂运行可以达到：氨有95%转化为硝酸盐，而硝酸盐有86%转化为氮气。

此外，也可利用沸石通过离子交换选择性地除去铵离子，或利用生物合成通过生成生物物质脱氮。

习　题

1. 简述水有哪些异常特性？水的哪些特性对于环境生态具有重要的意义？为什么？
2. 为什么水具有较高的熔点、沸点、汽化热、比热容和表面张力？
3. 为什么水在4℃时的密度最大？
4. 试述天然水主要有哪些物质组成？
5. 为什么海水的 pH 值较一般淡水要高？
6. 为什么雨、雪水的 pH 值较低？
7. 写出下列术语的基本内容及其在水化学中的意义：

　(1) 范德荷夫方程（Van't Hoff Equation）

　(2) 阿仑尼乌斯公式（Arrhenius Law）

(3) BOD经验速率方程

(4) 米氏方程(Michaelis-Menten Equation)

(5) 细菌增殖经验速率方程(Monod Equation)

8. (NH_3)是一种碱。按照下列反应式,它会很容易地接受质子

$$NH_3(aq)+H_2O \rightleftharpoons NH_4^+(aq)+OH^-$$

(1) 计算25℃时该反应的平衡常数 K;

(2) 如果在某个时候,pH=9.0,$[NH_3]=10^{-5}mol \cdot L^{-1}$ 和 $[NH_4^+]=10^{-6}mol \cdot L^{-1}$,试问该反应是处于平衡状态吗?如果不是,反应向哪个方向进行?

9. 某个一级反应到50min时完成了40%。问其速率常数(以 s^{-1} 计)是多少?若反应完成80%,需多少分钟?

10. 在20℃时如果某二级反应的初始速率为 $5\times10^{-7}mol \cdot L^{-1} \cdot s^{-1}$,两反应物的初始浓度均为 $0.2mol \cdot L^{-1}$,问 k(以 $L \cdot mol^{-1} \cdot s^{-1}$ 计)是多少?如果活化能是 $20kcal \cdot mol^{-1}$,问30℃时的 k 是多少?

11. 研究表明,一氯胺(NH_2Cl)在废水中的衰减很慢,特别是与自由性氯(HClO 和 ClO^-)相比。人们发现,将 NH_2Cl 暴露于亮光中,衰减的速率会显著增快。当试样完全避光时,8h衰减20%,实验数据与一级反应速率方程相符。

(1) 假定:(a) 某处理厂排放的出水含有 $2mg \cdot L^{-1}$ 的 NH_2Cl(以 Cl_2 计);(b) 用完全混合达到1∶10的稀释(1份出水加9份受纳水);(c) 受纳水体不曝光;(d) NH_2Cl 浓度大于 $0.002mg \cdot L^{-1}$(以 Cl_2 计)时对鲑鱼有毒,问排放后多久受纳水体才能对鲑鱼是容许的?

(2) 假定在每12h无光期后,接着是12h有光期,在有光期内一级反应速率常数为 $0.3h^{-1}$,问需多久受纳水体才成为对鲑鱼是容许的?

12. 经分析测定某地面水水样 $T=25℃$,pH=7.5,总氨浓度 $c_T=0.89\times10^{-4}mol \cdot L^{-1}$,问其中所含非离子氨($NH_3$)的浓度是否超出Ⅲ类地面水标准($0.02mg \cdot L^{-1}$)?

13. 向某一含有碳酸的水体加入碳酸氢盐,问:(1) 总酸度;(2) 总碱度;(3) 无机酸度;(4) 酚酞碱度和(5) CO_2 酸度是增加、减少或不变?

14. 在一个视作封闭体系的25℃水样中,加入少量下列物质时,碱度如何变化:(1) HCl;(2) NaOH;(3) CO_2;(4) Na_2CO_3;(5) $NaHCO_3$;(6) Na_2SO_4。

15. 总碱度[Alk]=$2.00\times10^{-3}(mol[H^+] \cdot L^{-1})$ 的25℃水样,其pH=7.00,试计算水样中 $[CO_2(aq)]$、$[HCO_3^-]$ 和 $[CO_3^{2-}]$ 浓度值。

16. 某温度为25℃的天然水,总碱度[Alk]=$1.00\times10^{-3}(mol[H^+] \cdot L^{-1})$,pH=7.0,其表层经光合反应($HCO_3^-+H_2O+h\nu \longrightarrow \{CH_2O\}+OH^-+O_2$)后pH值增至10.0,求此过程前后水中无机碳浓度的变化。

17. 写出下列术语的基本内容及其意义:

(1) 多核配合物

(2) 腐殖质

(3) pH与pε

(4) 硝化和反硝化作用

(5) 亨利定律(Herry's Law)

18. 天然水中常见的配位体有哪些?它们对重金属的迁移转化有何影响?

19. 为测定某溶液的硬度,100mL水样中先加入少量的铬黑T。在加入11.2mL $0.01mol \cdot L^{-1}$ EDTA溶液后,水样的颜色由红变蓝。求该溶液的硬度(以 $CaCO_3$ 的 $mol \cdot L^{-1}$ 和 $mg \cdot L^{-1}$ 计)。

20. 在pH=7.0的水溶液中,含有 $1.00\times10^{-5}mol \cdot L^{-1}$ Pb(Ⅱ)和 $1.00\times10^{-2}mol \cdot L^{-1}$ 的非配合形态次氮基三乙酸(NTA),已知 Pb^{2+}-NTA配合物的稳定常数 $K_f=2.45\times10^{11}$,NTA的逐级酸离解常数为 $K_1=2.18\times10^{-2}$,$K_2=1.12\times10^{-3}$,$K_3=5.25\times10^{-11}$,求该水溶液中自由离子态铅的浓度为多少?

21. 氧气按下式还原为水:$O_2+4H^++4e^- \rightleftharpoons 2H_2O$ ($\varepsilon^\ominus=1.23V$),求pε、pH和 p_{O_2} 三者之间的关系。

22. 在厌氧菌作用下,按下列反应在水中产生甲烷:

$$CO_2+8H^++8e^-\rightleftharpoons CH_4+2H_2O(p\varepsilon^{\ominus}=2.87)$$

若水的 pH=7.00，又假定 $p_{CO_2}=p_{CH_4}$，求 pε 值。

23. 写出下列情况的化学反应方程式：

(1) 黄铁矿形成酸性矿排水的循环；

(2) 铁在腐蚀时的阳极反应与阴极反应。

24. 当水通过某铁管供水线运输时，水产生红色。

(1) 试写出可能引起的红水的“腐蚀电池”的电极反应和有关的化学反应；

(2) 提出 3 条合理的措施以使这个问题得到消除或减轻。

25. 水中主要的含氮化合物有 NO_3^-、NO_2^-、NH_4^+ 和 NH_3，试画出这些物种的 pε-pH 值优势区域图。已知：

$NO_3^-+2H^++2e^-\rightleftharpoons NO_2^-+H_2O$　　$p\varepsilon^{\ominus}=14.2$

$NO_3^-+10H^++8e^-\rightleftharpoons NH_4^++3H_2O$　　$p\varepsilon^{\ominus}=14.9$

$NO_2^-+8H^++6e^-\rightleftharpoons NH_4^++2H_2O$　　$p\varepsilon^{\ominus}=15.0$

$NH_4^+\rightleftharpoons NH_3+H^+$　　$pK_a=9.3$

26. 根据书中图 2-32，解释为什么有时在井壁、抽水泵附近和厕所冲水处有黄褐色锈迹出现。

27. Langmuir 方程式可用来描述悬浮物吸附溶质的问题。假定溶液中溶质的平衡浓度是 $3.00\times10^{-3}mol\cdot L^{-1}$，溶液中每克悬浮固体吸附的溶质为 $0.5\times10^{-3}mol$，当溶质的平衡浓度降至 $1\times10^{-3}mol\cdot L^{-1}$，每克吸附剂吸附溶质的量为 $0.25\times10^{-3}mol$，那么每克吸附剂最多能吸附多少摩尔的溶质？（即吸附剂的饱和吸附量是多少？）

28. 书中所用“零电点”（ZPC）术语是什么意思？在 ZPC 时胶体颗粒表面是否完全没有电荷？

29. 试解释江河入海处为什么常形成三角洲？

30. 求每升雨水 CO_2 的溶解量。已知空气中 $p_{CO_2}=33.4Pa$，CO_2 的亨利常数 $K_H=3.36\times10^{-7}mol\ L^{-1}\ Pa^{-1}$。

31. 将左边的沉积物与右边的形成条件对应起来：

(a) FeS　　(1) 当厌氧水暴露于 O_2 时可能形成；

(b) $Ca_5(OH)(PO_4)_3$　　(2) 当好氧水变成厌氧水时可能形成；

(c) $Fe(OH)_3$　　(3) 光合作用的产物；

(d) $CaCO_3$　　(4) 当含有特殊污染物的废水流入硬度较大水体时可能形成。

第 3 章 大气环境化学

3.1 大气环境化学概述 (Introduction of Atmospheric Environmental Chemistry)

3.1.1 大气环境化学的内容和特点 (Contents and characteristics of atmospheric environmental chemistry)

大气环境化学是研究对环境有重要影响的大气组分（污染物）在大气环境中的化学行为的科学。它是随着大气污染问题研究的深入而发展起来的，虽只有数十年的历史，但其发展却极为迅速，目前已经成为大气科学和环境科学交叉的一个重要的分支学科。

大气环境化学研究的内容与大气化学相似，只是研究的角度更侧重于环境，研究的对象更侧重于大气中对环境有影响的污染物质，即研究那些对大气环境有影响的污染物质的化学组成、理化性质、存在状态、来源、分布及其在迁移、转化、累积和消除等过程中的化学行为、反应机制和变化规律。

对大气环境影响较大的污染物质主要有 SO_2、NO_x、O_3、CO、CH_4、CFC 及颗粒物、自由基等（称为大气污染物），相当部分来自于人类的生产、生活活动。它们在大气中的化学变化对大气环境质量的优劣起着重要的作用。因此，了解和掌握这些物质在大气中的动态变化过程，研究其产生和消除的化学反应机制、存在状态和结构以及质和量的变化是大气环境化学的重要内容，它对于控制环境污染、改善大气环境质量具有重要的意义。

大气环境化学研究的范围主要涉及对人类有直接、间接影响的地球大气，即 50km 高度以下的整个大气层，包括对流层和平流层大气。

大气环境化学与其他化学学科既有联系，又有区别，其主要特点如下。

① 由于大气本身是一个氧化性的介质，故发生在大气中的化学过程往往是一个氧化的过程，即物质从低氧化态趋向于高氧化态。

② 由于太阳辐射的作用，大气中的化学反应往往为光化学和热化学的综合过程，光化学反应在大气环境化学中占有重要的地位。

③ 由于大气始终处在物理、化学的非平衡状态中，所以主要考虑的是大气中化学反应过程的反应速率问题，而不是其化学平衡问题。

④ 由于大气中含有多种反应，各物种之间并非孤立，往往通过大气自由基等活性粒子的作用而密切联系在一起，故大气中的化学反应是十分复杂的。

⑤ 由于大气中的化学反应过程都是在一定气象条件下进行的，受各种气象因素的影响，因此，大气环境化学的研究必须与其他学科，如大气物理学等紧密结合。

3.1.2 大气环境化学的研究历史和发展趋势 (History and tendency of researches on atmospheric environmental chemistry)

19 世纪中叶，瑞典大气科学家 C. G. Rossby 和英国化学家 R. A. Smith 分别对大气中颗粒物的扩散和全球循环以及降水中组分等进行研究并开创了大气化学的研究领域。

20世纪40年代起，由于多起大气污染事件的发生，如洛杉矶烟雾事件（1944）、伦敦烟雾事件（1952）等，使得大气光化学烟雾的研究得到了重视。与此同时，人们还发现了自由基氧化连锁反应及大气颗粒物与SO_2的协同作用对人体健康的影响。

20世纪50年代欧洲斯堪的那维亚半岛的酸雨研究揭开了现代酸雨研究的始篇。之后60年代，酸性降水在北美、北欧广泛出现，于是人们开展了酸雨形成机理的研究，并发现了酸雨的前体物（SO_x和NO_x）以及几种氧化致酸的途径和作用。

70年代后，由于南极上空“臭氧洞”的发现以及温室效应对气候变暖的作用，使得人们开始注意并研究氯氟烃（CFCs）等痕量气体对平流层O_3的耗损，以及CO_2、CH_4增多而造成的地球温室效应。德国的P. Crutzen和美国的M. Molina及F. S. Rowland三位科学家就因阐述了臭氧层损耗的化学机理并证明了人造化学物质对臭氧层的破坏作用而获得1995年诺贝尔化学奖，这也是迄今为止环境科学领域唯一的诺贝尔奖。

80年代初，在世界范围内兴起了第二次保护大气环境的浪潮。大气环境中的化学问题，越来越受到人们的重视。1984年，美国国家研究委员会在国家科学基金会和大气科学、气候委员会的支持下，组织了大气化学、气象学等学科的许多专家成立了“全球对流层化学专门小组”，对低层大气的化学过程、化学循环等进行多学科的国际合作研究，由此大气环境化学的研究逐渐走上了全面发展的轨道。

随着环境科学的不断深入和发展，大气环境化学的研究领域也将越来越广阔和深入。从目前国内外研究动向和发展趋势来看，大气光化学、自由基反应机理和过程、各种气态污染物的存在形态、组成变化、化学行为、来源和归宿（源与汇）、痕量元素和气溶胶的全球循环、相界反应、温室综合效应、干湿酸沉降、臭氧层的破坏以及各种大气化学反应模式等，仍是大气环境化学研究的中心课题，而复合反应机理将受到更多的关注。

3.2 天然大气环境特征及化学组成（Environmental Characteristics and Chemical Components of Natural Atmosphere）

3.2.1 地球大气层的形成（Formation of atmosphere on earth）

大气由覆盖于地球表面并随地球运动的一层薄薄的混合气体所组成。它是地球上自然界生命的保护毯，使生命脱离外太空的有害环境。大气提供植物光合作用所需的CO_2和呼吸作用所需的O_2，提供固氮细菌和产氨植物所需的氮，这些均是制造生命分子的核心化合物。大气不仅是地球生物圈中生命所必需的，而且也参与地球表面上的各大循环，如水、养分等物质的循环等。大气的总质量约为5.2×10^{15}t，仅占地球质量的百万分之一，其中90%集中在地球表面30km以内。

地球表面大气层的形成与地球的演化过程密切相关，大致经过三个过程。

(1) 地球形成阶段

起初，地球是一个熔融的球体，外面包围着一层原始大气，其主要成分为H_2、He以及N_2、H_2O（汽）和CO_2等。以后地球逐渐冷却凝固，表面形成地壳，其内部的H_2、H_2O（汽）和CO等通过火山活动的形式逸出地球表面，其中H_2O（汽）大部分冷凝成水，形成水圈。CO 和 CO_2 则还原为 CH_4，N_2 也部分还原为 NH_3。此阶段大气的主要成分是 CH_4、H_2 以及部分 H_2O（汽）、N_2、NH_3、Ar、H_2S 等，大气圈处于还原性气氛中。同时，由于水的光化学分解：

$$H_2O \xrightarrow{h\nu} H_2 + \frac{1}{2}O_2$$

使得大气中的 O_2 逐渐增长，地球内部开始了元素的原始地球化学分异过程和分壳过程，这一阶段大约持续了 15 亿年。

(2) 大气圈由还原性气氛转为氧化性气氛

由于 H_2 的分压逐渐降低，还原性气体化合物，如 CH_4、NH_3 开始氧化成 CO_2、N_2。N_2 由于惰性大而开始聚积起来。

在这一阶段中，生命有机体开始在狭窄的水体或大海边缘出现，因为没有足够的 O_2，有机体便利用 CO_2 供给的能量，制造碳水化合物与蛋白质，光合作用开始，从而产生 O_2，但因为 O_2 继续为岩石或水中沉积物中的矿物元素所俘获，此阶段的 O_2 仍不能积聚，但大气圈已逐渐变成氧化性气氛了。

(3) 现代大气圈的形成

此阶段即为地球生命的形成阶段，这与平流层中臭氧层的形成密切有关。由 O_2 的光化学反应形成的 O_3 能吸收高能量的太阳紫外辐射，自身又被分解成 O_2，O_2 再形成 O_3，如此循环往复，在平流层中便积累形成 O_3 浓度相对较高的“臭氧层”。

O_3 层的形成，屏蔽了高能量的光子，使有机体有了更广阔的生存范围（陆地和水），光合作用也就大大加强，O_2 开始大量积聚，形成以 N_2、O_2 为主要成分的现代大气圈。

3.2.2 大气的范围及结构 (Sphere and structure of atmosphere)

根据大气在竖直方向上的温度、化学组成及物理特性，大气圈可分为若干层次（图 3-1）。若按大气中化学组成的分布，大气圈可分为均质层（90km 以下）和非均质层（90km 以上）；如按大气的电离状态分布，可将大气分为电离层（60km 以上）和非电离层（60km 以下）。

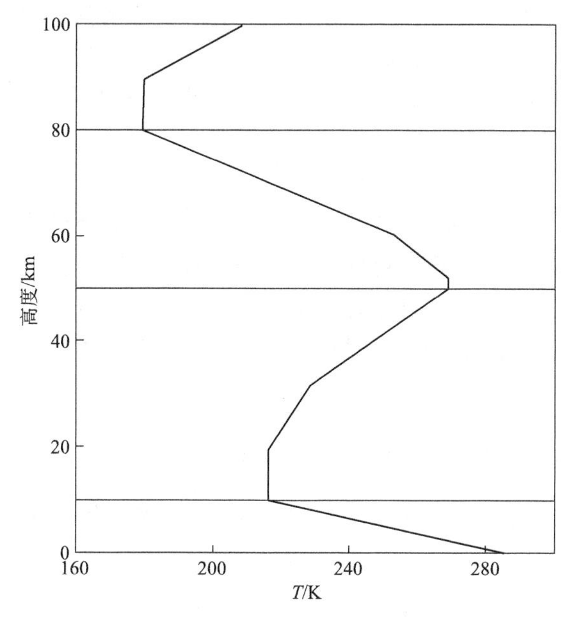

图 3-1 大气温度的垂直分布

通常，我们根据温度的垂直分布而将大气圈分为对流层、平流层、中间层、热成层和逸散层等五个层次。

(1) 对流层 (troposphere)

作为大气的最底层，对流层的厚度因纬度而异，在赤道附近对流层厚度约为 16～18km，中纬度地区为 10～12km，两极地区为 8～10km。夏季稍厚，冬季较薄。

对流层内集中了整个大气质量的 75%，水汽的 90%，是天气变化最复杂的层次。

对流层中，气温随高度上升而递减，

平均温度递减率为0.65℃/100m，由于上冷下暖，在垂直方向上，冷暖空气形成强烈的对流，故对流层因此而得名。

因受地表影响的不同，对流层又可分为两层。地面1km内的大气，因受地表机械、热力作用强烈，通称为摩擦层（或边界层），该层是人类活动的场所，人类排放的大气污染物基本集中在此层；高于地表1km以上，因受地表摩擦力作用较小，常称为自由大气层，主要天气过程和雨、雪、雹的形成均在此层。

在对流层的顶部有一个厚度为1～2km的过渡层，称为对流层顶。该层温度基本不随高度变化而变化，极冷的温度如同一层屏障，对垂直气流有很大的阻挡作用，上升的水汽、尘埃等多积聚在其下面。水蒸气凝结成冰却无法到达能被剧烈的高能紫外辐射光解的高度，避免了光解产生的H逃离地球大气而损失掉（很多原始大气的H和He就是通过这一过程而逃逸的）。

(2) 平流层（stratosphere）

从对流层顶到约50km的大气层即为平流层，在平流层下层，即30～35km以下，温度随高度变化很小，气温趋于稳定，故又称为同温层；在30～35km以上，温度随高度升高而迅速升高，到达平流层顶，气温可上升到270～290K，故该层也称为逆温层。

平流层中，因下冷上热，空气没有垂直对流运动，主要为大气平流运动。该层空气稀薄，水分少，很少发生天气现象；该层大气含尘量低，透明度高；此外在该层中离地面高约15～35km范围内，集中存在有约20km厚的臭氧层。因臭氧强烈吸收太阳紫外辐射（$\lambda<290nm$），故使得平流层气温升高。

由于平流层中大气稳定，故一旦污染物进入，将造成长期滞留的严重后果。

(3) 中间层（mesosphere）

从平流层顶到约80km的高度称为中间层，此层中温度又随高度的上升而减弱，在80km左右可降到最低温度（170K），空气更为稀薄。

(4) 热层（thermosphere）

从中间层顶至约800km高度的大气层称为热层，该层中O_2对太阳远紫外线有强烈的吸收，因而使该层大气温度随高度上升而急剧升高，气温可高达1473K以上。此层空气非常稀薄，O_2、N_2分子在太阳紫外线和宇宙射线的作用下发生电离而成为离子或原子，故此层又称为电离层。

(5) 逸散层（exosphere）

热层以上的大气层，即称为逸散层，亦称为大气层的外层，该层大气处于电离状态，空气极为稀薄，其密度已接近太空密度。由于受到地心引力很小，大气质粒处于不断向宇宙太空逃逸的过渡状态。该层是地球大气的最外层，其上界在哪儿尚未有一致的看法。实际上，地球大气与星际太空并没有截然的界限。该层温度随高度升高略有增加。

3.2.3 大气的化学组成（Chemical components of natural atmosphere）

天然大气是由干洁空气、水汽和颗粒物所组成的。干洁空气的组成及其体积含量如下。

两个主要成分　N_2，78.08%；O_2，20.95%。

两个少量成分　Ar，0.934%；CO_2，0.036%。

除 Ar 之外的四种惰性气体：Ne，$1.818\times10^{-3}\%$；He，$5.24\times10^{-4}\%$；Kr，$1.14\times10^{-4}\%$；Xe，$8.7\times10^{-6}\%$。

一些痕量气体的组成如表 3-1 所示。

表 3-1 海平面附近干洁空气的组成

成分	体积分数/%	成分	体积分数/%	成分	体积分数/%
CH_4	1.6×10^{-4}	NH_3	6×10^{-7}	CH_3Cl	5×10^{-8}
H_2	5×10^{-5}	H_2O_2	$10^{-8}\sim10^{-6}$	C_2H_4	2×10^{-8}
N_2O	2.8×10^{-5}	H_2CO_3	$10^{-8}\sim10^{-7}$	CCl_4	1×10^{-8}
CO	1×10^{-5}	CS_2	$10^{-9}\sim10^{-8}$	CCl_3F	1×10^{-8}
NO_2	2×10^{-6}	OCS	1×10^{-8}	CCl_2F_2	1×10^{-8}
HNO_3	$10^{-9}\sim10^{-7}$	SO_2	2×10^{-8}	H_3CCCl_3	$\leqslant1\times10^{-8}$

由此可知，地球表面大气主要是由氧、氮和氩组成，它们占空气总质量的 99.9%以上，其余气体加起来还不到 0.1%，且某些组分如 CO_2、O_3 浓度是有较大变化的，各种组分各有其不同的循环过程。

根据大气中各组分的停留时间，可将大气组分分成三类：

① 准永久性气体（停留时间为 $10^6\sim10^7$ 年） N_2、Ar、Ne、Kr、Xe 等；

② 可变组分（停留时间为 2～15 年） CO_2、CH_4、H_2、N_2O、O_3、O_2 等；

③ 强可变组分（停留时间为 2～200 天） CO、NO_x、NH_3、SO_2、H_2S、有机碳氢化合物、H_2O、颗粒物等。

由于可变组分和强可变组分在大气中停留时间短，有可能积极参与平流层或对流层中的化学反应。它们在大气中的时空分布受局地源的影响，在不同地区和不同高度，其分布往往有很大的不同，故对于因人类活动而造成的输入（出）速率变化相对比较敏感，所以这两类组分是我们研究的主要对象。

3.2.4 大气中的自由基（Radicals in atmosphere）

自然界及人类活动排入大气的大多数微量气体往往是还原态的，如 SO_2、H_2S、NH_3、CH_4 等，而由大气回到地表的物质往往是高氧化态的，如 H_2SO_4、HNO_3、SO_4^{2-}、NO_3^-、CO_2 等。但这些还原性气体并不是被空气中的 O_2 所氧化，因为分子氧中的 O—O 键相对较强（$502kJ\cdot mol^{-1}$），它在常温常压下并不能与大多还原性气体反应。

20 世纪初期曾认为这些还原性气体是被 O_3、H_2O_2 所氧化的，而现在人们已认识到主要起氧化作用的是大气中存在的高活性的自由基，大气中许多化学反应都与这些活性自由基有关。

3.2.4.1 大气自由基的结构特点

自由基又称游离基，是具有非偶电子的基团或原子，它有两个主要特性：一是化学反应活性高；二是具有磁矩。

在一个化学反应中，或在外界（光、热等）影响下，分子中共价键分裂的结果，使共用电子对变为一方所独占，则形成离子；若分裂的结果使共用电子对分属于两个原子（或基团），则形成自由基。

如水在电离辐射下可形成 H· 和 HO· 自由基，而在通常电离时，则形成 H^+ 和 OH^- 离子。

由于自由基在其电子外层有不成对的电子，它们对于增加第二个电子有很强的亲和力，因此能起强氧化剂的作用。

自由基的化学活性很高，是反应的中间产物，平均寿命仅为 10^{-3}s。

大气中存在的自由基主要有 HO·、HO_2·、RO·、RO_2·等，其中以 HO· 和 HO_2· 最为重要。

3.2.4.2 大气中的HO·自由基

(1) 大气中HO·自由基的来源

① O_3的光分解　HO·自由基的初始天然来源就是 O_3 的光分解，在 315～1200nm 的太阳光辐射下，

$$O_3 + h\nu(315 \sim 1200\text{nm}) \longrightarrow O_2 + O(^3P)$$

生成的低激发态 O（^{3}P）很快与 O_2 结合进行三体反应，再生成 O_3。

$$O(^3P) + O_2 + M \longrightarrow O_3 + M$$

这是一个循环而没有任何化学效应，但当 O_3 吸收 $\lambda < 315$nm 的光子时，则有

$$O_3 + h\nu(\lambda < 315\text{nm}) \longrightarrow O(^1D) + O_2$$

生成的高激发态 O（^{1}D）有两条反应途径。

(a)　$$O(^1D) + M \longrightarrow O(^3P) + M$$

(b)　$$O(^1D) + H_2O \longrightarrow 2HO\cdot \text{或} O(^1D) + H_2 \longrightarrow H\cdot + HO\cdot$$

或　$$O(^1D) + CH_4 \longrightarrow \cdot CH_3 + HO\cdot$$

途径(b) 即为 HO·自由基的来源。此外，HO·自由基还有两个可能的来源：亚硝酸和过氧化氢的光分解。

② HNO_2 和 H_2O_2 的光解　亚硝酸（HONO）可吸收波长小于 400nm 的太阳光，发生光分解。

$$HONO + h\nu(\lambda < 400\text{nm}) \longrightarrow HO\cdot + NO$$

HO·生成速率 $R_{HO} = 1.2 \times 10^{-1}$ [HONO] $\cdot \text{min}^{-1}$

H_2O_2 能吸收波长小于 360nm 的光子，并光解。

$$H_2O_2 + h\nu(\lambda < 360\text{nm}) \longrightarrow 2HO\cdot$$

$$R_{HO} = 3.0 \times 1.0^{-3}[H_2O_2] \cdot \text{min}^{-1}$$

(2) HO·自由基的转化

HO·自由基是大气中重要的活性自由基之一，具有重要的转化作用，在清洁大气中，其主要转化反应是与 CO 和 CH_4 的反应。

$$CO + HO\cdot \longrightarrow CO_2 + H\cdot$$

$$CH_4 + HO\cdot \longrightarrow \cdot CH_3 + H_2O$$

反应生成的·H、·CH_3 自由基能很快与大气中的 O_2 分子结合，生成相应的 HO_2· 和 CH_3O_2·自由基，这两种自由基在大气中也是比较重要的，它们可以通过与其他分子反应而再生成 HO·自由基，如

$$HO_2\cdot + NO \longrightarrow NO_2 + HO\cdot$$

$$HO_2\cdot + O_3 \longrightarrow 2O_2 + HO\cdot$$

此反应是 $HO_2\cdot$ 与 $HO\cdot$ 自由基相互转化的关键反应。

自由基也可通过复合反应而去除，如

$$HO_2\cdot + HO\cdot \longrightarrow H_2O + O_2$$

$$HO\cdot + HO\cdot \longrightarrow H_2O_2$$

$$HO_2\cdot + HO_2\cdot \longrightarrow H_2O_2 + O_2$$

生成的 H_2O_2 可以被雨水带走。

(3) 大气中 HO·自由基的浓度

大气中 HO·自由基浓度随纬度和高度的分布情况见图 3-2，其全球平均值约为 7×10^5 个·cm^{-3}。HO·的最高浓度出现在热带，因为那里太阳辐射强，湿度高。南北两个半球的大气中，HO·分布是不对称的，按理论计算，南半球比北半球多约 20%。

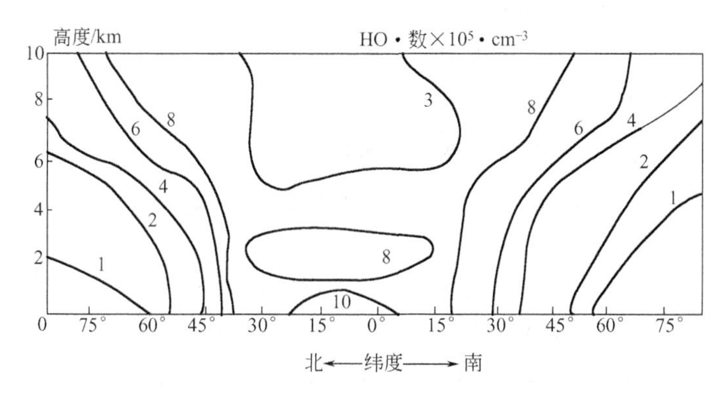

图 3-2　HO·自由基在对流层中随高度和纬度的分布

HO·自由基浓度白天高于晚上，夏季高于冬季。

(4) HO·自由基的重要性

近几十年来的研究已经发现，HO·自由基在大气均相气相反应中具有极其重要的地位，它能与大气中各种微量气体反应，并几乎控制了这些气体的氧化和去除过程。

大气中 HO·自由基与各种微量气体之间的关系如图 3-3 所示。

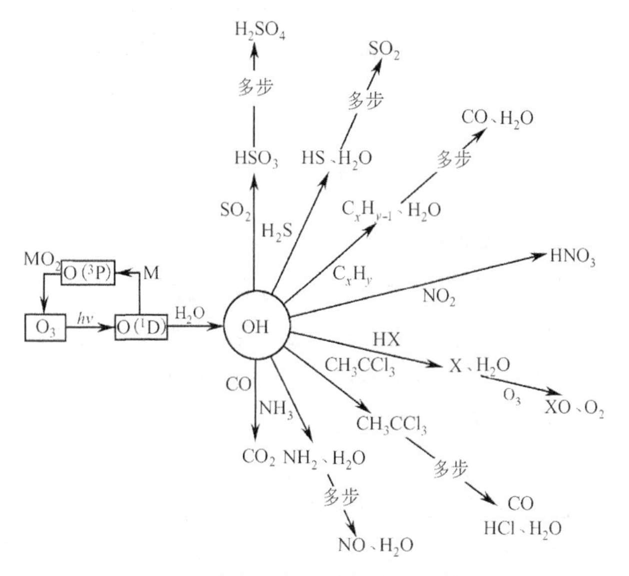

图 3-3　HO·自由在氧化大气微量气体中的作用

3.2.4.3　大气中的 $HO_2\cdot$ 自由基

$HO_2\cdot$ 自由基是大气中除 HO·自由基以外的第二位重要的自由基，尤其在 NO_x 的氧化转化中起重要的作用。

$HO_2\cdot$ 的主要来源是大气中甲醛（HCHO）的光分解。

$$HCHO + h\nu(\lambda<370nm) \longrightarrow H\cdot + HCO\cdot$$

$$H\cdot + O_2 \xrightarrow{M} HO_2\cdot$$

$$HCO\cdot + O_2 \longrightarrow HO_2\cdot + CO$$

乙醛（CH_3CHO）的光解也能生成 H·和 HCO·自由基，也是 $HO_2\cdot$

的来源，但其浓度要比 HCHO 低得多，故远不如 HCHO 重要。

HO·对 CO 的氧化作用，以及 H_2O_2 的光解，也是大气中 HO_2·的重要来源。

$$HO\cdot + CO \longrightarrow CO_2 + H\cdot$$

$$H\cdot + O_2 \longrightarrow HO_2\cdot$$

$$H_2O_2 + h\nu \longrightarrow 2HO\cdot$$

$$HO\cdot + H_2O_2 \longrightarrow HO_2\cdot + H_2O$$

NO_3 在夜间的生成也是 HO_2·的一个可能来源。

$$NO_3 + HCHO \longrightarrow HNO_3 + HCO\cdot$$

$$HCO\cdot + O_2 \longrightarrow HO_2\cdot + CO$$

HO·和 HO_2·自由基各种来源的相对重要性取决于空气团中存在的物质、时间和地点等，一般而言，在清洁地区 HO·主要来自 O_3 的光分解；在污染地区则 HONO 和 H_2O_2 的贡献相对较大。在时间上，一般早上 HONO 的贡献最大，HCHO 则在上午贡献较大，而 O_3 则在中午贡献最大（中午 O_3 浓度高）。

3.2.4.4 大气中 R·、RO·、RO_2·等自由基的来源

大气中存在量最多的烷基自由基是甲基自由基，它的主要来源是乙醛和丙酮的光解。

$$CH_3CHO + h\nu \longrightarrow \cdot CH_3 + HCO\cdot$$

$$CH_3COCH_3 + h\nu \longrightarrow \cdot CH_3 + CH_3CO\cdot$$

这两个反应除生成·CH_3 外，还生成两个羰基自由基 HCO·和 CH_3CO·。

R·的另一个来源是 O 和 HO·与烃类发生 H 摘除反应。

$$RH + O \longrightarrow R\cdot + HO\cdot$$

$$RH + HO\cdot \longrightarrow R\cdot + H_2O$$

RO·主要来源于甲基亚硝酸酯和甲基硝酸酯的光解。

$$CH_3ONO + h\nu \longrightarrow CH_3O\cdot + NO$$

$$CH_3ONO_2 + h\nu \longrightarrow CH_3O\cdot + NO_2$$

大气中的 RO_2·都是由 R·与空气中的 O_2 结合而形成的。

$$R\cdot + O_2 \longrightarrow RO_2$$

3.2.5 大气中的主要污染物（Main pollutants in atmosphere）

3.2.5.1 含硫化合物

含硫化合物是大气中最重要的污染物之一。大气中主要含硫化合物有 SO_2、SO_3、H_2S、H_2SO_4、亚硫酸盐、硫酸盐及极少量 COS 和 CS_2 等，其主要来源是矿物燃料的燃烧、有机质的分解和燃烧、海洋及火山活动等。其中 SO_2 为一次污染物，其余均是由 SO_2 氧化转化形成二次污染物。

(1) SO_2

SO_2 是最早为人类注意的大气污染物之一，世界历史上发生的八大公害事件中，有一半与之有关。SO_2 是重要的大气污染物，它是酸雨的主要前体物。大气中 SO_2 人为来源主要来自含硫燃料的燃烧及冶金、硫酸制造等工业过程，其中约有 60%来自燃煤，30%左右来自石油的燃烧和炼制。

SO_2 为无色、有刺激性气味的气体，它能刺激人的眼睛、损伤呼吸器官、损伤和抑制植物生长，对人类健康、生态环境等均有直接危害作用，其氧化产物危害更大。SO_2 在大气中，特别是在污染大气中易通过光化学氧化、均相氧化及多相催化氧化等，最终转变成硫酸或硫酸盐，并通过干（湿）沉降的形式降落到地面。SO_2 的干沉降速率一般为 0.2～1.0cm・s^{-1}。SO_2 转化为硫酸或硫酸盐后，其危害性进一步加大。

（2）H_2S

大气中 H_2S 主要来自天然源，如动植物机体的腐烂、火山活动等。大气中 H_2S 的人为排放量不大，全球工业排放的 H_2S 仅为 SO_2 排放量的 2%左右。至今尚不完全清楚 H_2S 的总排放量。

H_2S 在大气中很容易被氧化，其主要的去除反应为

$$HO\cdot + H_2S \longrightarrow H_2O + \cdot SH$$

大气中含硫化合物主要通过下述途径迁移：

① 降雨和水的冲刷；

② 土壤与植物的扩散吸收；

③ 固体颗粒的沉降。

Beilk 等估计降雨和水的冲刷对硫酸盐迁移的贡献率分别为 20%和 70%，估计硫酸盐的年沉降量约为 2.4×10^8t。

3.2.5.2 含氮化合物

大气中重要的含氮化合物主要有 N_2O、NO、NO_2、NH_3、HNO_2、HNO_3 和铵盐等，其中 NO 和 NO_2 合称为氮氧化物，是大气中最重要的污染物之一，它可参与酸雨及光化学烟雾的形成。而 N_2O 属于温室气体，且化学性质较为稳定，故对平流层存在潜在危害。

（1）N_2O

N_2O 主要天然来源为土壤中硝酸盐在微生物作用下的还原过程。

$$2NO_3^- + 4H_2 + 2H^+ \xrightarrow{\text{细菌}} N_2O + 5H_2O$$

N_2O 的人为来源主要是燃料燃烧及含氮化肥的施用。N_2O 的化学活性较差，在低层大气中一般难以被氧化，但它能吸收地面辐射，是地球大气主要的温室气体之一。N_2O 难溶于水，故可通过气流交换而进入平流层，在平流层中发生光化学反应：

$$N_2O + h\nu \xrightarrow{\lambda\leqslant315\text{nm}} N_2 + O$$

$$N_2O + O \longrightarrow N_2 + O_2$$

$$N_2O + O \longrightarrow 2NO$$

此反应生成的 NO 是平流层中 NO 的天然来源，其对臭氧层有破坏作用。

（2）NO_x

大气中 NO_x 的天然来源主要为生物源及闪电作用等。自然界氮循环每年向大气释放约 4.30×10^8t NO，约占总排放量的 90%。NO_2 则主要由 NO 氧化生成，每年约 5.3×10^7t。

NO_x 的人为源主要来自燃料的燃烧或化工生产过程，其中以工业炉窑、氮肥生产和汽车排放的 NO_x 量最多。城市大气中约三分之二的 NO_x 来自汽车尾气的排放，汽车尾气中 NO 的生成量主要与燃烧温度有关（表 3-2），一般而言，只有燃烧温度高于 1200℃时，氮才能与氧结合生成 NO。

表 3-2 NO 生成量与燃烧温度的关系

温度/K	NO 浓度/($mL \cdot m^{-3}$)	温度/K	NO 浓度/($mL \cdot m^{-3}$)
293	<0.001	1811	3700.0
700	0.3	2473	25000.0
800	2.0		

NO_2 是对流层大气中最重要的光吸收物质，也是光化学烟雾的重要引发物。大气中的 NO_x 最终被氧化转化为硝酸和硝酸盐颗粒，并通过湿沉降和干沉降过程从大气中去除。

(3) NH_3

大气中的氨（NH_3）的天然来源主要来自动物废弃物的分解、土壤腐殖质及土壤中氮的转化。人为来源则主要为氨基氮肥的损失及工业排放，燃煤也是 NH_3 的重要人为来源。

对流层中氨的汇主要是形成气溶胶铵盐；此外，NH_3 也可被氧化成硝酸盐。铵盐和硝酸盐均可经湿沉降和干沉降而去除。

3.2.5.3 碳的氧化物

(1) CO

一氧化碳主要来自天然源，其排放量远大于人为源。CO 的天然源主要有：

① 甲烷的氧化转化，有机体分解产生的 CH_4 可被 HO· 自由基所氧化而形成 CO；

② 海水中 CO 的挥发，其量约为 $1.0\times10^8\ t \cdot a^{-1}$；

③ 植物排放的烃类（主要为萜烯）经 HO· 自由基氧化形成 CO；

④ 植物叶绿素的光解，其量约为 $(5\sim10)\times10^7\ t \cdot a^{-1}$；

⑤ 森林火灾等，其量约为 $60\times10^6\ t \cdot a^{-1}$。

CO 的人为源主要是燃料的燃烧，其中约 80%是来自汽车尾气的排放。CO 是在燃烧不完全时产生的，当氧气供应不足时，

$$C+\frac{1}{2}O_2 \longrightarrow CO$$

$$C+CO_2 \longrightarrow 2CO$$

CO 的生成量与空燃比有关。当空燃比超 15 时，则汽油燃烧完全，汽车尾气中就没有 CO 生成。

CO 的去除途径主要是通过土壤中某些细菌的吸收和代谢，其代谢产物主要为 CO_2 和 CH_4；此外自由基的作用也是非常重要的。CO 的主要危害在于它能参与光化学烟雾的形成以及造成全球性的环境问题。

(2) CO_2

CO_2 是一种重要的温室气体，对全球性生态环境问题影响巨大，令人关注。CO_2 的天然来源主要有：

① 海洋脱气，全球约有千亿吨的 CO_2 在海洋和大气圈之间进行着交换；

② 甲烷的氧化转化；

③ 动植物呼吸、腐败作用以及生物物质的燃烧；

④ CO_2 不仅来自地表，而且也来自地球内部的释放（如火山活动等）。

目前，由于人类活动的影响，全球大气 CO_2 浓度正在逐渐上升，从而引起全球气候变化。CO_2 对 12～18μm 的红外线有强烈的吸收作用。因此，低层大气中的 CO_2 能有效地吸

收地面发射的长波辐射，而使地球近地面大气变暖。据有关资料的统计，CO_2 浓度在1880～1970年间从280mL·m^{-3} 增至330mL·m^{-3}，1988年 CO_2 达到了350mL·m^{-3}，1999年时 CO_2 已达367mL·m^{-3}。由于 CO_2 的增加，全球气温自1945～1998年间增加了0.4℃；早在50年代就曾有人提出，如果大气中 CO_2 增加两倍，气温将升高3.6℃。按照目前大气中 CO_2 浓度的增加速度，数十年后，地球表面的冰川和冰帽将融化，海平面将上升60～70cm，沿海城市将被上涨的海水所淹没，后果不堪设想。但英国科学家Wigleye和Raper认为，大气中大量硫酸盐的存在对全球变暖过程有显著的抑制作用，硫酸盐可能已抵消温室效应对全球变暖贡献量的三分之一，故目前对于气溶胶在气候变化中的作用尚有争议。

3.2.5.4 碳氢化合物(HC)

大气中的碳氢化合物泛指各种烃类及其衍生物，一般用HC表示。碳氢化合物如烷烃、烯烃及烷基苯等，本身毒性并不明显，但它们可被大气中的HO·等自由基或氧化剂所氧化，生成二次污染物，并参与光化学烟雾的形成。城市大气中汽车尾气排放是碳氢化合物的主要来源。大气污染研究中通常把HC分为甲烷和非甲烷烃（NMHC）两类。

(1) 甲烷

大气中 CH_4 的浓度仅次于 CO_2，也是重要的温室气体，其温室效应比 CO_2 大20倍。甲烷主要来自沼泽、泥塘、水稻田、牲畜反刍等厌氧发酵过程。据美国科罗拉多大学的唐纳德·约翰逊估计：一头牛每天排泄200～400L甲烷，全世界约有牛、羊 12×10^8 头，每年将产生大量的甲烷。水稻田是大气甲烷的重要排放源之一，它是在淹水厌氧条件下，通过微生物代谢作用，有机质矿化过程所产生的。全球水稻田产生的甲烷约为 $(7.0\sim17.0)\times10^7$ t·a^{-1}。由于全球水稻田大多分布在亚洲，而中国水稻种植面积又占亚洲水稻面积的30%，因此，水稻田甲烷的排放对我国乃至世界甲烷源的贡献都非常重要。表3-3给出了全球一些研究地点甲烷通量的测定值，其中值得注意的是甲烷通量在不同日期或在一天内（昼和夜）均有明显差别。IPCC（政府间气候变化专门委员会）1996年给出一个大气 CH_4 的清单。根据这个清单，全球每年 CH_4 总排放量为535t·a^{-1}，其中，稻田的 CH_4 排放量为 (60 ± 40)t·a^{-1}。

表3-3 全球不同位点稻田甲烷排放通量测定结果

国家	地点	通量日均值/(mg·m^{-2}·h^{-1})	季节总排放量/(g·m^{-2})	文献
澳大利亚	Griffith	2.8	10	NGGIC,1996
中国	北京	14.6～48.9	27～91	Chen et al.,1993
	北京	9.4～26.8	12～39	Yao and Chen,1994
	北京	1.9～489	5.3～100.9	Shao,1993
	浙江杭州	6.9～50.6	14～82	Wassmann,et al.,1993
	江苏南京	2.6～14.3	6～34	Chen et al.,1993
	湖南桃源	6.5～56.2	12～115	Wassmann,et al.,1993
	四川	58.0	167	Khalil et al.,1993
	江苏吴县	3.2～6.2	10～19	Cai et al.,1994

续表

国家	地点	通量日均值/(mg·m^{-2}·h^{-1})	季节总排放量/(g·m^{-2})	文献
印度	Allahabad, Uttar Pradesh	0.2	0.5	Mirea, 1992
	Barrackpore, West Bengegal	0.7, 20.2	1.8, 6.3	Mirea, 1992
	Cuttack, Orissa	2.7～7.2	7～19	Mirea, 1992
	Faizabad, Uttar Pardesh	0.8	2	Mirea, 1992
	Garagacha, West Benegal	11	29	Mirea, 1992
	Jorhat, Assam	18.1	46	Mirea, 1992
	Kalyani, West Bengal	4.1	10.8	Mirea, 1992
	Koirapur, West Bengal	6.1	19	Mirea, 1992
	Madras, Tamil Nadu	5.8	11	Mirea, 1992
	New Delhi	0.02～0.21	0.06～0.58	Mirea, 1992
	Purulia, West Bengal	4.2	11	Mirea, 1992
	Trivandrum, kerala	5.1	9	Mirea, 1992
印尼	Taman Bogo, Lampung	18.0～27.1	31～47	Nugroho et al., 1994
	Taman Bogo, Lampung	17.9～31.7	30～50	Nugroho et al., 1994
	Sukamandi, West Java	8.7～20.2	19～44	Husin et al., 1995
意大利	Vercelli	5～28	18～75	Schuta et al., 1989
日本	Kawachi	16.3	45	Yagi & Minami, 1990; Minami, 1994
	Mito	1.2～4.1	4～13	Yagi & Minami, 1990; Minami, 1994
	Ryugasaki	2.8～15.4	11～28	Yagi & Minami, 1990; Minami, 1994
	Ryugasaki	1.9～7.9	7～12	Yagi & Minami, 1990; Minami, 1994
	Taya	7.0	26	Yagi & Minami, 1990; Minami, 1994
	Tsukuba	0.2～0.4	<1.1	Yagi & Minami, 1990; Minami, 1994
朝鲜	Suwon	0.66～4.55	9～60	Shin et al., 1995
菲律宾	Los Banos	0.8～18.5	2～42	Neue et al., 1994
	Los Banos	3.3～7.9	7～19	Wassmann et al., 1994
西班牙	Savilla	4	12	Seiler et al., 1984
泰国	Ayutthaya	3.3～7.9	13～20	Siriratpiraya, 1990
	Babg Khen	4.3～21.7	16～55	Minami, 1994; Yagi et al., 1994
	Chai NAT	1.6	4	Minami, 1994; Yagi et al., 1994
	Chiang Mai	3.7～5.5	9～13	Jermsawatdipong et al., 1994
	Chiang Mai	9.0～9.5	20～21	Siriratpiraya, 1995
	Khlong Luang	3.8	8	Minami, 1994; Yagi et al., 1994
	Khon Kean	23.0	76	Minami, 1994; Yagi et al., 1994
	Nakompathom	9.4～12.0	25～32	Tomprayoon et al., 1991
	Pathumthani	1.9～4.6	5～11	Jermsawatdipong et al., 1994
	Phitsanulok	6.6～7.2	17～18	Katoh et al., 1995
	Phrae	16.6～22.2	51～69	Minami, 1994; Yagi et al., 1994
	Ratchaburi	3.2～42.5	9～117	Jermsawatdipong et al., 1994
	San Pa Tong	10.4～16.1	25～40	Minami, 1994; Yagi et al., 1994
	Surin	15.0～24.5	41～66	Jermsawatdipong et al., 1994
	Surin	13.3	41	Jermsawatdipong et al., 1994
	Suphan buri	19.5～32.2	51～75	Minami, 1994; Yagi et al., 1994

续表

国家	地点	通量日均值 /(mg·m⁻²·h⁻¹)	季节总排放量 /(g·m⁻²)	文献
美国	Beaumont,Texas	2.5～23.5	5～36	Sass et al.,1990,1991
	Beaumont,Texas	0.6～6.3	1～15	Sass et al.,1990,1991
	Crowley,Louisiana	10.2～17.9	21～37	Lindau et al.,1991
	Crowley,Louisiana	12.6～85.0	22～149	Lindau & Bollich,1993
	Crowley,Louisiana	27～99	60～220	Lindau et al.,1994
	Davis,California	3.4～10.4	18	Cicerone et al.,1983,1992
	Knights Landing,California	0.5～18.8	1～58	Cicerone et al.,1992

注：引自《土地利用变化和温室气体净排放与陆地生态系统碳循环》，李克让主编，2002。

CH_4 在大气中的寿命约为 11 年。排放到大气中的 CH_4 大部分被 HO·所氧化，每年留在大气中的 CH_4 约为 0.5×10^8t，导致大气中 CH_4 浓度上升。大气中 CH_4 的主要去除过程是与 HO·的反应。

$$CH_4 + HO\cdot \longrightarrow \cdot CH_3 + H_2O$$

少量的 CH_4（≤15%）会扩散进入平流层，在平流层中与氯原子发生反应，从而减少氯原子对 O_3 的损耗，形成的 HCl 可扩散到对流层而被雨除，故 CH_4 可看成是平流层氯原子的一个汇。

（2）非甲烷烃（NMHC）

非甲烷烃的种类很多，因来源而异，如植物排放的非甲烷有机物达 367 种。极大部分非甲烷烃来自天然源，其中排放量最大的是植物释放的萜烯类化合物，如 α-蒎烯、β-蒎烯、香叶烯、异戊二烯等，年排放量约 1.7×10^8t，占非甲烷烃总量的 65%。最主要的天然排放物还是异戊（间）二烯（isoprene）和单萜烯（monoterpene），它们会在大气中发生化学作用而形成光化学氧化剂或气溶胶粒子。多数萜分子中含有两个以上不饱和双键，因此这类化合物在大气中活性较高，他们与 HO·反应很快，也易于与大气中的其他氧化剂，特别是 O_3 发生反应。如 α-蒎烯和异戊二烯在大气中发生类似于上述反应而形成颗粒状物质，在浓郁的植被上空会形成蓝色烟雾。

非甲烷烃的人为源主要包括：

① 汽油燃烧，排放量约占人为源总量的 38.5%；

② 焚烧，排放量约占人为源总量的 28.3%；

③ 溶剂蒸发，排放量约占人为源总量的 11.3%；

④ 石油蒸发和运输损耗，约占人为源总量的 8.8%；

⑤ 废物提纯，约占人为源总量的 7.1%。上述五类占人为源排放量的 94%。

大气中的非甲烷烃可通过化学反应转化成有机溶剂而去除，其最主要的大气化学反应是与 HO·自由基的反应。

3.2.5.5 卤代化合物

（1）卤代烃

大气中卤代烃包括卤代脂肪烃和卤代芳烃。其中多氯联苯（PCBs）及有机氯农药（如六六六、DDT）等高级卤代烃以气溶胶形式存在，而含两个或两个以下碳原子的卤代烃呈气态。对大气环境影响较大的卤代烃是氯氟烃类。

含氯氟烃类（或称氟里昂类）化合物，包括 CFC-11、CFC-12、CFC-22、CFC-113、CFC-114 等简称为 CFCs；含溴的卤代烃，商业名称为 Halon（哈龙），常用的有 Halon1211、Halon1301、Halon2401 等。CFCs（包括 Halon）主要被用作冰箱与空调的制冷剂，隔热用和家用泡沫塑料的发泡剂、喷雾剂及消防灭火剂等。全球每年 CFCs 的使用量已超过 10^6t；目前大气中 CFCs 浓度已达到 $600\mu g \cdot m^{-3}$，且仍以每年 4%～5%的速度在上升。

由于 CFCs 可透过波长大于 290nm 的辐射，故其在对流层中不会发生光解反应；其与 HO·自由基的反应为强吸热反应，故在对流层中难以被 HO·氧化；因 CFCs 不溶于水，故不易被降水清除。CFCs 在对流层大气中化学性质稳定，寿命很长（表 3-4）。

表 3-4　一些 CFCs 和 Halon 在大气中的寿命

化合物	大气中的寿命/年	化合物	大气中的寿命/年	化合物	大气中的寿命/年
CFC-11	47～58	CFC-115	390～520	Halon 1301	110
CFC-12	95～100	CFC-22	15～23	Halon 1211	101
CFC-113	98	CFC-123	2～3		
CFC-114	250	CFC-142	21～24		

排入对流层中的氯氟烃类化合物不易在对流层中被去除，其唯一的去除途径是扩散至平流层，在平流层强紫外线的作用下进行光分解。

$$CFXCl_2 + h\nu \xrightarrow{\lambda=175\sim220nm} \cdot CFXCl + \cdot Cl \quad (X 为 F 或 Cl)$$

生成的·Cl 对平流层臭氧有很强的损耗作用，1 个·Cl 可消耗 10 万个 O_3 分子，从而使臭氧层遭到破坏。各种 CFCs 都能在光解时释放·Cl，故在大气中寿命越长的 CFCs，其危害越大。

由于 CFCs 化合物寿命不同，故其进入平流层的能力也不同，造成臭氧损耗的潜在能力也不相同。一般采用臭氧损耗潜势能 ODP（ozone depletion potential）来表示其对臭氧损耗的能力。ODP 的定义为：

$$ODP=\frac{单位质量物种引起的 O_3 损耗}{单位质量 CFC\text{-}11 引起的 O_3 损耗}$$

1988 年荷兰海牙会议上公布了各类 CFCs 化合物的 ODP 值（表 3-5）。

表 3-5　CFCs 值的 ODP 值

化　合　物		ODP 值	化　合　物		ODP 值
CFCs	CFC-11	1.0	CFCs	CFC-142b	0.05～0.07
	CFC-12	0.9		CFC-134a	0
	CFC-113	0.9		CFC-143a	0
	CFC-114	0.8		CFC-152a	0
	CFC-115	0.3～0.4	Halon	Halon1211	3.0
	CFC-22	0.05～0.06		Halon1301	10.0
	CFC-23	0.019～0.028		Halon2402	6.0
	CFC-124	0.019～0.035			

CFCs 类化合物也是温室气体，尤其是 CFC-11、CFC-12，它们吸收红外线的能力要比 CO_2 强得多。CFCs 分子对红外线吸收的频谱范围在 800～2000cm^{-1} 之间，与 CO_2 的吸收频谱不重合。每个 CFC-12 产生的温室效应相当于 15000 个 CO_2 分子。美国航空航天局的 Goddard 航天飞机中心在 1989 年报告中声称，CFCs 对温室效应的作用已占大气中所有温室

气体（包括 CO_2、N_2O、CH_4、CFCs 等）造成的温室效应的 25%。

因此，CFCs 浓度的增加具有破坏平流层臭氧和影响对流层气候的双重效应。但也有研究表明，大气中 CO_2、N_2O 和 CH_4 等气体浓度的增加，均能减轻全球臭氧的损耗程度，也可部分抵消由 CFCs 所引起的平流层臭氧损耗。所以，臭氧损耗与温室效应存在着较复杂的关系。

(2) 氟化物

氟化物是一类对动植物及人类毒性较强的大气污染物，主要包括氟化氢（HF）、四氟化硅（SiF_4）、氟硅酸（H_2SiF_6）及氟（F_2）等。

氟化物主要来自人为源，特别是使用萤石、冰晶石、磷氟石和氟化氢的企业，如炼铝厂、磷肥厂、炼钢厂、玻璃厂等。地壳平均含氟 $660\mu g \cdot g^{-1}$，故大量以土为原料的陶瓷、砖瓦等工业以及燃煤量大的工业也是主要的氟污染来源。

氟化物主要以气体和含氟粉尘的形式污染大气。HF 气体易与大气中的水汽结合，形成氢氟酸气溶胶；SiF_4 在大气中可与水汽反应形成水合氟化硅和易溶于水的氟硅酸，通过降水可把上述大气氟污染物带到地面而去除。

3.2.5.6 光化学氧化剂

(1) 臭氧（O_3）

臭氧是天然大气的重要微量组分，平均含量为 $0.01 \sim 0.1mL \cdot m^{-3}$，大部分集中在 10～30km 的平流层，对流层臭氧仅占约 10%。O_3 在地球大气化学中起着非常重要的作用，它不仅在平流层吸收阻挡紫外线，而且其光解产物中的电子激发态氧原子具有足够的能量与其他不能与基态氧反应的分子发生反应，从而导致 HO· 等重要自由基的生成，活跃了大气中的化学反应过程。

虽然臭氧在平流层起到了保护人类与环境的重要作用，但若其在对流层中浓度增加，则会对人体健康产生有害影响。O_3 对眼睛和呼吸道有刺激作用，对肺功能也有影响；较高浓度的 O_3 对植物也是有害的。

对流层大气中 O_3 的主要天然来源为：由平流层输入；光化学反应生成。也有人认为天然 CH_4 也是 O_3 的前体物。此外，人们还发现植物排放的萜类碳氢化物和 NO 经光化学反应也可生成 O_3。

O_3 的人为源主要包括以下几种：

① 交通运输，汽车尾气排放的大量 CO 和烯烃类碳氢化物只要在阳光照射及合适的气象条件下就可以生成 O_3，即光化学烟雾的产物；

② 石油化学工业及燃煤电厂，石油工业及火电厂等排放的 NO_x 和碳氢化合物对 O_3 的形成起着重要的作用。

对流层中 O_3 主要通过均相（气相）或非均相的光化学及热化学反应而去除。其中经非均相反应去除的 O_3 量约占其汇量的三分之一。大气中 NO_x、HO·、Cl·等活性粒子的增多，会加快 O_3 的损耗。对流层中臭氧的去除主要是与 NO 等的反应；而平流层中臭氧的去除则主要是与 ClO·、NO 等的反应。有关平流层臭氧问题将在另一节中讨论。

(2) 过氧乙酰硝酸酯（PAN）

过氧乙酰硝酸酯类［$RCH_2C(O)OONO_2$］化合物是光化学烟雾污染产生危害的重要二次污染物，通常包括：过氧乙酰基硝酸酯（PAN）、过氧丙酰基硝酸酯（PPN）、过氧丁酰基硝酸酯（PBN），其中以 PAN 为主要代表物。

PAN（peroxyacetyl nitrate）没有天然源，全部由污染产生。故常以大气中测出 PAN

作为发生光化学烟雾的判别依据。PAN 是由 NO_2 和乙醛作用产生的。故凡是能产生乙醛或乙酰基的物质都有可能产生 PAN。

$$CH_3CHO + HO\cdot \longrightarrow CH_3\dot{C}O + H_2O$$

$$CH_3\dot{C}O + O_2 \longrightarrow CH_3\overset{\overset{\displaystyle O}{\|}}{C}OO\cdot$$

$$CH_3\overset{\overset{\displaystyle O}{\|}}{C}OO\cdot + NO_2 \longrightarrow CH_3\overset{\overset{\displaystyle O}{\|}}{C}OONO_2\,(PAN)$$

PAN 主要通过热分解反应而去除。在遇热情况下，PAN 分解成 NO_2 和 $CH_3C(O)OO\cdot$。PAN 对眼睛有刺激作用，对植物生长也有不利影响；PAN 还能参与降水的酸化。

3.2.5.7 颗粒物

大气中普遍存在着无恒定化学组成的聚集体，虽不是大气的主要成分，但其存在对大气化学起着重要的作用。颗粒物包含许多金属和非金属元素，可能成为有毒有害物的载体或反应床。大气中颗粒物的天然源主要有火山爆发、海浪飞沫、地面扬尘等；人为源则主要有矿山开发、土方开挖、建筑施工及燃料燃烧等。大气中颗粒物的汇主要通过重力沉降、雨除及降水的冲刷作用而被清除。

因颗粒物的来源或形成条件的不同，其化学组成和物理性质差异很大，并具有一定污染源的特征。根据大气中颗粒物的粒径大小，一般将空气动力学当量直径（与所研究粒子有相同终端降落速度的、密度为 $1g\cdot cm^{-3}$ 的球体直径）$\leqslant 100\mu m$ 的颗粒物称为总悬浮颗粒（TSP），其中粒径为 $10\sim100\mu m$ 的颗粒，因其易受重力作用或撞击而沉降到地面被清除，故又称为降尘。空气动力学当量直径 $\leqslant 10\mu m$ 的颗粒物称可吸入粒子（IP）或飘尘。细颗粒物（$PM_{2.5}$）则是指环境空气动力学当量直径 $\leqslant 2.5\mu m$ 的颗粒物。

随着中国经济的快速发展，工业化、城市化进程的加剧，$PM_{2.5}$ 的环境污染和健康危害受到广泛关注。2000～2010 年京津冀和东三省 $PM_{2.5}$ 浓度持续增长，珠三角 $PM_{2.5}$ 浓度缓慢下降，长三角 $PM_{2.5}$ 浓度值及污染范围基本保持稳定。2012 年上述 4 大典型区域 $PM_{2.5}$ 浓度值降低且污染范围缩小，但 2013～2016 年 $PM_{2.5}$ 浓度略微上升后又下降，高污染范围缩小，这与国家采取 $PM_{2.5}$ 区域联防等治理措施有关。

与较粗颗粒物相比，$PM_{2.5}$ 粒径小、表面积大、活性强，易附带有毒有害物质，停留时间长、输送距离远，对人体健康和大气环境质量的影响更大。

3.3 大气光化学反应（Photochemical Reaction in Atmosphere）

3.3.1 大气光化学基础（Basis of photochemistry in atmosphere）

光化学反应是由原子、分子、自由基或离子吸收光子所引起的物理和化学变化。对流层大气中所进行的化学反应往往是由穿过平流层后的太阳辐射所产生的光化学反应作为原动力的，所以大气光化学是大气化学反应的基础。

3.3.1.1 光化学基本定律

(1) 光化学第一定律

光化学第一定律又称 Grotthus-Drapper 定律（1817），其内容为：只有被体系内分子吸收的光，才能有效地引起该体系的分子发生光化学反应，此定律虽然是定性的，但却是近代光化学的重要基础。

（2）朗伯-比耳（Lambert-Beer）定律

若一束平行的纯单色光，其入射强度为 I_0，穿过一个厚度为 L，内装一定压力或浓度为 b 的气体的容器后，则它的透过光强度为 I，I 与 I_0 的关系为

$$I=I_0 e^{-abL} \text{ 或 } I=I_0 e^{-\varepsilon bL}$$

式中 a——比例常数；

ε——吸收系数，其数值随气体的性质和单色光波长而定。

（3）光化学第二定律

爱因斯坦（Einstein）在 1905 年提出：在光化学反应的初级过程中，被活化的分子数（或原子数）等于吸收光的量子数，或者说分子对光的吸收是单光子过程，即光化学反应的初级过程是由分子吸收光子开始的，此定律又称为 Einstein 光化当量定律。但此定律不适用于激光化学。

根据光能量关系，一个光量子的能量 E 为

$$E=h\nu=h\frac{C}{\lambda}$$

式中 h——普朗克常数，6.626×10^{-34} J·s·光量子$^{-1}$；

C——光速，2.9980×10^{8} m·s^{-1}；

λ——波长，Å，1Å$=10^{-10}$ m。

则由 Einstein 定律可知，活化 1mol 的分子就需吸收 1mol 光子（N_0 个量子），其总能量为

$$E=N_0 h\nu=N_0\frac{hC}{\lambda}$$

式中 N_0——阿伏伽德罗常数，6.022×10^{23} 量子·mol^{-1}。

3.3.1.2 光化学的初级过程及量子产率

（1）光化学初级过程

化学物种（分子、原子等）吸收光量子后，其初级反应是形成激发态物种。

$$A+h\nu \longrightarrow A^* \quad (A^* \text{ 为 A 的激发态})$$

随后，A^* 可进一步发生下述反应。

光解（离） $$A^* \longrightarrow B_1+B_2+\cdots \tag{3-1}$$

与其他分子反应 $$A^*+B \longrightarrow C_1+C_2+\cdots \tag{3-2}$$

辐射跃迁 $$A^* \longrightarrow A+h\nu\text{（荧光、磷光）} \tag{3-3}$$

碰撞去活化 $$A^*+M \longrightarrow A+M \tag{3-4}$$

其中式（3-1）、式（3-2）为光化学过程，式（3-3）、式（3-4）为光物理过程，对大气环境化学来说，光化学过程最为重要，我们感兴趣的就是受激分子进一步反应会产生什么新的物种。这些次级过程往往是热反应。

Draper 定律指出：只有当激发态分子的能量足够使分子内最弱的化学键断裂时，才能引起化学反应，即说明光化学反应中，旧键的断裂与新键的生成都与光量子的能量有关。

根据 Einstein 公式，一摩尔分子吸收的总能量为

$$E = h\nu N_0 = N_0 \frac{hC}{\lambda} = 6.022 \times 10^{23} \times 6.626 \times 10^{-34} \times 2.998 \times 10^{8} \times 10^{10} / \lambda$$

$$= 1.19 \times 10^{9} \mathrm{J}/(\lambda \cdot \mathrm{mol})$$

若 $\lambda = 400\mathrm{nm}$，则 $E = 297.1\mathrm{kJ \cdot mol^{-1}}$；$\lambda = 700\mathrm{nm}$，$E = 171.5\mathrm{kJ \cdot mol^{-1}}$。

由于一般化学键的键能大于 $167.4\mathrm{kJ \cdot mol^{-1}}$，所以波长 $\lambda > 700\mathrm{nm}$ 的光量子就不能引起光化学反应（激光等特强光源例外）。

（2）量子产率

由于被化学物种吸收了的光量子不一定全部能引起化学反应，故引入光量子产率（额）的概念来表示光化学反应的效率，即光化学反应中量子的利用率，用 ϕ 表示，其定义为参加反应的分子数与被吸收的量子数之比，即

$$量子产率(\varphi_i) = \frac{i\ 过程发生反应的分子数目(单位体积 \cdot 单位时间)}{吸收的光子数目(单位体积 \cdot 单位时间)}$$

对于光化学过程，一般有两种量子产率：初级量子产率（φ_i）和总量子产率（Φ）。初级量子产率仅表示初级过程的相对效率，而总量子产率则包括初级过程和次级过程在内的总效率。

单个过程的初级量子产率不会大于 1，只能小于 1。当某一过程的 $\varphi \ll 1$，则表明其物理过程可能是很重要的。但光化学反应的总量子产率可能大于 1，甚至远大于 1，这是因为光化学初级过程后，往往伴随热反应的次级过程，特别是发生链式反应，则其量子产率可大大增加。一些常见气相化学反应的量子产率见表 3-6。

表 3-6　一些气相反应的量子产率

气相反应	波长/nm	总量子产率（Φ）	气相反应	波长/nm	总量子产率（Φ）
$2NH_3 \longrightarrow N_2 + 3H_2$	≤210	约 0.2	$2HBr \longrightarrow H_2 + Br_2$	207～253	2
$H_2S \longrightarrow H_2 + S$	≤208	1	$2NClO \longrightarrow 2NO + Cl_2$	365～630	2
$CH_3COCH_3 \longrightarrow CO + C_2H_6$	300	约 0.3	$2Cl_2O \longrightarrow 2Cl_2 + O_2$	313～436	3.5
$3O_2 \longrightarrow 2O_3$	209	3	$CO + Cl_2 \longrightarrow COCl_2$	400～436	10^3
$SO_2 + Cl_2 \longrightarrow SO_2Cl_2$	420	约 1	$H_2 + Cl_2 \longrightarrow 2HCl$	400～436	10^3
$2HI \longrightarrow H_2 + I_2$	207～282	2			

光化学反应不同于一般的热化学反应：

① 反应需要光，激发态分子反应活性高，反应能力强；

② 光化学反应一般速率很快，反应很难发生平衡，故常用反应速率常数代替平衡常数来说明光化学反应的能力；

③ 光化学反应活化能较低，受温度影响小，故可在低温条件下进行。

3.3.2 大气中重要气体的光吸收（Photoabsorption of important gaseousness in atmosphere）

由于高层大气中的氧和臭氧有效地吸收了绝大多数 $\lambda < 290\mathrm{nm}$ 的紫外辐射，因此，实际上已没有 $\lambda < 290\mathrm{nm}$ 的太阳辐射到达对流层。所以，从大气环境化学的观点出发，我们感兴趣的是那些能吸收波长 λ 为 300～700nm 范围的物质。迄今为止，已知的比较重要的吸收光后能进行光解的污染物主要有 NO_2、O_3、HONO、NO_3、H_2O_2、$RONO_2$、RONO、

RCHO、RCOR′、硝基化合物等。

下面就其中几种重要气体的光吸收特性做些介绍。

3.3.2.1 NO_2 的光吸收特性

NO_2 是城市大气中最重要的吸光物质。在低层大气中，它能吸收全部可见和紫外范围的太阳谱。

图 3-4 为 NO_2 在 180～410nm 的吸收谱，在对流层大气中有实际意义的是从 290～410nm 这部分。

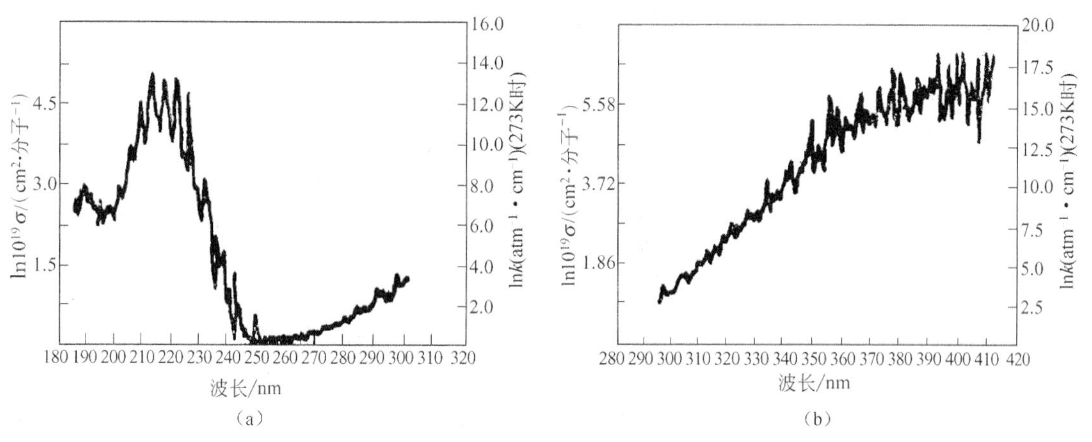

图 3-4 NO_2 的吸收光谱

当吸收光波长≤420nm 时，NO_2 发生光解。

$$NO_2 + h\nu\ (\lambda \leqslant 420nm) \longrightarrow NO + O$$

波长在 300～370nm 之间有 90%的 NO_2 吸收光子分解为 NO 和 O；波长>370nm，光解反应就很快下降；超过 420nm，就不再发生光解。这是因为 NO 和 O 之间的键能为 305.4 kJ/mol，相当于 400nm 左右光波所提供的能量。

3.3.2.2 O_3 的光吸收特性

O_3 的光吸收谱见图 3-5 所示，共有三个带，200～300nm 为 Hartly 带，主要发生在平流层，此带系强吸收，控制了到达对流层的辐射的短波长极限；300～360nm 为 Huggins 带；400～850nm 称为 Chappius 带，其光解反应为

$$O_3 + h\nu \longrightarrow O_2 + O$$

产物是否为激发态则取决于激发能（吸收光波长）；在 200～320nm 之间 O_3 光解生成的 2 个产物都处于激发态；而 320～440nm 之间 O_3 光解反应发生了自旋禁戒跃迁（O 为 3P 态）；450～850nm 之间 O_3 光解产物都为基态。

3.3.2.3 SO_2 的光吸收特性

由于 SO 和 O 之间键能为 564.8kJ·mol^{-1}，相当于 218nm 的光波能量，因此在对流层大气中，SO_2 的光吸收并不发生光解反应，而是形成二种激发态的 SO_2（$^1SO_2$ 或 $^3SO_2$）。

在 240～330nm 区域有强吸收　$SO_2 + h\nu \longrightarrow {}^1SO_2$

在 340～400nm 处有一弱吸收　$SO_2 + h\nu \longrightarrow {}^3SO_2$

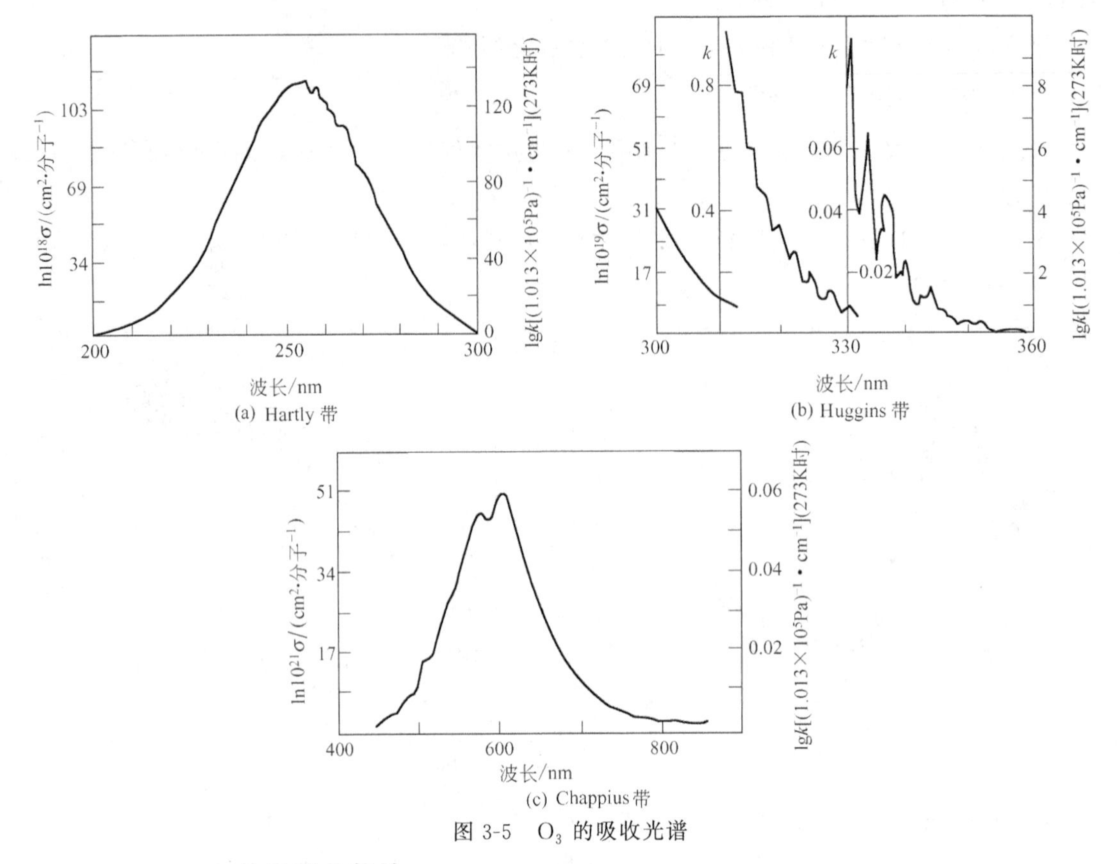

图 3-5　O_3 的吸收光谱

3.3.2.4　HONO 的光吸收特性

HONO 是对流层大气中除 NO_2 之外第二个重要的光吸收物，它可以强烈吸收 300～400nm 范围的光能，并发生光解。

$$HONO + h\nu \longrightarrow HO\cdot + NO$$

这是对流层大气中 HO· 自由基的主要来源。

3.3.2.5　HCHO 的光吸收特征

HCHO 也是对流层大气中的重要光吸收物，它能吸收 290～320nm 波长范围内的光，并进行光解：

$$HCHO + h\nu \longrightarrow HCO\cdot + H\cdot \quad \lambda < 370nm$$

$$HCHO + h\nu \longrightarrow CO + H_2 \quad \lambda < 320nm$$

生成的 HCO· 和 H· 自由基很快就与 O_2 反应形成 $HO_2\cdot$，是大气中 $HO_2\cdot$ 自由基的主要来源，也是 HO· 自由基的来源。

3.3.2.6　过氧化物的光解

过氧化物在 300～700nm 范围内有微弱吸收，光化学反应如下：

$$ROOR' + h\nu \longrightarrow RO\cdot + R'O\cdot$$

由此可见，大气中光化学反应（光解离）的产物主要为自由基。由于自由基的存在使大气中化学反应活跃，它们能诱发或参与大量其他反应，使一次污染物转变成二次污染物。

3.3.3 氮氧化物的化学转化（Chemical transform of nitrogen oxides）

3.3.3.1 NO_2 的化学反应

NO_2 在大气环境中最重要的反应是前已述及的 NO_2 的光解反应，它是大气中 O_3 生成的引发反应，是 O_3 唯一的人为来源。此外，NO_2 还能与各类自由基及 O_3 和 NO_3 等反应，其中比较重要的是与 HO·以及与 NO_3 和 O_3 的反应。

（1）NO_2 与 HO·自由基的反应

$$NO_2 + HO\cdot \xrightarrow{M} HNO_3$$

反应速率常数 $k=1.1\times10^{-11}cm^3/(分子\cdot s)$

此反应是大气中气态 HNO_3 的主要来源，对于形成酸雨和酸雾有重要作用，这反应主要发生在白天（因白天 HO·浓度高）。

（2）NO_2 与 O_3 的反应

$$NO_2 + O_3 \longrightarrow NO_3 + O_2$$

或

$$NO_2 + O_3 \longrightarrow NO + 2O_2$$

前者的反应速率常数 $k=3.2\times10^{-17}cm^3/(分子\cdot s)$

此反应是大气中 NO_3 的主要来源，因反应不需有光，故在夜间也可发生。

（3）NO_2 与 NO_3 的反应

此反应是可逆反应：

$$NO_2 + NO_3 \overset{M}{\rightleftharpoons} N_2O_5$$

反应速率常数 $k=1.3\times10^{-12}cm^3\cdot s^{-1}\cdot 分子^{-1}$。生成的 N_2O_5 又可解离为 NO_3 和 NO_2。

NO_2 与各物种的反应速率常数（25℃，101325Pa 下）和寿命（以 τ 表示）如表 3-7 所示。

表 3-7 典型污染大气条件下，NO_2 与对流层大气中各物种的反应速率常数和寿命

反应物 X	$k/(cm^3\cdot s^{-1}\cdot 分子^{-1})$	$[X]/(个\cdot cm^{-3})$	τ_{NO_2}/min	备注
光解	$\leqslant9\times10^{-3}(s^{-1})$	—	$\geqslant2$	与光强有关
HO·	1.1×10^{-11}	5×10^{6}	5(h)	白天发生
O_3	3.2×10^{-17}	2×10^{12}	4(h)	夜间重要
NO_3	1.3×10^{-12}	1.1×10^{10}	1	
$O(^3P)$	1.1×10^{-11}	8×10^{4}	13(d)	对流层不重要
$HO_2\cdot$	1.4×10^{-12}	2×10^{9}	6	产物立即分解
$RO_2\cdot$	7×10^{-12}	3×10^{9}	48(d)	不重要
RO·	1.5×10^{-11}	1×10^{4}	77(d)	太慢，不重要

注：引自 Finlayson—Pitts，1986。

3.3.3.2 NO 的化学反应

（1）NO 向 NO_2 的转化

虽然对流层中 NO_2 很容易发生光解，但发现其在大气中的相对浓度并非因此而降低，实际上大气中存在着 NO 向 NO_2 的快速转化，从而使其浓度得到补偿，过去一般认为，

$$2NO + O_2 \longrightarrow 2NO_2$$

但实际上，此反应只有在 NO 浓度相对较高的情况下（如汽车排气口）才可能发生，而

在通常大气环境中是不易发生的。有人发现在相对清洁的空气中，NO 的平均寿命是 4d；而在污染的城市大气中，NO 的平均寿命只有几小时，这表明是某种大气污染物把 NO 氧化成 NO_2 的，究竟是什么呢？

Heicklen Weinstock 在 1970 年经大量的研究证明了自由基 $HO_2\cdot$ 在 NO 的快速氧化中起了主要的作用。

$$NO+HO_2\cdot \longrightarrow NO_2+HO\cdot \qquad k=8.3\times10^{-12}cm^3\cdot s^{-1}\cdot 分子^{-1}$$

而 $HO_2\cdot$ 的来源主要是 $HO\cdot$ 与 CO 的反应。

$$HO\cdot +CO \longrightarrow CO_2+H\cdot$$

$$H\cdot +O_2+M \longrightarrow HO_2\cdot +M$$

这是一个连锁反应，消耗一个 $HO\cdot$ 又产生了一个 $HO_2\cdot$，因此只要大气中有 $HO\cdot$ 及 CO 的存在，就可以使 NO 不断地转化成 NO_2。

此外，$RO_2\cdot$、$R\overset{O}{\overset{\|}{C}}—O_2\cdot$ 等自由基对 NO 的快速氧化也起了重要的作用，如

$$RO_2\cdot +NO \longrightarrow RO\cdot +NO_2$$

或

$$RO_2\cdot +NO \longrightarrow RONO_2 \qquad k=7.6\times10^{-12}cm^3\cdot s^{-1}\cdot 分子^{-1}$$

（2）NO 与 O_3 的反应

$$NO+O_3 \longrightarrow NO_2+O_2 \qquad k=1.8\times10^{-14}cm^3\cdot s^{-1}\cdot 分子^{-1}$$

此反应控制了污染地区 O_3 浓度的增高。

（3）NO 与 $HO\cdot$ 和 $RO\cdot$ 的反应

$$NO+HO\cdot \longrightarrow HONO \qquad k=6.8\times10^{-12}cm^3\cdot s^{-1}\cdot 分子^{-1}$$

$$NO+RO\cdot \longrightarrow RONO \qquad k=3\times10^{-11}cm^3\cdot s^{-1}\cdot 分子^{-1}$$

（4）NO 与 NO_3 的反应

$$NO+NO_3 \longrightarrow 2NO_2 \qquad k=3.0\times10^{-11}cm^3\cdot s^{-1}\cdot 分子^{-1}$$

由于此反应很快，故只有当 NO 浓度很低时，大气中 NO_3 才有可能显著积累。

NO 与各物种的反应速率常数和寿命（以 τ 表示）如表 3-8 所示。

表 3-8　典型污染大气中 NO 与各物种的反应速率常数和寿命

反应物 X	k/($cm^3\cdot s^{-1}\cdot$分子$^{-1}$)	[X]/(个$\cdot cm^{-3}$)	τ_{NO}/s	反应物 X	k/($cm^3\cdot s^{-1}\cdot$分子$^{-1}$)	[X]/(个$\cdot cm^{-3}$)	τ_{NO}/s
$HO_2\cdot$	8.3×10^{-12}	2×10^9	60	$HO\cdot$	6.8×10^{-12}	1×10^7	4(h)
RO_2	7.6×10^{-12}	3×10^9	44	$RO\cdot$	3×10^{-11}	1×10^4	39(d)
$O_3\cdot$	1.8×10^{-14}	5×10^{12}	11	$NO\cdot$	3×10^{-11}	9×10^9	4

注：引自 Finlayson Pitts 等，1986。

3.3.3.3　亚硝酸、硝酸的化学反应

（1）亚硝酸（HNO_2）的化学反应

HNO_2 的光解是大气中最主要的反应之一，也是大气中 $HO\cdot$ 的主要来源。此外，HNO_2 还能与 $HO\cdot$ 反应。

$$HNO_2+HO\cdot \longrightarrow H_2O_2+NO \qquad k=6.6\times10^{-12}cm^3\cdot s^{-1}\cdot 分子^{-1}$$

HNO_2 在大气中的形成机理尚未十分清楚，主要有下述几种看法。

① HO·与 NO 的作用

$$HO\cdot + NO \longrightarrow HNO_2$$

② 表面催化反应

$$NO + NO_2 + H_2O \rightleftharpoons 2HNO_2$$

$$2NO_2 + H_2O \rightleftharpoons HNO_2 + HNO_3$$

当湿度较高，并有催化表面（如容器壁、墙壁等）存在时，这两个反应能较快进行，加之室内取暖及炊事活动等，NO_2 较易积累，因此 HONO 可以成为室内二次污染物。

(2) 硝酸（HNO_3）的化学反应

HNO_3 的光解反应速率很慢，但却很容易在大气中沉降，所以其大气中的寿命较短。HNO_3 溶解度很高，水吸收过程极快，是形成酸雨的重要原因。

HNO_3 的主要化学反应有

$$HNO_3 + HO\cdot \longrightarrow H_2O + NO_3 \qquad k=1.4\times10^{-13}\,cm^3\cdot s^{-1}\cdot 分子^{-1}$$

$$HNO_3 + NH_3 \rightleftharpoons NH_4NO_3(颗粒)$$

NH_4NO_3 易于吸湿潮解，在相对湿度较大时（RH>62%）常以液态存在。

3.3.3.4 过氧乙酰硝酸酯(PAN)

PAN 一般由乙醛氧化产生乙酰基，然后再与 O_2 和 NO_2 作用形成。此外，乙烷的大气氧化也是 PAN 的一个重要来源。

$$C_2H_6 + HO\cdot \xrightarrow{M} \cdot C_2H_5 + H_2O$$

$$\cdot C_2H_5 + O_2 \longrightarrow C_2H_5O_2\cdot$$

$$C_2H_5O_2\cdot + NO \longrightarrow C_2H_5O\cdot + NO_2$$

$$C_2H_5O\cdot + O_2 \longrightarrow CH_3CHO + HO_2\cdot$$

$$CH_3CHO + HO\cdot \longrightarrow CH_3CO\cdot + H_2O$$

$$CH_3CO\cdot + O_2 \longrightarrow CH_3\overset{\overset{\large O}{\|}}{C}OO\cdot$$

$$CH_3\overset{\overset{\large O}{\|}}{C}OO\cdot + NO_2 \longrightarrow CH_3\overset{\overset{\large O}{\|}}{C}OONO_2 \qquad (PAN)$$

PAN 具有热不稳定性，温度低时 PAN 寿命较长，并可随气流输送转移，遇热会分解回到自由基和 NO_2。

$$CH_3\overset{\overset{\large O}{\|}}{C}OONO_2 \rightleftharpoons CH_3\overset{\overset{\large O}{\|}}{C}OO\cdot + NO_2 \qquad k=3.3\times10^{-4}\,cm^3\cdot s^{-1}\cdot 分子^{-1}(25℃)$$

分解出来的过氧乙酰自由基可以与 NO 反应。

$$CH_3\overset{\overset{\large O}{\|}}{C}OO\cdot + NO \rightleftharpoons CH_3\overset{\overset{\large O}{\|}}{C}O\cdot + NO_2$$

生成的 $CH_3\overset{\overset{O}{\|}}{C}O\cdot$ 还可与 NO 进一步反应，使其不能再回到 PAN。

3.3.4 碳氢化合物的化学转化（Chemical transform of hydrocarbons）

大气中碳氢化合物主要来自天然源，但在大气污染严重的局部地区如城市等，碳氢化合物主要来自人类活动，特别是汽车尾气的排放。碳氢化合物可被大气中的原子 O、O_3、HO· 及 HO_2· 等氧化，尤其是被 HO· 氧化，产生危害严重的二次污染物，并积极参与光化学烟雾的形成。氧化产物有醛、酮、醇、酸、烯等，以及自由基。

3.3.4.1 烷烃（RH）的氧化

烷烃主要与 HO· 和原子 O 反应。

$$RH + HO\cdot \longrightarrow R\cdot + H_2O$$

$$RH + O \longrightarrow R\cdot + HO\cdot$$

RH 与 HO· 的反应速率要比与 O 的反应速率大得多，而且其反应速率随 RH 分子中碳原子数目增加而增大。烷烃与 O_3 的反应较缓慢，不太重要。

3.3.4.2 烯烃的氧化

烯烃的反应活性比烷烃大，故易与 HO·、O、O_3 及 HO_2· 等反应。如丙烯与 HO·、O、O_3 的反应为

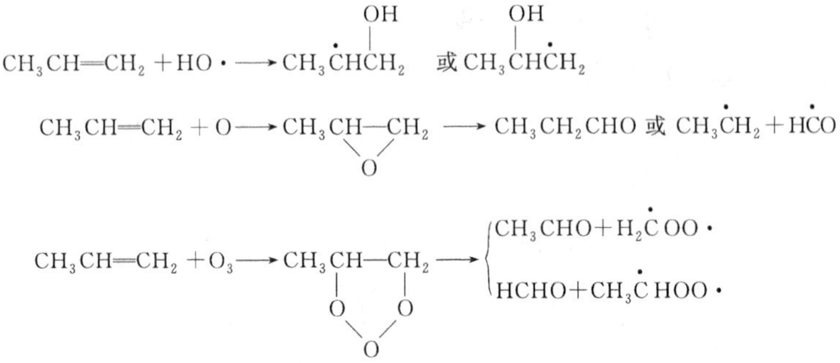

$$CH_3CH{=}CH_2 + HO\cdot \longrightarrow CH_3\dot{C}HCH_2(OH) \text{ 或 } CH_3CH(OH)\dot{C}H_2$$

$$CH_3CH{=}CH_2 + O \longrightarrow CH_3CH{-}CH_2 \text{(环氧，O 桥连)} \longrightarrow CH_3CH_2CHO \text{ 或 } CH_3\dot{C}H_2 + H\dot{C}O$$

$$CH_3CH{=}CH_2 + O_3 \longrightarrow CH_3CH{-}CH_2 \text{(臭氧化物，O—O—O 桥连)} \longrightarrow \begin{cases} CH_3CHO + H_2\dot{C}OO\cdot \\ HCHO + CH_3\dot{C}HOO\cdot \end{cases}$$

$H_2\dot{C}OO\cdot$ 和 $CH_3\dot{C}HOO\cdot$ 称为二元自由基。

3.3.4.3 芳烃的氧化

芳烃主要被 HO· 氧化，反应方式主要有两种形式，即加成反应和摘氢反应。

加成反应　甲苯 + HO· ⟶ [甲苯-H,·OH 加合物]* $\xrightarrow{M}$ 产物（OH, ·OH）

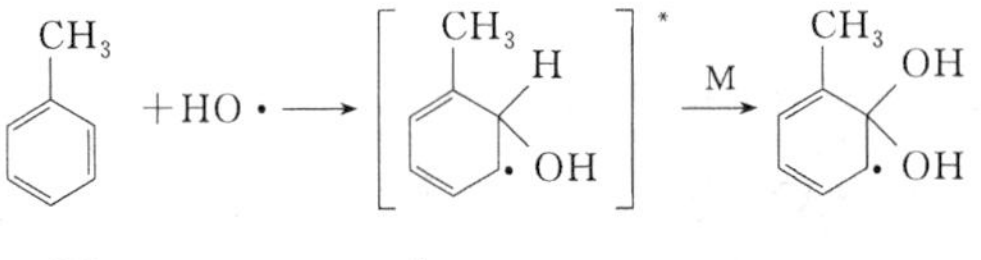

摘氢反应　甲苯 + HO· ⟶ 苯甲基自由基（$\dot{C}H_2$） + H_2O

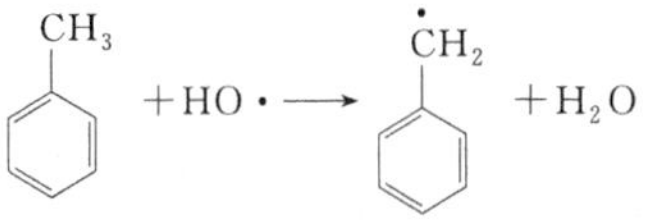

目前，一般认为在对流层大气温度下，主要是以加成反应为主，且加成主要发生在邻位，而摘氢反应仅占 15%～20%。也有人提出芳香烃的氧化很可能存在着苯环打开的反应。因此，芳香烃的氧化是很复杂的，但可以肯定的是，只有 HO· 才能去除大气中芳香烃。

不同碳氢化合物的氧化会产生各种各样的自由基，这些自由基能促进 NO 向 NO_2 的转化，并传递各种反应而形成光化学烟雾中的重要二次污染物，如臭氧、醛类、PAN 等。

3.3.5 光化学烟雾的形成（Formation of photochemical smog）

20 世纪 40 年代初，光化学烟雾首先出现在美国加州的洛杉矶。以后，光化学烟雾污染

事件在美国其他城市和世界各地相继出现，如日本的东京、大阪，英国的伦敦以及澳大利亚、联邦德国等地的大城市，1974 年以来，中国兰州西固石油化工区也出现了光化学烟雾。近年来有报道上海外滩也经常出现局部的光化学烟雾。

3.3.5.1 光化学烟雾的化学特征

大气中 NO_x、HC 等污染物，在合适的气象、地理等条件下，受太阳紫外线照射，就会发生一系列复杂的光化学反应，产生一些氧化性很强的二次产物如，O_3、醛类、PAN、HNO_2 等，形成光化学污染。人们把参与光化学反应过程的一次污染物和生成的二次污染物的混合物称为光化学烟雾。

光化学烟雾的特征是烟雾呈蓝色，具有强氧化性，刺激人们眼睛和呼吸道黏膜，伤害植物叶子，加速橡胶老化，并使大气能见度降低。

光化学烟雾主要发生在强日光及大气相对湿度较低的夏季晴天，白天形成，晚上消失；其刺激物浓度的高峰常出现在中午或午后，受气象条件影响，逆温静风情况会加剧光化学烟雾的污染。

1951 年，美国加州大学的 Haggen-Smit 确定了空气中的刺激性气体为 O_3，首次提出了光化学烟雾这一概念，并提出了有关烟雾形成的理论。他认为光化学烟雾是由大气中的 NO_x 和 HC 的阳光作用下的化学反应所造成的，并指出城市大气中，NO_x 和 HC 的主要来源是汽车排放的尾气。臭氧浓度升高是光化学烟雾的标志。

典型的光化学烟雾中有关污染物浓度的日变化情况如图 3-6 所示。

从图上可以看出，NO 和 HC 的最大值出现在上午 8:00 左右，正是人们早晨上班交通流量高峰时间（9:00），随后由于日照增强，NO 浓度下降，而 NO_2 浓度逐渐上升，约 10:00 左右达到最高值，同时 O_3 开始积累，至午后（约 13:00 左右），氧化剂（包括 O_3）及光化学污染反应产物醛类等达到最高值，形成光化学烟雾，以后随日照强度的下降而逐渐减弱。到傍晚，尽管由于交通繁忙而又一次出现污染物大量排放（主要为 NO 和 HC），但因日照条件不足，而不易发生光化学反应形成烟雾，二次污染物（O_3、醛等）浓度也下降至最低水平。

为弄清光化学烟雾中各物种浓度随时间的变化，人们设法将化学效应和大气环境中其他可变因素（如光照、气象等）分离开来，在实验反应器中通过人工辐射所加入的初始污染物来模拟光化学反应过程，这种反应器称为烟雾箱（smog chambers）。由烟雾箱模拟结果画出的各污染物种浓度的日变化曲线，称烟雾箱模拟曲线。

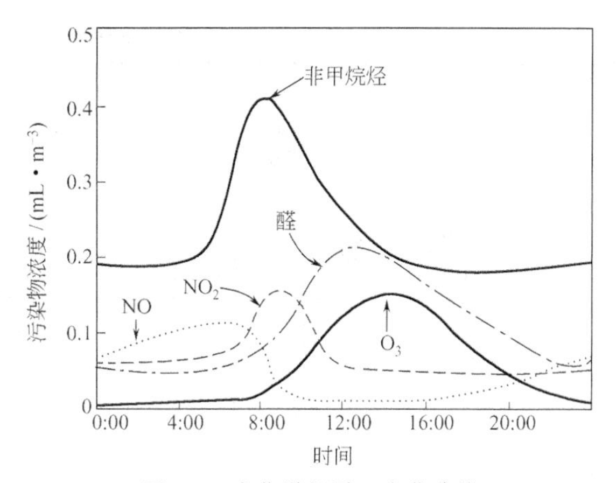

图 3-6 光化学烟雾日变化曲线

(S. E. Manahan, 1999)

图 3-7 即为人工照射 C_3H_6-NO_x-空气混合物而得到的烟雾箱模拟曲线，结果与图 3-6 相似。

由此可见，无论是实测还是实验模拟均表明：NO 向 NO_2 的转化，HC 的氧化消耗，O_3 及其他氧化剂如 PAN、HCHO、HNO_3 等二次污染物的生成，是光化学烟雾形成过程的基本化学特征。

3.3.5.2 光化学烟雾形成的简单机理

通过光化学烟雾的模拟实验，已初步

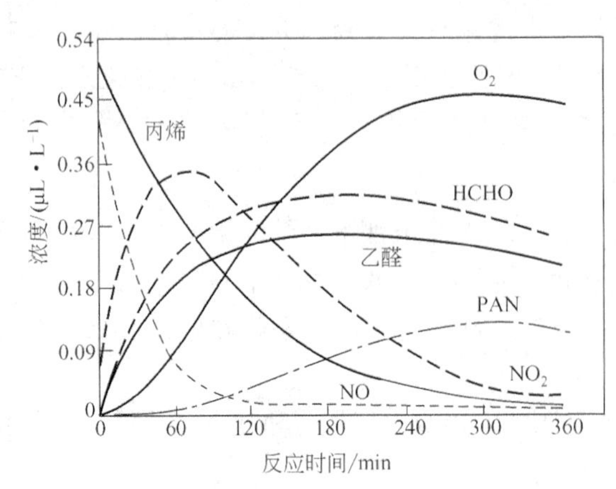

图 3-7 丙烯-NO_x-空气体系中一次及二次污染物的浓度变化曲线

明确光化学烟雾是由连锁反应组成的，是以 NO_2 光解生成氧原子的反应为引发；氧原子的生成导致了臭氧的生成；由于 HC 的存在，促使了 NO 和 NO_2 的转化，在此转化中，自由基起了主要的作用，以致不需要消耗 O_3 而能使大气中的 NO 转化成 NO_2；NO_2 又继续光解产生 O_3；同时，生成的自由基又继续与 HC 反应，形成更多的自由基，如此循环往复，直至 NO 和 HC 消耗完为止。在此过程中，O_3、醛类、PAN、HNO_3 等二次污染物得以积累。

Seinfield（1986）用 12 个反应概括地描述了光化学烟雾形成的机制：

$$\left.\begin{aligned} NO_2 + h\nu &\longrightarrow NO + O \\ O + O_2 + M &\longrightarrow O_3 + M \\ NO + O_3 &\longrightarrow NO_2 + O_2 \end{aligned}\right\} \quad (\text{引发反应})$$

$$\left.\begin{aligned} RH + HO\cdot &\xrightarrow{O_2} RO_2\cdot + H_2O \\ RCHO + HO\cdot &\xrightarrow{O_2} RC(O)O_2\cdot + H_2O \\ RCHO + h\nu &\xrightarrow{2O_2} RO_2\cdot + HO_2\cdot + CO \\ HO_2\cdot + NO &\longrightarrow NO_2 + HO\cdot \\ RO_2\cdot + NO &\longrightarrow NO_2 + RO\cdot \\ RC(O)O_2\cdot + NO &\xrightarrow{O_2} NO_2 + RO_2\cdot + CO_2 \end{aligned}\right\} \quad (\text{自由基传递反应})$$

$$\left.\begin{aligned} HO\cdot + NO_2 &\longrightarrow HNO_3 \\ RC(O)O_2\cdot + NO_2 &\longrightarrow RC(O)O_2NO_2 \\ RC(O)O_2NO_2 &\longrightarrow RC(O)O_2\cdot + NO_2 \end{aligned}\right\} \quad (\text{终止反应})$$

各个反应的反应速率常数见表 3-9。

表 3-9 光化学烟雾形成反应的反应速率常数

反　应	速率常数/(cm^3・s^{-1}・分子$^{-1}$)
$NO_2 + h\nu \longrightarrow NO + O$	0.533/min(假设)
$O + O_2 + M \longrightarrow O_3 + M$	$6.0\times10^{-34}\exp(T/300)^{-2.3}$
$NO + O_2 \longrightarrow NO_2 + O_3$	$2.2\times10^{-12}\exp(-1430/T)$
$RH + HO\cdot \xrightarrow{O_2} O_2RO_2 + H_2O$	$1.68\times10^{-11}\exp(-559/T)$
$RCHO + HO\cdot \xrightarrow{2O_2} RC(O)O_2 + H_2O$	$6.9\times10^{-12}\exp(250/T)$
$RCHO\cdot + h\nu \longrightarrow RO_2 + HO_2 + CO$	1.91×10^{-4}/min(假设)
$HO_2\cdot + NO \longrightarrow NO_2 + HO\cdot$	$3.7\times10^{-12}\exp(240/T)$
$RO_2\cdot + NO \longrightarrow NO_2 + RO\cdot$	$4.2\times10^{-12}\exp(180/T)$
$RC(O)O_2 + NO \xrightarrow{2O_2} NO_2 + RO_2 + CO_2$	$4.2\times10^{-12}\exp(180/T)$
$HO\cdot + NO_2 \longrightarrow HNO_3$	1.1×10^{-11}
$RC(O)O_2\cdot + NO_2 \longrightarrow RC(O)O_2NO_2$	4.7×10^{-12}
$RC(O)O_2NO_2 \longrightarrow RC(O)O_2\cdot + NO_2\cdot$	$1.95\times10^{-15}\exp(-18543/T)$

由以上阐明的机理可以解释图 3-6 中的各条曲线的情况如下。

清晨大量的 HC 和 NO 由车辆尾气及其源排入大气，由于晚间 NO 氧化的结果，已有少量 NO_2 存在。日出以后，NO_2 光解离提供氧原子，而后，NO_2 光解反应及一系列次级反应发生，HO·开始氧化 HC，并生成一批自由基，它们有效地将 NO 转化为 NO_2，使 NO_2 浓度上升，HC 和 NO 浓度下降。

当 NO_2 达到一定值时，O_3 开始积累，而自由基与 NO_2 的反应又使 NO_2 的增长受到限制。当 NO 向 NO_2 的转化速率等于自由基和 NO_2 的反应速率时，NO_2 浓度达最大，此时 O_3 仍在积累中，当 NO_2 下降到一定程度就影响 O_3 的生成量，当 O_3 的积累与 O_3 的消耗达到平衡时，O_3 浓度达到最大。下午随着日光的减弱，NO_2 光解受到抑制，于是反应趋于缓慢，产物浓度相继下降。

随着对光化学烟雾形成机理认识的深入，近十几年来，根据不同的实验手段和使用目的，相继提出了多种更复杂的机理，这里就不一一介绍了。

3.3.5.3 光化学烟雾的控制

由于光化学烟雾的频繁发生及其所造成的危害，如何控制其生成及减轻其危害已成为一引人注目的研究课题。最理想的方案当然是控制其发生的源头，即控制碳氢化合物、氮氧化物等的排放，阻止光化学烟雾的发生。对已发生的光化学烟雾，可通过在大气中散发能控制自由基形成的阻化剂，以清除自由基，使链式反应终止。由于 HO·被认为是促进光化学烟雾形成的主要活性物质，故用以清除 HO·的阻化剂研究得较多。如采用二乙基羟胺（DEHA）作为 HO·的阻化剂，其反应如下：

$$(C_2H_5)_2NOH + HO\cdot \longrightarrow (C_2H_5)_2NO + H_2O$$

但目前这类研究尚停留在实验室阶段，能否实际应用还有争议。DEHA 仅能延缓光化学烟雾的发生，而不能从根本上解决问题。故只有控制碳氢化合物和氮氧化物的排放量，才能真正避免光化学烟雾的发生。

3.3.6 硫氧化物的化学转化（Chemical transform of sulfur oxides）

大气中硫氧化物（SO_x）包括 SO_2、SO_3、H_2SO_4、SO_4^{2-}，其中 SO_2 为一次污染物，其余均是由 SO_2 氧化转化形成的二次污染物。SO_2 是最早为人类注意的大气污染物之一，世界历史上发生的八大公害事件中，有一半与之有关。SO_2 对人类健康、生态环境等均有直接危害作用，而其氧化产物则危害更大，故 SO_2 在大气中的氧化问题受到人们的重视，并进行了广泛研究。由于大气中 SO_2 氧化途径的多样性以及氧化途径受反应条件（如反应物组成、光照、温度和催化剂等）影响较大，使大气 SO_2 的化学反应变得十分复杂，其反应途径一般有四种：光化学氧化，均相气相氧化，液相氧化，颗粒物表面上的反应。其主要反应如图 3-8 所示。

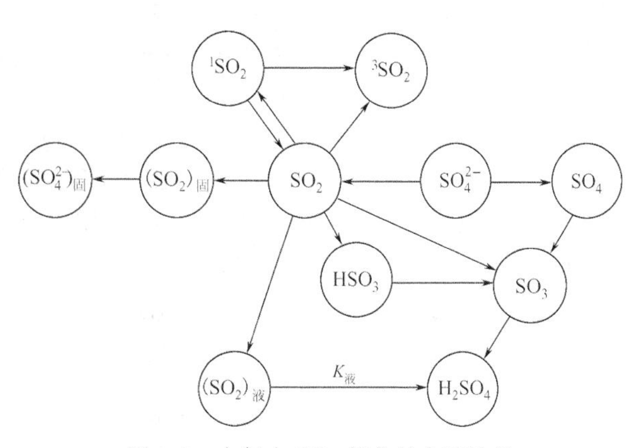

图 3-8 大气中 SO_2 氧化的主要途径

3.3.6.1 SO_2 的光化学氧化

SO_2 在波长 210nm、294nm 及 388nm 处有三个吸收带，其中在 210nm 处有强吸收，可使 SO_2 发生光解（硫氧键键能为 565kJ・mol^{-1}），所以在对流层大气中，SO_2 的光化学反应只是形成激发态的 SO_2 分子。

SO_2 在 290～320nm 处有较强吸收，形成单重激发态分子（$^1SO_2$）。

$$SO_2 + h\nu \longrightarrow {}^1SO_2$$

在 340～400nm 处为弱吸收，形成三重激发态分子（$^3SO_2$）。

$$SO_2 + h\nu \longrightarrow {}^3SO_2$$

能量较高的单重激发态（$^1SO_2$）可变回到基态或能量较低的三重激发态（$^3SO_2$）。

$$^1SO_2 + M \longrightarrow SO_2 + M$$

或 $^1SO_2 + M \longrightarrow {}^3SO_2 + M$

SO_2 直接吸收光激发为 $^3SO_2$ 的量极微，因此 $^1SO_2$ 的衰变为大气中 $^3SO_2$ 提供了一个重要的生成途径。

Okuda 等（1969）已证明，在城市 SO_2 光化学中，主要以三重激发态 $^3SO_2$ 存在，即 $^3SO_2$ 寿命较 $^1SO_2$ 长，它可进一步与基态氧分子或氧原子等作用，发生光化学反应。

$$^3SO_2 + O_2 \longrightarrow SO_3 + O(^1P)$$

$$^3SO_2 + O \longrightarrow SO_3$$

$^3SO_2$ 也可淬灭失活　　$^3SO_2 + M \longrightarrow SO_2 + M$

总的来说，这种 SO_2 直接光氧化途径并不是最主要的。其形成的激发态 $^3SO_2$ 与 O_2（O）的反应速率也很低，约为每小时 0.1%［SO_2］左右。

3.3.6.2 SO_2 的均相气相氧化

SO_2 的均相气相氧化就是指 SO_2 被大气中 HO_2・、RO_2・和 HO・等自由基的氧化过程。

在大气污染研究中，人们发现有 NO_x 和 HC 存在的污染大气中，SO_2 的氧化速率可大大提高。在光化学烟雾形成的情况下，测得 SO_2 的氧化速率约为每小时（5%～10%）［SO_2］，这表明自由基等活性物种对 SO_2 的氧化起了重要的作用，主要反应有

$$SO_2 + O \xrightarrow{M} SO_3$$

$$SO_2 + HO\cdot \xrightarrow{M} HO\cdot SO_2 \qquad k = 1.1\times10^{-12}cm^3\cdot s^{-1}\cdot 分子^{-1}$$

$$SO_2 + HO_2\cdot \longrightarrow SO_3 + HO\cdot \qquad k = 9\times10^{-16}cm^3\cdot s^{-1}\cdot 分子^{-1}$$

$$SO_2 + HO_2\cdot \longrightarrow HO_2\cdot SO_2$$

$$SO_2 + RO_2\cdot \longrightarrow SO_3 + RO\cdot \qquad k = 9\times10^{-16}cm^3\cdot s^{-1}\cdot 分子^{-1}$$

$$SO_2 + RO_2\cdot \longrightarrow RO_2\cdot SO_2$$

上述反应中 HO・SO_2、HO_2・SO_2、RO_2・SO_2 等均为中间产物，日本国立公害研究所（1984）已证实了 HO・SO_2 的存在。

HO・SO_2 等还能进一步反应，Stockwell 和 Calver（1983）用实验证明了下述反应的存在：

$$HO\cdot SO_2 + O_2 \xrightarrow{M} HO_2\cdot + SO_3$$

最终 SO_3 溶于水形成 H_2SO_4 或 SO_4^{2-}（盐）。

3.3.6.3 SO_2 的液相氧化

SO_2 可溶于云雾、水滴中，然后被 O_2、O_3 或 H_2O_2 所氧化。当有金属离子存在时，SO_2 的氧化速率可大大加快。因此，SO_2 的液相氧化既受扩散溶解作用的制约，又与液滴中氧化剂、金属离子的浓度有关。

SO_2 的液相氧化途径及过程大致如下。

(1) SO_2 的扩散溶解

$$SO_2(g)+H_2O(l) \rightleftharpoons H_2O \cdot SO_2(l)$$

$$H_2O \cdot SO_2(l)+H_2O \rightleftharpoons HSO_3^- + H_3O^+ \qquad k=1.32\times10^{-2}\,mol \cdot h^{-1}$$

$$HSO_3^- + H_2O \rightleftharpoons SO_3^{2-} + H_3O^+ \qquad k=6.42\times10^{-8}\,mol \cdot h^{-1}$$

(2) O_2 的非催化氧化

$$2SO_3^{2-} + O_2 \longrightarrow 2SO_4^{2-}$$

$$2HSO_3^- + O_2 \longrightarrow 2SO_4^{2-} + 2H^+$$

$$2H_2O \cdot SO_2 + O_2 \longrightarrow 2SO_4^{2-} + 4H^+$$

(3) O_3 和 H_2O_2 的氧化

Schwartz（1984）的实验室研究结果表明，当 O_3、H_2O_2 具有代表性浓度时，水溶液中的四价硫［S(Ⅳ)］由这些氧化剂起液相氧化作用也是比较重要的；然而，随着 pH 值的降低，S(Ⅳ) 与 O_3 反应的速率大大降低。

(4) 金属离子的催化氧化

实验室研究证明，水滴中存在 Mn^{2+}、Cu^{2+}、Ni^{2+}、Fe^{2+}、Fe^{3+} 等离子时，即使没有光照，S(Ⅳ) 的氧化速率也可明显增高。这表明 S(Ⅳ) 的氧化与这些离子的催化作用有关，特别是 Mn^{2+} 离子。这些过渡金属离子的催化氧化机理，目前尚不很清楚，对不同离子其催化机理不同。Mattsom 等认为，Mn^{2+} 可造成溶液对 SO_2 的迅速吸收，反应过程为：

$$SO_2 + Mn^{2+} \rightleftharpoons Mn \cdot SO_2^{2+}$$

$$2Mn \cdot SO_2^{2+} + O_2 \rightleftharpoons 2Mn \cdot SO_3^{2+}$$

$$Mn \cdot SO_3^{2+} + H_2O \rightleftharpoons Mn^{2+} + H_2SO_4$$

大气中 SO_2 的液相氧化是相当重要的，经研究发现大气中每小时约有 18%的 SO_2 在液相中被氧化。各种液相氧化途径的速率（R）有较大差异，大约为：$R_{H_2O_2} \approx 10R_{O_3} \approx 100R_{催} \approx 1000R_{O_2}$（pH=5，25℃），即溶于液相中的 SO_2 主要被 H_2O_2 和 O_3 所氧化。影响 SO_2 液相氧化的主要因素有以下几点。

① 溶液的酸碱性　液滴酸性愈强，氧化反应愈慢。显然，这是因为增加 H^+ 浓度，会抑制 H_2SO_3 的解离，从而降低 SO_2 的溶解度。

$$SO_2 + H_2O \rightleftharpoons H_2SO_3 \rightleftharpoons HSO_3^- + H^+$$

有 NH_3 存在，则反应加快，这是因为

$$NH_3 + H^+ \longrightarrow NH_4^+$$

$$2NH_4^+ + SO_4^{2-} \longrightarrow (NH_4)_2SO_4$$

从而降低了液滴 H^+ 的浓度，有利于 SO_2 的溶解及氧化。

② 催化剂的类型　各类催化剂的催化效率次序为：$MnSO_4 > MnCl_2 > Fe_2(SO_4)_3 > CuSO_4 > NaCl$，以锰盐的催化效率最高。

3.3.6.4 SO_2 在颗粒物表面的氧化

悬浮在大气中的颗粒，其组成中往往含有金属氧化物或其盐类，如 Al_2O_3、Fe_2O_3、MnO_2 及 CuO 等。当 SO_2 被吸附在颗粒物表面时，就可能为这些金属氧化物所催化氧化。当颗粒物存在于云雾、水滴中或大气湿度较大时，颗粒物表面存在一层水膜，此时催化氧化作用更为明显，但它们的作用机理，目前了解尚少。

但总的来说，颗粒对 SO_2 的吸附容量很小，约万分之一左右，故只有少数 SO_2 在颗粒物表面受氧化。

综上所述，大气中 SO_2 的氧化有多种途径，其主要途径是 SO_2 的均相气相氧化和液相氧化。SO_2 的氧化转化机理因具体环境条件而异，一般白天低湿度条件下，以均相气相氧化和光氧化为主；而在高湿度条件下，则以液相催化氧化为主。

3.4 气溶胶化学（Chemistry of Aerosol）

3.4.1 气溶胶概述（Introduction of aerosol）

3.4.1.1 基本概念

气溶胶（aerosol）是指液体或固体微粒均匀地分散在气体中所形成的相对稳定的悬浮体系。这些微粒的直径在 0.002～100μm 之间，具有胶体的性质，故称为气胶溶粒子。

气溶胶粒子的粒径大小反映了粒子来源的本质，并可影响光的散射性质和气候效应等，由于实际大气中的粒子形状极不规则，所以通常用空气动力学直径（D_p）来表示粒子大小。D_p 的定义为与所研究粒子有相同沉降速度的、密度为 1 的球体直径，它反映了粒子的大小与沉降速度的关系。

3.4.1.2 气溶胶分类

按气溶胶粒子的粒径大小，可分为以下几种。

(1) 总悬浮颗粒物（TSP）

是分散在大气中的各种粒子的总称，即粒径在 100μm 以下的所有粒子。

(2) 飘尘

粒径小于 10μm 的微粒，可在大气中长期飘浮，易被吸入人呼吸道和远距离扩散，国际标准化组织（ISO）又将此粒径的微粒称为可吸入粒子（inhalable particles 或 IP）。

(3) 降尘

指粒径在 10～100μm 之间的微粒，能够依靠其自身的重力作用而沉降下来。

按颗粒物的存在形态，又可分为液态颗粒（如雾），固体颗粒（如烟炱、尘埃等）和液、固混合颗粒（如烟雾等），其主要的物理特征和成因等见表 3-10。

表 3-10 气溶胶形态及其主要形成特征

形 态	分散质	粒径/μm	形成特征	主要效应
轻雾(mist)	水滴	>40	雾化、冷凝过程	净化空气
浓雾(fog)	液滴	<10	雾化、蒸发、凝结和凝聚过程	降低能见度,有时影响人体健康
粉尘(dust)	固体粒子	>1	机械粉碎,扬尘,煤燃烧	能形成水核

续表

形态	分散质	粒径/μm	形成特征	主要效应
烟尘(fume)	固、液微粒	0.01～1	蒸发、凝集、升华等过程，一旦形成很难再分散	影响能见度
烟(smoke)	固体微粒	<1	升华、冷凝、燃烧过程	降低能见度，影响人体健康
烟雾(smog)	液滴、固粒	<1	冷凝过程、化学反应	降低能见度，影响人体健康
烟炱(soot)	固体微粒	～0.5	燃烧过程、升华过程、冷凝过程	影响人体健康
霾(haze)	液滴、固粒	<1	凝集过程、化学反应	湿度小时有吸水性，其他同烟

注：引自唐孝炎《大气环境化学》，1991。

3.4.1.3 气溶胶的作用

气溶胶在大气中产生下列效应：

① 参与大气中云的形成及降水（雨或雪）过程，若没有气溶胶粒子，云雨就没有凝结核，水就不能凝聚；

② 能散射太阳光谱，使大气能见度下降，并阻挡或减弱太阳辐射，改变环境温度和植物的生长速率；

③ 能为大气中化学反应过程提供巨大的表面，促进大气化学反应；

④ 进入人体呼吸器官，危害人体，污染和腐蚀各种建筑材料。

3.4.1.4 气溶胶粒子对人体的危害

气溶胶粒子的状态、大小、组成及运动方式等均与人们的生活、健康密切相关，飘浮在空气中的气溶胶小粒子很容易被人吸入并沉积在支气管和肺部。粒径大于 10μm 的颗粒，大部分滞留在鼻腔或咽喉部位；粒径为 2μm 的颗粒可通过鼻腔进入上呼吸道，而更小的颗粒物则可深达肺部，并长期停留。

气溶胶粒子进入人体后在沉积的部位上对组织发生作用或影响是根据其化学组成或其所携带吸附的有毒物质所决定的，如石棉、氧化铍微粒硫酸雾滴以及颗粒表面吸附的 BaP 及其他多环芳烃、SO_2 等均可因其毒性而引起人体健康的损害，甚至造成组织癌变。

大气中常见的 H_2SO_4 雾滴进入人体后，能附着在肺泡上刺激肺泡，增加气流阻力使呼吸困难，引起肺水肿和肺硬化，严重的将导致死亡，故硫酸雾的毒性要比气态的 SO_2 毒性高 10 倍以上。此外，细粒子危害较大，不仅表现在可吸入性上，还在于其有毒污染物在细粒子中的含量大大高于粗粒子。北京市大气颗粒物成分监测分析结果表明，多环芳烃的 90%集中在 3μm 以下的颗粒物中。

因此，大气气溶胶的危害和影响与其粒子的大小和化学组成密切相关。

3.4.2 气溶胶粒子的来源与汇 (Source and pool of aerosol particles)

3.4.2.1 气溶胶粒子的来源

(1) 天然来源

风沙、地球表面的岩石风化、火山爆发、森林火灾等燃烧过程、海水溅沫和生物排放等一次生成的气溶胶粒子以及自然排放的 H_2S、NH_3、NO_x 和 HC 等气体经化学转化而形成的二次气溶胶粒子。

(2) 人为来源

主要来自人类各种生产、生活活动排放的液态或固态的颗粒物以及排放的废气经化学转化而形成的二次气溶胶粒子。

据美国环保局（EPA）估算，粒径（D_p）$<20\mu m$ 的气溶胶粒子的全球排放量及其来源分配的情况如表 3-11 所示。

表 3-11 气溶胶全球排放量及其来源分配[①]（粒径 $D_p<20\mu m$）

来源		排放量/($\times10^8 t \cdot 年^{-1}$)
天然来源	风沙	0.5～2.5
	森林火灾	0.01～0.5
	海盐粒子	3.0
	火山灰	0.25～1.5
	H_2S、NH_3、NO 和 HC 等气体转化	3.45～11.0(二次气溶胶)
	总量	7.21～15.5
人为来源	砂石(农业活动)	0.5～2.5
	露天燃烧(小粒子)	0.02～1.0
	直接排放(工业过程)	0.1～0.9
	SO_2、NO_2、HC 等气体转化	1.75～3.35(二次气溶胶)
	总量	2.37～7.75
总计		9.58～26.25

① USEPA Report 650/2-74-116 (1974)。

随着工业的不断发展，气溶胶粒子人为来源所占的比例正在逐年增加提高，估计目前人为活动所造成的气溶胶粒子的排放量已接近天然源的排放量。另一方面，由气体污染物转化形成的二次气溶胶粒子约占全球气溶胶粒子排放总量的 54%～71%，且其中细颗粒的 80%～90%都是二次气溶胶粒子，对大气质量影响甚大。

一般大气中气溶胶粒子本底浓度为 $10\mu g \cdot m^{-3}$（数浓度为 300 个 $\cdot cm^{-3}$），而污染严重的城市中气溶胶粒子质量浓度可达 $2000\mu g \cdot cm^{-3}$。气溶胶粒子的环境浓度之所以变化范围大，是因为各地区地理条件、气象条件和经济结构不同而造成的。

气溶胶粒子的浓度还与季节有关，一般冬季高于夏季。此外，气溶胶粒子的浓度随高度分布也有差异，距地 4～5km 范围内，粒子浓度随高度增加而迅速减少，在高度为 18～20km 处又存在着一个气溶胶粒子（$0.1\mu m$ 以下）层。

3.4.2.2 气溶胶粒子的汇

气溶胶粒子的去除，主要有以下几种方式。

(1) 干沉降

指气溶胶粒子在其重力作用下或与地面及其他物体碰撞后，发生沉降而被去除。该过程可由滞留时间 τ 来表示。

$$\tau=\frac{\overline{H}}{v}$$

式中 $\overline{H}$——气溶胶粒子所处高度，m；

v——气溶胶粒沉降速率，$cm \cdot s^{-1}$。

不同粒径的气溶胶粒子的沉降速率是不同的：粒径为 $0.1\mu m$ 的，v 为 $4\times10^{-5} cm \cdot s^{-1}$；$1.0\mu m$ 的，$4\times10^{-2} cm \cdot s^{-1}$；$10\mu m$ 的，$0.3 cm \cdot s^{-1}$；$100\mu m$ 的，$3.0 cm \cdot s^{-1}$。

如在$\bar{H}=5000$m 的高空，粒径为 1.0μm 的粒子沉降到地面需要 3 年零 11 个月，而对粒径为 10μm 的粒子则仅需 19d。由此可见，干沉降对气溶胶中大粒子的去除是有效的，而对小粒子则不然。据估计，全球范围通过干沉降去除的气溶胶粒子的量，仅占 TSP 量的 10%～20%左右，所以气溶胶小粒子可随风远距离传输，影响下风地区。

(2) 湿沉降

即通过成雨、雪、云过程和冲刷洗脱过程沉降。

① 雨除　气溶胶粒子（尤其是粒径小于 0.1μm 的粒子）可作为云的凝结核，通过吸附凝结过程和碰并过程，云滴不断增长成为雨滴（或雪晶），在适当的气象条件下，雨滴或雪晶还会进一步长大而形成雨（或雪）降落到地面上，则气溶胶粒子也就随之从大气中去除，此过程即称为雨除。

② 冲刷　在降雨（或降雪）过程中，雨滴（或雪片）不断地将大气中的微粒携带，溶解或冲刷下来，即以直接兼并的方式"收集"气溶胶粒子的过程，冲刷主要作用于 $D_p>2\mu m$ 的气溶胶粒子。

3.4.3 气溶胶的粒径分布 (Diametric distribution of aerosol particles)

气溶胶的粒子总数虽然也大体上能代表空气污染的程度，但仅仅知道粒子总数是不够的，还必须知道气溶胶粒子按粒径大小的分布情况，以反映出气溶胶粒子的大小与其来源或形成过程之间的关系。

对不同粒径气溶胶的分布，可采用以下几种分布函数来表示。

(1) 数目浓度、表面积浓度和体积浓度分布函数

定义 $dN=n(D_p)dD_p$ 为 $1cm^3$ 的空气中，粒径从 D_p 到 D_p+dD_p 范围内的粒子数，式中的 $n(D_p)$ 称为粒子的数目浓度分布函数：

$$n(D_p)=\frac{dN}{dD_p}\text{个}/(\mu m\cdot cm^{-1})$$

则 $1cm^3$ 空气中所有粒径大小的粒子总数 N 为

$$N=\int_0^{\infty}n(D_p)dD_p$$

与数目浓度分布函数相类似，可定义粒子的表面积浓度分布函数 $n_S(D_p)$ 和体积浓度分布函数 $n_V(D_p)$ 分别为

$$n_S(D_p)=\frac{dS}{dD_p}=\pi\cdot D_p^2\cdot n(D_p)[\mu m^2/(\mu m\cdot cm^{-3})]$$

$$n_V(D_p)=\frac{dV}{dD_p}=\frac{\pi}{6}D_p^3\cdot n(D_p)[\mu m^2/(\mu m\cdot cm^{-3})]$$

则 $1cm^3$ 空气中总的粒子表面积和粒子体积为

$$S=\pi\int_0^{\infty}D_p^2\cdot n(D_p)dD_p=\int_0^{\infty}n_S(D_p)dD_p(\mu m^2\cdot cm^{-3})$$

$$V=\frac{\pi}{6}\int_0^{\infty}D_p^3\cdot n(D_p)dD_p=\int_0^{\infty}n_V(D_p)dD_p(\mu m^3\cdot cm^{-3})$$

Junge 于 1963 年首先提出数=分布函数（幂指数定律）：

$$\frac{dN}{dr}=Cr^{-\beta}$$

式中 β——幂指数；

r——粒子半径；

C——不随 r 改变的常数。

已知大陆表面大气的 β 值为 4，对流层下的 β 值为 5，上式表明粒子的数目（$1cm^3$ 空气中的）随粒子半径的增加而急剧减少。

（2）累积分布

指单位体积空气中大于或小于某一规定粒径粒子的数目或体积与总数目或总体积之百分比，一般多用小于某规定粒径的表示方法。

（3）气溶胶粒子的三模态分布

气溶胶粒子的粒径分布也能反映出气溶胶粒子的大小与其来源或形成过程有着密切的关系。Whitby 为此概括提出了气溶胶粒子的三模态分布模型，即将气溶胶粒子表示为三种模态结构：

爱根核模（Ailken nuclei mode，$D_p<0.05\mu m$）、积聚模（accumulation mode，$0.05\mu m\leqslant D_p\leqslant 2\mu m$）和粒模（coarse Particle mode，$D_p>2\mu m$）。前两种又合称为细粒子，粒模则又称为粗粒子。

图 3-9 即为 Whitby 提出的气溶胶表面积按粒径分布的三模态典型示意。从图中可以看出三个模态粒子的主要来源及形成和去除机理。

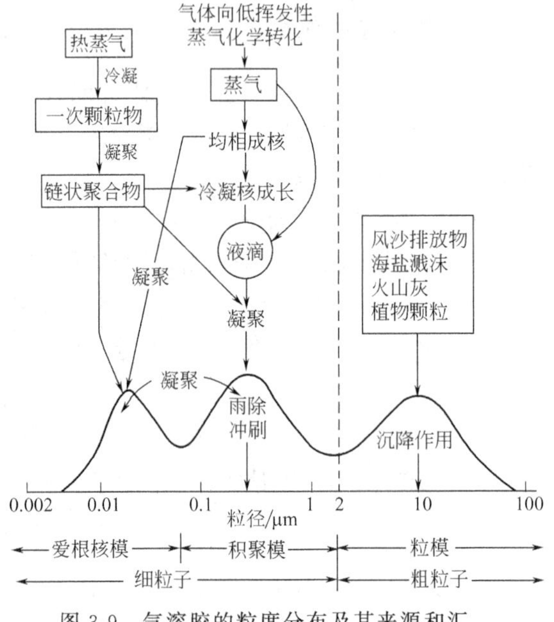

图 3-9 气溶胶的粒度分布及其来源和汇

（引自 Whitby and Cantrell，1976）

由图可见，爱根核模范围的粒子是由高温过程或化学反应产生的蒸汽冷凝而成的二次气溶胶粒子，其水可溶部分主要是硫酸盐；这个范围的粒子易相互碰并合成大粒子，故核模中约 40%是带电荷的大粒子。

积聚模粒子主要来源于爱根核模粒子的凝聚或通过蒸汽凝结长大以及由大气化学反应所产生的各种气体分子转化成的二次气溶胶等。硫酸盐粒子在积聚模中的量占总硫酸盐量的 95%；铵盐在此模中的量占总铵盐量的 96.5%。此范围内的粒子，不易被干、湿沉降去除，主要通过扩散而转移或去除。

粒模粒子则主要来源于机械粉碎过程所造成的扬尘、海盐溅沫、火山灰和风沙等一次气溶胶粒子，这种粒子的化学成分与地表土的化学成分相近，并主要通过干沉降和雨水冲刷而去除。

3.4.4 气溶胶的物理性质（Physical characteristics of aerosol）

3.4.4.1 气溶胶的光学性质

气溶胶的光学性质主要表现在气溶胶粒子对光的散射和吸收作用上。气溶胶粒子对光的散射和吸收的有效范围为0.1～1.0μm，属细粒子范围。如飞灰、烟炱、细小尘粒、有机物粒子及二次气溶胶（如硫酸盐等），其中以含碳组分的颗粒对光的吸收尤为强烈，使大气能见度降低，甚至可影响对流层能量平衡，影响全球气候变化。

3.4.4.2 气溶胶的电学性质

通常大气气溶胶粒子表面都带有一定的电荷，所带电荷的性质和数目则取决于粒径的大小、表面状态和介电常数等。一般，粒径大于3μm的粒子表面常带负电荷，小于0.01μm的粒子带正电，0.01～0.1μm的粒子两种情况都有。

气溶胶粒子所带电荷的数目，可影响其凝聚速率、沉降速度和大气的导电性，因硫酸盐等二次气溶胶大多带负电荷，故通常污染地区大气导电性较清洁地区为低。

3.4.5 气溶胶的化学组成（Chemical components of aerosol）

气溶胶粒子的化学组成十分复杂，主要与其来源有关。来自地表土和由污染源直接排入大气的粉尘，以及来自海水溅沫的盐粒等一次污染物往往含有大量的Fe、Al、Si、Na、Mg、Cl和Ti等元素。而来自二次污染物的气溶胶粒子则含有大量的硫酸盐、铵盐和有机物等。某些元素态物质如As、Pb和Br等也属于一次污染物，也可通过各种途径带到气溶胶粒子上去。

不同粒径大小的气溶胶粒子，其化学组成也有很大差异，表3-12为美国的查尔斯（Charles）于1976年夏季在西弗吉尼亚州收集到的气溶胶粒子（粗粒子，D_p＞3.5μm；细粒子，D_p＜3.5μm）的化学组成。

表3-12 各种粗、细粒子化学组成的平均百分数[①]/%

组分	SO_4^{2-}	NH_4^+	$-CH_2-$	SiO_2	PbO	CaO Al_2O_3	Fe_2O_3	其他[②]	未知
细粒子	29.6	12.8	18.2	2.6	2.2	1.4		1.8	31.4
粗粒子	3.8	2.2	13.8	22.1	0.5	12.6	3.1	2.2	39.7

① 摘自W.L.Charles et al，1980。

② 包括Na、Cl、K、TiO_2、MnO_2、CuO、ZnO、As_2O_3、SeO_2和Br等。

下面就气溶胶粒子主要的化学组分作简单的讨论。

3.4.5.1 硫酸盐和硝酸盐气溶胶

（1）硫酸和硫酸盐气溶胶

硫酸和硫酸盐气溶胶粒子粒径很小，95%以上集中在细粒子范围（D_p＜2.0μm），在大气中飘浮，对太阳光能产生散射和吸收作用，大幅度地降低大气能见度，危害人体健康，也是造成霾雾和酸雨的重要成分之一。

硫酸及硫酸盐气溶胶主要来源于SO_2的化学转化。陆地气溶胶粒子中SO_4^{2-}的平均含量为15%～25%，而海洋性气溶胶粒子中SO_4^{2-}的量可达30%～60%。

（2）硝酸和硝酸盐气溶胶

硝酸比硫酸更易挥发，故通常情况下，在相对湿度较小时HNO_3均以气态形式出现，故硝酸一般以NH_4NO_3颗粒或NO_2被某些颗粒物吸附的形式存在。

硝酸盐气溶胶的形成机理尚不很清楚，大致涉及以下三类气相反应：

① 生成重要的 NO_x（如 NO_2、NO_3、N_2O_5 等）；

② 形成挥发性硝酸和亚硝酸；

③ 形成气态硝酸盐。

3.4.5.2 有机气溶胶

气溶胶中颗粒有机物（POM）一般粒径都很小，大致为 0.1～5μm 范围内，其中 55%～70%的粒子集中于粒径 $D_p \leqslant 2\mu m$ 范围，属细粒子范围，对人类危害较大。

颗粒有机物的种类很多，其中烃类（烷烃、烯烃、芳香烃和多环芳烃等）是有机颗粒物的主要成分。此外，还有亚硝胺、氮杂环化合物、环酮、醌类、酚类、酸类等，各地浓度也相差很大。在城市大气中，已经鉴别出的有机化合物的类别可概括如表 3-13。

其中多环芳烃（PAH）是目前研究的重点。大气中的有机物，由气体向颗粒物转化的速率较小，约≤2%/h；一次有机污染物经化学反应转化成二次产物时，一般都含有—COOH、—CHO、$-CH_2ONO$、$-\underset{\underset{O}{\|}}{C}-SO_2$、$-\underset{\underset{O}{\|}}{C}-O-SO_2$ 等基团，这是因为由 HO·、HO_2·和 CH_3O·等自由基参加反应所引起的。

表 3-13 城市气溶胶中 POM 的分类和浓度

种　类	例	城市大气中 POM 的浓度/($ng \cdot m^{-3}$)
烷烃 C_{18}～C_{50}	n-$C_{22}H_{46}$	1000～4000
烯烃	n-$C_{22}H_{44}$	2000
苯烷烃	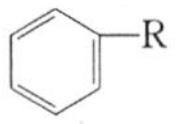 —R	80～860
萘	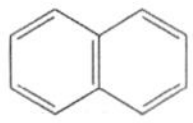	40～500
PAH	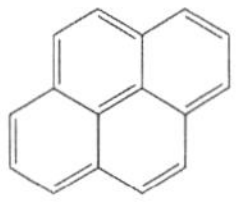 等	6.6(1958～1959 年美国 100 个城市观测站) 3.2(1966～1967 年美国 32 个城市观测站) 2.1(1970 年美国 32 个城市观测站)
芳香酸	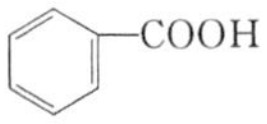 —COOH	90～380(1972 年美国 Pasadena，加州)
环酮	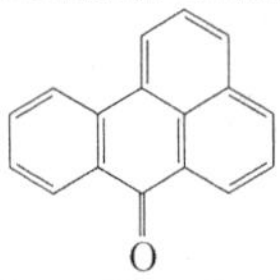 O	8(1965 年以前，美国平均) 2～48(1968 年美国平均)
醌	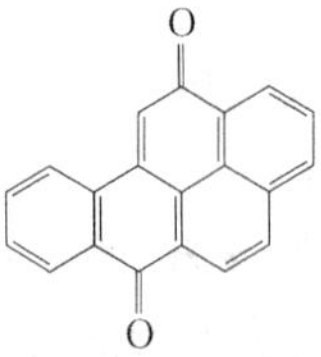 O O	0.04～0.12(1972～1973 年，各种异构体)

种　类	例	城市大气中 POM 的浓度/($ng \cdot m^{-3}$)
酯	O ‖ —C—O—C_4H_9 —C—O—C_4H_9 ‖ O	29～132(1976 年,比利时) 2～11(1975 年,美国纽约城)
醛	$CHO(CH_2)_nCHO$	30～540(1972 年美国加州)
脂肪羧酸	$C_{15}H_{31}COOH$	220(1964 年美国纽约城)
脂肪二元羧酸	$HOOC(CH_2)_nCOOH$	40～135(1972 年美国加州)
氮杂环化合物	N	0.01(1976 年纽约城)约 0.5(比利时)
N-亚硝酸	$(CH_3)_2NNO$	15.6(1976 年纽约城)
硝基化合物	$CHO(CH_2)_nCH_2ONO_2$	40～1010(1972 年美国加州)
硫杂环化合物	S N	0.014～0.02(1976 年纽约)
SO_2-加合物	H SO_3H	2～18nmol/m^3(1976 年纽约)
烷基卤化物	$C_{18}H_{37}Cl$	约 20～320(1972 年美国加州)
氯酚	OH Cl	5.7～7.8(1976 年比利时)

目前为止，有关有机气溶胶粒子的形成机理尚不十分清楚，一般认为 O_3-烯烃、O_3-环烯烃一类的反应体系在大气有机气溶胶粒子的形成过程可能是比较重要的。

有机气溶胶主要来源于煤和石油的不完全燃烧或其他化学反应。

3.4.5.3　微量元素

已发现大气气溶胶粒子中的微量元素种类达到 70 余种，其中 Cl、Br 和 I 主要以气体形式存在于大气气溶胶粒子中，分别占总量的 2%、3.5%和 17%。

由于粗、细颗粒物的来源及成因不同，所含的元素种类相差很大，地壳元素如 Si、Fe、Al、Se、Na、Ca、Mg 和 Ti 等一般以氧化物的形式存在于粒模中，而 Zn、Cd、Ni、Cu、Pb 和 S 等元素则大部分存在于细粒子中。

气溶胶粒子中微量元素的来源是多种的，如 Pb、Br 主要来自汽油的燃烧释放；Na、Cl 和 K 等主要来自海盐溅沫；Si、Al 和 Fe 主要来自土壤飞尘；Fe、Mn 和 Cu 主要来自钢铁工业；Zn、Sb 和 Cd 等主要来自垃圾焚烧；Ni、V、As 等则主要来自石油、煤和焦炭的燃烧。根据上述特征，可以从这些元素在某地区大气气溶胶中的分布情况来判别污染源的类型和分布。

3.4.6　大气气溶胶粒子的形成机理（Formation mechanism of aerosol particles in atmosphere）

气溶胶粒子的成核是通过物理和化学过程形成的，气体向微粒的转化过程，从动力学角度，可分以下四个阶段：

① 均相成核或非均相成核，形成细粒子分散在空气中；

② 在细粒子表面，经过多相气体反应，使粒子长大；

③ 由布朗凝聚和湍流凝聚，粒子继续长大；

④ 通过干沉降（重力沉降或与地面碰撞后沉降）和湿沉降（雨除或冲刷）清除。

以上过程虽属物理过程，但实际上都是以化学反应为推动力的，即气体在大气中的化学反应提供了分子物质或自由基，它们在互相碰撞中结成分子团或沉积在已有的核上。有关化学反应前面已介绍过，在此仅就成核的物理过程——均相成核和非均相成核的机理简单作些介绍。

3.4.6.1 气溶胶粒子的均相成核

当某物种的蒸气在气体中达到一定过饱和度时，由单个蒸气分子凝结成为分子团的过程，称为均相成核。

若要有较大的成核速度，必须要有较大的过饱和度。但在自然界中，实际上不易发生均相成核作用。这是因为自然界里物种的过饱和度不是很高，且大气中成核胚芽很少是单一组分的物质，往往是多种物质的聚合体，其形成初期都要在大小超过某一临界值后才能形成稳定的胚芽并不断长大，这是气体分子向气溶胶粒子转化初期的一般规律。

3.4.6.2 气溶胶粒子的非均相成核

当大气含有悬浮的外来粒子时，蒸气分子易在这些粒子表面凝结，这一过程称为非均相成核。在有各种水溶性物质存在或有现成的亲水性粒子存在时，常比纯水更加容易成核，形成胚芽。

如空气的过饱和度为0.2%时，NaCl液滴将形成稍大于0.1μm的液滴，而当纯水形成0.1μm的水滴时，则需要1%以上的过饱和度。

3.4.7 气溶胶污染源的判别（Distinguish of pollution sources of aerosol）

根据大气中颗粒物的化学组成进行污染物来源的识别及判断其贡献率的研究，已成为近10年来大气颗粒物表征研究的重要内容。气溶胶粒子污染来源的常用判别方法有相对浓度法、富集因子（EF）法、相关分析法、化学质量平衡法（CMB）和因子分析法（又可分为主因子分析法PFA和目标转移因子分析法TTFA）。在此主要简要介绍一下富集因子法。

富集因子法是近年来普遍采用的推断气溶胶污染源的有效方法。该方法的基本原理如下：首先选定一个比较稳定（受人类活动影响小）的元素r（如Si、Al、Fe、Se等）为参比元素（基准），若颗粒物中待考查的元素为i，将i与r在颗粒物中的浓度比值$(X_i/X_r)_{气溶胶}$和它们在地壳中的浓度（丰度）比值$(X_i/X_r)_{地壳}$进行比较，求得富集因子$(CF)_{地壳}$。

$$(CF)_{地壳}=\frac{(X_i/X_r)_{气溶胶}}{(X_i/X_r)_{地壳}}$$

若计算出的$(CF)_{地壳}=1$，说明这个元素来源于地壳；但考虑到自然界有许多因素会影响大气中元素的浓度，故提出当$(CF)_{地壳}>10$时，可认为该元素被富集了，即可能与某些人为活动有关。在此基础上，进一步相对于某人为污染源，如汽车尾气、煤燃烧等求出$(CF)_{汽车}$或$(CF)_{煤}$等。若求得的某项值接近1，则可证明某元素的富集与该污染源有关。

3.5 酸沉降化学（Chemistry of Acid Precipitation）

3.5.1 概述（Introduction）

酸沉降（acid deposition）是指大气中的酸通过降水（如雨、雾、雪、雹等）迁移到地表（湿沉降），或酸性物质在气流的作用下直接迁移到地表（干沉降）的过程。酸沉降化学就是研究干、湿沉降过程中与酸有关的各种化学问题，包括降水的化学组成和变化、酸的来源、形成过程和机理、存在形式、化学转化等。

酸沉降化学的研究开始于酸雨。酸雨的研究是从早期的降水化学发展而来的。早在1761年Marggrof就开始了雨和雪的化学成分的测定。1872年，英国科学家R. A. Smith发表了《空气和雨——化学气象学的开端》一书，首先提出了“酸雨”这一名词，并对影响降水的许多因素进行了讨论，最早提出了降水化学的空间可变性，并对降水的组分包括SO_4^{2-}、NH_4^+、NO_3^-和Cl^-等进行了分析，指出了酸雨对植物和材料的危害。

降水的第一个监测网于1850年左右在英国的罗切姆斯丹建立，它连续提供了50年以上降水化学组成的测定数据。1930年，Potter最早采用“pH”来表示雨水、饮用水等的测定结果。Gorham（1955年）指出：工业区附近降水的酸性是由矿物燃料燃烧排放造成的；湖泊的酸化是由酸性降水造成的；土壤酸性是降水中的硫酸造成的。这些研究为现代酸雨的研究发展奠定了基础。

由于大气污染物可长距离输送并跨越国界，因此酸雨问题不仅被视为区域污染问题，而且也被列为全球性环境问题。所以，1977年开始。欧洲经济合作和发展组织（OECD）实行了欧洲国家间的合作计划，研究空气中污染物的长距离输送和各国对邻国造成的影响。

欧洲尤其是北欧的一些国家如瑞典、挪威等国的酸雨问题比较严重，这主要是周围一些工业国排放的大量空气污染物而造成的。据估计，北欧因酸雨而受到的损害每年达70亿美元之巨。北美的酸雨问题，特别是湖泊酸化十分严重。美国北部15个州降雨的pH值平均在4.8以下，其中西弗吉尼亚州的降雨pH值甚至下降到1.5。酸雨问题也波及亚洲大陆，早在1971年日本就有酸雨的报道。

我国对酸性降水的研究起步较晚，始于20世纪70年代末期，在北京、上海、南京、重庆和贵阳等城市开展了局部研究，1982年起，陆续在全国范围进行酸雨的监测调查，共布设了189个监测站，523个降水采样点，对降水进行了全面、系统的分析。多年来的资料表明：我国酸雨污染区主要分布在长江以南的四川、广西、贵州以及皖东南、沪杭、浙闽等沿海区域，其中重酸雨区是以重庆为中心的西部，包括自贡、贵阳、柳州、南宁等城市。我国酸雨的主要致酸物是SO_4^{2-}，降水中SO_4^{2-}的含量全国普遍都很高。酸雨问题已受到国家和政府的重视。

近几年来在酸雨研究中发现酸的干沉降不能低估，引起的环境效应也往往是酸的干、湿沉降综合的结果。故过去被大量引用的“酸雨”提法已逐渐被“酸沉降”所取代。因酸的干沉降研究工作起步较晚，有关这方面的资料较少，所以本节重点介绍酸的湿沉降化学。

3.5.2 降水的化学性质（Chemical characteristics of rainfall）

3.5.2.1 降水的化学组成

降水化学组成的研究已有一百多年历史，随着测量技术的飞速发展和对酸雨研究的深入，现已经知道降水的组成通常包括以下几类。

（1）大气固定气体成分

O_2、N_2、CO_2、H_2 及惰性气体。

（2）无机物

土壤矿物离子 Al^{3+}、Ca^{2+}、Mg^{2+}、Fe^{3+}、Mn^{2+} 和硅酸盐等；海洋盐类离子 Na^+、Cl^-、Br^-、SO_4^{2-}、HCO_3^- 及少量 K^+、Mg^{2+}、Ca^{2+}、I^- 和 PO_4^{3-}；气体转化产物 SO_4^{2-}、NO_3^-、NH_4^+、Cl^- 和 H^+；人为排放的金属 As、Cd、Cr、Co、Cu、Pb、Mn、Mo、Ni、V、Zn、Ag、Hg 和 Sn 等。

（3）有机物

有机酸（以甲酸、乙酸为主，曾测到 C_1～C_{30} 酸），醛类（甲醛、乙醛等），烯烃、芳烃和烷烃等。

（4）光化学反应产物

H_2O_2、O_3 和 PAN 等。

（5）不溶物

雨水中的不溶物来自土壤粒子和燃料燃烧排放尘粒中的不溶部分，含量一般为 1～3mg・L^{-1}。

在降水组成中，人们主要关心的是 SO_4^{2-}、NO_3^-、Cl^- 和 NH_4^+、Ca^{2+}、H^+ 等，因为这些离子积极参与了地表土壤的平衡，对陆地和水生生态系统有很大影响。

降水的化学组成有较大的地区差异性，表 3-14 和表 3-15 为不同国家、地区降水的化学组成。

表 3-14 国外部分地区降水化学成分/(μmol・L^{-1})

城　市	SO_4^{2-}	NO_3^-	Cl^-	NH_4^+	Ca^{2+}	Mg^{2+}	Na^+	K^+	H^+	pH
瑞典 Sjoangen 1973～1975	34.5	31	18	31	6.5	3.5	15	3	52	4.30
美国 Hubbard Brook 1973～1974	55	50	12	22	5	16	6	2	114	3.94
美国 Pasadena 1978～1979	19.5	31	28	21	3.5	3.5	24	2	39	4.41
加拿大 Ontario	45	19	10	21	11.5	5	—	—	11	4.96
日本神户	19.5	24	39	19	7.5	3	—	—	40	4.40

表 3-15 国内部分城市降水化学成分/(μmol・L^{-1})

城　市	SO_4^{2-}	NO_3^-	Cl^-	NH_4^+	Ca^{2+}	Mg^{2+}	Na^+	K^+	H^+	pH
贵阳市区	205.5	21	8.2	78.9	115.6	28.3	10.1	26.4	84.5	4.07
重庆市区	164	29.9	25.2	152.2	135.2	11.4	14.7	7.87	51.4	4.29
广州市区	137.4	23.9	39.4	85.4	98.4	8.7	25.7	22.6	16.70	4.78
南宁市区	28.8	8.48	15.7	45.8	19.9	0.9	11.8	9.6	18.33	4.74
北京市区	136.6	50.32	157.4	141.1	92	—	140.9	42.31	0.16	6.80
天津市区	158.9	29.2	183.1	125.6	143.5	—	175.2	59.2	0.55	6.26

降水中 SO_4^{2-} 含量大致范围为 1～20mg・L^{-1}（10～210μmol・L^{-1}）。降水中 SO_4^{2-} 除来自岩石矿物风化作用、土壤中有机物、动植物和废弃物的分解外，主要来自于燃煤排放出的颗粒物和 SO_2，因此在工业城市的降水中 SO_4^{2-} 含量一般较高。此外，由于受季节气团的影响，降水 SO_4^{2-} 一般冬季高于夏季。我国城市降水中 SO_4^{2-} 含量高于国外，这与我国的能源结构有关（70％来自于燃煤）。

降水中含 N 化合物主要以 NO_3^-、NO_2^- 和 NH_4^+ 为主，含量从小于 1mg・L^{-1} 至 3mg・L^{-1}。NO_3^- 部分来自人为污染源排入的 NO_x，此外，空气放电产生的 NO_x 也可能是 NO_3^- 的一个重要来源。NH_4^+ 的主要来源可能是生物腐败及土壤和海洋挥发等天然源排放出的 NH_3；NH_4^+ 的分布与土壤类型有关，一般碱性地区降水中 NH_4^+ 含量相对较高。我国城市雨水中 NH_4^+ 含量高可能与人为源有关。

降水中的 Cl^- 含量变动很大，含量为 0.1～13mg・L^{-1}，一般为 0.2～1.0mg・L^{-1}，其主要来源为海洋。在沿海地区降水中 Cl^- 含量为 2～8mg・L^{-1}，最高可达 13mg・L^{-1} 以上，降水中 Cl^- 含量自海洋向内陆减少。在工业城市，燃煤也是降水中 Cl^- 的一个重要来源。

降水中 Ca^{2+} 也是一个不容忽视的离子，它为降水的酸性提供了较大的中和能力，降水中 Ca^{2+} 平均含量为 0.2～6.5mg・L^{-1}，一般为 0.5～3.0mg・L^{-1}，主要来自土壤，一般从沿海至内陆其含量增大，在酸性土壤区（红壤、黄壤和灰化土等），降水中 Ca^{2+} 含量低，在 0.5mg・L^{-1} 以下；而在内陆和碱性土壤区（黑钙土、栗钙土和荒漠土），Ca^{2+} 含量很高，常在 3.0mg・L^{-1} 以上。

除上述这些离子外，降水中还含有有机酸类化合物（主要为甲酸和乙酸），在僻远地区，它们可能成为降水的主要致酸成分，对降水酸度的贡献有时可高达 60％以上。此外，降水中的金属元素特别是重金属元素正逐渐引起人们的注意，它们主要来自人为源排放，种类繁多、差异较大。

总的来说，降水中主要的阴离为 SO_4^{2-}，其次为 NO_3^- 和 Cl^-，主要的阳离子为 NH_4^+、Ca^{2+} 和 H^+，我国的酸雨一般是硫酸型的，NO_3^- 含量较低。但近几年来，由于对燃煤的控制，有些城市降水中 SO_4^{2-} 比例有所下降，而 NO_3^- 含量则趋于增加，这与城市车辆高速增长有关。

3.5.2.2 降水 pH 值

降水的 pH 值是用来表示降水酸度的，是降水中自由质子 H^+ 的度量。通常认为雨水的“天然”酸度为 pH5.6。此值来自如下考虑：影响天然降水 pH 值的因素仅仅是大气中存在的 CO_2，根据 CO_2 全球大气浓度 330mL・m^{-3} 与纯水的平衡。

$$CO_2(g)+H_2O \overset{K}{\rightleftharpoons} CO_2 \cdot H_2O$$

$$CO_2 \cdot H_2O \overset{K_1}{\rightleftharpoons} H^+ + HCO_3^-$$

$$HCO_3^- \overset{K_2}{\rightleftharpoons} H^+ + CO_3^{2-}$$

式中　K——CO_2 的亨利常数；

K_1，K_2——二元酸 $CO_2 \cdot H_2O$ 的一级和二级电离常数。

按电中性原理得

$$[H^+]=[OH^-]+[HCO_3^-]+2[CO_3^{2-}]$$

$$=\frac{K_w}{[H^+]}+\frac{K_1 p_{CO_2}}{[H^+]}+\frac{2K_1K_2 p_{CO_2}}{[H^+]^2}$$

式中　K_w——水的离子积；

p_{CO_2}——CO_2 在大气中的分压。

经计算 $[H^+]=10^{-5.6}$，pH=5.6。多年来国际上一直将此值看作未受污染的天然雨水的背景值，pH<5.6 的雨水即被认为是酸雨。通过对降水的多年深入观测和研究，近年来对 pH5.6 能否作为酸性降水的界限及判断人为污染的界限提出了不少异议，主要论点如下。

① 大气中除 CO_2 外，还存在着各种酸、碱气态或气溶胶物质，它们可通过成云过程和降水冲刷过程进入雨水，降水酸度是降水中各种酸、碱性物质综合作用的结果，其 pH 值不一定正好是 5.6。

② 对降水 pH 值有决定作用的强酸如 H_2SO_4 和 HNO_3，并非都来自人为排放源，如土壤生物过程产生的 H_2S，火山爆发放出的 SO_2 及海盐溅沫中的 SO_4^{2-} 等都对雨水有贡献。Charlson 和 Rodhe 在 1982 年曾指出，如果没有碱性物质如 NH_3 和 $CaCO_3$ 的存在，单由天然硫化物的存在所产生的 pH 值为 4.5～5.6，平均为 5.0，Stensland 等（1982）曾分析了美国东部 1955～1956 年的降水数据后得出 pH 的背景值约为 5.0。

③ 降水 pH 值大于 5.6 的地区并不都意味着没有人为污染。有些地区尽管空气酸性污染严重，但由于碱性尘粒或其他碱性气体，如 NH_3 含量高，降水冲刷的结果使 pH 值大于 5.6。如我国北方某城市降水年平均 pH 值为 6.41，但降水中 SO_4^{2-} 却高达 199μmol·L^{-1}（19mg·L^{-1}），原因在于 NH_4^+ 和 Ca^{2+} 较高（合计浓度达 203μmol·L^{-1}）。

④ H^+ 浓度不是一个守恒量，不能表示降水受污染的程度。同一酸度的降水，污染离子 SO_4^{2-}、NO_3^- 等的含量可以相差很大，见表 3-14。城市附近降水有时 pH 值并不低，但其他离子含量很高，降水实际上已受到了污染。

因此，pH5.6 不是一个判别降水是否受到酸化和人为污染的合理界限。于是有人提出了以降水 pH 的背景值来作为判别降水酸化和受污染的标准。

1979 年开始，美国制定了“全球降水化学研究计划（GPCP）”，致力于全球背景点降水组成的测定，共设置了 11 点背景观察点。通过这些全球背景点的降水组成和 pH 值的研究，他们认为全球降水 pH 值的背景值应≥5.0，故认为将 5.0 作为酸雨 pH 值的界限更符合实际情况。

Seinfeld（1986）在总结了各种观点后指出：

① pH≥5.6 时，表明降水未受人类的干扰，即使有，这种雨水也有足够的缓冲容量，不会使雨水酸化；

② pH=5.0～5.6 时，表明雨水可能受到人为活动的影响，但未超过天然本底硫的影响范围；

③ pH<5.0 时，则可以确信人为影响是存在的，即 pH<5.0 的降水可称之为酸雨。

此外，也有人提出用 SO_4^{2-} 含量来作为降水是否受人为污染的判别依据（Galloway，1984）。但 SO_4^{2-} 并不能判别雨水是否酸化，所以，将 pH 值和 SO_4^{2-} 结合起来就可以判别降水是否酸化或受到人为污染。但由于目前大气中的 CO_2 浓度仍以每年 2mL·m^{-3} 的速度增加（1999 年已达到 367mL·m^{-3}），全球降水酸度背景值不是稳定不变的，将背景值下调至某一定值没有多大的实际意义。所以，现一般仍以 pH5.6 作为酸性降水的判断标准。

3.5.2.3 降水中的离子平衡

根据降水中阴阳离子之间是否平衡可判断所测降水组成是否可靠。降水始终维持着电中性，故降水中各阳离子的摩尔浓度之和必然等于各阴离子的摩尔浓度之和。据此，可以分别计算降水中阴阳离子的浓度和，以检查是否有主要离子被遗漏。

同时，根据阴阳离子之间的相关性，可判断雨水中离子的存在形态。

如 Likons 等概括了美国某一观测站 11 年的降水组成，结果如表 3-16。可见，降水中阴阳离子基本平衡，且 $(H^+ + NH_4^+)/(SO_4^{2-} + NO_3^-) = 1.40 \sim 1$，这表明 SO_4^{2-} 和 NO_3^- 可能以 H_2SO_4、HNO_3 形式存在，或以 $(NH_4)_2SO_4$、NH_4NO_3 形式存在。此外，$H^+/NH_4^+ = 5.9$，这进一步说明该地降水主要为 H_2SO_4 和 HNO_3 污染，其中又以 H_2SO_4 为主，pH 值约为 4.1。

表 3-16 美国新罕布夏 HBEF 站 11 年的降水组成/($\mu mol \cdot L^{-1}$)

项目	阴离子					阳离子				
	SO_4^{2-}	NO_3^-	Cl^-	PO_4^{3-}	H^+	NH_4^+	Ca^{2+}	Na^+	Mg^{2+}	K^+
含量	29.85	23.1	14.4	0.25	73.9	12.1	4.3	5.4	1.85	1.9
离子浓度和	29.85×2+23.1+14.4+0.25=97.5					73.9+12.1+4.3×2+5.4+1.85×2+1.9=105.6				

另外，我们也可以根据降水阴阳离子浓度的变化综合判断雨水酸化的原因。这是因为降水酸化方面可归因于大气中酸性物质的增加，另一方面，大气中碱性物质的减少，也可导致降水酸化。

3.5.3 降水的酸化过程（Acidification process of rainfall）

前面已经讲到，大气降水的酸度与降水中的酸性和碱性物质的性质（强或弱）以及相对比例有关。那么，这些酸、碱物质又是如何进入降水、如何造成降水酸化的呢？

人们已经公认影响雨水酸度最主要的是 H_2SO_4、HNO_3 和 HCl 三类强酸。它们主要来自人为源和天然源排放的前体 SO_2、NO_x 和 Cl^-，尤以 SO_2 和 NO_x 为主，它们排入大气后经过迁移转化和沉降过程进入了降水，也即降水的酸化涉及大气中颗粒物和气体的雨除及冲刷两个过程。在此，我们着重就微量气体的雨除和冲刷过程及其在两过程中的化学转化做些探讨。

3.5.3.1 云内清除过程(雨除)

大气中存在着 0.1～10μm 范围的颗粒物可作为水蒸气的凝结核，水蒸气在这些颗粒物上冷凝后，通过碰并、聚结等过程进一步成长而形成云滴和雨滴，在云内，云滴相互碰并或与硫酸盐等气溶胶粒子碰并，同时吸收大气气体污染物，在云滴内部发生化学反应，这个过程叫污染物的云内清除或雨除（in-cloud scavenging or rain-out）。

微量气体的雨除取决于气体分子向液滴运动扩散的传质过程和化学反应过程。这些过程包括：气体迁移到液滴表面，气体越过气液界面进入液滴内表面，溶解物种在液滴内表面建立解离平衡，各物种在液滴内迁移，在液滴内反应。SO_2 的雨除过程如图 3-10 所示。

气体分子进入液态水除了与其在水溶液中的溶解度有关外，还与到达平衡的时间有关，而化学转化是雨除过程决定速度的关键的一步，这是因为化学转化速率比气液达平衡的扩散速率要慢得多（Beilke 和 Hales 等）。

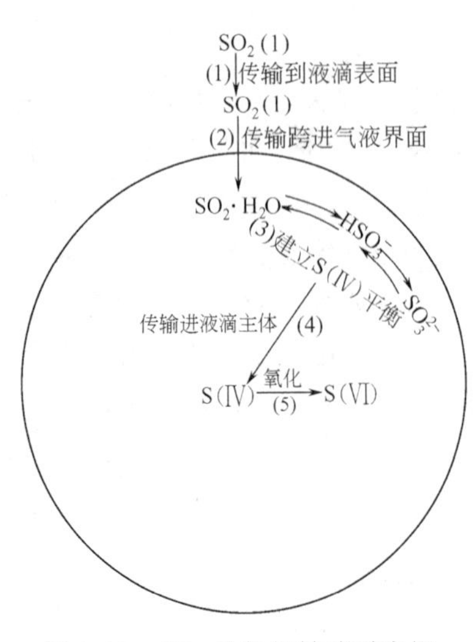

图 3-10 SO_2 从气相转移到液相，并在液相氧化等分过程的示意（Pitts，1986）

液相氧化反应的速率取决于氧化剂的类型和浓度，而污染气体在云滴中的溶解度取决于气相浓度和云滴的pH值。如图中S（Ⅳ）向S（Ⅵ）的氧化转化可通过O_3、H_2O_2和O_2（有催化剂或无催化剂的）的氧化作用，其中O_3、H_2O_2的氧化作用较为重要。

3.5.3.2 云下清除

云滴形成后，有两种可能：

① 水分部分地或全部地再蒸发；

② 形成雨滴下降，在雨滴下落过程中，雨滴冲刷着所经过空气柱中的气体和气溶胶颗粒物，将其带至地面，这个过程称为污染物的云下清除或冲刷（below-cloud scavenging or washout）。

同雨除过程一样，云下清除过程与气体分子同液相的交换速率、气体在水中的溶解度和液相氧化速率以及雨滴在大气中的停留时间等因素有关。

雨滴自身的降落速度μ(m/s) 为

$$\mu=9.58\left\{1-\exp\left[-\left(\frac{R_p}{0.885}\right)^{1.147}\right]\right\}$$

式中 R_p——雨滴粒径，mm。

当雨滴粒径$R_p=2$mm时，$\mu=8.83\text{m}\cdot\text{s}^{-1}$，降落1000m仅需不到2min。通常雨滴主要分布在0.05～2.5mm粒径范围内。因此雨滴在大气中的停留时间很短，故只有一些快速反应，如离子反应，强氧化剂H_2O_2、O_3及重金属离子Mn^{2+}、Fe^{3+}等对S(Ⅳ）的氧化反应才会对雨滴的化学组成产生影响，而大多数的慢反应对雨滴的影响较小。

雨滴对气溶胶粒子有较大的冲刷清除能力，但在0.5～1μm之间有一个清除盲区，降水的冲刷作用对这部分粒子的清除效应很小。

云内和云下清除是污染物降水清除的两个组成部分，它们对降水组成的相对贡献，不同的研究者在不同的地方、不同时间、用不同方法得到不同的结论。雨除对雨水中SO_4^{2-}的贡献一般为25%～68%，冲刷则占32%～75%。从SO_2转化而通过湿沉降去除的SO_4^{2-}占15%～75%，而以SO_4^{2-}形式直接湿沉降去除SO_4^{2-}占25%～85%。

总之，雨除和冲刷过程受大气污染程度和许多环境的参数的影响，这就使得雨除和冲刷的相对重要性在不同地理区域、不同源排放和不同气象条件等情况下有不同的结论。

3.6 平流层化学（Chemistry of Stratosphere）

离地面15～50km范围的大气层，称为平流层。臭氧（O_3）是平流层大气的最关键组分，主要集中在离地面15～35km范围内，形成大约20km厚的臭氧层。众所周知，平流层中O_3的存在对于地球生命物质至关重要，这是因为它阻挡了高能量的太阳紫外辐射到达地球表面，有效地保护了人类免受紫外辐射所造成的危害。实际上臭氧层已成为地球生命系统的保护层。此外，臭氧层的变化还将影响大气运动和全球的热平衡及气候变化。

后来，人们逐渐认识到平流层大气中的一些微量成分，如含氯、含氢自由基、NO_x 等对平流层 O_3 的损耗具有催化作用，而人类的某些活动能直接或间接地向平流层提供这些物种，使平流层 O_3 遭到破坏。1985 年英国科学家 Farman 等在南极 Halley Bay 观测站发现早春时期南极上空 O_3 急剧减少，即形成了所谓的“臭氧洞”（ozone hole），以后几年的观察均表明，每年春季南极上空平流层臭氧均减少 40%～50%，臭氧层空洞已大于美国国土，深度相当于珠穆朗玛峰。大气平流层臭氧的破坏已成为当前人类所面临的重大环境问题之一。本节就平流层臭氧损耗所涉及的一些化学问题作些介绍。

3.6.1 平流层臭氧的基本光化学（Basic photo-chemistry of ozone in stratosphere）

3.6.1.1 Chapman 机理

Chapman 于 1930 年提出了一个平流层臭氧生成和清除的光化学机理，该机理是考虑在纯氧体系进行的，故也称为纯氧机理。

（1）臭氧的生成

该机理认为 O_3 的生成主要发生在离地面 25km 以上的大气中，

$$O_2 + h\nu(\lambda \leqslant 240\text{nm}) \longrightarrow 2O(^3P) \tag{3-5}$$

$$\frac{2O(^3P) + 2O_2 + M \longrightarrow 2O_3 + M}{\text{总反应：} 3O_3 + h\nu \longrightarrow 2O_3} \tag{3-6}$$

（2）臭氧的清除

$$O_3 + h\nu(\lambda \leqslant 300\text{nm}) \longrightarrow O_2 + O(^3P) \tag{3-7}$$

$$\frac{O_3 + O(^3P) \longrightarrow 2O_2}{\text{总反应：} 2O_3 + h\nu \longrightarrow 3O_2} \tag{3-8}$$

式（3-7）并不能真正清除 O_3，因为光解后产生的 O（^3P）会很快与 O_2 结合［式（3-6）］重新生成 O_3。但在此过程中，O_3 吸收了大量的太阳辐射，有效地保护了地球生命免遭过量辐射的危害。真正起 O_3 清除反应的是式（3-8）。1974 年，Johnston 计算发现 45km 以下的平流层中，通过上述清除反应及迁移到对流层的 O_3 仅占 O_3 生成量的 20%左右，由此推测大气中一定还存在着其他更重要的清除 O_3 的机理。

3.6.1.2 催化机理

现代理论认为，平流层中存在着一些微量成分对 O_3 的清除反应起着催化作用。即有物种 X 能将 O 与 O_3 转换成 O_2 而本身不被破坏（消耗）。

$$X + O_3 \longrightarrow XO + O_2$$

$$\frac{XO + O \longrightarrow X + O_2}{\text{总反应：} O_3 + O \longrightarrow 2O_2}$$

已知的物种 X 有 NO_x（NO，NO_2）、HO_x（HO·，HO_2·）、ClO_x（Cl·，ClO·）等，这些活性粒种（催化粒种）在平流层的浓度虽然仅为 10^{-9} 量级，但由于它们以循环的方式进行反应，往往一个活性分子可导致上百、上千乃至上万个 O_3 分子的破坏，因此影响很大。

实际上，平流层中催化循环是很复杂的，含 N、H、Cl 的各种化学物种通过许多光化学反应控制了平流层大气中的 O_3 的分布，且低平流层（<30km）和高平流层（30～50km）

中的化学过程也有不同。

3.6.2 几种重要的催化反应（Some important catalytic reactions）

3.6.2.1 NO_x 的催化反应

（1）NO_x 的来源

平流层中 NO_x（NO、NO_2）的主要天然来源是 N_2O 的氧化。

$$N_2O+O(^1D) \longrightarrow 2NO$$

N_2O 来自地表，由于 N_2O 不溶于水，故在对流层中基本是惰性的。当其经扩散进入平流层后约有 90%的 N_2O 经光解转变为 N_2。

$$N_2O+h\nu(\lambda \leqslant 315nm) \longrightarrow N_2+O(^1D)$$

另有约 2%转变成 NO。NO_x 还有一种较小的天然源，即来自银河系的高能宇宙射线对 N_2 的分解，此过程主要发生在纬度 45°到极地上空 10～30km 的平流层中。

$$N_2+\text{宇宙射线} \longrightarrow 2N$$

$$N+O_2 \longrightarrow NO+O$$

$$N+O_3 \longrightarrow NO+O_2$$

一般地面产生的 NO_x 由于受到对流层降水的有效清除，不易进入平流层，故人类对平流层 NO_x 的直接排放主要是超音速飞机排放的 NO_x。

（2）NO_x 清除 O_3 的主要催化反应

在高平流层中，NO_x 所起的主要催化反应为

$$NO+O_3 \longrightarrow NO_2+O_2$$

$$NO_2+O \longrightarrow NO+O_2$$

$$\text{总反应：} O_3+O \longrightarrow 2O_2$$

在低平流层，因 O 原子浓度低由上述反应生成的 NO_2 易发生光解：

$$NO_2+h\nu \longrightarrow NO+O$$

$$O+O_2 \xrightarrow{M} O_3$$

此反应反而导致了 O_3 的增加，NO_x 对 O_3 清除的催化反应可能还有

$$NO_2+O_3 \longrightarrow NO_3+O_2$$

$$NO_3+h\nu\text{（可见光）} \longrightarrow NO+O_2$$

$$NO+O_3 \longrightarrow NO_2+O_2$$

$$\text{总反应：} 2O_3+h\nu \longrightarrow 3O_2$$

若 NO_2 与 HO・自由基反应生成 HNO_3，则会削弱 NO_x 对 O_3 的破坏性。

$$NO_2+HO\cdot+M \longrightarrow HNO_3+M$$

$$HNO_3+h\nu\ (\lambda<345nm) \longrightarrow HO\cdot+NO_2$$

$$HO\cdot+HNO_3 \longrightarrow H_2O+NO_3$$

生成 HNO_3 的总量主要取决于 HO・自由基的浓度。

平流层中 NO_x 的分布情况为：>25km，主要以 NO 和 NO_2 形式存在；<25km，主要以 HNO_3 形式存在。

目前估计，平流层中 HO・和 NO_2 的浓度大约为 $10\mu L/m^3$，NO、NO_2 和 HNO_3 都是易溶于水的气体，当它们被下沉气流带到对流层时，即迅速被雨水冲刷掉，这是平流层中

NO_x 最重要的汇。

3.6.2.2 HO_x 的催化反应

(1) HO_x 的来源

平流层中含 H· 自由基主要是由甲烷、水蒸气或 H_2 与激发态原子氧 O (^1D) 反应产生的，而 O (^1D) 是由 O_3 的光解产生的。

$$O_3 + h\nu\ (\lambda \leqslant 310\text{nm}) \longrightarrow O_2 + O\ (^1D)$$

$$CH_4 + O\ (^1D) \longrightarrow HO\cdot + \cdot CH_3$$

$$H_2O + O\ (^1D) \longrightarrow 2HO\cdot$$

$$H_2 + O\ (^1D) \longrightarrow HO\cdot + H\cdot$$

(2) HO_x 清除 O_3 的主要催化循环

在低平流层

$$HO\cdot + O_3 \longrightarrow HO_2\cdot + O_2$$

$$HO_2 + O_3 \longrightarrow HO\cdot + 2O_2$$

$$\text{总反应}\quad 2O_2 \longrightarrow 3O_2$$

在高平流层　由于 O (^1D) 的浓度相对较大，所以有

$$HO\cdot + O_3 \longrightarrow HO_2\cdot + O_2$$

$$HO_2\cdot + O \longrightarrow HO\cdot + O_2$$

$$\text{总反应}\quad O_3 + O \longrightarrow 2O_2$$

或

$$H\cdot + O_3 \longrightarrow HO\cdot + O_2$$

$$HO\cdot + O \longrightarrow H\cdot + O_2$$

$$\text{总反应}\quad O_3 + O \longrightarrow 2O_2$$

平流层中 HO_x 的分布为：<40km，主要以 H_2O_2 形态存在；>40km，主要以 HO· 和 H· 自由基存在。

3.6.2.3 ClO_x 的催化反应

(1) ClO_x 的来源

平流层中 ClO_x 的天然来源是海洋生物产生的 CH_3Cl，大部分 CH_3Cl 在对流层中为 HO· 所分解，生成可溶性 Cl^- 后又被降水清除，但仍有小部分 CH_3Cl 则进入平流层。CH_3Cl 能吸收紫外线，放出 Cl·。

$$CH_3Cl + h\nu \longrightarrow Cl\cdot + \cdot CH_3$$

但此来源的 Cl 量很少。

1974 年，Molina 等首先提出，氯氟烃 $CFCl_3$ (CFC-11) 和 CF_2Cl_2 (CFC-12) 是向平流层提供 Cl· 的重要污染源。

(2) ClO_x 消除 O_3 的催化循环

$$Cl\cdot + O_3 \longrightarrow ClO\cdot + O_2$$

$$ClO\cdot + O \longrightarrow Cl\cdot + O_2$$

$$\text{总反应}\quad O_3 + O \longrightarrow 2O_2$$

在平流层中，若 Cl·、ClO· 与 H_2O、NO_2 等形成 HCl 或 $ClONO_2$ 则会减弱 Cl· 对 O_3 的影响。

平流层中 ClO_x 的主要去除机理是生成 HCl，HCl 经扩散进入对流层后即可被降水清除。

综上所述，可见 NO_x、HO_x 及 ClO_x 对 O_3 清除的催化循环有着密切的联系，它们控制了平流层 O_3 的浓度及分布。据美国科学院 1976 年公布的平流层中 O_3 生成和损耗的天然过程可由图 3-11 所示。

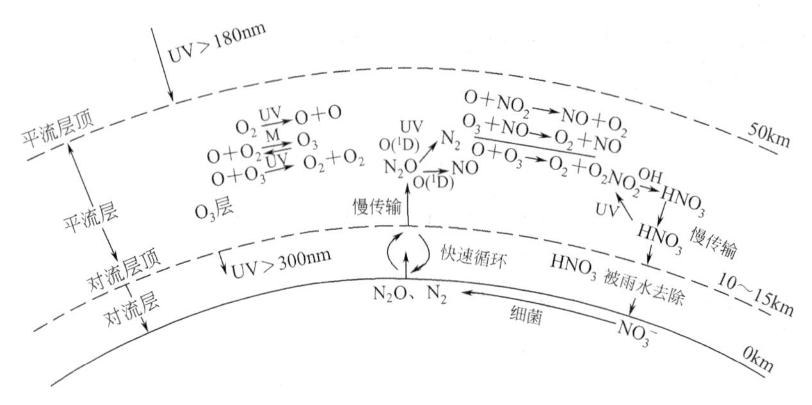

图 3-11 平流层 O_3 生成和损耗的天然过程

（引自 Academy of Science，1976）

上述三个循环中一些预期对 O_3 有重要影响的关键活性物种目前都已观测到，如 O、HO·、HO_2·、NO_2、NO、Cl·和 ClO·，但定量数据则很有限。一些中间体如 HClO、H_2O_2 等尚未得到确切的证实。

3.6.3 人类活动对平流层的影响（Impact of human activities on stratosphere）

人类活动为上述促进 O_3 损耗反应进行的催化剂提供了重要的来源。不少研究表明大气中 N_2O、CO、CH_4、CO_2、CCl_4、CH_3CCl_3 和 CFCs 类化合物的浓度都在不断增加，表 3-17 为美国国家宇航局 1985 年提供的大气中主要污染气体在全球环境中的浓度及年增长率。CFCs、N_2O 和 CH_4 的变化会直接影响平流层 O_3，因为它们在平流层中是奇氯、奇氮和奇氢活性物种的主要来源。

表 3-17 大气中主要污染气体的浓度和年增长率（1985）

气体	大气浓度	浓度的估计年增长率/%	气体	大气浓度	浓度的估计年增长率/%
CFC-11	230pptV	5	CO	时空变化大	1～2(北半球) 0.5～1(南半球)
CFC-12	400pptV	5	CO_2	344ppmV	0.5
CCl_4	125pptV	1	CH_4	1.65ppmV	1
CH_3CCl_3	135pptV	7	N_2O	504ppbV	1.2

注：ppmV、pptV、ppbV 中的 V 表示体积浓度。

3.6.3.1 氯氟烃(CFC)类化合物及其他含氯化合物对平流层 O_3 的影响

1974 年，Sotolarski 和 Cicerone 等将含氯自由基引入了平流层化学模式。其后，Molina 与 Rowland 又提出了 CFC-11（$CFCl_3$）、CFC-12（CF_2Cl_2）等氯氟烃类化合物损耗臭氧层的理论（为此，Molina 等曾获 1995 年诺贝尔化学奖）。CFC 类化合物化学性质稳定，不溶于水，不易被对流层中雨水冲刷清除，其唯一的大气化学反应是在平流层中的光解：

$$CFCl_3 + h\nu\ (185 \sim 227nm) \longrightarrow \cdot CFCl_2 + Cl\cdot$$

$$CF_2Cl_2 + h\nu\ (185 \sim 227nm) \longrightarrow \cdot CF_2Cl + Cl\cdot$$

继续反应，直至释放出全部氯原子，而氯原子则是催化消除 O_3 的一个重要的活性物种，此外，在平流层上层，CFC 化合物又会与由 O_3 光解产生的 O（^1D）作用释放出氯原子：

$$CFCl_3 + O(^1D) \longrightarrow 3Cl\cdot$$

$$CF_2Cl_2 + O(^1D) \longrightarrow 2Cl\cdot$$

在平流层催化反应中一个氯原子可以和 10^5 个 O_3 分子发生链反应，因此，即使排入大气至平流层的 CFC 化合物量极微，也能导致臭氧层的破坏。此外，更由于 CFC 化合物在大气中的寿命极长（几十年至几百年），即使现在停止向大气排放 CFC，过去已排放的量造成 O_3 的损耗仍要持续几十年。曾有人作过计算：若现在排放 CF_2Cl_2 100kg，那么 50 年后尚有 59kg 存在于大气中，100 年后仍有 26kg 存在，可见 CFC 化合物对 O_3 破坏的长期效应是十分严重的。

为了能描述和预测各种卤代烃对臭氧层造成的影响和破坏，已建立了各种化学模式和大气动力学-化学模式。目前在平流层大气研究中一维模式已建立不少，二维模式也已发展，至于三维模式则正在发展中。

如美国 Lawrence Livermore 国家实验室的 LLNL1-D 模式就是一种一维模式。该模式是根据卤代烃以及 N_2O、CH_4 和 CO_2 的排放量或浓度来估算对 O_3 总量的影响，此模式主要用以研究臭氧在垂直分布及总量上随几种微量成分浓度的改变而发生的变化。模式将大气在垂直方向从地面到平流层顶分为 44 层，用下述方程来表示决定物种的大气浓度瞬时的物理和化学过程：

$$\frac{\partial C_i}{\partial t} = \frac{\partial}{\partial}\left[K_z(Z)\rho\frac{\partial}{\partial Z}(C_i\rho)\right] + P_i(C) - L_i(C)C_i + S_i$$

式中 t——时间；

Z——高度；

$K_z(Z)$——一维垂直扩散系数；

ρ——空气密度；

$P_i(C)$和$L_i(C)$——物种 i 的光化学产生项和损失项；

C_i——物种 i 的浓度；

S_i——物种 i 的其他源和汇。

该模式共包括 52 个物种，165 个化学和光解反应，根据各种卤代烃的排放量和大气寿命，模式计算了各自对 O_3 损耗的贡献，其数据如表 3-18 所示。

表 3-18 对 O_3 损耗相对贡献的计算值

化学物质	大气寿命/年	计算的 1985 年的排放量/$\times 10^4$	相对损耗效率	贡献/%
CFC-11	76.5	238	1.00	25.8
CFC-12	138.8	412	1.00	44.7
CCl_4	67.1	66	1.06	7.6
CFC-113	91.7	138	0.78	11.7
CH_3CCl_3	8.3	474	0.10	5.1
Halon-1301(CF_3Br)	100.9	3	11.4	3.7
Halon-1211(CF_2ClBr)	12.5	3	2.7	0.9
CFC-22	22.0	72	0.05	0.4

由表 3-18 可见，对臭氧层损耗影响最大的还是 CFC-11 和 CFC-12。为减少其对 O_3 的破坏，人类正在研究寻找 CFC-11 和 CFC-12 的代用品，如 CFC-21（$CHFCl_2$）、CFC-22

(CHF_2Cl) 和 CFC-134a (CF_3CH_2F) 等，它们与 CFC-11、CFC-12 物理性质相似，分子中含 Cl 较少或不含 Cl，且分子中 C—H 键比 C—Cl 键活性大，在对流层中易发生化学反应而被雨除或在海洋中水解，故可减少对 O_3 层的破坏。

3.6.3.2 氮肥使用对平流层 O_3 的影响

N_2O 是平流层臭氧损耗的重要源分子，主要来自于地球表面土壤和水中微生物对含氮化合物的硝化和反硝化过程。

人类为获取作物高产而大量使用化肥。而施入土壤的氮肥约有 1/3 以上未能被作物吸收，其中大部分通过细菌的反硝化作用而生成 N_2 和 N_2O 释放到空气中。估计目前因氮肥而释放到大气中的 N_2O 每年将达到 1500×10^4t，由此而引起的全球 O_3 损耗在 21 世纪初和末分别将达到 2%和 10% (Crutzen，1977)。

由此可见，人类氮肥及化石燃料的使用将是一个不容忽视的污染源，但目前对全球氮的循环及 N_2O 的源和汇的了解还远远不够，故对这一问题的正确评价还有待于深入研究。

3.6.3.3 超音速飞机排放物对平流层 O_3 的影响

超音速飞机的飞行高度可达 16～20km，在飞行过程中可将大量的 NO_x 和水蒸气直接排放到平流层。

Hainpson (1966) 首先提出，超音速飞机排出的水蒸气将导致 O_3 的损耗。美国运输部自 1971 年秋季起花费了三年时间，对此问题作了详细的研究，据他们的估计，由超音速飞机群向平流层排放 NO_x 的速度可达到每年 1.8×10^6t，即 7.5×10^{26} 分子 · s^{-1}，此速度超过了目前估计的平流层 NO_x 的天然来源 (5×10^{26} 分子 · s^{-1})。据麻省理工学院三维动力学-化学模式计算得出，由此而引起的 O_3 损耗，北半球约为 10%，南半球约为 8%，航线附近约为 25%，此损耗量是相当惊人的。

但后来有人发现在低平流层中 NO_x 反而使 O_3 略有增加，其原因在于 NO_x (主要是 NO) 能消除自由基 $HO_2\cdot$ 和 ClO 等活性物种。

$$NO + HO_2\cdot \longrightarrow HO\cdot + NO_2$$

$$NO + ClO\cdot \longrightarrow Cl\cdot + NO_2$$

从而抑制了 $HO_2\cdot$ 和 $ClO\cdot$ 等对 O_3 的损耗，总的结果是有利于减少低平流层中 O_3 的损耗 (Crutzen，Howard，1978)。

除上述人为排放的污染物外，其他如 CH_4、Br、CO_2 等均对平流层 O_3 有一定的影响。

综上所述，NO_x、HO_x、ClO_x 等活性粒种对平流层 O_3 的含量和分布具有重要的影响，而人类的某些活动又能增加这些活性粒种在平流层中的含量。但由于这些粒种之间的作用，它们对平流层 O_3 的影响很复杂，理论计算的结果与实测结果还不能很好的吻合，因此，平流层臭氧化学的研究还需进一步深入。

鉴于 O_3 层对全球气候、人类及所有地球生物的重要作用，O_3 层的污染将是对全球环境的严重威胁，需引起我们高度的重视。

3.6.4 南极“臭氧洞”问题简介 (Simple introduction of ozone hole in atmosphere of south pole)

3.6.4.1 “臭氧洞”的发现

英国科学家 Farmen 等在 1985 年报道了 Halley Bay 观察站自 1975 年起，每年 10 月份

期间观察到大气总 O_3 的减弱大于 30%，而 1957～1975 年间则变化很小，这一现象引起科学家的极大注意。

1986 年，Stolarski 等根据卫星（Nimbus 7）收集的数据，证实了 1979～1984 年 10 月份在南极地区的确出现了大气总 O_3 的减弱，并且明显超出了由气候引起的变化范围。Angell 发现，在 9、10、11 这三个月中出现了全球性的 O_3 降低，而南极地区最大，与周围相对较高浓度的臭氧相比，好像形成了一个“洞”，于是“臭氧洞”（ozone hole）的现象引起了全世界的高度关注。

除了南极，O_3 层减弱的问题在其他地区也有所发现。Bowman 等在 1986 年报道，在北半球高纬度地区三月份期间的总 O_3 一直在减少。美国国家宇航局（NASA）研究表明：1969～1986 年 17 年间，在北纬 30°～39°地区，O_3 层浓度平均每年减少 2.3%，在北纬 40°～52°地区减少 4.7%，在北纬 53°～64°地区减少 6.2%，从而证实了 O_3 层的破坏已遍及全球的预测。

3.6.4.2 “臭氧洞”形成的化学机理

南极 O_3 洞的成因，目前推测有四种：

① 人为影响，人类活动产生的含氯化合物进入大气层；

② 与太阳活动周期有关的自然现象；

③ 区域性天气动力学过程；

④ 火山活动。

为了解释“臭氧洞”的成因，人们提出了各种各样的化学机理，在此选择几种主要的化学机理作些介绍。

（1）Solomon 机理

$$HO\cdot + O_3 \longrightarrow HO_2\cdot + O_2$$
$$ClO + HO_2\cdot \longrightarrow ClOH + O_2$$
$$ClOH + h\nu \longrightarrow Cl\cdot + HO\cdot$$
$$Cl\cdot + O_3 \longrightarrow ClO\cdot + O_2$$

净反应：$2O_3 \longrightarrow 3O_2$

（2）Molina 机理

$$Cl\cdot + O_3 \longrightarrow ClO\cdot + O_2$$
$$ClO\cdot + ClO\cdot + M \longrightarrow Cl_2O_2 + M$$
$$Cl_2O_2 + h\nu\ (\lambda \leqslant 550nm) \longrightarrow \cdot Cl + ClOO\cdot$$
$$ClOO\cdot + M \longrightarrow Cl\cdot + O_2 + M$$

净反应：$2O_3 \longrightarrow 3O_2$

（3）McElroy 机理

$$Cl\cdot + O_3 \longrightarrow ClO\cdot + O_2$$
$$Br\cdot + O_3 \longrightarrow BrO\cdot + O_2$$
$$ClO\cdot + BrO\cdot \longrightarrow Cl\cdot + Br\cdot + O_2$$

净反应：$2O_3 \longrightarrow 3O_2$

Solomon 和 McElroy（1986）还注意到南极平流层气溶胶的增长和 O_3 的减少有很强的相关性，由此又提出水滴表面的非均相反应加速破坏 O_3 的催化机理。

3.6.4.3 “臭氧洞”形成的动力学机制

1986年，Tung等提出O_3层减少的主要原因是低平流层中动力学循环的变化，他们认为气流的输送会将对流层上层空气带到平流层，从而使低平流层的O_3量降低。

Stolarski等（1986）也认为大气总O_3的短期变化不是由光化学过程所控制的，而是由动力学过程控制的。因为，在30km以上O_3的光化学寿命很短，足以导致光化学过程控制O_3的含量，在25km以下，O_3的光化学寿命较长，以致O_3的含量由动力学过程控制。在高、低平流层间存在着过渡区，此区中光化学过程和动力学过程同样重要。随着环流向极地移动，过渡区域的高度增加，这意味着O_3量的短期变化是由动力学控制。

但从长期来看，光化学过程的累积效应即使在动力学过程中也会影响总O_3的量，也即全球O_3量只能由光化学所控制。

总之，O_3洞形成的机理至今还不十分明了，一些研究人员已注意到20世纪70年代末期以来低平流层上温度的下降与O_3减少的时期相同，相当明显。因此，研究O_3的化学、平流层云、温度之间的相互关系，对于弄清O_3层损耗问题是有帮助的。

3.6.4.4 O_3浓度的全球趋势

1988年，Bowman根据卫星（Nimbus 7）测得的数据，计算了1979～1986年8年期间总O_3的全球平均值，发现8年来全球总O_3值降低了约5%。

O_3的减少与纬度有很强的相关性，但季节相关性不很明显，在赤道附近季节变化小，极地附近季节变化大，图3-12中给出了1979～1986年O_3减少百分数随纬度的分布。可见，O_3的减少是随着纬度的增大而增大，极地时达到最大，南半球O_3下降速率高于北半球，这可能与大气环流有关。

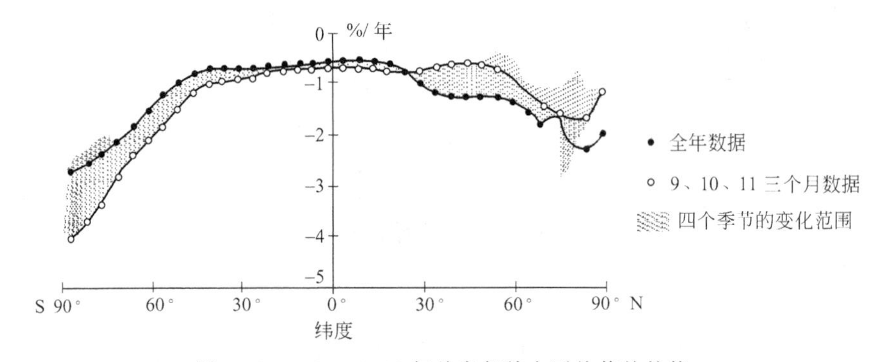

图3-12 1979～1986年总臭氧纬向平均值的趋势

上述数据也说明O_3的减少并非只是南极局部才有，而是全球性的现象，但仍无法判别该现象是化学过程还是动力学过程，是天然减少还是人为影响。由于近年的O_3降低值与Dobson监测网观察到的20世纪60～70年代O_3的增加值数量级相同，因此，不能排除这是平流层总环流的长期扰动的自然现象。

1988年5月，美极地O_3工作小组报道了在北极上空也观察到春季O_3损耗的迹象。O_3的损耗速率为1.6%/年（2月份最高为2.4%/年），此外，在热带也发现存在着O_3损耗在增强的区域。1983年起，中纬度地区似乎也发生了O_3衰减，为全球性的O_3降低增加了贡献。

目前，还没有一个模式能预测或解释由天然源或人为源造成的如此大规模的O_3降低，因此还需进行更深入、更广泛的研究来解释1978～1986年期间O_3的全球性变化过程，为O_3损耗机理提供更科学的理论。

3.7 大气污染的控制化学（Controlling Chemistry of Air Pollution）

大气污染的控制和治理是一个牵涉面很广的问题，涉及多学科的工程技术、社会经济及管理水平等各方面的因素。从20世纪60年代起，许多国家相继开展大气污染防治的研究，对含硫化合物、氮氧化物、烟尘等主要大气污染物进行了治理研究和工程实践，已初步形成了大气污染防治工程体系。本节就主要大气污染物控制及治理工程中涉及的化学机理等作些介绍。

3.7.1 含硫化合物的控制化学（Controlling chemistry of sulfur oxides）

人类活动排放大气的SO_2，80%以上来源于化石燃料（主要为煤和石油）的燃烧。故这里仅讨论燃烧烟气中含硫化合物治理所涉及的化学问题。

目前，国内外常用的烟气脱硫方法按其工艺大致可分为三类：湿式抛弃工艺、湿式回收工艺和干法工艺。各种具体的烟气脱硫方法详见表3-19。

表3-19 烟气脱硫方法比较

工艺	方法	操作方式	活性组分	主要产物
湿式抛弃工艺	石灰/石灰石法	浆液吸收	CaO、$CaCO_3$	$CaSO_3/CaSO_4$
	钠碱法	Na_2SO_3溶液	Na_2CO_3	Na_2SO_4
	双碱法	Na_2SO_3溶液，由CaO或$CaCO_3$再生	$CaCO_3/Na_2SO_3$或$CaO/NaOH$	$CaSO_3/CaSO_4$
	加镁石灰/石灰石法	$MgSO_3$溶液，由CaO或$CaCO_3$再生	$MgO/MgSO_4$	$CaSO_3/CaSO_4$
湿式回收工艺	氧化镁法	$Mg(OH)_2$浆液	MgO	15% SO_2
	钠碱法	Na_2SO_3溶液	Na_2SO_3	90% SO_2
	柠檬酸盐法	柠檬酸钠溶液	H_2S	硫磺
	氨法	氨水	NH_4OH	硫磺(99.9%)
	碱式硫酸铝法	$Al_2(SO_4)_3$溶液	Al_2O_3	硫酸或液体SO_2
干法工艺	碳吸附法	400K吸附，与H_2S反应生成S，与H_2反应生成H_2S	活性炭/H_2	硫磺
	喷雾干燥法	Na_2CO_3溶液或熟石灰溶液吸收	$Na_2CO_3/Ca(OH)_2$	Na_2SO_3/Na_2SO_4或$CaSO_3/CaSO_4$

3.7.1.1 石灰/石灰石法烟气脱硫

(1) 石灰/石灰石洗涤法

石灰/石灰石洗涤法是应用最广泛的湿式烟气脱硫技术，美国约有87%的烟气脱硫采用此方法。该技术最早由英国皇家化学工业公司提出。该脱硫工艺中，烟气经石灰/石灰石浆液洗涤后，其中的SO_2与浆液中的碱性物质发生化学反应生成亚硫酸盐和硫酸盐。浆液中的固体（包括燃煤飞灰）连续地从浆液中分离出并沉淀下来，沉淀池上清液经补充新鲜石灰或石灰石后循环至洗涤塔。其总化学反应式分别为

$$CaCO_3 + SO_2 + 2H_2O \longrightarrow CaSO_3 \cdot 2H_2O + CO_2 \uparrow$$

$$CaO + SO_2 + 2H_2O \longrightarrow CaSO_3 \cdot 2H_2O$$

涉及的化学反应机理及反应历程如表 3-20 所示。其关键的步骤是钙离子的形成，因为 SO_2 正是通过钙离子与 HSO_3^- 的化合而得以从溶液中除去。该关键步骤也突出了石灰系统和石灰石系统的一个极为重要的区别：石灰石系统中，Ca^{2+} 的产生与 H^+ 浓度和 $CaCO_3$ 的存在有关；而在石灰系统中，Ca^{2+} 的产生仅与石灰的存在有关。因此，石灰石系统操作时的 pH 值较石灰系统为低。美国 EPA 的实验结果表明，石灰石系统的最佳操作 pH 值为 5.8～6.2，而石灰系统的最佳 pH 值约为 8。

影响 SO_2 吸收效率的其他因素包括：液/气比、钙/硫比、气体流速、浆液 pH 值、浆液的固体含量、气体中 SO_2 的浓度以及吸收塔结构等。试验证明，采用石灰作吸收剂时液相传质阻力很小，而用 $CaCO_3$ 时，固、液相传质阻力就相当大。尤其是采用气-液接触时间较短的吸收洗涤塔时，采用石灰系统较石灰石系统优越。

表 3-20 石灰/石灰石法烟气脱硫的化学反应机理

吸收剂	$CaCO_3$	CaO
反应机理	$SO_2(g)+H_2O \longrightarrow H_2SO_3$ $H_2SO_3 \longrightarrow H^+ + HSO_3^-$ $H^+ + CaCO_3 \longrightarrow Ca^{2+} + HCO_3^-$ $Ca^{2+} + HSO_3^- + 2H_2O \longrightarrow CaSO_3 \cdot 2H_2O + H^+$ $H^+ + HCO_3^- \longrightarrow H_2CO_3$ $H_2CO_3 \longrightarrow CO_2 + H_2O$	$SO_2(g)+H_2O \longrightarrow H_2SO_3$ $H_2SO_3 \longrightarrow H^+ + HSO_3^-$ $CaO + H_2O \longrightarrow Ca(OH)_2$ $Ca(OH)_2 \longrightarrow Ca^{2+} + 2OH^-$ $Ca^{2+} + HSO_3^- + 2H_2O \longrightarrow CaSO_3 \cdot 2H_2O + H^+$ $2H^+ + 2OH^- \longrightarrow 2H_2O$

石灰/石灰石法脱硫效果较好，脱硫效率一般为 60%～80%，最高可达 90%以上。但石灰和石灰石法均存在洗涤塔易结垢和堵塞。为防止 $CaSO_4$ 的结垢，在吸收过程中应控制亚硫酸盐的氧化率在 20%以上，且废渣的处理也是一件较麻烦的事情。

(2) 改进的石灰/石灰石法

为提高 SO_2 的去除率，减少废渣的产生量，改进石灰石法的可靠性和经济性，有人提出了添加己二酸或硫酸镁的改进石灰石湿式脱硫法。

己二酸［$HOOC(CH_2)_4COOH$］在洗涤浆液中可作为 pH 值的缓冲剂。己二酸的缓冲作用抑制了气液界面上由于 SO_2 溶解而导致的 pH 值降低，从而使液面处的 SO_2 浓度提高，大大加速了 SO_2 的液相传质。此外，形成的己二酸钙也能降低必需的钙硫比。

添加硫酸镁的目的是为了改进溶液化学性质，使 SO_2 以可溶性盐的形式被吸收，而不是以亚硫酸钙或硫酸钙，减少了结垢的产生。其化学反应机理如下：

$$SO_2(g)+H_2O \longrightarrow H_2SO_3$$

$$H_2SO_3 + MgSO_3 \longrightarrow Mg^{2+} + 2HSO_3^-$$

$$Mg^{2+} + 2HSO_3^- + CaCO_3 \longrightarrow MgSO_3 + Ca^{2+} + SO_3^{2-} + CO_2\uparrow + H_2O \text{（再生）}$$

$$Ca^{2+} + SO_3^{2-} + 2H_2O \longrightarrow CaSO_3 \cdot 2H_2O \text{ (s)}$$

浆液中部分亚硫酸盐氧化为硫酸盐，而得到石膏（$CaSO_4 \cdot 2H_2O$）副产品。

3.7.1.2 双碱法脱硫

双碱法也是为了克服石灰/石灰石法易结垢的弱点、提高 SO_2 的去除率而发展起来的。双碱法采用碱金属盐类（以 Na^+ 盐为主及 K^+、NH_4^+ 等）或其水溶液吸收 SO_2，然后再用石灰或石灰石再生吸收 SO_2 后的吸收液，将 SO_2 以亚硫酸钙或硫酸钙形式沉淀析出，得较高纯度的石膏，再生后的溶液返回吸收系统循环使用。主要化学反应如下。

吸收

$$2SO_2(g)+CO_3^{2-}+H_2O \longrightarrow 2HSO_3^-+CO_2\uparrow$$

$$SO_2(g)+HCO_3^- \longrightarrow HSO_3^-+CO_2\uparrow$$

$$SO_2(g)+2OH^- \longrightarrow SO_3^{2-}+H_2O$$

$$SO_2(g)+OH^- \longrightarrow HSO_3^-$$

用熟石灰再生时，

$$Ca(OH)_2+2HSO_3^- \longrightarrow SO_3^{2-}+CaSO_3\cdot 2H_2O$$

$$Ca(OH)_2+SO_3^{2-}+2H_2O \longrightarrow 2OH^-+CaSO_3\cdot 2H_2O$$

$$Ca(OH)_2+SO_4^{2-}+2H_2O \longrightarrow 2OH^-+CaSO_4\cdot 2H_2O\downarrow$$

用石灰石再生时，

$$CaCO_3+2HSO_3^-+H_2O \longrightarrow SO_3^{2-}+CaSO_3\cdot 2H_2O+CO_2\uparrow$$

$$(x+y)CaCO_3+xSO_4^{2-}+(x+y)HSO_3^-+2H_2O \rightleftharpoons (x+y)HCO_3^-+xCaSO_4\cdot yCaSO_3\cdot 2H_2O\downarrow+xSO_3^{2-}$$

3.7.1.3 氧化镁法脱硫

属湿式回收工艺。采用 pH 值为 8～8.5 的 5% MgO 乳液为吸收剂，吸收 SO_2，生成的 $MgSO_4$ 经加热再生 MgO，再生得到的高浓度 SO_2 则用以生产硫酸或硫黄。工艺过程包括烟气预处理、SO_2 吸收、固液分离及干燥、$MgSO_4$ 再生等。主要化学反应如下。

SO_2 吸收

$$Mg(OH)_2+SO_2(g) \longrightarrow MgSO_3+H_2O$$

$$MgSO_3+H_2O+SO_2(g) \longrightarrow Mg(HSO_3)_2$$

$$Mg(HSO_3)_2+MgO \longrightarrow 2MgSO_3+H_2O$$

$$MgSO_3+1/2O_2 \longrightarrow MgSO_4$$

$$MgO+SO_3 \longrightarrow MgSO_4$$

$MgSO_4$ 再生　适宜的焙烧温度为 933～1143K。

$$C+1/2O_2 \longrightarrow CO$$

$$CO+MgSO_4 \longrightarrow CO_2\uparrow+MgO+SO_2\uparrow$$

$$MgSO_3 \longrightarrow MgO+SO_2\uparrow$$

再生出来的 SO_2(浓度约 10%)经初步净化后，可输送至硫酸(或硫黄)生产单元。

氧化镁法要求预先进行除尘和除氯，并严格控制再生焙烧温度($<1473K$)。此外，工艺过程大约有 8% MgO 流失，造成二次污染。这些因素均限制了该工艺的使用。

3.7.1.4 氨法脱硫

即以氨作为吸收剂吸收 SO_2。与其他碱吸收法相比，其优点是费用低廉，且氨可保留在吸收产物中制成含氮肥料，减少了再生费用。

SO_2 吸收反应为

$$2NH_3+SO_2(g)+H_2O \longrightarrow (NH_4)_2SO_3$$

$$(NH_4)_2SO_3+SO_2(g)+H_2O \longrightarrow 2NH_4HSO_3$$

$(NH_4)_2SO_3$ 对 SO_2 有很强的吸收能力，它是氨法中的主要吸收剂。随着 SO_2 的吸收，NH_4HSO_3 的比例逐渐增大，吸收能力降低，此时需补充氨水将 NH_4HSO_3 转化为 $(NH_4)_2SO_3$。

由于烟气中含有 O_2 和 CO_2，故在吸收过程中还会发生下列副反应：

$$2(NH_4)_2SO_3+O_2 \longrightarrow 2(NH_4)_2SO_4$$

$$2NH_4HSO_3+O_2 \longrightarrow 2NH_4HSO_4$$

$$2NH_3+H_2O+CO_2 \longrightarrow (NH_4)_2CO_3$$

对氨吸收 SO_2 后的吸收液采取不同的处理方法，可回收不同的副产品。主要后续处理方法有热解法、氧化法和酸化法等。生成的副产品主要有硫酸铵、浓 SO_2、单体硫等。

3.7.1.5 喷雾干燥法脱硫

该方法是20世纪70年代中期至末期迅速发展起来的，属干法工艺。其原理是 SO_2 被雾化了的 $Ca(OH)_2$ 浆液或 Na_2CO_3 溶液吸收，同时温度较高的烟气干燥了液滴，形成干固体粉尘。粉尘(主要为亚硫酸盐、硫酸盐、飞灰等)由袋式除尘器或电除尘器捕集。喷雾干燥法是目前唯一工业化的干法烟气脱硫技术。该方法操作简单、无污水产生，废渣量少，能耗低(仅为湿法的1/3～1/2)，故有取代传统湿式洗涤器的趋势。

总反应

$$Ca(OH)_2(s)+SO_2(g)+H_2O(l) \rightleftharpoons CaSO_3 \cdot 2H_2O(s)$$

$$CaSO_3 \cdot 2H_2O(s)+1/2O_2(g) \rightleftharpoons CaSO_4 \cdot 2H_2O(s)$$

涉及的主要反应有

$$SO_2(g) \rightleftharpoons SO_2(aq)$$

$$SO_2(aq)+H_2O \rightleftharpoons H_2SO_4$$

$$H_2SO_4 \rightleftharpoons H^+ + HSO_3^- \rightleftharpoons 2H^+ + SO_3^{2-}$$

$$Ca^{2+}+SO_4^{2-}+2H_2O \rightleftharpoons CaSO_4 \cdot 2H_2O$$

$$Ca^{2+}+SO_3^{2-}+2H_2O \rightleftharpoons CaSO_3 \cdot 2H_2O$$

$$CO_2(g) \rightleftharpoons CO_2(aq)$$

$$CO_2(aq)+H_2O \rightleftharpoons H_2CO_3 \rightleftharpoons H^+ + HCO_3^- \rightleftharpoons 2H^+ + CO_3^{2-}$$

$$Ca^{2+}+CO_3^{2-} \rightleftharpoons CaCO_3(s)$$

后三个反应表明，烟气中 CO_2 会消耗 Ca^{2+}，从而影响本方法的脱硫效果。

3.7.2 含氮化合物的控制化学（Controlling chemistry of nitrogen oxides）

氮氧化物如 NO、NO_2、NO_3 均是重要的大气污染物。其控制方法一般考虑两条途径：一是排烟脱氮，二是控制其产生量。其中排烟脱氮方法可分为干法和湿法两大类，干法主要有催化还原法、吸附法等，属物化方法；而湿法则主要有直接吸收法、氧化吸收法、液相吸收还原法、络合吸收法。这里主要就湿法工艺中的化学机理作些介绍。

3.7.2.1 吸收法处理 NO_x 废气

(1) 水吸收法

当 NO_x 主要以 NO_2 形式存在时，可以考虑用水作吸收剂。水和 NO_2 反应生成硝酸或亚硝酸。

$$H_2O+2NO_2 \longrightarrow HNO_3+HNO_2$$

其中亚硝酸在通常情况下，极不稳定，很快发生分解。

$$3HNO_2 \longrightarrow HNO_3+2NO+H_2O$$

由于 NO 不与水发生化学反应，仅能被水溶解一部分，其溶解度仅为 SO_2 的十分之一，所以被 H_2O 吸收的 NO 量甚微。故为了高效脱除 NO_x，一般需要较长的停留时间使 NO 转化为 NO_2。

(2) 酸吸收法

浓硫酸或稀硝酸均可用于 NO_x 尾气的吸收。用浓硫酸吸收 NO_x 时生成亚硝基硫酸。

$$NO+NO_2+2H_2SO_4(\text{浓}) \longrightarrow 2NOHSO_4+H_2O$$

亚硝基硫酸可用于硫酸生产及浓缩硝酸。

稀硝酸吸收 NO_x 的原理系利用其在稀硝酸(15%~20%)中有较高的溶解度而进行物理吸收。该方法常用来净化硝酸厂尾气，净化效率可达90%。低温和高压有利于 NO_x 的吸收，吸收 NO_x 后的硝酸，经加热用二次空气吹出，吹出的 NO_x 可返回硝酸吸收塔进行吸收，吹除 NO_x 后的硝酸冷却至293K，然后送尾气吸收塔循环使用。

(3) 碱性溶液吸收法

通常采用30%的NaOH溶液或10%~15%的 Na_2CO_3 溶液作为吸收剂吸收净化 NO_x 尾气。其化学反应机理如下：

$$2MOH+NO+NO_2 \longrightarrow 2MNO_2+H_2O$$

$$2MOH+2NO_2 \longrightarrow MNO_3+MNO_2+H_2O$$

式中 M——Na^+、K^+、NH_4^+ 等。

为取得较好的净化效果，可采用氨-碱两级吸收法。首先用氨在气相中与 NO_x 和水蒸气反应，生成白色的 NH_4NO_3 和 NH_4NO_2 雾。反应式为

$$2NH_3+2NO_2+H_2O \longrightarrow NH_4NO_3+NH_4NO_2$$

然后用碱溶液进一步吸收 NO_x，NH_4NO_3 和 NH_4NO_2 将溶解于碱液中。

3.7.2.2 氧化还原法

因NO水溶性极小，故上述方法对 NO_x 的吸收率都不高，而氧化还原法则可以改善吸收过程。$NaClO_2$、高锰酸钾、亚硫酸盐以及尿素等均是可选择的常用氧化还原剂。

在此以亚硫酸铵溶液为例作简要介绍。亚硫酸铵具有较强的还原能力，可将 NO_x 还原为无害的氮气，亚硫酸铵则被氧化成硫酸铵化肥。其反应机理如下：

$$2NO+2(NH_4)_2SO_3 \longrightarrow N_2\uparrow+2(NH_4)_2SO_4$$

$$2NO_2+2(NH_4)_2SO_3 \longrightarrow N_2\uparrow+2(NH_4)_2SO_4+O_2$$

以 N_2O_3 形式存在的少量 NO_x 按下式进行反应：

$$N_2O_3+4(NH_4)_2SO_3+3H_2O \longrightarrow 2N(OH)(NH_4SO_3)_2+4NH_4OH$$

$$N_2O_3+4(NH_4)HSO_3 \longrightarrow 2N(OH)(NH_4SO_3)_2+H_2O$$

$$NH_4HSO_3+NH_4OH \longrightarrow (NH_4)_2SO_3+H_2O$$

NO_x 的氧化度(指 NO_2 在 NO_x 中所占的比例)对吸收效率影响很大。当氧化度在20%~30%之间，吸收效率为50%；氧化度大于50%时，吸收效率可达90%以上。此外，吸收液中 NH_4HSO_3 与 $(NH_4)_2SO_3$ 的比例对吸收效率影响也很大，因为 NH_4HSO_3 对 NO_x 无还原能力，故需向亚硫酸铵溶液中通入氨气以调节 $NH_4HSO_3/(NH_4)_2SO_3<0.1$，才能保持较高的吸收效率。

3.7.3 其他废气污染物的控制化学(Controlling chemistry of other gaseous pollutants)

3.7.3.1 含氟废气的处理

含氟废气净化一般可分为湿法和干法两大类。由于含氟气体易溶于水和碱性溶液，故含氟废气净化湿法为多见。

(1) 水吸收法

HF能溶于水生成氢氟酸。只要保持足够低的温度（19.69℃以下），用水吸收氟化氢，可以得到任意高浓度的氢氟酸。

磷肥工业尾气中产生的四氟化硅，也极易溶于水，生成氟硅酸。

$$SiF_4 + 4H_2O \longrightarrow Si(OH)_4 + 4HF$$

$$SiF_4 + 2HF \longrightarrow H_2SiF_6$$

所以，水吸收法是目前治理磷肥厂含 SiF_4 废气的常用方法。

HF及 SiF_4 被水吸收后得到的氢氟酸和氟硅酸溶液，可进一步回收制取冰晶石或氟硅酸钠。如在处理铝电解厂含氟废气过程中，可加入氢氧化铝与净化系统中低浓度氢氟酸反应生成氟铝酸，然后再加入碳酸钠，生成冰晶石。其主要化学反应如下：

$$Al(OH)_3 + 6HF \longrightarrow H_3AlF_6 + 3H_2O$$

$$2H_3AlF_6 + 3Na_2CO_3 \longrightarrow 2Na_3AlF_6 + 3CO_2 + 3H_2O$$

对于处理磷肥工业尾气产生的溶液，可用氨法回收。

$$H_2SiF_6 + 6NH_4OH + mH_2O \longrightarrow 6NH_4F + SiO_2 \cdot (m+4)H_2O$$

$$12NH_4F + Al_2(SO_4)_3 \longrightarrow 2(NH_4)_3AlF_6 + 3(NH_4)_2SO_4$$

$$(NH_4)_3AlF_6 + 3Na_2SO_4 \longrightarrow 2Na_3AlF_6 + 3(NH_4)_2SO_4$$

$$\text{或}(NH_4)_3AlF_6 + 3NaCl \longrightarrow Na_3AlF_6(\text{冰晶石}) + 3NH_4Cl$$

母液中含有的硫酸铵或氯化铵，还可用石灰乳回收。

$$(NH_4)_2SO_4 + Ca(OH)_2 \longrightarrow 2NH_3\uparrow + CaSO_4 + 2H_2O$$

$$2NH_4Cl + Ca(OH)_2 \longrightarrow 2NH_3\uparrow + CaCl_2 + 2H_2O$$

然后将氨经蒸发、冷凝回收，循环使用。母液也可直接用作肥料。

(2) 碱吸收法

采用 $NaOH$、Na_2CO_3、氨水等碱性物质直接吸收含氟废气，并回收冰晶石。以 Na_2CO_3 吸收较多见。

$$Na_2CO_3 + HF \longrightarrow NaF + NaHCO_3$$

$$2HF + Na_2CO_3 \longrightarrow 2NaF + CO_2\uparrow + H_2O$$

$$6NaF + Al(OH)_3 \longrightarrow Na_3AlF_6(\text{冰晶石}) + 3NaOH$$

其中新生态的 $Al(OH)_3$ 可由偏铝酸钠（$NaAlO_2$）水解产生。

$$NaAlO_2 + 2H_2O \longrightarrow Al(OH)_3 + NaOH$$

水解生成的 $NaOH$ 同 CO_2 反应，又可生成

$$2NaOH + CO_2 \longrightarrow Na_2CO_3 + H_2O$$

3.7.3.2 有机废气的催化燃烧

对于中低浓度的有机废气若直接燃烧处理，则需消耗大量热能，并引发新的环境问题。因此，目前直接燃烧法已逐渐为催化燃烧法所取代。

有机废气的催化燃烧法主要是利用催化剂在低温下实现对有机物的完全氧化。该工艺工作温度低(一般为300～400℃)，能耗少，且净化效率高，操作简便、安全。

催化燃烧法的关键因素是催化剂的选择。目前已有多种可供选择的催化剂：按其活性分，有钯、铂、稀土和过渡金属氧化物催化剂；按其形状分，有无定形颗粒状、球形颗粒状、整体蜂窝状、网状、丝蓬状和透气板状等多种形式的催化剂。催化剂的载体一般以氧化铝和陶瓷为多，此外还有天然沸石、镍铬丝和不锈钢丝等。

汽车尾气一般也采用催化法处理。考虑尾气中主要污染物为 NO_x、HC 和 CO 等，目前已开发出较为成熟的三效催化剂，以同时去除净化上述三种污染物。

习　　题

1. 大气环境化学研究的主要内容及特点是什么？
2. 大气环境化学的研究历史和发展趋势如何？
3. 我国大气环境化学的研究状况及存在问题？
4. 简述地球大气的形成过程。
5. 地球大气分为哪几层？它们各有什么特征？
6. 大气的化学组成如何？哪些组分是我们所感兴趣的，其特点如何？
7. 何谓自由基，有什么特点？
8. 大气中主要的自由基有哪些？其来源和作用是什么？
9. 光化学基本定律有哪些？其内容是什么？
10. 什么叫量子产率？与光化学反应的关系。
11. 光化学反应有哪些主要类型？
12. 已知某化合物化学键的键能为 328 kJ/(mol·λ)，问当吸收波长 λ 为 380nm 的紫外光时，能否引起该化合物光解？
13. 大气中主要的光吸收污染物有哪些？其光吸收特性如何？
14. NO_x 的化学特性如何？主要有哪些转化途径？
15. HC 的转化途径有哪些？
16. 光化学烟雾的特征及形成机机理。
17. 大气中 SO_2 的氧化途径有哪些？
18. 试述 SO_2 液相催化氧化的机理。
19. 何谓气溶胶？气溶胶粒子有哪些理化特征？
20. 气溶胶的来源及去除过程如何？
21. 什么是气溶胶粒子的三模态分布？与来源有何关系？
22. 气溶胶粒子的化学组成如何？试述其污染源识别、推断的方法。
23. 酸雨的判别标准如何？降水的化学组成有哪些？
24. 何谓雨除和冲刷？与降水酸化的关系如何？
25. 平流层 O_3 的生成和消除有哪些机理？
26. 试述 NO_x、HO_x、ClO_x 等催化破坏 O_3 的化学机制。
27. 人类活动是如何造成平流层 O_3 破坏的？
28. 试述臭氧洞可能的形成机理。

第4章　土壤环境化学

土壤是地球表面具有肥力、生长植物的疏松层。对于人类和陆生生物而言，土壤是岩石圈中最重要的部分。与地球直径相比地表土壤的厚度仅为十几厘米，相比之下微乎其微，但正是这薄薄的一层土壤，才使得地球上有了广袤的森林、农田和草原，人类得以从中获取宝贵的生产和生活资源，拥有肥沃的土壤及与之相适宜的气候，对一个国家来说是一笔珍贵的财富。

土壤既是生产食物的场所，同时也是大量污染物的接纳场所，例如化肥、杀虫剂、从工厂排放出的烟雾及其他一些污染物质进入土壤后造成土壤污染，并在循环过程中造成水、大气和生物体污染。

土壤环境化学就是研究化学物质，包括各种污染物进入土壤后的化学行为及影响，污染物在土壤环境中的迁移、转化、降解和累积过程中的化学行为、反应机理、历程和归宿。

4.1　土壤的形成和组成（Formation of Soil and its Composition）

4.1.1　土壤的形成（The formation of soil）

土壤的形成经历了漫长的过程。首先是因火山活动和地壳运动将地壳中的长石、辉石、角闪石、云母等翻到地表上来，这种由高温高压向常温、常压的转变使这些矿石破碎，造成了以更大的接触面积与空气、水相作用，从而加速了风化的过程，形成早期的土壤。

我们知道 H_2O、O_2、CO_2 是和矿石反应的主要物质，所以水解速度、氧化速度及碳化速度决定着矿石的风化速度。然而更重要的是矿石的晶体结构，这是决定风化速度最主要的因素。

以橄榄石为例，其化学组成是（Mg · Fe）SiO_4，晶面上的 Mg^{2+}、Fe^{2+}、SiO_4^{4-} 部分暴露在水、空气中，便有如下反应：

$$(Mg\cdot Fe)SiO_4(s)+4H^+(aq)\longrightarrow Mg^{2+}(aq)+Fe^{2+}(aq)+H_4SiO_4(aq)$$

$$2(Mg\cdot Fe)SiO_4(s)+4H_2O\longrightarrow 2Mg^{2+}(aq)+2OH^-(aq)+Fe_2SiO_4(s)+H_4SiO_4(aq)$$

$$2(Mg\cdot Fe)SiO_4+\frac{1}{2}O_2(g)+5H_2O\longrightarrow Fe_2O_3\cdot 3H_2O(s)+Mg_2SiO_4(s)+H_4SiO_4(aq)$$

风化反应放出来的 Fe^{2+}、Mg^{2+} 被植物吸收，而 $Fe_2O_3\cdot 3H_2O$ 形成新矿，SiO_4^{4-} 可形成硅酸盐，或与别的阳离子形成新矿。部分 Mg^{2+} 随着水迁移，最后到海洋中去。

辉石、闪石、黑云母、石英的结构比橄榄石更致密，所以风化速度也依次减小。水不仅是初步风化的重要因素，也是加深风化的重要因素，这是因为水可以将风化过程中的离子迁出风化位置，从而促使风化反应的进一步进行，同时矿石吸附水分，促使矿石剥落，H^+ 更易与矿石表面接触，加深风化的程度。

我们可以将风化程度分为三个阶段，每个阶段具备的母矿成分不同，表4-1综合了这些情况。

表 4-1　不同风化阶段的代表矿和典型土

风化阶段	代表矿物	典型土壤
早期风化阶段	石膏（岩盐、$NaNO_3$） 方解石（白云石、磷灰石） 橄榄石-角闪石（辉石） 黑云母（海绿石等） 长石（钙长石、正长石等）	遍布世界的所有幼龄土 含有部分黏土和以这些矿为主的细淤泥，沙漠土只含有少量水分且风化程度最浅
中期风化阶段	石英 白云母（伊利云母） 2∶1 型硅酸盐（蛭石水云母） 蒙脱土	以这些矿为主的细淤泥，及温带草原及树林带的黏土成分，产麦区及产玉米区的土
晚期风化阶段	高岭土 水铝矿 赤铁矿（针铁矿、褐铁矿） 锐钛矿（金红石、锆石）	热、湿的赤道区的土，特点是十分贫瘠

可见，岩石的风化为陆地植物的生长提供了基础。再经过根部作用，动植物尸体分解产物以及微生物进一步使原始土壤风化，本身也成为土壤的一部分，逐步形成现代的土壤。

典型的土壤随着深度变化呈现不同的层，如图 4-1 所示。这些层称为“土壤发生层”。层的形成是风化过程所发生的复杂相互作用的结果。如雨水经过土壤渗透的过程中，携带着可溶解物质和胶体固态物质渗透到下层，并在下层沉积；生物过程中，残留生物经过细菌作用分解产生酸性 CO_2、有机酸和复杂的化合物，这些物质也可由雨水携带渗透到下层，并与下层的黏土及其他矿物互相作用，而改变矿物的组成。土壤上层几英寸厚的土称 A 层或表层土。这一层是土壤中生物最活跃的一层，土壤有机质大部分在这一层。在这一层中金属离子和黏土粒子被淋溶得最显著。下一层为 B 层，也称为下层土，它受纳来自上层淋溶出来的有机物、盐类和黏土颗粒物。第三层为 C 层，也称母质层，是由风化的成土母岩构成。母岩层下面为未风化的基岩，常用 D 层表示。

土壤是一个开放体系，与大气圈、水圈及生物圈进行着频繁的物质和能量交换。

4.1.2　土壤的组成（The composition of soil）

土壤是由固相、液相、气相构成的复杂的多相疏松多孔体系，如图 4-2 所示。

土壤固相包括矿物质、有机质和土壤生物。典型可耕性土壤的固相中有机质约占 5%，

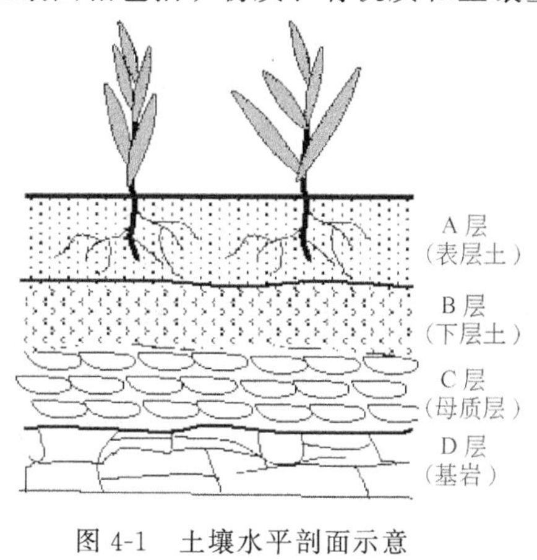

图 4-1　土壤水平剖面示意

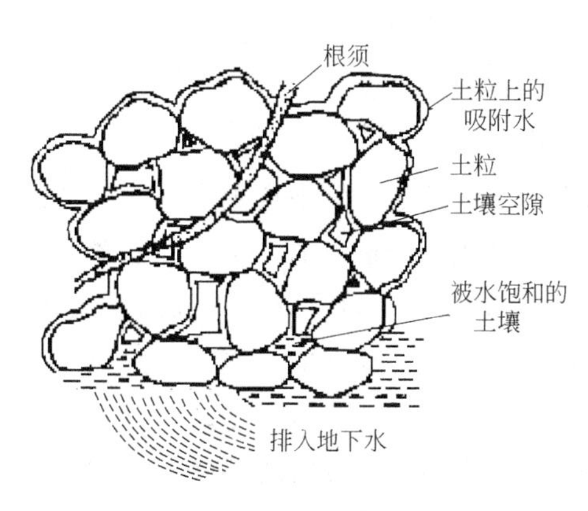

图 4-2　土壤中固、液、气结构

（摘自 S. E. Manahan，2000）

无机物质约占95%；有些土壤像泥炭型土壤，有机质差不多占95%；有些土壤有机质仅为1%。土壤液相是指土壤中水分及其水溶物。土壤气相是指土壤孔隙中所存在的多种气体的混合物。

4.1.2.1 土壤矿物质

土壤矿物质是岩石经物理和化学风化作用形成的。按其成因可分为原生矿物和次生矿物两类。

(1) 原生矿物

岩石经物理风化作用破碎形成的碎屑，即在风化过程中未改变化学组成和结构的原始成岩矿物。土壤中原生矿物主要有四类。

① 硅酸盐类矿物 如长石（$KAlSi_3O_8$）、云母[(KSi_3Al)Al_2O_{10}(OH)]、辉石（$MgSiO_3$）等，它们易风化而释放出K、Mg、Al、Fe等植物所需无机营养物质。

② 氧化物类矿物 如石英（SiO_2）、金红石（TiO_2）、赤铁矿（Fe_2O_3）等稳定而不易风化的物质。

③ 硫化物类矿物 如土壤中通常只含铁的硫化物。即黄铁矿和白铁矿，二者为同质异构体，化学式均为FeS_2，易风化，是土壤中硫元素的来源。

④ 磷酸盐类矿物 如氟磷灰石[$Ca_5(PO_4)_3F$]、氯磷灰石[$Ca_5(PO_4)_3Cl$]、磷酸铁（$FePO_4$）、磷酸铝($AlPO_4$)等，是土壤无机磷的主要来源。

(2) 次生矿物

这类矿物是由原生矿物经化学风化后形成的新矿物，其化学组成和晶体结构均有所改变，因此有晶态和非晶态之分。土壤中次生矿物种类很多，通常可分为三类。

① 简单盐类 如方解石（$CaCO_3$）、白云石（$CaCO_3 \cdot MgCO_3$）、石膏（$CaSO_4 \cdot 2H_2O$）、泻盐（$MgSO_4 \cdot 7H_2O$）、芒硝（$Na_2SO_4 \cdot 10H_2O$）等。

② 三氧化物 如针铁矿（$Fe_2O_3 \cdot H_2O$）、褐铁矿（$2Fe_2O_3 \cdot 3H_2O$）、三水铝石（$Al_2O_3 \cdot 3H_2O$）等，它们是硅酸盐类矿物彻底分解产物，这类次生矿物属非晶态矿物。

③ 次生铝硅酸盐类 土壤中次生铝硅酸盐类主要包括高岭石、伊利石、蒙脱石。它们是由长石等原生硅酸盐矿物在不同的风化阶段形成的，属晶态次生矿物，其结构将在土壤无机胶体中详细介绍。

次生矿物为土壤提供了氧、硅、铝、铁、钠、钾、钙和镁等基本的元素。

4.1.2.2 土壤有机质

土壤有机质是土壤中含碳有机化合物的总称。主要由进入土壤的植物、动物及微生物残体经分解转化逐渐形成的。可分为两类：一类为非腐殖质，约占土壤有机质总量的30%～40%，包括糖类、蜡质、树脂、脂肪、含氮化合物、含磷化合物等；另一类为腐殖质，是由植物残体中稳定性较大的木质素及其类似物，在微生物作用下，部分氧化而形成的特殊有机化合物，约占土壤有机质总量的60%～70%，腐殖质中能溶于碱的部分为腐殖酸（胡敏酸）和富里酸，不溶解部分为腐黑物。土壤有机质一般占土壤总质量的5%左右，其含量虽不高，但有机质对土壤的一系列物理化学性质有很大的影响，对土壤肥力有重要作用。土壤有机质的化学成分及性能见表4-2。

表 4-2 土壤中主要有机物种类

土壤有机质	化合物类型	成 分	性 能
腐殖质	胡敏酸、富里酸、腐黑物	难降解的植物腐烂残余物，含大量的C、H和O	可以丰富土壤的有机组分，改善土壤物理性质，促进营养物质交换、固定和吸附
非腐殖质	脂肪、树脂和蜡质等	可由有机溶剂萃取的类脂化合物	土壤微生物的主要养料
	糖类	纤维素、淀粉、半纤维素、果胶等	土壤微生物的主要食物源
	含氮有机化合物	蛋白质、氨基酸、氨基糖腐殖质等	为土壤生产提供氮肥
	含磷化合物	磷酸酯、磷脂、肌醇、单宁等	植物磷元素的来源

4.1.2.3 土壤溶液

土壤溶液是土壤水分及其所含溶质的总称。存在于土壤孔隙中，土壤孔隙中的水在重力、土粒吸附力、毛细管力等共同作用下，表现出不同的物理状态。据此可将土壤水大致分为下列类型：

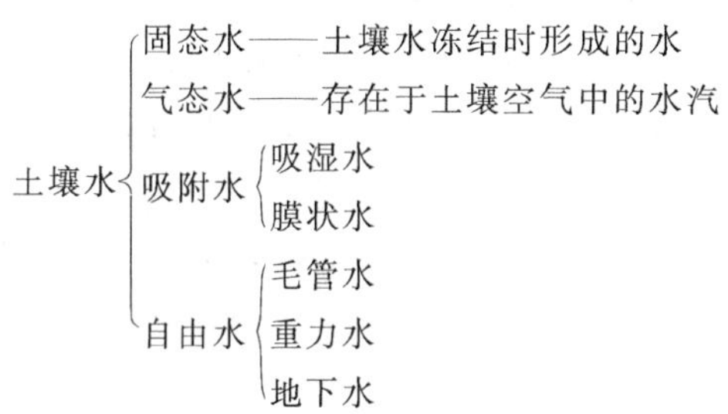

由土壤水分和其中所含水的溶质组成了土壤溶液。土壤溶液的形成是土壤三相间进行物质和能量交换的结果。因此土壤的化学组成非常复杂，常见的溶质有如下几种。

① 可溶性气体　如 CO_2、O_2、N_2，它们的溶解度大小顺序为 $CO_2>O_2>N_2$。

② 无机盐类离子　阳离子有 Ca^{2+}、Mg^{2+}、K^+、NH_4^+、H^+，少量 Fe^{3+}、Fe^{2+}、Al^{3+} 和微量元素离子；阴离子有 HCO_3^-、CO_3^{2-}、NO_2^-、NO_3^-、HPO_4^{2-}、$H_2PO_4^-$、PO_4^{3-}、Cl^-、SO_4^{2-}。

③ 无机胶体　铁、铝、硅水合氧化物。

④ 可溶性有机物　富里酸、氨基酸及各种弱酸、糖类、蛋白质及其衍生物、醇类。

⑤ 配合物　铁、铝有机配合物。

土壤溶液浓度和成分随土壤种类不同而有很大差异。除盐碱土和刚施过肥的土壤外，土壤溶液的溶质浓度一般约为 0.1%～0.4%。

4.1.2.4 土壤空气

土壤空气是土壤的重要组成。土壤空气存在于未被水分占据的土壤孔隙中，它主要来源于大气，其次是产生于土壤内发生的化学和生物过程。土壤空气对土壤微生物活动、营养物质的转化以及植物的生长发育等均有重要作用。因此，它是决定土壤肥力的重要因素之一。

土壤空气的组成和大气的组成大同小异。但略有如下差异：土壤空气是不连续的；湿度较高；由于有机物腐烂，使土壤空气中 O_2 含量较少，而 CO_2 浓度显著偏高；土壤空气中还含有少量 CH_4、H_2S、H_2 等还原性气体，有时还可能产生 PH_3、CS_2 等气体。

4.2 土壤的基本性能 (Basic Capability of Soil)

4.2.1 土壤的吸附作用 (The adsorption of soil)

土壤具有滞留固态、液态及气态物质的能力，称为土壤的吸附性能。土壤的吸附性能与土壤胶体的性质有关。土壤胶体分为无机胶体、有机胶体、无机-有机复合胶体。土壤胶体具有巨大的比表面积和表面电性。比表面积与胶体颗粒的大小和形状有关；表面电性则主要由颗粒表面离子发生同晶置换及表面官能团发生电离而引起，前者产生永久电荷，后者则受pH值的制约。

4.2.1.1 土壤胶体类型

土壤胶体是指土壤中颗粒直径小于2μm，具有胶体性质的微粒。土壤中的黏土矿物和腐殖质都具有胶体性质。土壤的许多重要性质，如保肥、供肥能力、酸碱性质、氧化还原反应等都与土壤胶体有关。

（1）有机胶体

土壤有机胶体主要是腐殖质。腐殖质胶体属非晶态的无定形天然有机物质，具有巨大的比表面积，其范围为 $350m^2 \cdot g^{-1}$ 左右（BET法），由于胶体表面羧基或酚羟基中 H^+ 的电离，使腐殖质带负电荷，并表现出较高的阳离子交换性。

腐殖质中可溶部分化合物称腐殖酸（又称胡敏酸）和富里酸（又称黄腐酸），不溶部分称为胡敏素（又称腐黑物）。腐黑物与土壤矿物质结合紧密，因此对土壤吸附性能的影响不明显。腐殖酸和富里酸的特点是官能团多，通常含有羧基、酚羟基、羟基、羰基、醌基、氨基等官能团，使得胶体带有较大负电量，成为土壤胶体吸附过程中最活跃的部分，具有较高的阳离子吸附量。

腐殖酸和富里酸的主要区别如下。

富里酸既能溶于碱又能溶于酸，因此移动性较强；并有大量的含氧功能团及较大的阳离子交换容量。因此，富里酸对重金属等阳离子有很高的螯合和吸附能力，其螯合物一般是水溶性的，易随土壤溶液运动，可被植物吸收，也可流出土体，进入水、大气等环境介质。

腐殖酸除与一价金属离子（如 K^+、Na^+）形成易溶物外，与其他金属离子均形成难溶的絮凝状物质，使土壤保持有机碳和营养元素，同也吸持了有毒的重金属离子，缓解了对植物的毒害。由此可见，腐殖酸含量高的腐殖质可大大提高土壤对重金属的容量。

（2）无机胶体

无机胶体包括次生黏土矿物和铁、铝、硅等水合氧化物。水合氧化物胶体是岩石矿物在风化、成土过程中释放出硅、铁、铝的氧化物及氢氧化物。在土壤离子交换中具有重要作用。次生黏土矿物主要有蒙脱石、高岭石、伊利石，由硅氧四面体（硅氧片）和铝氧八面体（水铝片）的层片组成，根据构成晶层时两种层片的数目和排列方式不同，黏土矿物通常分为1∶1型和2∶1型两种，高岭石为1∶1型矿物，伊利石、蒙脱石是2∶1型矿物。这些黏土矿物因其具有很大的表面积，对土壤分子态、离子态污染物有很强的吸附能力，是土壤中非常重要的一类无机胶体。

“高岭石”是因产于我国江西省景德镇一个名叫高岭村的地方而得名的，此地盛产一种白色瓷土，其主要成分即为高岭石。高岭石为1∶1型层状硅酸盐矿物，理想化学式为 $Al_4Si_4O_{10}(OH)_8$，亦可写为 $Al_2O_3 \cdot 2SiO_2 \cdot 2H_2O$，其理论化学成分是：$SiO_2$ 46.5%，Al_2O_3 39.53%，H_2O 13.95%，其结构单元层是由 $Al\text{-}O_2(OH)_4$ 八面体片和Si-O四面体片组成，且结构单元层顶底二面的组成不同，一面全由O原子组成，另一面全由OH基团组成。OH原子面与O原子面直接接触，通过氢键紧紧连接，所以晶层内解理（矿物受力时，容易在平行某一晶面方向破裂，这种性质叫作解理）完全而缺乏膨胀性。高岭石的晶体结构示意见图4-3。

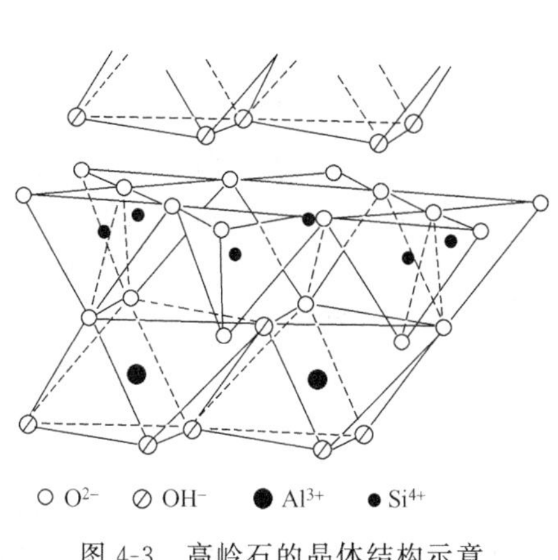

图 4-3 高岭石的晶体结构示意

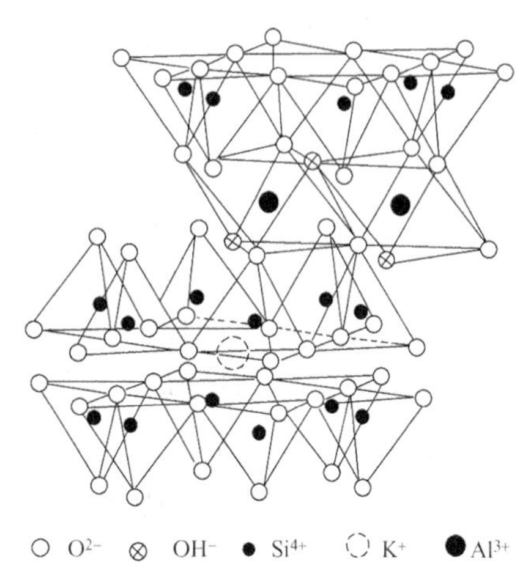

图 4-4 伊利石的结构示意

“伊利石”一词是 Grim、Bradley 和 Brindley 于 1937 年提出的，用来表示细小黏土粒级的云母泥质沉积物。伊利石在沉积岩中是分布最广泛的一类黏土矿物，从结构上讲它属于云母类。伊利石的结构见图 4-4。代表性分子式为：$K_{0.75}(Al_{1.75}R^{2+}_{0.25})Si_{3.50}Al_{0.50}O_{10}(OH)_2$（$R^{2+}$ 为金属离子）。

伊利石属于 2∶1 型层状硅酸盐矿物，不膨胀的二八面体，由于在其硅氧四面体片中广泛存在 Al^{3+}-Si^{4+} 的类质同象置换，同时在少数伊利石的铝氧八面体片中存在 Mg^{2+}-Al^{3+} 等类质同象置换，因此伊利石总是带有一定的净负电荷。由于伊利石带有一定量的净负电荷，因此它总会在层间吸附部分 K^+，并且其层与层之间是靠层间 K^+ 连接起来的。

矿物蒙脱石（Montmorillonite）是 1847 年 A. A. Damour 和 D. Saluetat 在研究法国的 Montmorillonite 黏土时，对其中的含水铝硅酸盐矿物所取的名称。蒙脱石往往是以膨润土矿床的形式产出，因此蒙脱石是膨润土的主要成分。蒙脱石是无机胶体中最重要的一种。

蒙脱石属 2∶1 型的二八面体结构，即两层硅氧四面体一层铝氧八面体组成结构单元层，结构单元层之间由氧层相连。如图 4-5 所示。1978 年 R. E. Grim 和 Guven 提出二八面体蒙脱石的一般晶体化学式为：$(M^{+}_{x+y}\cdot nH_2O)(R^{3+}_{2-y}R^{2+}_{y})[(Si_{4-x}Al_{x})O_{10}](OH)_2$。结构单元层中阳离子的类质同象置换，常使其内部电荷未达平衡，出现一定数量的层电荷，因此会吸附水化或无水化阳离子、极性分子进行补偿，致使层面方向产生膨胀性和分散性。

蒙脱石颗粒端面、层面带有两种不同性质的电荷，裸露在边缘的铝八面体的电荷随

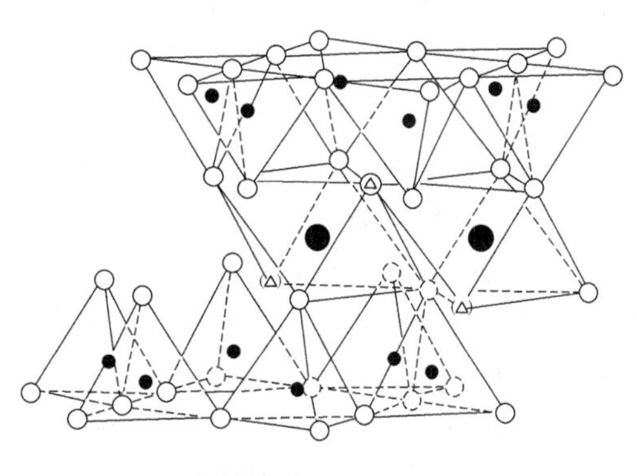

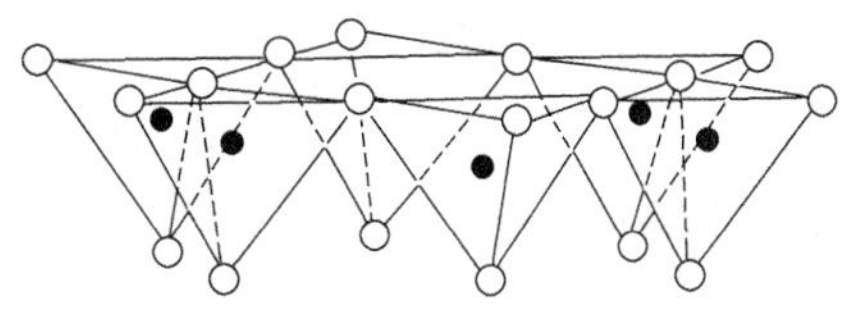

图 4-5 蒙脱石的结构示意

pH 值变化而变化，属可变电荷；而面电荷是由晶格类质同象所致，电荷密度、性质与 pH 值关系不大，属永久性电荷。蒙脱石特殊的结构性质，使它具有很好的阳离子交换性能。

(3) 有机-无机复合胶体

由无机胶体（矿物胶体）和有机胶体（腐殖质胶体）结合而成的一种胶体，其性质介于无机、有机胶体之间。这种结合可能是通过金属离子的桥键，也可能通过交换阳离子周围的水分子氢键来完成。如对蒙脱石与胡敏酸的复合胶体研究发现，腐殖质胶体主要吸附在黏土矿物表面，而未进入矿物的层间。土壤胶体大多为无机-有机复合胶体。

4.2.1.2 土壤胶体的性质

(1) 土壤胶体具有巨大的比表面和表面能

比表面是单位质量（或体积）物质的表面积。表面能是由于处于表面的分子受到的引力不平衡而具有的剩余能量。物质的比表面越大，表面能也越大，因此能够把某些分子态的物质吸附在其表面上。

(2) 土壤胶体表面带有电荷

土壤胶体表面的电荷可分为永久电荷和可变电荷。所带电荷的性质主要决定于胶粒表面固定离子的性质。

通常晶质黏土矿物带有负电荷，主要是由晶格中的同晶置换或缺陷造成的电荷位。如硅氧四面体中四价的硅被半径相近的低价阳离子 Al(Ⅲ)、Fe(Ⅲ)取代，或铝氧八面体中三价铝被 Mg(Ⅱ)、Fe(Ⅱ)等取代，就产生了过剩的负电荷，所产生负电荷的数量取决于晶格中同晶置换的离子多少，与介质 pH 值无关，也不受电介质浓度的影响，为永久电荷。层状黏土矿物中，2∶1 型矿物的永久电荷较多，1∶1 型矿物永久电荷较少。

金属水合氧化物表面是由金属离子和氢氧基组成的，OH^- 暴露于表面。如铁、铝水合氧化物和氢氧化物胶体以及层状铝硅酸盐边角断键裸露部位表面上就存在铝醇（Al-OH)、铁醇（Fe-OH)、硅醇（Si-OH）等，是一种极性的亲水性表面；另外土壤中铁、铝水合氧化物（$Fe_2O_3 \cdot nH_2O$、$Al_2O_3 \cdot nH_2O$）属两性胶体，其电性随土壤 pH 值的变化而变化。原因在于这些胶粒表面裸露着许多—OH，当介质 pH 值变化时，—OH 发生不同方式的电离。当胶体所带正、负电荷相等而失去电性时，介质的 pH 值称为等电点。如 $Al(OH)_3$ 的等电点约为 4.8～5.2，Fe_2O_3 为 3.2。当介质 pH 值大于等电点时，从 OH^- 基中电离出 H^+，使胶粒带负电荷；当介质 pH 值小于等电点时，OH^- 基整个电离，使胶粒带正电荷，此时胶粒会吸附土壤中带负电荷的离子。因此两性胶体在不同酸度条件下可以带负电，也可以带正电，例如 $Al(OH)_3$ 在酸性或碱性介质中可呈不同电荷。

在介质为酸性环境中

$$Al(OH)_3 + H^+ \rightleftharpoons Al(OH)_2^+ + H_2O$$

在介质为碱性环境中

$$Al(OH)_3 + OH^- \rightleftharpoons Al(OH)_2O^- + H_2O$$

当 $Al(OH)_2^+$ 固定在胶核表面，胶体带正电，当 $Al(OH)_2O^-$（或 AlO_2^-）固定在胶核表面，胶体带负电。土壤从酸性到碱性，胶体电荷也随之由正变到负。

(3) 分散性和凝聚性

胶体微粒分散在水中成为胶体溶液称为溶胶；胶体微粒相互凝聚呈无定形凝胶体称为凝

胶。由溶胶凝聚成凝胶的作用称凝聚作用。由凝胶分散成溶胶的作用称为分散作用。

溶胶的形成是由于胶体带有相同电荷和胶粒表面水化膜的存在。相同电荷胶粒电性相斥，水膜的存在则妨碍胶粒的相互凝聚。因此，加入电解质或增大电解质浓度，不但能中和胶粒的电荷，而且使胶粒水化膜变薄，促进胶体发生凝聚。

由于土壤胶体主要是阴离子胶体，它在阳离子作用下凝聚。阳离子对土壤负胶体的凝聚能力随离子价数增高、半径增大而增大。常见阳离子凝聚能力大小顺序为：

$$Fe^{3+} > Al^{3+} > Ca^{2+} > Mg^{2+} > K^{+} > NH_4^{+} > Na^{+}$$

电解质引起胶体凝聚的浓度值称为该电解质的凝聚点或凝聚极限。试验结果表明，二价阳离子的凝聚能力比一价阳离子大25倍，而三价阳离子又比二价阳离子大10倍。

4.2.1.3 土壤的吸附与交换性能

土壤的吸附机理可分为机械阻留和物理吸附、化学反应吸附及离子交换吸附三种类型。

(1) 机械阻留和物理吸附作用

土壤颗粒是具有多孔和较大表面能的体系，处于表面的分子常因受力不均产生剩余力，从而产生表面能。自然界中的物体均有降低其表面能，保持其分散性和系统稳定性的趋势，通常情况下它通过吸附分子态物质，消耗自由能来实现。因此土壤可通过机械阻留或对分子态物质的物理吸附作用阻留各种物质。机械阻留对不溶性颗粒物的作用最显著。

(2) 化学反应吸附

指土壤中可溶物经化学反应转化为沉淀的过程。例如 $Ca(H_2PO_4)_2$ 施入石灰性土壤中生成难溶性的 $Ca_3(PO_4)_2$，或在酸性土壤中与 Al^{3+}、Fe^{3+} 生成 $AlPO_4$ 或 $FePO_4$ 而沉淀。

$$2CaCO_3 + Ca(H_2PO_4)_2 = Ca_3(PO_4)_2\downarrow + 2H_2O + 2CO_2\uparrow$$

$$Al^{3+} + PO_4^{3+} = AlPO_4\downarrow$$

化学吸附通常是一种化学固定作用，通过化学吸附一方面防止养分流失，但也降低养分的效力；另一方面对于重金属起净化作用。

(3) 离子交换吸附

土壤胶粒带有电荷，并具有双电层结构，因此具有从土壤溶液中吸附和交换同号离子的能力。根据土壤胶粒所带电荷不同分为阳离子交换吸附和阴离子交换吸附。

① 阳离子交换吸附　即土壤胶体所吸附的阳离子和土壤溶液的阳离子进行交换，例如 NH_4Cl 处理土壤，NH_4^+ 将把土壤胶体表面的阳离子取代，例如

$$\boxed{胶核}\cdot M^{n+} + nNH_4^+ \rightleftharpoons \boxed{胶核}\cdot nNH_4^+ + M^{n+}$$

M^{n+} 表示 Al^{3+}、Fe^{3+}、Ca^{2+}、Mg^{2+}、K^+、Na^+、H^+ 等离子，反应中 NH_4^+ 进入胶核的过程称为交换吸附；而 M^{n+} 被置换进入溶液的过程称为解吸作用。交换反应在阳离子间等当量进行，反应是可逆过程，可以用可逆平衡关系来表示反应进行的程度。

土壤胶体吸附的交换性阳离子除 K^+、Na^+、Ca^{2+}、Mg^{2+}、NH_4^+ 等离子外，还有 H^+ 及 Al^{3+}。阳离子交换量（cation exchange capacity）是上述交换阳离子的总和。H^+ 及 Al^{3+} 虽非营养元素，但它们对土壤的理化性质和生物学性质影响很大，对重金属在土壤中的净化作用也有直接关系。上述离子中，K^+、Na^+、Ca^{2+}、Mg^{2+}、NH_4^+ 称为盐基离子。

在吸附的全部阳离子中，盐基离子所占的百分数称为盐基饱和度。

$$盐基饱和度=\frac{交换盐基离子总量(mmol/100g\ 土)}{阳离子交换总量(mmol/100g\ 土)}\times 100\%$$

当土壤胶体吸附的阳离子全部是盐基离子时呈盐基饱和状态，称为盐基饱和土壤。吸附阳离子除盐基离子外，还有 H^+ 及 Al^{3+}，土壤呈盐基不饱和状态，称盐基不饱和土壤。盐基饱和度大的土壤，一般呈中性或碱性；盐基离子以 Ca^{2+} 为主，土壤呈中性或微碱性；以 Na^+ 为主，呈较强碱性；盐基饱和度小则呈酸性。正常土壤的盐基饱和度一般保持在70%～90%为宜。

通常较高交换量和盐基饱和度的土壤不但能固定养分，还能不断解吸供应养分，使土壤具有良好的保肥与供肥性能。对于重金属的轻度污染也有良好的净化作用而不破坏土壤本身的结构、改变土壤的物理化学性质。

② 阴离子交换吸附　已经指出土壤胶体主要带负电，但在酸性土壤中，也有带正电的胶体，因而能进行阴离子交换吸附。

阴离子交换和阳离子交换一样，也是可逆过程，服从质量作用定律。但是土壤阴离子交换时，常伴随有化学固定作用，因此不像阳离子交换有明显的当量交换关系。例如

$$\boxed{土壤胶核}\begin{matrix}-OH\\-OH\\-OH\end{matrix}+KH_2PO_4\longrightarrow\boxed{土壤胶核}\begin{matrix}-O\\-O\\-O\end{matrix}\!\!>P{=}O+KOH+2H_2O$$

$$Ca(H_2PO_4)_2+2Ca(HCO_3)_2\longrightarrow Ca_3(PO_4)_2\downarrow+4H_2O+4CO_2\uparrow$$

$$Fe^{3+}+PO_4^{3-}\longrightarrow FePO_4\downarrow$$

$$Al^{3+}+PO_4^{3-}\longrightarrow AlPO_4\downarrow$$

土壤中常见阴离子交换吸附能力的强弱可以分成：

① 易被土壤吸收同时产生化学固定作用的阴离子　$H_2PO_4^-$、HPO_4^{2-}、PO_4^{3-}、SiO_3^{2-}及某些有机酸阴离子；

② 难被土壤吸附的阴离子　Cl^-、NO_3^-、NO_2^-；

③ 介于上面两类之间的阴离子　SO_4^{2-}、CO_3^{2-} 及某些有机离子。

离子被土壤吸附的顺序为：$C_2O_4^{2-}>C_6O_7H_5^{3-}>PO_4^{3-}>SO_4^{2-}>Cl^->NO_3^-$。

自然界中，土壤的吸附作用是依靠土壤中的无机和有机成分的电性和土壤胶体产生静电引力、形成氢键、离子交换及络合等作用进行的。

4.2.2　土壤的酸碱性（The acid-base property of soil）

土壤的酸碱性是土壤的重要理化性质之一，土壤的酸碱性受土壤微生物的活动、有机物的分解、营养元素的释放和土壤中元素的迁移、气候、地质、水文等因素的影响。

土壤的酸碱度可以划分为九级，见表 4-3。

表 4-3　土壤的酸碱度分级

pH	土壤的酸碱度	pH	土壤的酸碱度	pH	土壤的酸碱度
<4.5	极强酸性土	6.0～6.5	弱酸性土	7.5～8.5	碱性土
4.5～5.5	强酸性土	6.5～7.0	中性土	8.5～9.5	强碱性土
5.5～6.0	酸性土	7.0～7.5	弱碱性土	>9.5	极强碱性土

各种植物都有各自适合的酸碱范围，超过这一范围，生长受阻。

二氧化碳溶于土壤溶液所形成的碳酸、有机物分解所产生有机酸和某些无机酸为土壤提供的 H^+ 以及 Al^{3+} 水解产生的 H^+ 也是土壤酸性的重要来源；此外 NH_4^+ 的硝化过程，也会产生 H^+。土壤的碱性主要来自土壤溶液中的碳酸钠、碳酸氢钠、碳酸钙的水解以及胶粒表面交换性 Na^+ 与水中 H^+ 交换产生的 OH^-。

4.2.2.1 土壤的酸度

根据氢离子存在的形式，土壤酸度可分为活性酸度和潜性酸度两类。

(1) 活性酸度

又称有效酸度，由土壤溶液游离 H^+ 所引起的，酸度大小取决于溶液中的 $[H^+]$，常用 pH 值表示。

土壤空气中二氧化碳（CO_2）溶于水生成的碳酸（H_2CO_3）、有机质的累积和分解过程中产生的有机酸以及土壤中的某些无机肥料，如硫酸铵、硝酸铵等在化学和生物化学转化过程中产生的无机酸，如硫酸（H_2SO_4）、硝酸（HNO_3）、磷酸（H_3PO_4）等是土壤溶液中氢离子的主要来源。此外，大气污染形成的酸沉降（H_2SO_4，HNO_3）也是土壤活性酸的重要来源。

(2) 潜性酸度

土壤胶体所吸附的可交换性 H^+ 和 Al^{3+} 所产生 H^+ 总称为潜性酸度（包括交换酸和水解酸）。这些致酸离子只有在一定条件下才显酸性，因此，称为潜性酸。土壤潜性酸度通常用 100g 烘干土中氢离子的摩尔数表示。根据测定土壤潜性酸度所用提取液的不同，可把潜性酸分为交换酸和水解酸。

① 交换酸　常用过量的中性盐类（KCl、NaCl 或 $BaCl_2$）溶液与土壤胶体发生交换，将 H^+ 及 Al^{3+} 交换转入溶液所表现的酸度称为交换酸。

$$\boxed{\text{土壤胶体}}-H^+ + KCl \rightleftharpoons \boxed{\text{土壤胶体}}-K^+ + HCl$$

$$\boxed{\text{土壤胶体}}\equiv Al^{3+} + 3KCl \rightleftharpoons \boxed{\text{土壤胶体}}\begin{matrix} / K^+ \\ -K^+ \\ \backslash K^+ \end{matrix} + AlCl_3$$

$$AlCl_3 + 3H_2O \rightleftharpoons Al(OH)_3 + 3HCl$$

胶粒上吸附的 H^+、Al^{3+} 转移到溶液后生成的 H^+ 表现的酸性通常称交换酸，但用中性盐往往不足以把胶粒中吸附的 H^+ 全部交换。

② 水解酸　当用弱酸强碱盐(NaAc)溶液处理土壤时，交换的 H^+ 所表现的酸性称为水解酸。使用 NaAc 作浸提液，交换出来的 H^+ 与 Ac^- 生成弱电离的 HAc，因而提高 Na^+ 交换 H^+ 的能力，所以一般水解酸度大于交换酸度。

$$\boxed{\text{土壤胶体}}-H^+ + NaAc \rightleftharpoons \boxed{\text{土壤胶体}}-Na^+ + HAc$$

所得 HAc 用碱滴定，其值即为水解酸度。

现已确认，吸附性铝离子(Al^{3+})是大多数酸性土壤中潜性酸的主要来源，而吸附性氢离子则是次要来源。

潜性酸在决定土壤性质上有很大作用，它的改变将影响土壤性质、养分供给和生物的活动。

一般土壤活性酸的$[H^+]$很少，而潜性酸的$[H^+]$较多，因而土壤酸碱性主要取决于潜性酸度。但是潜性酸和活性酸共存于一个平衡系统中，活性酸可以被胶体吸附成为潜在酸，而潜在酸也可被交换，生成活性酸。

$$\boxed{土壤胶体}—Ca^{2+} + 2H^{+}(活性酸) \rightleftharpoons \boxed{土壤胶体}\begin{matrix} / H^{+} \\ — \\ \backslash H^{+} \end{matrix}(潜在酸) + Ca^{2+}$$

4.2.2.2 土壤的碱度

土壤溶液中 OH^{-} 的主要来源是 CO_3^{2-} 和 HCO_3^{-} 的碱金属和碱土金属盐。碳酸盐和重碳酸盐碱度称为总碱度，用中和滴定土壤浸提液的方法测定。不同溶解度的碳酸盐和重碳酸盐对土壤碱性的贡献大小不同，溶解度很小的 $CaCO_3$ 和 $MgCO_3$ 对总碱度的贡献小，而水溶性的 Na_2CO_3、$NaHCO_3$ 对总碱度贡献非常大。土壤碱性主要是由上述碳酸盐和重碳酸盐的水解作用及土壤胶体上交换性 Na^{+} 与水中 H^{+} 进行交换的结果。

$$Na_2CO_3 + 2H_2O = 2NaOH + H_2CO_3$$

$$NaHCO_3 + H_2O = NaOH + H_2CO_3$$

$$2CaCO_3 + 2H_2O = Ca(HCO_3)_2 + Ca(OH)_2$$

$$Ca(HCO_3)_2 + H_2O = Ca(OH)_2 + 2H_2CO_3$$

$$\boxed{土壤胶体}—Na^{+} + H_2O = \boxed{土壤胶体}—H^{+} + NaOH$$

土壤酸碱性影响元素的有效性，土壤中 N、P、K、S、Ca、Mg、Fe 及其他微量元素的有效性受土壤酸碱度变化影响。

土壤无机盐中，氮的溶解度在各种 pH 值时都很大，但有机氮的矿化以 pH 值为 6～8 时最有效。在 pH<6 时，亚硝化细菌被抑制，pH>8 时硝化细菌受抑制，二者都使有效氮供应减少。磷在 pH<6.5 时，土壤胶体的扩散层中，常含有相当数量的吸附性铝离子及少量的铁离子和锰离子。这些离子可以与磷结合，形成难溶的 $FePO_4$、$AlPO_4$ 和锰的化合物，使磷从溶液中沉淀或吸附在黏土的表面，而失去有效性。在 pH 值为 6.5～7.5 时，溶液中 Fe^{3+} 和 Al^{3+} 沉淀减少，土壤中磷主要以 $Ca(H_2PO_4)_2$ 形式存在，溶解度增大，故在 pH 值为 6.5～7.5 时有效性较大。当 pH 值为 7.5～8.5 时，PO_4^{3-} 与 Ca^{2+} 生成难溶的 $Ca_3(PO_4)_2$，溶解度最小。而 K^{+} 在 pH≤5 时，因淋失而使土壤缺钾。pH 值增高，土壤盐基度增大，K^{+} 的有效性增大。

一般植物最适生长的 pH 值在 6～7 之间，但有些植物喜偏酸环境，如茶、马铃薯、烟草等，还有一些植物喜偏碱环境，如甘蔗和甜菜等。

土壤酸碱性还直接或间接影响污染物在土壤中的迁移转化，如影响重金属离子的溶解度，影响污染物氧化还原体系电位，影响土壤胶体对重金属离子的吸附。如镉在酸性土壤中溶解度大，对植物的毒性较大；在碱性土壤中则溶解度减小，毒性降低。又如硅酸胶体对 Cr^{3+} 吸附的最佳 pH 值为 3.5～7。

4.2.3 土壤的氧化还原性（The oxidation and reduction of soil）

土壤中存在着许多有机和无机的氧化还原性物质。这些氧化还原性物质参与土壤氧化还原反应，对土壤的生态系统产生重要影响，此外，土壤养分状况也受到各种氧化还原反应的制约。

参与土壤氧化还原反应的氧化剂有：土壤中氧气、NO_3^- 和高价金属离子，如 Fe(Ⅲ)、Mn(Ⅳ)、V(Ⅴ)、Ti(Ⅳ)等。土壤中的主要还原剂有：有机质和低价金属离子。此外土壤中植物的根系和土壤生物也是土壤发生氧化还原反应的重要参与者。

可将土壤中氧化还原物质分成无机体系和有机体系两大体系。无机体系中有：氧体系、铁体系、锰体系、硫体系和氢体系。有机体系包括不同分解程度的有机物、微生物及其代谢产物、根系分泌物、能起氧化还原反应的有机酸、酚、醛和糖类等。

土壤环境氧化还原作用的强度，可以用氧化还原电位(E_h)度量。土壤的 E_h 值是以氧化态物质和还原态物质的浓度比为依据的。由于土壤中氧化态物质与还原态物质的组成十分复杂，因此计算土壤的氧化还原电位 E_h 很困难，主要以实际测量的土壤氧化还原电位来衡量土壤的氧化还原性。根据实测，旱地土壤的 E_h 值大致为 400～700mV，水田土壤大致为 300～－200mV。通常当氧化还原电位 E_h＞300mV，氧体系起重要作用，土壤处于氧化状况；当 E_h＜300mV，有机质体系起重要作用，土壤处于还原状况。土壤 E_h 值决定着土壤中可能进行的氧化还原反应，因此测得土壤的 E_h 值后，就可以判断该物质处于何种价态。

土壤的氧化还原电位具有非均相性，即在同一片土壤中的不同位置，E_h 值也不同。例如在好氧条件下，土壤胶粒聚集体内部仍可能是厌氧的。因为大气中的氧需要透过土壤溶液再经扩散才能进入聚集体孔隙中，所以仅数毫米差距之间，氧气浓度就有很大的梯度差。

影响土壤氧化还原作用的主要因素有以下几个。

① 土壤通气状况　通气良好，电位升高；通气不良，电位下降。受氧支配的体系其 E_h 值随 pH 值而变化，pH 值越低，E_h 值越高。

② 土壤有机质状况　土壤有机质在厌氧条件下分解，形成大量还原性物质，在浸水条件下 E_h 下降。

③ 土壤无机物状况　一般还原性无机物多，还原作用强。氧化性无机物多，氧化作用强。土壤中氧化铁和硝酸盐含量高，可减弱还原作用，缓和 E_h 值的下降。

④ 根系代谢作用分泌有机酸和土壤生物等参加土壤的氧化还原反应　土壤的氧化还原电位(E_h)高，表明土壤氧化作用强，有机物分解，养料呈氧化态，有效程度高。而且有机物分解强烈，重金属呈高价氧化态参与土壤的迁移过程。

4.2.4　土壤的配合和螯合作用 (The complexation and chelation of soil)

土壤中的有机、无机配体能与金属离子发生配合或螯合作用，从而影响金属离子迁移转化等行为。

土壤中有机配体主要是腐殖质、蛋白质、多糖类、木质素、多酶类、有机酸等。其中最重要的是腐殖质。土壤腐殖质具有与金属离子牢固络合的配位体，如氨基($-NH_2$)、亚氨基($=NH$)、羟基($-OH$)、羧基($-COOH$)、羰基($-C=O$)、硫醚(RSR)等基团。因此重金属与土壤腐殖质可形成稳定的配合物和螯合物。

土壤中常见的无机配体有 Cl^-、SO_4^{2-}、HCO_3^-、OH^- 等，它们与金属离子生成各种配合物。

金属配合物或螯合物的稳定性与配位体或螯合剂、金属离子种类及环境条件有关。

土壤有机质对金属离子的配合或螯合能力的顺序为

$$Pb^{2+} > Cu^{2+} > Ni^{2+} > Zn^{2+} > Hg^{2+} > Cd^{2+}$$

不同配位基与金属离子亲和力的大小顺序为

$$—NH_2 > —OH > —COO^- > —C=O$$

土壤介质的pH值对螯合物的稳定性有较大的影响：

pH值低时，H^+与金属离子竞争螯合剂，螯合物的稳定性较差；

pH值高时，金属离子可形成氢氧化物、磷酸盐或碳酸盐等不溶性化合物。

螯合作用对金属离子迁移的影响取决于所形成螯合物的可溶性。形成的螯合物易溶于水，则有利于金属的迁移，反之，有利于金属在土壤中滞留，降低其活性。

4.3 水土流失（Water and Soil Loss）

水土流失是指在水流作用下，土壤被侵蚀、搬运和沉淀的整个过程。在自然状态下，纯粹由自然因素引起的地表侵蚀过程非常缓慢，常与土壤形成过程处于相对平衡状态，因此坡地还能保持完整。这种侵蚀称为自然侵蚀，也称为地质侵蚀。在人类活动影响下，特别是人类严重地破坏了坡地植被后，由自然因素引起的地表土壤破坏和流失过程加速，即发生水土流失。

4.3.1 水土流失的原因（The reason of water and soil loss）

水土流失是自然现象，其产生的原因既有自然因素，也有人为因素，我们要解决的主要是人为造成的水土流失。

(1) 自然因素

主要有地形、降雨、土壤（地面物质组成）、植被四个方面。

① 地形　地面坡度越陡，地表径流的流速越快，对土壤的冲刷侵蚀力就越强。坡面越长，汇集地表径流量越多，冲刷力也越强。黄土丘陵区地面坡度大部分在15°以上，有的达30°，坡长一般100～200m甚至更长，每年每亩流失5～10t，甚至15t以上。

② 降雨　产生水土流失的降雨一般是强度较大的暴雨，降雨强度超过土壤入渗强度才会产生地表（超渗）径流，造成对地表的冲刷侵蚀。

③ 地面物质组成　质地松软，遇水易蚀，抗蚀力很低的土壤，如黄土、粉砂壤土等易产生水土流失现象。

④ 植被　达到一定郁闭度的林草植被有保护土壤不被侵蚀的作用。郁闭度越高，保持水土的能力越强。黄河中上游黄土高原地区的植被稀少，土壤疏松，暴雨较多，地形破碎，产生了强烈的土壤侵蚀。

(2) 人为因素

人类对土地不合理的利用，破坏了地面植被和稳定的地形，以致造成严重的水土流失，最主要的有两个方面。

① 毁林毁草、陡坡开荒，破坏了地面植被。

② 开矿、修路等基本建设不注意水土保持，破坏了地面植被和稳定的地形，同时，将废土弃石随意向河沟倾倒，造成大量新的水土流失。

4.3.2 水土流失的危害（The harm of water and soil loss）

水土流失广泛分布于我国各省、自治区、直辖市。严重的水土流失导致耕地减少，土地退化，洪涝灾害加剧，生态环境恶化，给国民经济发展和人民群众生产、生活带来严重危害，成为我国头号环境问题。

（1）耕地减少，土地退化严重

近 50 年来，我国因水土流失毁掉的耕地达 4000 多万亩，平均每年近 100 万亩。因水土流失造成退化、沙化、碱化草地约 100 万平方公里，占我国草原总面积的 50%。进入 20 世纪 90 年代，沙化土地每年扩展 2460 平方公里。

（2）泥沙淤积，加剧洪涝灾害

水土流失产生大量泥沙，淤积在江河、湖、库，降低了水利设施调蓄功能和天然河道泄洪能力，加剧了下游的洪涝灾害。黄河流域黄土高原地区年均输入黄河泥沙 16 亿吨中，约 4 亿吨淤积在下游河床，致使河床每年抬高 8～10cm，形成“地上悬河”，对周围地区构成严重威胁。1998 年长江发生全流域性的特大洪水，其主要原因之一就是中上游地区水土流失严重，加速了暴雨径流的汇集过程，降低了水库的调蓄和河道的行洪能力。

（3）影响水资源的综合开发和有效利用，加剧干旱的发展

我国多年农田受旱面积 2.94 亿亩，多数发生在水土流失严重的山丘地区。西北地区水资源相对匮乏，总量仅占全国 1/8，但为了减轻泥沙淤积造成的库容损失，部分黄河干支流水库不得不采用蓄清排浑的运行方式，使大量宝贵的水资源随着泥沙排入黄河。而在下游，平均每年需舍弃 200～300 亿立方米的水资源，用于冲沙入海，降低河床。

（4）生态环境恶化，加剧贫困

水土流失是我国生态环境恶化的主要特征，是贫困的根源。尤其是在水土流失严重地区，地力下降，产量下降，形成“越穷越垦，越垦越穷”的恶性循环。目前全国农村贫困人口 90%以上都生活在生态环境比较恶劣的水土流失地区。

我国是世界上水土流失最严重的国家之一，因此开展水土保持具有悠久的历史，积累了丰富的经验。经过长期不懈的努力，我国水土保持生态建设取得了巨大成就。2002 年以来，水土流失面积不断减少，水土流失治理取得新成绩。最新调查监测结果表明，全国水土流失面积由过去的 367 万平方公里下降到 356 万平方公里，减少 11 万平方公里。水土流失强度也正在开始减轻，2003 年全国 11 条主要江河流域土壤流失量大幅度减少，其中长江和淮河减少 50%左右。

4.4 土壤污染（The Pollution of Soil）

土壤环境依赖自身的组成、功能，对进入土壤的外源物质有一定的缓冲、净化能力。土壤的自净能力取决于土壤中所存在的有机和无机胶体对外源污染物的吸附、交换作用；土壤的氧化还原作用所引起的外源污染物形态变化，使其转化为沉淀、或因挥发和淋溶从土壤迁移至大气和水体；土壤微生物和土壤动植物有很强的降解能力，可将污染物降解转化为无毒或毒性小的物质。但土壤环境的自净能力是有限的，随着现代工农业生产的发展，化肥、农药的大量施用，工业、矿山废水排入农田，城市工业废物等不断进入土壤，并在数量和速度上超过了土壤的承受容量和净化速度，从而破坏了土壤的自然动态平衡，造成土壤污染。因此，土壤污染是指土壤所积累的化学有毒、有害物质，对植物生长产生了危害，或者残留在农作物中进入食物链，而最终危害人体健康。例如日本的“骨痛病”公害事件是由二次大战前上游铅锌冶炼厂的废水污染，造成稻米含镉量增加，人们食用镉米而发病的。

土壤污染化学的发展相对较晚。20 世纪 70 年代前后土壤污染化学的研究重点为重金属元素的污染问题；到 80 年代，主要研究目标转移到有机物质、酸雨和稀土元素等问题上。在金属及类金属元素的研究中，人们最关注的是硒、铅和铝等元素的化学行为；研究内容集中于化学物质在土壤中的转化降解等行为及元素的形态等。

土壤污染的显著特点如下：

① 比较隐蔽，具有持续性、积累性，往往不容易立即发现，通常是通过地下水受到污染、农产品的产量和质量下降，及人体健康状况恶化等方式显现出来；

② 土壤一旦被污染，不像大气和水体那样容易流动和被稀释，因此土壤污染很难恢复，所以要充分认识土壤污染的严重性和不可逆性。

土壤污染可以从以下几个方面来监测和判别：土壤污染调查分析、农业灌溉用水的污染监测、地下水污染和作物生长影响监测等手段来实现。

4.4.1 土壤污染源（The sources of soil pollution）

土壤污染源可分为人为污染源和自然污染源。

(1) 人为污染源

土壤污染物主要是工业和城市的废水和固体废物、农药和化肥、牲畜排泄物、生物残体及大气沉降物等。污水灌溉或污泥作为肥料使用，常使土壤受到重金属、无机盐、有机物和病原体的污染。工业及城市固体废物任意堆放，引起其中有害物的淋溶、释放，可导致土壤污染。现代农业大量使用农药和化肥，也可造成土壤污染，例如，六六六、滴滴涕等有机氯杀虫剂能在土壤中长期残留，并在生物体内富集；氮、磷等化学肥料，凡未被植物吸收利用和未被根层土壤吸附固定的养分，都在根层以下积累，或转入地下水，成为潜在的环境污染物。禽畜饲养场的厩肥和屠宰场的废物，其性质近似人粪尿，利用这些废物作肥料，如果不进行适当处理，其中的寄生虫、病原菌和病毒等可引起土壤和水体污染。大气中的 SO_2、NO_x 及颗粒物通过干沉降或湿沉降到达地面，引起土壤酸化。

(2) 自然污染源

在某些矿床或元素及化合物的富集中心周围，由于矿物的自然分解与风化，往往形成自然扩散带，使附近土壤中某些元素的含量超出一般土壤的含量。

土壤污染可分为化学污染、物理污染和生物污染，其污染源十分复杂。土壤的化学污染最为普遍、严重和复杂。

4.4.2 土壤的主要污染物（The primary contaminants in soil）

土壤污染物种类繁多，总体可分以下几类。

① 无机污染物　包括对动植物有危害作用的元素及其无机化合物，如重金属镉、汞、铜、铅、锌、镍、砷等；硝酸盐、硫酸盐、氧化物、可溶性碳酸盐等化合物也是常见的土壤无机污染物；过量使用氮肥或磷肥也会造成土壤污染。

② 有机污染物　包括化学农药、除草剂、石油类有机物、洗涤剂及酚类等，其中农药是土壤的主要有机物，常用的农药约有 50 种。

③ 放射性物质　如^{137}Cs、^{90}Sr 等。

④ 病原微生物　如肠道细菌、炭疽杆菌、肠寄生虫、结核杆菌等。

土壤污染化学涉及的内容非常丰富，发展也较迅速，限于篇幅，本章重点就土壤中重金属的存在形态及其转化过程、土壤中有毒有机污染物特别是化学农药的降解与转化等环境行为进行探讨。

4.4.3　土壤重金属污染（The heavy metals pollution in soil）

土壤本身均含有一定量的重金属元素，其中有些是作物生长所必需的元素，如 Mn、Cu、Zn 等，而有些重金属，如 Hg、Pb、Cd、As 等则对植物生长是不利的。即使是营养元素，当其使用过量时也会对作物生长产生不利影响。这些重金属进入土壤不能被微生物分解，因此易在土壤中积累，甚至可以转化为毒性较大的烷基化合物。

土壤中的重金属来源主要有：采用城市污水或工业污水灌溉，使其中重金属污染物进入农田；矿渣、炉渣及其固体废物任意堆放，其淋溶物随地表径流流入农田等。

重金属元素多为变价元素，进入土壤的重金属通常以可溶态或颗粒态存在。其存在形态直接影响它们在土壤中的迁移、转化及生态效应。例如重金属对植物和其他土壤生物的毒性，不是与土壤溶液中重金属总浓度相关，而主要取决于游离的金属离子。对镉，则主要取决于游离 Cd^{2+} 浓度，对铜则取决于游离 Cu^{2+} 及其氢氧化物。而大部分稳定配合物及其与胶体颗粒结合的形态则是低毒的。重金属的存在形式不仅与重金属的性质还与土壤环境条件（如土壤的 pH 值、E_h 值、土壤有机和无机胶体的种类、含量）有关。例如稻田灌水时，氧化还原电位明显降低，重金属以硫化物的形态存在于土壤中，不易被植物吸收；当稻田排水时，稻田变成氧化环境，重金属从硫化物转化为易迁移的可溶性硫酸盐，而被植物吸收。

土壤重金属污染的危害主要表现在以下几个方面。

(1) 影响植物生长

实验表明，土壤中无机砷含量达 $12\mu g \cdot g^{-1}$ 时，水稻不能生长；稻米含砷量与土壤含砷量呈正相关。有机砷化物对植物的毒性则更大。

(2) 影响土壤生物群的变化及物质的转化

重金属离子对微生物的毒性顺序为：$Hg^{2+} > Cd^{2+} > Cr^{3+} > Pb^{2+} > Co^{2+} > Cu^{2+}$，其中 Hg^{2+} 对微生物的毒性最强；通常浓度在 $1\mu g \cdot g^{-1}$ 时，就能抑制许多细菌的繁殖；土壤中重金属对微生物的抑制作用对有机物的生物化学降解是不利的。

(3) 影响人体健康

土壤重金属可通过下列途径危及人体和牲畜的健康。

① 通过挥发作用进入大气，如土壤中的重金属经化学或微生物的作用转化为金属有机化合物（如有机砷、有机汞）或蒸气态金属或化合物（如汞、砷化氢）而挥发到

大气中。

② 受水特别是酸雨的淋溶或地表径流作用，重金属进入地表水和地下水，影响水生生物。

③ 植物吸收并积累土壤中的重金属，通过食物链进入人体。

土壤中重金属可通过上述三种途径造成二次污染，最终通过人体的呼吸作用、饮水及食物链进入人体内。应当指出，经由食物链进入人体的重金属，在相当一段时间内可能不表现出受害症状，但潜在危害性很大。

总之，重金属污染不仅影响土壤的性质，还可影响植物生长乃至人类的健康。

4.4.3.1 土壤中重金属的存在形态

重金属在土壤中的存在形态影响着重金属在土壤中的迁移、转化及生物可利用性。由不同途径进入土壤的重金属通常以可溶性离子态或配位离子的形式存在于土壤溶液中，也可以被土壤胶体所吸附或以各种难溶化合物的形态存在。重金属在土壤中以何种形态存在与重金属本身的性质和土壤的环境条件密切相关。土壤环境条件，诸如土壤的 pH 值，E_h 值，土壤有机和无机胶体种类、含量等的差异，均能引起土壤中重金属存在形态的变化，从而影响重金属在土壤中的迁移以及作物对重金属的吸收、富集。因此在讨论重金属对植物和其他土壤生物的毒性时，起决定作用的不是土壤溶液中重金属的总浓度，而是取决于可溶性重金属离子的浓度。

4.4.3.2 主要重金属在土壤中的环境化学行为

不同重金属的环境化学行为和生物效应各异，同种重金属的环境化学和生物效应与其存在形态有关。下面重点讨论土壤中几种常见重金属的环境化学行为。

(1) 汞（Hg）

土壤中汞的背景值很低，为 $0.1 \sim 1.5 \mu g \cdot g^{-1}$。土壤中汞的天然源主要来源于岩石风化。人为源主要来自含汞农药的施用、污水灌溉、有色金属冶炼以及生产和使用汞的企业排放的工业废水、废气、废渣等。来自污染源的汞首先进入土壤表层，95%以上的汞可被土壤吸附固定。汞在土壤中移动性较弱，往往积累于表层。土壤中的汞不易随水流失，但易挥发至大气中，许多因素可以影响汞的挥发。

土壤环境中汞的存在形态可分为金属汞、无机化合态汞和有机化合态汞。

金属汞　在正常的 E_h 值和 pH 值范围内，土壤中汞以零价汞（Hg^0）形态存在。

无机化合态汞　可分为难溶性和可溶性化合态汞。难溶性的主要有 HgS、HgO、$HgCO_3$、$HgHPO_4$、$HgSO_4$，可溶性的有 $HgCl_2$、$Hg(NO_3)_2$ 等。

有机化合态汞　主要有甲基汞（CH_3Hg^+）、二甲基汞[$(CH_3)_2Hg^+$]、乙基汞（$C_2H_5Hg^+$）、苯基汞（$C_6H_5Hg^+$）、烷氧乙基汞（$CH_3OC_2H_4Hg^+$）、土壤腐殖质与汞形成的配合物等。

各种形态的汞在一定的土壤条件下能够相互转化。无机汞之间相互转化的反应有

$$3Hg^0 \xrightleftharpoons{\text{氧化}} Hg_2^{2+} + Hg^{2+}$$

$$Hg_2^{2+} \xrightleftharpoons{\text{歧化}} Hg^{2+} + Hg^0$$

$$Hg^{2+} + S^{2-} \rightleftharpoons HgS$$

$$Hg^{2+} \xrightleftharpoons{\text{土壤微生物}} Hg^0$$

无机汞与有机汞之间的转化为

$$
\begin{array}{ccc}
 & & CH_3OC_2H_4Hg \\
 & & \downarrow \\
(CH_3)_2Hg \xrightleftharpoons{\text{碱}} CH_3Hg^+ \rightleftharpoons & & Hg^{2+} \leftarrow C_6H_5Hg^+ \\
 & & \uparrow \\
 & & C_2H_5Hg^+
\end{array}
$$

汞在土壤中以何种形态存在，受土壤 E_h 值和 pH 值及土壤环境（包括生物环境与非生物环境）等诸多因素影响。例如旱地土壤氧化还原电位较高，汞主要以 $HgCl_2$ 和 $Hg(OH)_2$ 形式存在，当土壤处于还原条件时，汞则以单质汞的形式存在。当旱地的 pH >7 时，汞主要以难溶的 HgO 形式存在。如果土壤溶液中有 Cl^- 等无机配体存在时，可与汞生成多种可溶性配合物，如 $HgCl^+$、$HgCl_2^0$、$HgCl_3^-$ 等。有机汞化合物可以通过生物化学作用转化为无机汞，无机汞（Hg^{2+}）在厌氧或好氧条件下均可通过生物化学途径转化甲基汞。在碱性环境和无机氮存在的情况下，有利于甲基汞向二甲基汞的转化，而在酸性环境中二甲基汞不稳定，可分解为甲基汞。无机汞向有机汞的转化，使原来不能被生物吸收的无机汞转化为脂溶性易被吸收的有机汞化合物，进入食物链并富集，最终对人畜产生危害。

汞化合物进入土壤后，95%以上可被土壤吸附。阳离子态汞（Hg^{2+}、Hg_2^{2+}、CH_3Hg^+）可被黏土矿物和腐殖质吸附，阴离子态汞（$HgCl_3^-$、$HgCl_4^{2-}$ 等）可被带正电荷的氧化铁、氢氧化铁、氧化锰或黏土矿物的边缘所吸附。分子态的汞，如 $HgCl_2$，可被 Fe、Mn 的氢氧化物吸附，$Hg(OH)_2$ 溶解度小，可被土壤机械阻留。各种形态的汞化合物与土壤组分之间具有强烈的吸附作用，除金属汞和二甲基汞易挥发外，其他形式的汞迁移和排出缓慢，易在耕层土壤中积累，不易向水平和垂直方向移动。但当汞与土壤有机质螯合时，会发生一定的水平与垂直方向移动。

汞是危害植物生长的元素。土壤中的汞及其化合物可以通过离子交换与植物的根蛋白进行结合，也可以通过植物叶片的气孔吸收汞。不同化学形态的汞化合物被植物吸收的顺序为：氯化甲基汞>氯化乙基汞>二氯化汞>氧化汞>硫化汞。汞化合物的挥发性愈高、溶解度愈大，愈易被植物吸收。因此有时土壤中汞含量很高，但作物的含汞量不一定高，不同作物对汞的吸收积累能力是不同的，在粮食作物中的顺序为水稻>玉米>高粱>小麦。汞在作物不同部位的累积顺序为：根>叶>茎>籽实。不同类型土壤中，汞的最大允许值亦有差别，如 pH<6.5 的酸性土壤为 0.3μg/g，pH>6.5 的石灰性土壤为 $1.0\mu g \cdot g^{-1}$（如果土壤中的汞含量超过此值，就可能生产出对人体有毒的“汞米”）。

(2) 镉（Cd）

土壤中镉的背景值一般在 $0.01 \sim 0.70\mu g \cdot g^{-1}$ 之间，各类土壤因成土母质不同，镉的含量有较大差别。土壤中镉的人为污染源主要有矿山开采，冶炼排放的废水、废渣，工业废气中镉扩散沉降，农业上磷肥（如过磷酸钙）的使用也可能带来土壤镉污染。

土壤中镉一般以水溶性镉、难溶性镉和吸附态镉存在。

① 水溶性镉　主要以 Cd^{2+} 离子态或以有机和无机可溶性配位化合物形式存在。如 $Cd(OH)^+$、$Cd(OH)_2^0$、$CdCl^+$、$CdCl_2^0$、$Cd(HCO_3)^+$、$Cd(HCO_3)_2^0$ 等，易被植物吸收。

② 难溶性镉化合物　主要以镉的沉淀物或难溶性螯合物的形态存在，如在旱地土壤中镉以 $CdCO_3$、$Cd(OH)_2$ 和 $Cd_3(PO_4)_2$ 形态存在；而在淹水稻田中，镉多以 CdS 的形式存在，因而不易被植物吸收。

③ 吸附态镉化合物　指被黏土或腐殖质交换吸附的镉。土壤中的镉可被胶体吸附，其吸附作用与 pH 值呈正相关。被吸附的镉可被水溶出而迁移，pH 值越低，镉的溶出率越大，即吸附作用减弱。例如 pH 值为 4 时，镉的溶出率大于 50%；pH 值为 7.5 时，镉则很难溶出。

镉是危害植物生长的有毒元素。土壤生物对镉有很强的富集能力，极易被植物吸收。同时只要土壤中镉含量稍有增加，植物体内镉含量也会随之增加，这是土壤镉污染的一个重要特点。

镉的化合物进入土壤后，极易被土壤吸附，以吸附态蓄积在土壤中。大多数土壤对镉的吸附率在 80%～95%之间，土壤对镉的吸附与土壤胶体性质有关，与所含有机质的含量成正相关。

植物对镉的吸收及富集取决于土壤中镉的含量和形态、镉在土壤中的活性及植物的种类。水稻盆栽实验表明：土壤含镉为 $300\mu g \cdot g^{-1}$ 时，水稻生长受到比较明显影响；土壤含镉为 $500\mu g \cdot g^{-1}$ 时，严重影响水稻生长发育。同时植物对镉的吸收还受其化学形态的影响。例如水稻对三种无机镉化合物的吸收累积顺序为：$CdCl_2 > CdSO_4 > CdS$，不同种类的植物对镉的吸收累积也存在差异，就玉米、小麦、水稻、大豆而言，吸收量依次是玉米＞小麦＞水稻＞大豆。同一作物，镉在体内各部位的分布也不均匀，其含量一般为：根＞茎＞叶＞籽实。

镉污染土壤进入食物链，造成对人类健康的威胁，它主要积存在肝、肾、骨等组织中并能破坏红细胞，交换骨骼中的 Ca^{2+} 引起骨痛病。因此在土壤重金属污染中把镉作为研究重点。

(3) 铅（Pb）

土壤中铅的背景值一般为 $15 \sim 20\mu g \cdot g^{-1}$，铅的人为污染源主要有铅锌矿开采、冶炼烟尘的沉降、汽油燃烧和冶炼废水污灌等。

由各种源进入土壤的铅主要以难溶性化合物为主要形态，如碳酸铅（$PbCO_3$）、氢氧化铅［$Pb(OH)_2$］、磷酸铅［$Pb_3(PO_4)_2$］、硫酸铅（$PbSO_4$）等，而可溶性铅的含量很低，因此土壤中铅不易被淋溶，迁移能力较弱，虽主要蓄积在土壤表层，但生物有效性较低。

铅在土壤中的迁移转化受诸多因素的影响。铅能够被土壤有机质和黏土矿物吸附，而且腐殖质对铅的吸附能力明显高于黏土矿物。土壤中铁和锰的氢氧化物，尤其是锰的氢氧化物对 Pb^{2+} 有强烈的专性吸附作用。铅也可与土壤中有机配位体形成稳定的金属配合物或螯合物。一般土壤有机质含量增加，可溶性铅含量降低。

土壤氧化还原电位的升高使土壤中可溶性铅含量降低，原因可能是在氧化条件下，土壤中的铅与高价铁、锰氢氧化物相结合，降低了溶解性；土壤中磷含量增加，由于可溶性铅易沉淀为难溶的磷酸盐，致使可溶性铅含量降低。由于氢离子与其他阳离子竞争有效吸附位的能力很强，而且大多数铅盐的溶解度随着 pH 值降低而增加，因此，在酸性土壤中，可溶性铅含量较碱性土壤高，而且部分被固定的铅也有可能重新释放出来，移动性增大，生物有效性增加。

铅在环境中比较稳定，在重金属元素中，一定浓度的铅对植物的生长不会产生明显的危害。这可能是因为植物从土壤中吸收铅主要是吸收存在于土壤溶液中的溶解性铅，而土壤溶液中的可溶性铅含量一般较低的原因。进入植物体的铅，绝大部分积累于根部，转移到茎、叶、籽粒的铅数量很少。

（4）铬（Cr）

土壤中铬的背景值一般为 20～200μg·g^{-1}，各类土壤因成土母质不同，铬的含量差别很大。土壤中铬的人为污染源主要有冶炼、电镀、制革、印染等行业排放的三废，以及含铬量较高的化肥施用。

土壤中铬以三价和六价两种价态存在。三价铬主要有 Cr^{3+}、CrO_2^-、$Cr(OH)_3$ 等，六价铬以 CrO_4^{2-}、$Cr_2O_7^{2-}$ 的化合物为主要存在形态。土壤中可溶性铬只占总铬量的 0.01%～0.4%。土壤的 pH 值、氧化还原电位、有机质含量等因素对铬在土壤中的迁移转化有很大的影响。由于六价铬需在高氧化还原电位条件下方可存在（如 pH=4 时，$E_h>$ 0.7V)，这样高的电位，土壤环境中不多见，因此六价铬在一般土壤常见 pH 值和 E_h 值范围内，极易被土壤中的有机质等还原为较为稳定的三价铬。其还原率与土壤有机碳含量呈显著正相关。如某土壤有机碳含量为 1.56%和 1.33%时，Cr（Ⅵ）的还原率分别为 89.6%和 77.2%。有机质对 Cr（Ⅵ）的还原作用与土壤 pH 值成负相关。例如当土壤 pH 值为 3.35 或 7.89 时，Cr（Ⅵ）的还原率分别为 54%和 20%。

当三价铬进入土壤时，90%以上迅速被土壤胶体固定，如以六价铬的形式进入土壤，则首先是被土壤有机质还原为三价，再被土壤胶体吸附，从而使铬的迁移能力及生物有效性降低，并使铬在土壤中积累。

土壤中三价铬和六价铬之间能够相互转化，转化的方向和程度主要决定于土壤环境的 pH 值、E_h 值。不同价态铬之间的相互转化可简明表示为

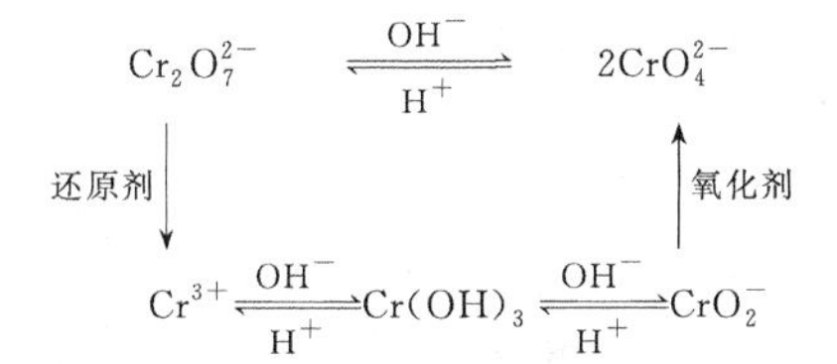

六价铬可被 Fe(Ⅱ)、某些具有羟基的有机物和可溶性硫化物还原为三价铬，而在通气良好的土壤中，三价铬可被二氧化锰和溶解氧缓慢氧化为六价铬。由于六价铬的生物毒性远大于三价铬的毒性，所以三价铬存在着潜在危害。

铬是植物生长所必需的微量元素。低浓度的铬对植物生长有刺激作用。例如土壤中 Cr(Ⅲ) 为 20～40μg·g^{-1} 时，对玉米苗生长有明显的刺激作用；当 Cr(Ⅲ) 为 320μg·g^{-1} 时，则有抑制作用。高浓度铬不仅对植物产生危害，而且会影响植物对其他营养元素的吸收。如当土壤含铬大于 5μg·g^{-1} 时，会影响大豆对钙、钾、磷等的吸收而出现大豆顶部严重枯萎的现象。

水稻栽培试验结果表明，重金属在植物体内迁移顺序为 Cd>Zn>Ni>Ca>Cr。可见铬在土壤中主要被固定或吸附在土壤固相中，可溶性小，使得铬的移动性和对植物的吸收有效性大大降低。因此在土壤重金属元素污染中铬对植物及通过植物进入人体所造成的危害相对较小。

（5）砷（As）

砷虽非重金属，但具有类似重金属的性质，故称其为准金属（或类金属）。土壤中砷的

背景值一般在0.2～40μg·g^{-1}之间。我国土壤平均含砷量约为9μg·g^{-1}。土壤中的砷除来自岩石风化外，主要来自人类活动，如矿山和工厂含砷废水的排放，煤的燃烧过程中含砷废气的排放等。砷曾大量用作农药而造成土壤污染。

砷在土壤中主要有三价和五价两种价态。三价无机砷毒性高于五价砷。砷在土壤中以水溶性砷、吸附交换态砷和难溶性砷三种形态在土壤中存在。

① 水溶性砷　主要为AsO_3^{3-}、$HAsO_3^{2-}$、$H_2AsO_3^-$、AsO_4^{3-}、$HAsO_4^{2-}$、$HAsO_4^-$等阴离子，一般只占总砷量的5%～10%，其总量低于1μg·g^{-1}。

② 吸附交换态砷　土壤胶体对AsO_4^{3-}和AsO_3^{3-}有吸附作用。如带正电荷的氢氧化铁、氢氧化铝和铝硅酸盐黏土矿物表面的铝离子都可吸附含砷的阴离子，但有机胶体对砷无明显的吸附作用。

③ 难溶性砷　砷可以与铁、铝、钙、镁等离子形成难溶的砷化合物，也可与氢氧化铁、铝等胶体产生共沉淀而被固定难以迁移。

土壤中砷常以AsO_4^{3-}、AsO_3^{3-}盐形式存在，三价砷在水中的溶解度大于五价砷，五价砷则易被土壤胶体吸附并固定。因此当土壤处于氧化状况时，砷多以AsO_4^{3-}形式存在，易被土壤吸附固定，移动性减小，危害降低；而当土壤淹水，处于还原状况时，E_h值下降，AsO_4^{3-}转化为AsO_3^{3-}，土壤对砷的吸附量随之减少，水溶性砷含量增高，移动性增大，危害加重。

土壤中砷的迁移转化与其所含铁、铝、钙、镁及磷的种类及含量有关，还和土壤pH值、E_h值及微生物的作用有关。研究表明，用Fe^{3+}饱和的黏土矿物对砷的吸附量为620～1173μg·g^{-1}，用Ca^{2+}饱和的黏土矿物吸附量为75～415μg·g^{-1}。含砷（Ⅴ）化合物的溶解度为：$Ca_3(AsO_4)_2 > Mg_3(AsO_4)_2 > AlAsO_4 > FeAsO_4$，可见铁固定$AsO_4^{3-}$的能力最强。

土壤微生物也能促使砷的形态变化。土壤中的砷在淹水状况中经厌氧微生物的作用，可生成气态AsH_3而逸出土壤；砷也可以在某些厌氧细菌（如产甲烷菌）作用下转化为一甲基胂、二甲基胂，某些土壤真菌还可使一甲基胂、二甲基胂生成三甲胂。Challenger等认为，砷酸盐甲基化的机理为

$$AsO_4^{3-} \xrightarrow[-O]{2e^-} AsO_3^{3-} \xrightarrow[\text{产甲烷菌}]{CH_3^+} CH_3AsO_3^{2-} \xrightarrow[-O]{2e^-} CH_3AsO_2^{2-} \xrightarrow{CH_3^+} (CH_3)_2AsO_2^- \xrightarrow[-O]{2e^-}$$

$$(CH_3)_2AsO^- \xrightarrow{CH_3^+} (CH_3)_3AsO \xrightarrow[-O]{2e^-} (CH_3)_3As$$

土壤中砷的烷基化往往会增加砷化物的水溶性和挥发性，提高土壤中砷扩散到水和大气圈的可能性。

由上述讨论可见，砷的危害与镉、铬等受土壤环境影响不同，当土壤处于氧化状态时，砷的危害比较小；当土壤处于淹水还原状态时，AsO_4^{3-}还原为AsO_3^{3-}，对植物的危害加大。所以为了有效地防止砷的污染及危害，可采取提高土壤氧化还原电位等措施，以减少亚砷酸盐的形成。

4.4.4 土壤化学农药污染（The chemical pesticides pollution in soil）

化学农药是指能防治植物病虫害，消灭杂草和调节植物生长的化学药剂。换句话说，

凡是用来保护农作物及其产品，使之不受或少受害虫、病菌及杂草的危害，促进植物发芽、开花、结果等化学药剂，都称为农药。自 1939 年瑞士科学家莫勒发明了 DDT 杀虫剂以来，在农药的应用方面取得了很大进展，现在世界上使用的农药原药已达 1000 多种，农业上常用的有 250 余种，农药的年产量已超过 200 万吨以上。我国目前生产的农药有 120 余种。

农药是一种泛指性术语，按其主要用途它不仅包括杀虫剂，还包括除草剂、杀菌剂、防治啮齿类动物的药物，以及动植物生长调节剂等。按其化学成分可分为如下几类。

① 有机氯农药　该类农药是含氯的有机化合物，大部分是含一个或几个苯环的氯化衍生物。如 DDT、六六六、艾氏剂、狄氏剂和异狄氏剂。这类农药的特点是化学性质稳定，在环境中残留时间长，不易分解，易溶于脂肪中并造成累积，是造成环境污染的最主要农药类型。

有机氯农药作为一类重要的持久性有机污染物（POPs），所造成的污染和危害已引起普遍关注。《关于持久性有机污染物的斯德哥尔摩公约》中首批列入受控名单的 12 种 POPs 中，有 9 种是有机氯农药，包括 DDT、六氯苯、氯丹、灭蚁灵、艾氏剂、狄氏剂、异狄氏剂、七氯和毒杀酚。目前许多发达国家，如美国和西欧，已多年停用滴滴涕等有机氯农药。

中国是农药生产和使用大国，历史上曾工业化生产过 DDT、六氯苯、氯丹、七氯和毒杀酚，特别是 DDT 等有机氯农药在 20 世纪 80 年代以前相当长时期里一直是中国的主导农药。为保护人类健康和环境，中国采取了很多措施，发布了一系列政策法规，禁止或限制这些有机氯农药的生产和使用。

② 有机磷农药　有机磷类农药是含磷的有机化合物，有的也含有硫、氮元素。其化学结构一般含有 C—P 键或 C—O—P 键、C—S—P 键、C—N—P 键等，大部分是磷酸酯类或酰胺类化合物。如对硫磷（1605）、敌敌畏、二甲硫吸磷、乐果、敌百虫、马拉硫磷等。这类农药有剧毒，但比较易分解，在环境中残留时间短，在动植物体内在酶的作用下可分解而不易累积，是一种相对较安全的农药。

③ 氨基甲酸酯类　这类农药具有苯基烷基氨基甲酸酯的结构。如甲萘威、仲丁威、速灭威、杀螟丹等。其特点是在环境中易分解，在动物体内能迅速代谢，代谢产物的毒性多数低于其本身毒性，因此属于低残留农药类。

据估计，全世界农业由于病、虫、草三害，每年使粮食损失占总产量的一半左右。使用农药大概可夺回其中的 30%，从防治病虫害和提高农作物产量需要的角度看，使用农药确实取得了显著的效果。目前人类实际上已处于不得不用农药的地步了。但是，由于长期、广泛和大量地使用化学农药，以及生产、运输、储存、废弃等不同环节使化学农药进入环境和生态系统，因而也产生了一些不良后果，主要表现为如下一些方面。

① 有机氯农药不仅对害虫有杀伤毒害作用，同时对害虫的“天敌”及传粉昆虫等益虫、益鸟也有杀伤作用，草原地区使用剧毒杀鼠剂时，也造成鼠类的天敌猫头鹰、黄鼠狼及蛇大量死亡。因而破坏了自然界的生态平衡。

② 长期使用同类型农药，使害虫产生了抗药性，因而增加了农药的用量和防治次数，加大了污染，也大大增加了防治费用和成本。

③ 长期大量使用农药，由于有些农药难降解，残留期可达几十年，甚至更长，使农药在环境中逐渐积累，尤其是在土壤环境中，产生了农药污染环境问题。

对于这一问题早在20世纪50年代末，美国海洋生物学家蕾切尔·卡逊潜心研究美国使用杀虫剂所产生的种种危害之后，在1962年就发表了环境保护科普著作《寂静的春天》。作者通过对污染物富集、迁移、转化的描述，阐明了人类同大气、海洋、河流、土壤、动植物之间的密切关系，初步揭示了污染对生态系统的影响。

土壤化学农药污染主要来自四个方面：

① 将农药直接施入土壤或以拌种、浸种和毒谷等形式施入土壤；

② 向作物喷洒农药时，农药直接落到地面上或附着在作物上，经风吹雨淋落入土壤；

③ 大气中悬浮的农药颗粒或以气态形式存在的农药经雨水溶解和淋溶，最后落到地面上；

④ 随死亡动植物残体或用污水灌溉而将农药带入土壤。

农药污染及其产生的危害是严重的，尤其对大气、土壤和水体的污染。农药对环境质量的影响与破坏，特别是对地下水的污染问题已引起广泛重视。农药污染的生态效应十分深远，特别是那些具有生物难降解和高蓄积性的农药（如前面提到的9种有机氯农药）污染危害更为严重。它们在环境中化学性质稳定，容易蓄积在鱼类、鸟类和其他生物体内，并通过食物链进入人体，其中有些物质具有致癌、致畸和致突变性（简称为“三致”作用），对人类和环境构成更大的威胁。因此，研究和了解化学农药在土壤中的迁移转化、残留、土壤对农药的净化，对控制和预测土壤农药污染都具有重要意义。

4.4.4.1 化学农药在土壤中的吸附作用机理

土壤对农药的吸附作用是农药在土壤中滞留的主要因素。农药被土壤吸附影响着农药在土壤固、液、气三相中的分配，其迁移能力和生理毒性随之发生变化。通常土壤对农药的吸附在一定程度上起着净化和解毒作用，但这种净化作用是不稳定和有限的。如除草剂百草枯和杀草快被吸附后，溶解度和生理活性降低。

土壤对农药的吸附方式主要有物理吸附、离子交换吸附、氢键结合和配位键结合等形式吸附在土壤颗粒表面。

(1) 土壤对农药的吸附方式及机理

① 物理吸附　土壤对农药的物理吸附作用（也称为范德华吸附），它是吸附质和吸附剂以分子间作用力为主的吸附，本质为范德华力。非离子型、非极性或弱极性农药分子与土壤间的吸附作用，如土壤有机质对西维因、毒莠定、对硫磷的吸附，均属于范德华引力分子吸附。

物理吸附的强弱决定于土壤胶体比表面积的大小。例如蒙脱石和高岭石对六六六的吸附量分别为$10.3mg \cdot g^{-1}$和$2.7mg \cdot g^{-1}$；有机胶体比无机胶体对农药有更强的吸附作用，如土壤腐殖质对马拉硫磷的吸附能力是蒙脱石的70倍。

② 离子交换吸附　这种吸附是以离子键相结合的。化学农药按其化学性质可分为离子型和非离子型农药，离子型农药易与土壤黏土矿物和有机质上的同号离子起交换作用而被吸附。根据离子型农药所带电荷的不同，离子交换吸附可分为阳离子吸附和阴离子吸附。阳离子型农药易与土壤黏土矿物和有机质上的阳离子起交换吸附作用。如联吡啶类阳离子除草剂、敌草快和杀草快等能与有机质和黏土矿物上的羧基和酚羟基上阳离子交换，而被土壤胶体吸附。如前所述，土壤中铁、铝水合氧化物（$Fe_2O_3 \cdot nH_2O$、$Al_2O_3 \cdot nH_2O$）属两性胶体，其电性随土壤pH值的变化而变化。当介质pH值小于等电点时，OH^-基团整个电离，

使胶粒带正电荷，此时胶粒会吸附土壤中的阴离子。当某些农药分子中的官能团（—OH、$—NH_2$、—NHR、—COOR）解离时产生负电荷，成为有机阴离子时，则会与胶粒所吸附的阴离子进行交换而形成阴离子吸附。

③ 氢键结合 土壤组分和农药分子中的—NH、—OH 基团或 N 和 O 原子易形成氢键。氢键结合是非离子型极性农药分子与黏土矿物及有机胶体之间最普遍的一种吸附方式。农药分子可与黏土表面氧原子、边缘羟基或土壤有机质的含氧基团、胺基等以氢键相结合，如

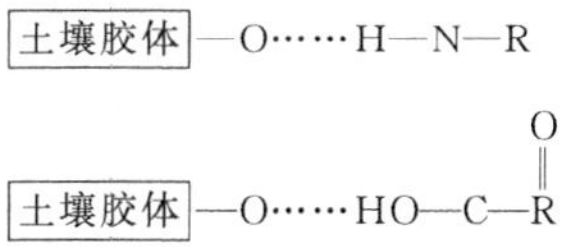

土壤胶体—O……H—N—R

土壤胶体—O……HO—C(=O)—R

有些交换性阳离子与极性有机农药分子还可以通过水分子以氢键相结合。例如酮分子与水合的交换性阳离子（M^{n+}）相互作用：

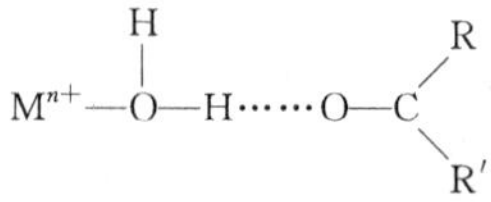

M^{n+}—O(H)—H……O—C(R)(R′)

④ 配位体交换吸附 这种吸附作用的产生，是由于农药分子置换了一个或几个配位体。发生交换的必要条件是农药分子比被置换的配位体具有更强的配位能力。配位型结合，对农药在土壤中的行为、归宿至关重要。某些农药分子配位体可与黏土矿物上各种金属形成配位化合物。如杀草强被蒙脱石的吸附就是这种作用机理。

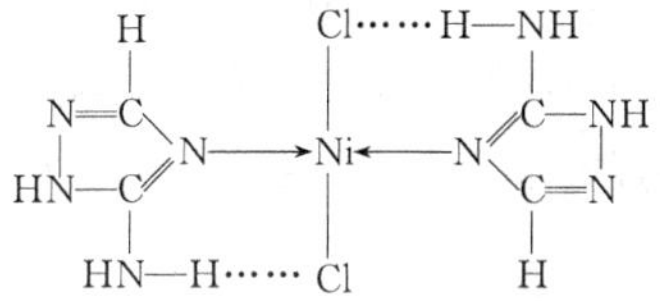

H　　Cl……H—NH

N=C　　　　　C—NH

N——→Ni←——N

HN—C　　　　　C=N

HN—H……Cl　　H

农药分子还可以通过疏水性结合、电荷转移等形式被土壤吸附。

（2）土壤中农药的吸附等温式

土壤对农药的吸附作用，通常可以用弗罗因德利希（Freundlish）和朗格缪尔（Langmuir）等温吸附方程式定量描述。具体等温吸附方程表达式在水环境化学中已作详细介绍，在此不再赘述。

非离子有机农药在土壤中的吸附，主要通过溶解作用而进入土壤有机质中，这种吸附符合线性等温吸附方程即 Henry 型。Henry 型等温吸附方程的表达式为

$$\frac{x}{m}=Kc$$

式中 $\frac{x}{m}$——每克土壤吸附农药的量，$\mu g\cdot cm^{-3}$；

c——吸附平衡时溶液中农药的浓度，$\mu g\cdot cm^{-3}$；

K——分配系数。

该等温式表明农药在土壤胶体与溶液之间按固定比例分配。

土壤对农药的吸附方式有多种形式，所以影响土壤对农药吸附作用的因素也很多，主要有如下三种。

① 土壤胶体的性质　如黏土矿物、有机质含量、组成特性以及硅铝氧化物及其水化物的含量。对非离子型农药不同土壤胶体吸附能力强弱顺序为：有机质>蛭石>蒙脱石>伊利石>绿泥石>高岭石。

② 农药本身的物理化学性质　如分子结构、水溶性等对吸附作用也有很大的影响。

③ 土壤的 pH 值　农药的电荷特性与体系的 pH 值有关，因此土壤 pH 值对农药的吸附有较大的影响。

4.4.4.2　化学农药在土壤中的挥发及淋溶迁移

化学农药在土壤中的迁移是指农药挥发到气相的移动以及在土壤溶液中和吸附在土壤颗粒上的移动。即进入土壤的农药，在被吸附的同时，可挥发至大气中；或随水淋溶而在土壤中扩散迁移，也可随地表径流进入水体。由于土壤中农药的迁移，可导致大气、水和生物的污染，因此近年来，对土壤中化学农药的迁移十分重视，许多国家，如美国、德国、荷兰等国都规定，在农药注册时，必须提供化学农药在土壤中迁移的评价资料。

(1) 化学农药在土壤中的挥发迁移

农药挥发作用是指在自然条件下农药从植物表面、水面与土壤表面通过挥发逸入大气中的现象。农药挥发作用的大小除与农药蒸气压、水中的溶解度、辛醇-水分配系数（K_{ow}）以及从土壤到挥发界面的移动速率等有关外，还与施药地区的土壤和气候条件有关。农药残留在高温、湿润、砂质的土壤中比残留在寒冷、干燥、黏质的土壤中容易发挥。农药挥发性的大小也会影响农药在土壤中的持留性及其在环境中分配的情况。挥发性大的农药一般持留较短，而对环境的影响范围则较大。

蒸气压大、挥发作用强的农药，在土壤中的迁移主要以挥发扩散形式进行。各类化学农药的蒸气压相差很大，有机磷和某些氨基甲酸酯类农药蒸气压相当高，相应挥发指数高（指数比较标准以最难迁移的 DDT 的挥发指数为 1.0 计算），如甲基对硫磷挥发指数为 4.0、对硫磷挥发指数为 3.0，挥发作用相对更强。而有机氯农药蒸气压比较低，相应挥发指数也低，如 DDT、艾氏剂挥发指数均为 1.0，氯丹为 2.0，挥发作用弱。农药从土壤中挥发，还与土壤环境的温度、湿度和土壤孔隙，土壤的紧实程度，以及空气流动速度等有密切关系。

许多资料证明，农药（包括不易挥发的有机氯农药）都可以从土壤表面挥发，对于低水溶性和持久性的化学农药，挥发是农药透过土壤，逸入大气的重要途径。

(2) 化学农药在土壤中的淋溶迁移

农药淋溶作用是指农药在土壤中随水垂直向下移动的能力。影响农药淋溶作用的因子与影响农药吸附作用的因子基本相同，恰好成相反关系。一般来说，农药吸附作用愈强，其淋溶作用愈弱。另外与施用地区的气候、土壤条件也关系密切。在多雨、土壤砂性的地区，农药容易被淋溶。农药淋溶作用的强弱，是评价农药是否对地下水有污染危险的重要指标。

农药在水中的溶解度大，则淋溶能力增强，在土壤中的迁移主要以水淋溶扩散形式进行。农药可直接溶于水中，也能悬浮于水中，或吸附于土壤固体微粒表面，随渗透水在土壤中沿垂直方向向下运动，淋溶作用是农药在水与土壤颗粒之间吸附-解吸（或分配）的过程。

影响农药淋溶作用的因素很多，如农药本身的理化性质、土壤的结构和性质，作用类型及耕作方式等。水溶性大的农药，具有较高的淋溶指数（指数比较标准以最难迁移的DDT的淋溶指数为1.0）。如除草剂2,4-D的淋溶指数为2.0、茅草枯的淋溶指数为4.0。这类高淋溶指数的农药，淋溶作用较强，主要以水淋溶扩散形式进入土壤并有可能造成地下水污染。土壤结构不同，对农药淋溶性能的影响也不同。由于黏土矿物和有机质含量高的土壤对农药的吸附性能强，农药淋溶能力相对弱；而在吸附性能小的砂土中，农药的淋溶能力则比较强。

目前，一般使用最大淋溶深度作为评价农药淋溶性能的指标。最大淋溶深度是指土层中农药的残留质量分数为5×10^{-9}时，农药所能达到的最大深度。

农药在土壤气相-液相之间的移动，主要决定于农药在水相和气相之间的分配系数，K_{wa}。其计算公式为

$$K_{wa}=\frac{c_w}{c_a}=\frac{8.29ST}{pM}$$

式中 c_w——水相中农药浓度，$\mu g\cdot mL^{-1}$；

c_a——气相中农药浓度，$\mu g\cdot mL^{-1}$；

S——农药在水中溶解度，$\mu g\cdot mL^{-1}$；

p——农药蒸气压，Pa；

M——农药的相对分子质量；

T——热力学温度，K。

一般认为，当农药的$K_{wa}<10^4$时，其迁移方式以气相扩散为主，属于易挥发性农药；当$K_{wa}=10^4\sim10^6$时，其迁移方式以水、气相扩散并重，属于微挥发性农药；当$K_{wa}>10^6$时，以水相扩散为主，属于难挥发性农药。

4.4.4.3 化学农药在土壤中的降解

化学农药对于防治病虫害、提高作物产量等方面无疑起了很大的作用。但化学农药作为人工合成的有机物，具有稳定性强，不易分解，能在环境中长期存在，并在土壤和生物体内积累而产生危害。

DDT是一种人工合成的高效广谱有机氯杀虫剂，曾广泛用于农业、畜牧业、林业及卫生保健事业。过去人们一直认为DDT之类有机氯农药是低毒安全的，后来发现它的理化性质稳定，在自然界中可以长期残留，在环境中能通过食物链大大浓集，进入生物机体后，因其脂溶性强，可长期在脂肪组织中蓄积。因此，DDT已被包括我国在内的许多国家禁用，但目前环境中仍还有相当大的残留量。然而不论化学农药的稳定性有多强，作为有机化合物，终究会在物理、化学和生物各种因素作用下逐步地被分解，转化为小分子或简单化合物，甚至形成H_2O、CO_2、N_2、Cl_2等而消失。化学农药逐步分解，转化为无机物的这一过程，称为农药的降解。化学农药在土壤中降解的机理包括：光化学降解、化学降解和微生物降解等。各类降解反应可以单独发生，也可以同时发生，相互影响。

不同结构的化学农药，在土壤中降解速度快慢不同，速度快者，仅需几小时至几天即可完成，速度缓慢者，则需数年乃至更长的时间方可完成。例如乐果降解为4d，而DDT需要10年。土壤的组成、性质和环境因素，如土壤中微生物群落的种类和数量、有机质和矿物质的类型及分布、土壤表面电荷、金属离子种类、土壤湿度等都可对农药降解过程产生

影响。

化学农药在土壤中的降解常常要经历一系列中间过程，形成一些中间产物，中间产物的组成、结构、理化性质和生物活性与母体往往有很大差异，这些中间产物也可对环境产生危害，因此，深入研究和了解化学农药的降解作用是非常重要的。

(1) 光化学降解

对于施用于土壤表面的农药，在光照下可以吸收太阳辐射进行降解。农药分子吸收相应波长的光子，发生化学断裂、形成中间产物自由基，自由基与溶剂或其他反应物反应，引起氧化、脱烷基、异构化、水解或置换等反应，得到光解产物。许多农药都能发生光化学降解作用，如除草快光解生成盐酸甲胺。

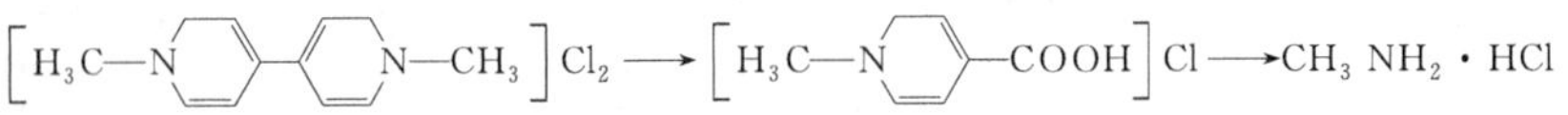

$$\left[H_3C-N\langle\,\rangle-\langle\,\rangle N-CH_3\right]Cl_2 \longrightarrow \left[H_3C-N\langle\,\rangle-COOH\right]Cl \longrightarrow CH_3NH_2\cdot HCl$$

光化学降解对稳定性较差的农药作用更明显。而且不同类型的农药光解速率也有很大差异，我国学者（陈崇懋）曾在实验室对 35 种化学农药的光解速率进行研究，结果表明，不同类别的农药其光解速率按下列次序递减：有机磷类＞氨基甲酸酯类＞均三氮苯类＞有机氯类。化学农药光降解作用，形成的产物有的毒性较母体降低，有的毒性则较母体更大。例如辛硫磷经光催化、异构化反应，使其由硫酮式转变为硫醇式，毒性增大。

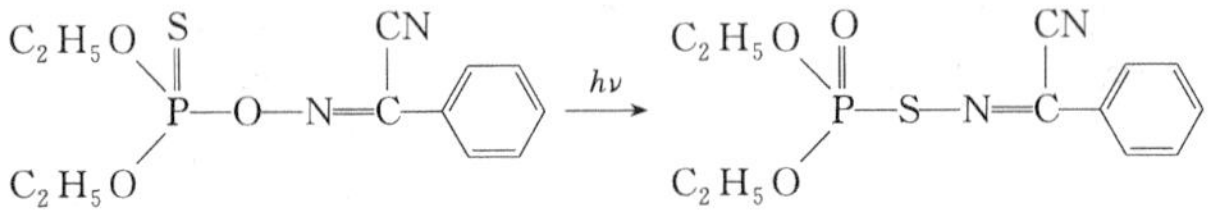

$$(C_2H_5O)_2P(=S)-O-N=C(CN)-C_6H_5 \xrightarrow{h\nu} (C_2H_5O)_2P(=O)-S-N=C(CN)-C_6H_5$$

农药化合物对光的敏感性表明，光化学反应对土壤中农药的降解有着潜在的重要性，是决定化学农药在土壤环境中残留期长短的重要因素之一。

(2) 化学降解

施于土壤的农药的可被黏粒表面、金属离子、氢离子、氢氧根离子、游离氧及有机质等催化而发生化学降解作用。化学农药在土壤中的化学降解包括水解、氧化、离子化等，其中水解和氧化反应最重要。

① 水解作用　土壤中存在着水分，因此水解是化学农药最主要的反应过程之一。农药在土壤中水解，有区别于其他介质的显著特点，即土壤可起非均相催化作用。例如，土壤中氯代均三氮苯类除草剂的化学水解机理是一种吸附催化水解，其反应如下：

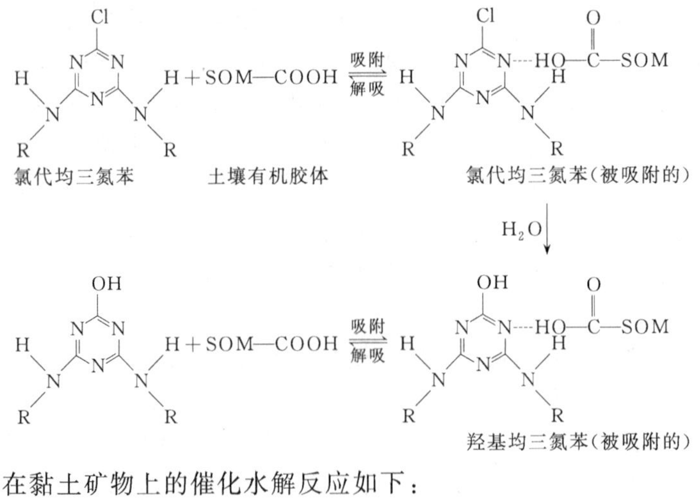

$$\underset{\text{氯代均三氮苯}}{\text{Cl-triazine}(NHR)_2} + \underset{\text{土壤有机胶体}}{SOM-COOH} \underset{\text{解吸}}{\overset{\text{吸附}}{\rightleftharpoons}} \underset{\text{氯代均三氮苯(被吸附的)}}{\text{Cl-triazine}(NHR)_2\cdots HO-C(=O)-SOM}$$

$$\downarrow H_2O$$

$$\text{HO-triazine}(NHR)_2 + SOM-COOH \underset{\text{解吸}}{\overset{\text{吸附}}{\rightleftharpoons}} \underset{\text{羟基均三氮苯(被吸附的)}}{\text{HO-triazine}(NHR)_2\cdots HO-C(=O)-SOM}$$

又如皮蝇磷在黏土矿物上的催化水解反应如下：

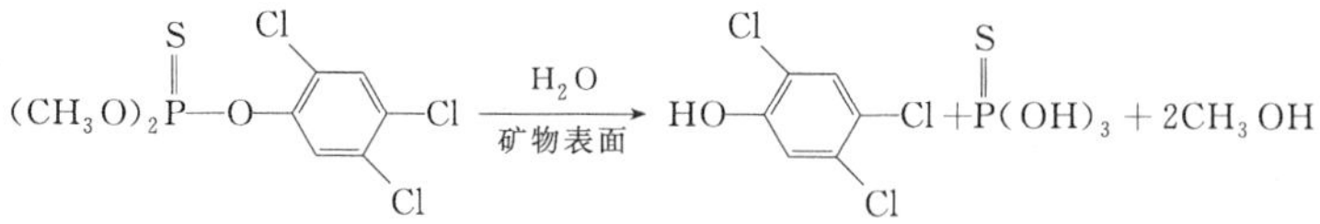

$$(CH_3O)_2\overset{S}{\overset{\|}{P}}-O-C_6H_2Cl_3 \xrightarrow[\text{矿物表面}]{H_2O} HO-C_6H_2Cl_3 + \overset{S}{\overset{\|}{P}}(OH)_3 + 2CH_3OH$$

可见，由于农药吸附在土壤有机质表面而进行催化，土壤有机质的羟基是主要的吸附作用点。

另外，金属离子或某些金属螯合物，也可催化土壤农药的化学水解反应。如土壤中铜、铁、锰等金属离子与氨基酸形成的螯合物，即是有机磷农药水解的有效催化剂。

除上述催化水解作用外，碱也具有催化水解作用。如有机磷农药的水解速率与土壤 pH 值密切相关，通常在碱性土壤中水解速率大于在酸性土壤中的水解速率，这主要是由于 OH^- 催化的结果。

② 氧化作用　许多农药，如林丹、艾氏剂和狄氏剂在臭氧氧化或曝气作用下都能够被去除。实验证明，土壤无机组分作催化剂能使艾氏剂氧化成为狄氏剂；铁、钴、锰的碳酸盐及硫化物也能起催化氧化及还原作用。化学农药氧化降解生成羧基、羟基等。如 p,p'-DDT 脱氯产物 p,p'-DDD 可进一步氧化为 p,p'-DDA。

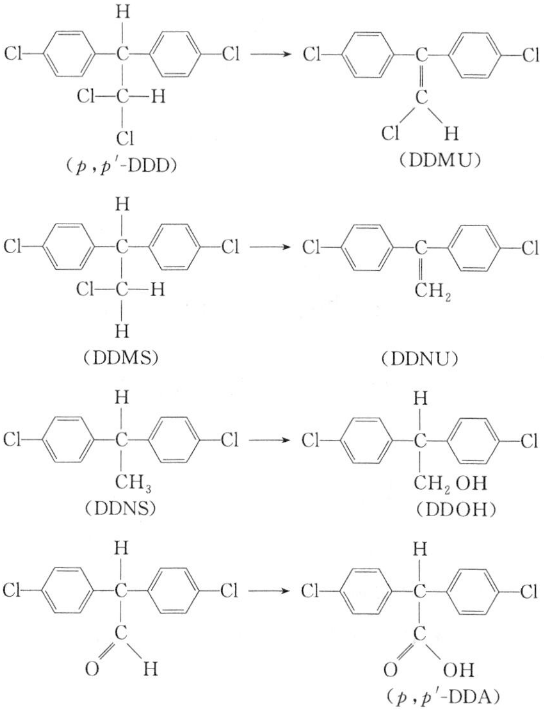

$$(Cl-C_6H_4)_2CH-CHCl_2 \longrightarrow (Cl-C_6H_4)_2C=CHCl$$

(p,p'-DDD)　　　(DDMU)

$$(Cl-C_6H_4)_2CH-CH_2Cl \longrightarrow (Cl-C_6H_4)_2C=CH_2$$

(DDMS)　　　(DDNU)

$$(Cl-C_6H_4)_2CH-CH_3 \longrightarrow (Cl-C_6H_4)_2CH-CH_2OH$$

(DDNS)　　　(DDOH)

$$(Cl-C_6H_4)_2CH-CHO \longrightarrow (Cl-C_6H_4)_2CH-COOH$$

(p,p'-DDA)

(3) 微生物降解

土壤中种类繁多的生物，特别是数量巨大的微生物群落，对化学农药的降解贡献最大。微生物对农药的降解是土壤化学农药最主要也是最彻底的净化。对农药有降解能力的微生物有细菌、放线菌、真菌等，它们可以单一降解一种乃至数种化学农药，也可以协同作用增强降解潜力。

土壤中农药微生物降解的反应繁多且复杂，目前研究比较深入的微生物降解反应机理有脱氯作用、氧化还原作用、水解作用、环破裂作用、脱烷基作用等。

① 脱氯作用　有机氯农药，在微生物的还原脱氯酶作用下，可脱去取代基氯。如 p,p'-DDT 可通过脱氯作用变为 p,p'-DDD，或是脱去氯化氢，变为 p,p'-DDE。

$$\text{Cl-C}_6\text{H}_4\text{-C}(=\text{CCl}_2)\text{-C}_6\text{H}_4\text{-Cl}\ (p,p'\text{-DDE}) \xleftarrow[\text{(好气条件)旱地}]{-\text{HCl}} \text{Cl-C}_6\text{H}_4\text{-CH}(\text{CCl}_3)\text{-C}_6\text{H}_4\text{-Cl}\ (p,p'\text{-DDT}) \xrightarrow[\text{(厌气条件)水田}]{-\text{Cl},\ +\text{H}} \text{Cl-C}_6\text{H}_4\text{-CH}(\text{CHCl}_2)\text{-C}_6\text{H}_4\text{-Cl}\ (p,p'\text{-DDD})$$

$$\xrightarrow{-\text{Cl}} \text{Cl-C}_6\text{H}_4\text{-C}(=\text{CH}_2)\text{-C}_6\text{H}_4\text{-Cl}\ (\text{DDNU}) \xrightarrow{-\text{Cl}} \text{Cl-C}_6\text{H}_4\text{-CH}(\text{CH}_3)\text{-C}_6\text{H}_4\text{-Cl}\ (\text{DDNS})$$

降解产物DDE极稳定，DDD还可以通过脱氯作用继续降解，形成一系脱氯型化合物，如DDNU、DDNS等。降解产物DDD、DDE的毒性均小于DDT，但DDE仍具有慢性毒性，而且在水中溶解度比DDT大，易进入植物体内积累，因此应注意农药降解产物在环境中的积累和危害。

② 氧化作用　许多化学农药在微生物作用下，可发生氧化反应，其反应形式有羟基化、脱烷基、β-氧化、脱羧基、醚键开裂、环氧化等。例如p,p'-DDT脱氯后的产物p,p'-DDNS在微生物氧化酶作用下，可进一步氧化形成DDA。反应过程与化学氧化作用相似。

③ 水解作用　许多无机酸酯类农药（如对硫磷、马拉硫磷）和苯酰胺类农药在微生物作用下，酰胺键和酯键易发生水解作用，下面是对硫磷水解的例子：

$$\text{S=P}(\text{OC}_2\text{H}_5)_2\text{-O-C}_6\text{H}_4\text{-NO}_2 \xrightarrow{+\text{H}_2\text{O}} \text{S=P}(\text{OC}_2\text{H}_5)_2\text{-OH} + \text{OH-C}_6\text{H}_4\text{-NO}_2$$

实际上化学农药的化学降解与微生物降解往往同时作用。在自然条件下化学农药既能直接水解和氧化，也能被微生物分解。

④ 脱烷基作用　烷基与N、O或S原子连接的农药容易在微生物作用下进行脱烷基降解。例如二烷基胺三氮苯类除草剂，在微生物作用下发生脱烷基作用为：

$$\text{三氮苯-N}(\text{R}^1)(\text{R}^2) \longrightarrow \text{三氮苯-N}(\text{R}^1)\text{H} \longrightarrow \text{三氮苯-NH}_2 \longrightarrow \text{三氮苯-OH}$$

二烷基胺三氮苯在微生物作用下可脱去两个烷基，所生成的产物比原化合物毒性更大。农药的脱烷基作用往往不会降低化学农药的毒性，只有当脱去氨基和环破裂才能成为无毒物质。

⑤ 环破裂作用　许多细菌和真菌能使芳香环破裂，这是具有环状结构的化学农药在土壤中降解的重要过程，通过这一过程芳环逐渐破裂、分解。

如2,4-D在无色杆菌作用下发生苯环破裂。

$$\text{2,4-二氯苯氧乙酸}(\text{O-CH}_2\text{COOH}) \longrightarrow \text{2,4-二氯苯酚(HO, Cl, Cl)} \longrightarrow \text{4-氯邻苯二酚(HO, OH, Cl)}$$

$$\text{氯代己二烯二酸(COOH, COOH, Cl)} \longrightarrow \text{CO}_2 + \text{H}_2\text{O} + \text{Cl}^-$$

4.4.4.4 化学农药在土壤环境中的残留

施入土壤的化学农药经挥发、淋溶、降解以及作物吸收等逐渐减少，但仍有部分残留在土壤中。残留的化学农药是否对土壤造成了污染，程度又如何？可用残留特性——残留量和残留期作为评价。

农药在土壤中的残留量受到很多因素的影响，如挥发、淋溶、吸附、降解以及施用量等。因此很难用数学公式准确、全面地表述，仅能用下列近似公式估算。

$$R=c_0\mathrm{e}^{-kt}$$

式中 R——农药残留量，$\mathrm{mg\cdot kg^{-1}}$；

c_0——农药初始浓度，$\mathrm{mg\cdot kg^{-1}}$；

k——衰减常数；

t——农药施用后的时间。

化学农药在土壤中的滞留情况可用农药在土壤中的半衰期和残留期表述。半衰期是指施药后附着于土壤的农药量因降解等原因含量减少一半所需的时间。残留期是指施于土壤的农药，因降解等原因含量减少 75%～100%所需的时间。表 4-4 列出各类常用化学农药的半衰期。

表 4-4 各类常用化学农药的半衰期

农药名称	半衰期	农药名称	半衰期
含 Pb、As、Cu 类	10～30 年	2,4-D 等苯氧羧酸类	0.1～0.4 年
DDT、六六六、狄氏剂等有机氯类	2～4 年	有机磷类	0.02～0.2 年
西玛津等均三氮苯类	数月～1 年	氨基甲酸酯类	0.02～0.1 年
敌草隆等取代脲类	数月～1 年		

由表 4-4 可见，各类化学农药由于化学结构和性质不同，在土壤中的残留期差别悬殊，半衰期相差可达几个数量级。铅、砷等有毒无机物可相当长时间残留在土壤中，有机氯农药在土壤中残留期也很长久，这些农药虽已被禁用，但在环境中的残留量仍十分可观。其次是均三氮苯类、取代脲类和苯氧羧酸类除草剂，残留期一般为数月至一年左右；有机磷和氨基甲酸酯类杀菌剂，残留只有几天或几周，如乐果、马拉硫磷在土壤中的残留时间分别为 4d、7d；故在土壤中很少积累。但也有少数有机磷农药，在土壤中残留期较长，如二嗪农的残留期可达数月之久。

表 4-4 中所列出的半衰期有很大的差异，这说明农药在土壤中的残留，不仅取决于本身性质，还与土壤质地、有机质含量、酸碱度、水分含量、氧化还原状况、微生物群落种类和数量、耕作方式和药剂用量等多种因素有关。表 4-5 列出了支配农药残留性的有关因素。

表 4-5 支配农药残留性的有关因素

项目	因子	残留性大小
农药	挥发性	低>高
	水溶性	低>高
	施药量	高>低
	施药次数	多>少
	加工剂型	粒剂>乳剂>粉剂
	稳定性(对光解、水解、微生物分解等)	高>低
	吸着力	强>弱

续表

项目	因　子	残留性大小
土壤	类型	黏土＞砂土
	有机质含量	多＞少
	金属离子含量	多＞少
	含水量	少＞多
	微生物含量	少＞多
	pH 值	低＞高
	通透性	嫌气＞好气
其他	气温	低＞高
	温度	低＞高
	表层植被	稀疏＞茂密

注：引自刘静宜《环境化学》，1987 年。

化学农药进入土壤后，由挥发、淋溶等物理作用而降低其残留量，同时农药还与土壤固体、液体、气体及微生物等发生一系列化学、物理化学及生物化学作用，尤其是土壤微生物对其的分解，这些作用过程共同影响化学农药在土壤中的消失。值得注意的是，环境和植保工作者对农药在土壤中残留时间长短的要求不同。因此，对于农药残留问题的评价，要从防止污染和提高药效两个方面考虑。最理想的农药应为：毒性保持的时间长到以控制其目标生物，而又衰退得足够快，以致对非目标生物无持续影响，并不使环境遭受污染。从这点来看，未来农药的发展方向该是高效、安全、低毒、低残留、经济、使用简便，而生物农药更符合这个方向和趋势。生物农药分为两大类：一类是微生物农药，其中包括病毒农药、真菌农药、细菌农药；另一类是生物工程植物。生物农药必将在农药品种结构调整中扮演重要角色，在农药产业中占据主要地位。

4.4.5 土壤中的其他污染（Other pollutions in soil）

土壤中除了前面讨论的重金属污染和农药污染外，还有很多其他污染物会通过各种渠道进入土壤，造成土壤污染，并对各种农产品品质产生严重影响。特别是我国东南沿海经济快速发展地区，土壤及环境污染问题严重。主要表现为：

① 持久性痕量有毒污染物已成为新的、长期潜在的区域性土、水环境污染问题；

② 大气中有害气体细粒子和痕量毒害污染物构成了土壤与大气的复合污染，城市光化学烟雾频繁并加重；

③ 农田与菜地土壤受农药/重金属等污染突出，硝酸盐积累显著，已严重影响农产品安全质量及其市场竞争力；

④ 珠江三角洲和太湖流域土壤和沉积物中有机氯农药残留普遍，已发现一些多环芳烃和多氯联苯等有害污染物的潜在高风险区。

造成如此严重的污染，除了自然原因外，人为活动是产生土壤与环境污染的主要原因，尤其是近 20 年来，随着工业化、城市化、农业集约化的快速发展，人们对农业资源高强度的开发利用，使大量未经处理的固体废物向农田转移，过量的化肥与农药大量在土壤与水体中残留，造成我国大面积农田土壤环境发生显性或潜性污染，成为影响我国农业与社会经济可持续发展的严重问题。

例如，来自石油化工、焦化、冶炼、煤气、塑料、油漆、染料等废水的排放、烟尘的沉降以及汽车废气排放所产生的多环芳烃等，很多多环芳烃具有致癌性，而且在自然界中很稳定，难化学降解，也不容易为微生物作用而降解，这类低水平致癌物质可通过植物根系吸收而转入食物链进入人体造成危害；农田在灌溉或施肥过程中，可能会受到所产生的三氯乙醛及在土壤中的转化产物三氯乙酸的污染，三氯乙醛能破坏植物细胞原生质的极性结构和分化功能，形成病态组织，阻碍正常生长发育，甚至导致植物死亡；人类在生产和生活活动中所产生，并为人类弃之不用的固体物质和泥状物质，包括从废水和废气中分离出来的固体颗粒物，即人们常说的固体废物，在其产生、运输、储存、处理到处置的各过程，都有可能对土壤造成污染及危害。另外，研究结果显示，我国酸雨区面积在迅速扩大，已约占全国面积的 40%。酸雨对我国农作物、森林等影响巨大，我国国家环保总局 2004 年发布的《“两控区”酸雨和二氧化硫污染防治“十五”计划》表明，我国目前每年因酸雨和二氧化硫污染对生态环境损害和人体健康影响造成的经济损失在 1100 亿元人民币左右。

农田土壤环境质量的不断恶化，必将严重影响到我国农田生态系统的生物多样性、食物链安全、人体健康和经济、社会的可持续发展，也必将影响到我国农业在世界上的地位和命运。因此，土壤环境质量好坏是我国农产品质量安全及人民健康安全的重要基础，也是我国人口—资源—环境—经济—社会协调、可持续发展的根本保证。

4.5 土壤污染防治及其修复（Soil Pollution Prevention and Remediation）

土壤污染的防治对策主要从两方面考虑：一是防，二是治。由于土壤污染后极难治理，因此，土壤污染的防治要以预防为主。国外土壤污染防治的成功经验表明，要从根本上解决土壤污染问题，除了需要国家有关部门采取积极的措施，加大防治力度外，更重要的是要制定专门的《土壤污染防治法》；另外，土壤污染发生后，治理难度极大，需要耗费大量资金，技术上也有很高的要求，必须建立起一整套完整有效的制度和措施，保证治理工作的顺利进行。要改变这种状况，就需要建立起长期稳定的法律制度，使土壤污染防治工作步入法制化轨道。2016 年 5 月 31 日，国务院公开发布《土壤污染防治行动计划》（简称《土十条》）。主要内容包括：

① 开展土壤污染调查，掌握土壤环境质量状况；

② 推进土壤污染防治立法，建立健全法规标准体系；

③ 实施农用地分类管理，保障农业生产环境安全；

④ 实施建设用地准入管理，防范人居环境风险；

⑤ 强化未污染土壤保护，严控新增土壤污染；

⑥ 加强污染源监管，做好土壤污染预防工作；

⑦ 开展污染治理与修复，改善区域土壤环境质量；

⑧ 加大科技研发力度，推动环境保护产业发展；

⑨ 发挥政府主导作用，构建土壤环境治理体系；

⑩ 加强目标考核，严格责任追究。

4.5.1 土壤污染防治（The soil pollution prevention）

土壤污染主要来自灌溉水、固体废物的农业利用以及大气沉降物等。控制和消除土壤污染源是防止污染的根本措施。

① 控制和消除工业“三废”的排放　在工业方面，应认真研究和大力推广闭路循环，无毒工艺。生产中必须排放的“三废”应在工厂内进行回收处理，开展综合利用，变废为宝，化害为利。对于目前还不能综合利用的“三废”，务必进行净化处理，使之达到国家规定的排放标准。重金属污染物，原则上不准排放。城市垃圾，一定要经过严格机械分选和高温堆腐后方可施用。

② 合理施用化肥和农药　为防止化学氮肥和磷肥的污染，应控制化肥农药的使用，研究确定出适宜用量和最佳施用方法，以减少在土壤中的累积量，防止流入地下水体和江河、湖泊进一步污染环境。为防止化学农药污染，应尽快研究筛选高效、低毒、安全、无公害的农药，以取代剧毒有害化学农药。积极推广应用生物防治措施，大力发展生物高效农药。同时，应研究残留农药的微生物降解菌剂，使农药残留降至国标以下。

③ 增加土壤环境容量，提高土壤净化能力　增加土壤有机质含量，采取砂土掺黏土或改良砂性土壤等方法，可以增加或改善土壤胶体的性质，增加土壤对毒性物质的吸附能力和吸附量，从而增加土壤环境容量，提高土壤的净化能力。

④ 建立土壤环境质量监测网络系统　在研究土壤背景值的基础上，加强土壤环境质量的调查、监测与预控。在有代表性的地区定期采样或定点安置自动监测仪器，进行土壤环境质量的测定，以观察污染状况的动态变化规律。以区域土壤背景值为评价标准，分析判断土壤污染程度，及时制定出预防土壤污染的有效措施。当前的主要工作是继续进行区域土壤背景值的研究，调查区域土壤污染状况和污染程度，对土壤环境质量进行评价和分级，确定区域污染物质的排放量、允许的种类、数量和浓度。

4.5.2 土壤污染修复（The soil pollution remediation）

土壤一旦被污染、特别是被重金属及难降解有机物污染则很难从中排除。尽管如此，为了改善和修复污染土壤，环境工作者做了长期不懈的努力，并取得了一定成效。目前，常采用以下方法对污染土壤进行改善和修复。

（1）施用化学物质

对于重金属轻度污染的土壤，使用化学改良剂可使重金属转为难溶性物质，减少植物对它们的吸收。酸性土壤施用石灰，可提高土壤 pH 值，使镉、锌、铜、汞等形成氢氧化物沉淀，从而降低它们在土壤中的浓度，减少对植物的危害。对于硝态氮积累过多并已流入地下水体的土壤，一则大幅度减少氮肥施用量，二则施用脲酶抑制剂、硝化抑制剂等化学抑制剂，以控制硝酸盐和亚硝酸盐的大量累积。

（2）增施有机肥料

增施有机肥料可增加土壤有机质和养分含量，既能改善土壤理化性质特别是土壤胶体性质，又能增大土壤环境容量，提高土壤净化能力。受到重金属和农药污染的土壤，增施有机肥料可增加土壤胶体对其的吸附能力，同时土壤腐殖质也可结合污染物质，显著提高土壤钝化污染物的能力，从而减弱其对植物的毒害。

(3) 调控土壤氧化还原条件

调节土壤氧化还原状况，在很大程度上影响重金属变价元素在土壤中的化学行为，能使某些重金属污染物转化为难溶态沉淀物，控制其迁移和转化，从而降低污染物危害程度。调节土壤氧化还原电位即 E_h 值，主要通过调节土壤水、气比例来实现。在生产实践中往往通过土壤水分控制和耕作措施来实施，如水田淹灌，E_h 降至 160mV 时，许多重金属都可生成难溶性的硫化物而降低其毒性。

(4) 改变轮作制度

改变耕作制度会引起土壤环境条件的变化，可消除某些污染物的毒害。据研究，实行水旱轮作是减轻和消除农药污染的有效措施。如 DDT、六六六农药在棉田中的降解速度很慢，残留量大，而棉田改为水田后，可大大加速 DDT 和六六六的降解。

(5) 换土和翻土

对于轻度污染的土壤，可采取深翻土或排去法（挖去被污染的表层土壤）进行改良和修复。

对于污染严重的土壤，可采用排去法或换客土（用未被污染的土壤覆盖于污染土壤表面）进行改良和修复的方法。这些方法的优点是修复较彻底，适用于小面积改良。但对于大面积污染土壤的改良，非常费事，难以推行。

对于重金属污染土壤的治理，主要通过生物修复、使用石灰、增施有机肥、灌水调节土壤 E_h 值、换客土等措施，降低或消除污染。对于有机污染物的防治，通过增施有机肥料、使用微生物降解菌剂、调控土壤 pH 值和 E_h 值等措施，加速污染物的降解，从而消除污染。

近年来，土壤生物修复成为研究热点，并取得了一定进展。目前国外采用的土壤生物修复技术有原位处理（in site）、就地处理（on site）和生物反应器（bioreactor）三种方法。

① 原位处理法是在受污染地区直接采用生物修复技术，不需要将土壤挖出和运输。一般采用土壤微生物处理，有时也加入经过驯化和培养的微生物以加速处理。需要用各种工程化措施进行强化。最常用的原位处理方法是采取加入营养物质、供氧（加 H_2O）和接种特异工程菌等措施提高土壤的生物降解能力。

② 就地处理法是将废物作为一种泥浆用于土壤和经灌溉、施肥及加石灰处理过的场地，以保持营养、水分和最佳 pH 值。用于降解过程的微生物通常是土壤微生物群系。为了提高降解能力，亦可加入特效微生物，以改进土壤生物修复的效率。

③ 生物反应器是用于处理污染土壤的特殊反应器，可建在污染现场或异地处理场地。污染土壤用水调成泥浆，装入反应器内，控制一些重要的微生物降解反应条件，提高处理效果。还可以用上一批处理过的泥浆接种下一批新泥浆。目前，该技术尚处于实验室研究阶段。

生物修复是治理土壤有机污染的最有效方法，具有深入研究和实际使用价值，将成为土壤修复的重要方法之一。

近年来，我国科学家正在研究一种绿色环保技术——植物修复技术，即利用一些特殊植物吸收污染土壤中的高浓度重金属，以达到净化环境的目的。植物修复就是筛选和培育特种植物，特别是对重金属具有超常规吸收和富集能力的植物，种植在污染的土壤上，让植物把土壤中的污染物吸收起来，再将收获植物中的重金属元素加以回收利用。

我国在国际上率先开发出砷污染土壤的植物修复技术，并建立了第一个植物修复示范工程。研究证实，在我国湖南、广西等地大面积分布的蕨类植物蜈蚣草对砷具有很强的超富集功能，其叶片含砷量高达千分之八，大大超过植物体内的氮磷养分含量。

另外，土壤有机污染的植物修复也越来越受到重视，研究报告及综述不断增多。有机污染的植物修复研究主要集中在氯代溶剂、农药、石油烃三大类化合物上，但近年来研究者也开始探索利用植物修复治理多环芳烃（PAHs）及多氯联苯（PCBs）等的污染。

植物修复技术以其安全、价廉、高效、消除二次污染、不破坏原有生态环境、运行操作更简单、能达到长期效果等特点，正成为全世界研究和开发的热点，美国、加拿大的植物修复公司已经开始盈利。专家估计，未来5年内，国际植物修复市场规模将达20亿美元。可见，土壤植物修复的应用前景非常广阔。

习　　题

1. 土壤具有哪些基本特性？
2. 何谓盐基饱和度？它对土壤性质有何影响？
3. 何谓土壤的活性酸度和潜性酸度？两者之间有何联系？
4. 何谓土壤污染，如何判别土壤是否受到了污染？
5. 土壤的主要污染途径及土壤污染物有哪些？
6. 土壤重金属污染危害有哪些？
7. 如何消除或减少土壤的重金属污染？
8. 为什么DDT农药已禁用多年，人们还在关注DDT的环境化学行为？
9. 土壤中化学农药的降解方式有哪些？
10. 举例说明影响农药在土壤中残留性的主要因素有哪些？
11. 常见的土壤生物修复技术有哪些？
12. 土壤中的黏土矿物通过什么力的作用吸附外来的金属离子或非极性的有机分子？
13. 试对汞污染物在土壤和水体中的迁移行为做一比较。
14. 为什么含氮肥料多作成铵盐形态使用？多量施用NH_4NO_3肥料，对于翻耕情况良好且富有好氧细菌的土壤的酸度会产生什么影响？
15. 什么是同晶置换现象？土壤中黏土在什么条件下可发生同晶置换？其中有什么规律？
16. 土壤中的腐殖质是怎样产生的？它们具有什么特性和环境意义？
17. 土壤中的原生矿物和次生矿物间有何区别，在决定土壤性质方面哪一类矿物更为重要？为什么？
18. 阐述DDT农药在环境中的降解行为及其对生物的毒性。在施用DDT农药近旁的水池中未测得可检测量的DDT，是否可以认为水生态系统未受污染？
19. 某杀虫剂在农田中一年一度使用的剂量为$5.0kg \cdot ha^{-1}$，已知该农药的半衰期为一年，且施药后100%进入农田，求经过5年后田中农药的累积残留量？
20. 在1g以蒙脱土为主要组分的土壤中，(1) 当水相中镉平衡浓度为$10^{-6}mol \cdot L^{-1}$时，镉的吸附量是多少？(2) 如果水相体积为1L，其中镉初浓度为$10^{-5}mol \cdot L^{-1}$，则达到平衡时的浓度为多少？已知这类土壤的吸附等温线符合弗里德里胥方程：$\frac{x}{m}=Kc$，且吸附分配系数$K=210mL \cdot g^{-1}$。
21. 下表给出有关农药2,4,5-T(2,4,5-三氯苯氧乙酸）在土壤样品中的吸附试验数据。以此作出拟合曲线，确定是朗格缪尔吸附方程还是弗里德里胥吸附方程适用于吸附试验数据，并求出方程参数。

初始浓度/(μg·mL^{-1})	平衡浓度/(μg·mL^{-1})	溶液体积/mL	土样质量/g
5	3	10	5
10	6	10	5
25	15	10	5
50	30	10	5
115	70	10	5

22. 应用朗格缪尔方程计算森林土壤中镉的平衡吸附量。已知土壤溶液中镉的平衡浓度 $c=1\times10^{-6}$ mol·L^{-1}，方程$\frac{x}{m}=\frac{abc}{1+ac}$中，$a=47.19$L·mg^{-1}，$b=0.0024$mg·g^{-1}。

第5章 环境生物化学

5.1 生物化学基础 (Basis of Biochemistry)

环境污染物进入生物体后，经历着转运、分布、代谢转化、排泄等一系列物理和化学的变化过程。污染物或其代谢产物对生物体内各种细胞或器官的结构、功能和代谢都会产生影响。环境污染物与生物体的相互作用，归根结底是毒物分子与生物分子（如蛋白质、酶及辅酶、遗传信息载体 DNA 等）的相互作用，其本质是环境污染物对生化过程的干扰和破坏。因此研究外来污染物对生物过程的影响，掌握生物化学的一些基础知识是非常重要的。

5.1.1 细胞结构 (Structure of cell)

细胞是生命的基本结构单位和功能单位。单细胞生物，如大肠杆菌、酵母和草履虫，一个细胞就是一个生命体。几乎所有生物体都是多细胞生物，由许许多多细胞组成一个生命个体，体内每一个细胞担负着一部分生命功能。

细胞是由细胞膜、细胞质和细胞核（原核生物没有细胞核，但是存在核物质 DNA）三部分组成。

5.1.1.1 细胞膜

细胞膜（cell membrane）是一切细胞不可缺少的表面结构，包被着细胞内的全部生活物质——原生质。细胞膜的基本框架是由磷脂形成的脂质双分子层，蛋白质镶嵌其中。生物膜中的脂类分子和蛋白质分子随着细胞生命活动而可能发生改变。例如在胞外信号分子的作用下，细胞膜中的受体蛋白质可以形成二聚体，或者可以聚集到细胞一端。细胞膜对于细胞生命活动具有重要作用。细胞膜（质膜）是流动性的嵌有蛋白质的脂质双分子层的液态结构（图 5-1），能主动而有选择性地通透某些物质，既能阻止细胞内许多有机物质的渗出，同时又能调节细胞外营养物质，包括环境污染物的渗入。

细胞膜在毒理学和环境生物化学研究中非常重要，因为它控制着毒物及其代谢产物进出细胞内部。

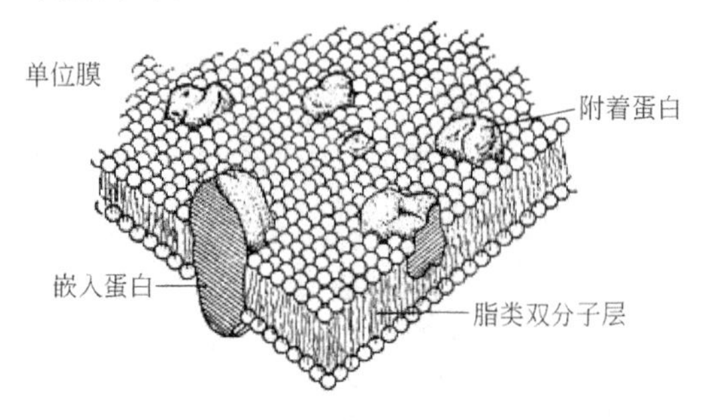

图 5-1 细胞膜脂质双分子层结构

5.1.1.2 细胞核

细胞核（cell nucleus）可谓细胞的“控制中心”，是遗传物质聚集的主要场所，对指导细胞发育和控制性状遗传都起着主导作用。细胞核中除了 DNA 外，还有丰富的蛋白质和 RNA，细胞的遗传信息寓于 DNA 分子的核苷酸序列中。细胞分裂时，DNA 在蛋白质帮助下折叠包装形成一条条染色体，每条染色体储存着不同的基因信息。如果细胞核中DNA被外来化合物损伤，各种致毒后果，如突变、致癌、致畸、免疫缺陷等均可能发生。

5.1.1.3 细胞质

细胞质（cytoplasm）是细胞膜内环绕着细胞核外围的原生质，其中的胶体溶液为胞液，胞液中悬浮着各种细胞器，包括线粒体、核糖体、内质网等。

线粒体（mitochondria）是细胞的能源工厂，含有多种氧化酶，能进行氧化磷酸化，可传递和储存所产生的能量，因而成为细胞中氧化作用和呼吸作用的中心。使生物小分子分解并进行生物氧化的两条代谢途径——三羧酸循环和电子传递途径，都位于线粒体内膜上；还有脂肪酸代谢中的一些酶，也在线粒体内。糖类、蛋白质和脂肪被氧化分解产生CO_2、H_2O，并释放出大量的能量，暂储在ATP和其他“能量货币”分子中，供细胞生命活动之需。最典型的例子是葡萄糖的氧化，

$$C_6H_{12}O_6+6O_2 \longrightarrow 6CO_2+6H_2O+\text{能量}$$

线粒体还有自己的DNA分子和核糖体，也就是说，线粒体有自己独有的遗传信息及蛋白质合成系统，组成线粒体的蛋白质中有10%是由线粒体自身的DNA编码合成的。

核糖体（ribosome）是合成蛋白质的主要场所，在细胞器中数量最多，由大约40%的蛋白质和60%的RNA组成，是细胞中一个极为重要的组分。

内质网（endoplasmic reticulum）是在细胞质中广泛分布的膜相结构，是转运蛋白质合成的原料和最终合成产物的通道。一部分内质网呈片状，外附有核糖体的，称为糙面内质网（RER），核糖体上新合成的肽链进入糙面内质网腔，在腔中新合成的肽链一方面折叠，一方面接受共价修饰（如加上糖基等），内质网腔中完成的新合成蛋白质再通过高尔基体和运输液泡送到细胞表面，或者成为细胞膜上蛋白质的补充，或者作为分泌蛋白质被分泌到胞外。一部分内质网呈管状，外无核糖体的，称为光面内质网（SER），光面内质网执行多种功能，而且随细胞种类不同其功能有所变化。光面内质网的膜中有丰富的酶，参与外源化合物的解毒作用。

溶酶体（lysosome）是从高尔基体断裂出来的小泡，泡内包着40多种水解酶类，起着消化分解食物和废物的作用。细胞通过内吞作用，把胞外食物用膜包上，吞入胞内，称为食物泡。刚从高尔基体断裂出来的溶酶体称为初级溶酶体，它与食物泡融合为一个较大的液泡，称为次级溶酶体，其中各种水解酶类即开始对食物进行消化和分解，使蛋白质、核酸、多糖和脂类分子分别被水解成较小的分子。有用的小分子通过次级溶酶体膜吸收进入细胞质中，无用的渣滓随着次级溶酶体和细胞膜的融合而被挪至细胞外。

高尔基体（golgi body）是完成细胞分泌物最后加工和包装的场所。从内质网送来的小泡与高尔基体膜融合，将内含物送入高尔基体腔中，在那里新合成的蛋白质肽链继续完成修饰和包装。高尔基体还合成一些分泌到胞外的多糖和修饰细胞膜的材料。靠近细胞膜的高尔基体上陆续断裂下一批由生物膜包裹而成的小泡，向着细胞膜方向移动并与细胞膜融合后，其内含物，如蛋白质、多糖便分泌到胞外；而膜成分包括膜结合蛋白质便补充扩增细胞膜。

液泡（vacuole）主要存在于植物细胞中。液泡中溶有无机盐、氨基酸、糖类以及各种色素小分子。一些代谢废物常以结晶状态浓集于液泡中。

质体（plastid）存在于植物细胞中，分白色体和有色体。白色体主要存在于分生组织和不见光的细胞中，内含淀粉、蛋白质或油类，起着储藏库的作用；有色体中含有各种色素，其中最主要的是叶绿体，具有光合作用，利用光能将CO_2和H_2O合成有机物。

5.1.2 细胞中的生物化学物质（Biochemical substances in a cell ）

蛋白质、核酸、糖类是三大类主要的生物大分子，它们可以在酶的作用下分别水解成为各自的单体，即氨基酸、核苷酸和单糖。三种生物大分子的结构相差很大，然而又有共同之处，例如肽链、核酸链和糖链都有各自的方向性；蛋白质、核酸和多糖都有各自的高级结构，保持正确的高级结构是生物大分子执行其生理功能的重要前提；在执行生理功能时，三种生物大分子常常是密切配合，甚至可形成大分子的复合物，如糖蛋白、核蛋白。

5.1.2.1 蛋白质

蛋白质（proteins）是一类最重要的生物大分子，是原生质的特殊结构组分，它们的基本化学组成为碳、氢、氧、氮和硫，还有一些含有磷。相对分子质量从5000到百万以上。蛋白质的基石是氨基酸，共20种，蛋白质就由这些氨基酸构成。氨基酸是碳链化合物，含有氨基（$—NH_2$）和羧基（—COOH），因此，它们具有两性离子的性质。两个氨基酸以氨基（自由碱基）和羧基（自由酸基）彼此脱去一分子水联结而形成肽键。由两个氨基酸联成的称二肽，由3、4、5、……个氨基酸残基形成的化合物分别称三、四、五、……肽，10～12肽以上称多肽。数十个或更多氨基酸残基组成的有确定构象的多肽，通常称为蛋白质。蛋白质和氨基酸一样，也是两性离子。蛋白质按生物学功能可分为酶、调节蛋白、转运蛋白、储存蛋白、结构蛋白。

(1) 蛋白质的结构

蛋白质分子上氨基酸的序列和由此形成的立体结构构成了蛋白质结构的多样性。蛋白质具有一级、二级、三级、四级结构，蛋白质分子的结构决定了它的功能。

蛋白质的一级结构就是氨基酸序列，即氨基酸残基的排列次序，蛋白质的许多性质和功能决定了它的一级结构。

相邻近的一段肽链中的氨基酸残基，经过一定程度的盘绕和折叠，形成二级结构。氨基酸上的R基决定着二级结构，小的R基使蛋白质分子平行地以氢键折叠，叫β折叠；大的R基倾向于形成螺旋，称为α螺旋。

在形成二级结构的基础上，蛋白质分子进一步盘绕折叠，使得整个分子呈现一定的外形，分子内部各个氨基酸残基之间，各段二级结构模块之间形成一定的空间布局关系，这就是蛋白质的三级结构。

许多蛋白质仅有一条肽链，到三级结构为止。还有一些蛋白质由两条以上的肽链组成，每条肽链都有其自身的一、二、三级结构，形成各自的特征形状。几条肽链之间还有一个空间布局问题，形成各条肽链之间相互关系的特定格局，使整个蛋白质分子具有特定的形状，这就是四级结构。

近来，人们在二级和三级结构之间又设置了两个结构层次，分别称为结构域和特征序列。它们包含若干个二级结构成分，并与蛋白质分子的某种功能相关。

蛋白质分子的二、三、四级结构称为蛋白质的高级结构。蛋白质分子的高级结构决定蛋白质分子的外部形状和内部结构，例如椭圆形还是拳击手套形，哪部分有一条浅沟或深槽。这些立体的形状和结构直接关系着蛋白质的生物活性。另一方面，一个蛋白质有什么样的高级结构，取决于它的一级结构。邻近的或相隔较远的R侧链基团之间的相互作用限制着肽链的盘绕、折叠方式。由20种氨基酸形成的含200个氨基酸残基的蛋白质可能出现不同的一级结构数目总共为：$200^{20} \approx 1.05 \times 10^{46}$。

这就是说，自然界的蛋白质几乎可以有无限种类的一级结构，从而可能有无限种在外形和结构上不同的高级结构，这正是生命世界之所以多彩多姿的分子基础。

(2) 蛋白质的变性作用

蛋白质的高级结构既有稳定性又有可变性。蛋白质的一级结构是建立在共价键的基础上，是相当牢固的。通常用 $3mol \cdot L^{-1}$ HCl 在 100℃加热数小时，才能把肽键打断，使蛋白质水解为氨基酸。蛋白质分子中的二、三、四级结构的稳定性不是靠共价键而是靠非共价键。常在生物大分子（包括蛋白质分子）中出现的非共价键有氢键、离子键、疏水键和范德华力等几种（表 5-1）。它们的共同特点是，不是靠共用电子对，而是靠各种形式的引力，通常键长较长，键强度很弱。蛋白质链的多种可能的折叠模式中，形成较多非共价键的那种模式才容易被稳定下来。

表 5-1　生物大分子中常见的非共价键

名　称	键长/nm	水中键强度/($kJ \cdot mol^{-1}$)	键的形成
共价键	0.15	376.81	共用电子对
非共价键			
氢键	0.30	4.19	静电引力
离子键	0.25	12.56	静电引力
范德华引力	0.35	0.42	引力
疏水键			周围水的斥力和疏水基团间引力

变性作用是某一蛋白质分子在不利的物理或化学因素作用下，如加热到 60℃以上、加入强酸或强碱、在外来化学物质或强烈的物理作用下，蛋白质的高级结构就会被破坏，主要是氢键的破坏，当蛋白质发生变性时，其物理与化学性质也发生变化。例如加热可使鸡蛋蛋清变性成半固体状；重金属，如铅，通过将作用基团结合到蛋白质表面导致蛋白质变性。可以恢复原状的变性称可逆变性，不再恢复原状的称不可逆变性。

5.1.2.2　核酸

核酸（nucleic acids）大分子分为两类：脱氧核糖核酸（DNA）和核糖核酸（RNA），在蛋白质的复制和合成中起着储存和传递遗传信息的作用。核酸是多聚体，形成核酸的基本单位是核苷酸。每个核苷酸包括一个五碳糖、一个含氮碱基和一个磷酸，被糖和磷酸键紧密联系在一起。核酸就是由许多个核苷酸单体被磷酸二酯键，在一个五碳糖的 3′-位置上和另一个相邻五碳糖的 5′-位置之间连接在一起，聚合成的大分子，也称多核苷酸。

DNA 和 RNA 的区别在于五碳糖和碱基的不同。RNA 的五碳糖是 D-核糖，而 DNA 为 D-脱氧核糖。含氮碱基有胸腺嘧啶（T）、胞嘧啶（C）、尿嘧啶（U）、腺嘌呤（A）、鸟嘌呤（G）。就高等动物和植物而言，DNA 与 RNA 有 3 个碱基相同（A、G 和 C），胸腺嘧啶是 DNA 中所独有的，而尿嘧啶则限制在 RNA 中。DNA 主要结合在染色体上，在线粒体与叶绿体中也有，而 RNA 则分布在核仁、染色体和细胞质中。就其功能来说，DNA 为遗传信息的所在，RNA 从核中将遗传信息携带到细胞质中合成蛋白质。

(1) DNA 的分子结构和功能

1953 年，美国科学家 James D. Watson 和英国科学家 Francis Crick 共同提出 DNA 分子

结构的双螺旋模型，被认为是开创生命科学新纪元的里程碑而获得 1962 年的诺贝尔奖。DNA 双螺旋模型的要点如下：DNA 分子由两条反向平行的多核苷酸链结合成双螺旋；链的主体是糖基与磷酸基，以磷酸二酯键相连接而成；与糖基以糖苷键相连的嘌呤嘧啶碱基位于螺旋中间，碱基平面与螺旋轴相垂直，两条链的对应碱基之间，呈 A-T、G-C 配对关系；螺旋的直径是 2.0nm，螺旋的螺距是 3.4nm，每个螺距中含 10 个碱基对，也就是说，相邻两个碱基对平面之间的垂直距离为 0.34nm。

实际上，双螺旋模型是 DNA 大分子的二级结构。在双螺旋基础上，DNA 大分子经过扭曲和折叠形成 DNA 的三级结构。DNA 与蛋白质复合物的结构是其四级结构。

DNA 起着遗传信息载体的作用。遗传信息记录在 DNA 分子的碱基序列中，通过 DNA 分子复制，准确地由上代传递至下代。单个细胞中的 DNA 可控制 3000 或更多的蛋白质合成。引导单个蛋白质合成的 DNA 片断称为基因。核苷酸缺失或被其他核苷酸取代均可产生 DNA 改变，产生突变。化学物质往往会诱发突变，而且诱发突变的物质往往会引起癌变，这是毒理学研究中一个重要的问题。

(2) RNA 的分子结构和功能

RNA 通常只有一条多核苷酸链，但是单链的局部区域可能形成配对结构。如 tRNA 分子中出现三个主要的配对区段，称为三叶草形，三叶草形只是 tRNA 的二级结构，事实上，在局部配对基础上，tRNA 分子还再进一步扭转折叠。

细胞内 RNA 大分子主要有三种类型：核糖体 RNA（rRNA），起装配和催化作用；信使 RNA（mRNA），携带 DNA 分子中的遗传信息并作为蛋白质合成的模板；转运 RNA（tRNA），携带氨基酸并识别密码子。

5.1.2.3 糖类

糖类（carbohydrates）在生物体内不仅作为结构成分和主要能源，而且复合糖中的糖链作为细胞识别的信息分子参与许多生命过程。糖类在绿色植物中经光合作用合成，在所有细胞中糖类普遍存在，是细胞重要能源之一。

糖类是碳链化合物，实验式为 $C_x(H_2O)_y$。这类化合物大致可分为单糖、双糖、多糖与黏多糖。由少数几个（2～6 个）单糖连成的低分子量糖类称低聚糖；由许多（几百到几千个）单糖连接成的大分子量糖类称多糖（如纤维素、淀粉、糖原等）。这些多糖经水解后的最终产物为葡萄糖。

单糖是糖类的结构单元，葡萄糖是最常见的单糖，其他如果糖、核糖、甘露糖、半乳糖等。葡萄糖是机体的主要能源物质，在血液中的正常浓度为每 100mL 血液中含 65～110mg 葡萄糖，高于这一水平就可能是糖尿病了。葡萄糖结构式：

CH_2OH
H C O H
H
C OH H C
OH C C OH
H OH

两个单糖分子结合，失去一分子的水形成双糖。双糖包括麦芽糖、蔗糖、乳糖等。单糖结合成双糖：

$$C_6H_{12}O_6 + C_6H_{12}O_6 \longrightarrow C_{12}H_{22}O_{11} + H_2O$$

许多单糖结合形成多糖。多糖是细胞的重要支持材料，如纤维素、木质素、果胶质、几丁质等都是构成木质部、韧皮部和细胞壁的重要组分。淀粉是重要的多糖，其化学分子式是$(C_6H_{10}O_5)_n$，其中n可以高达几百。部分淀粉分子结构式：

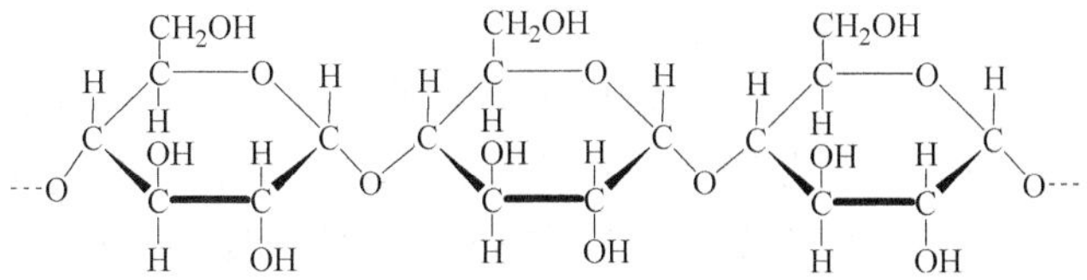

纤维素也是一种重要的多糖，相对分子质量约400000，其基本单元也是$C_6H_{10}O_5$，其结构与淀粉类似。木材含60%的纤维素而棉花含90%，木材中的纤维素经提取压制后可以用于制造纸张。人类和许多动物由于缺乏水解酶而无法消化纤维素，而反刍动物如牛、羊等的胃中有一种细菌可以分解纤维素。纤维素分子的结构式：

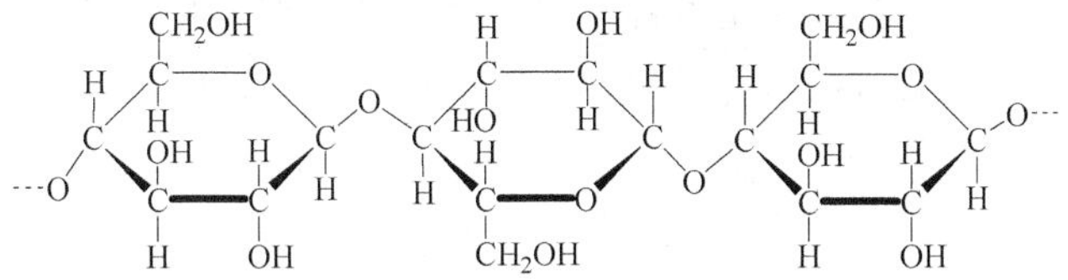

纤维素的分解反应如下：

$$\underset{\text{纤维素}}{(C_6H_{10}O_5)_n} + nH_2O \longrightarrow \underset{\text{葡萄糖}}{nC_6H_{12}O_6}$$

黏多糖又称蛋白多糖，也是生物的重要大分子，是构成动物组织结构的材料。如细菌胞壁中的胞壁质，它是由乙酰氨基葡糖（NAG）和乙酰胞壁酸（NAM）交替连接而成的多糖。糖脂也是动植物细胞内重要的结构材料。

糖蛋白是另外一类由蛋白质和碳水化合物组成的复合大分子，是生物体内普遍存在的化学物质，甚至在原核细胞以及病毒中也有发现。糖蛋白几乎在所有细胞中都能合成，一部分作为细胞内结构组分，而大部分是分泌到细胞外间隙起特殊的生物学作用。高等动物和人体的某些糖蛋白的主要功能有：

① 作为机体内外表面的保护及润滑剂，如鱼体表面黏液，就含有高唾液酸的糖蛋白，能防止水分丧失，消化道、呼吸道、尿道等体腔黏膜有帮助运输，保护体腔不受机械、化学损伤和微生物感染及润滑等功能；

② 作为载体，与维生素、激素、离子等结合，有助于这些物质在体内转移和分配；

③ 是细胞识别机理的必要组分。

几乎所有动物细胞表面都有少量糖，它的作用好比是细胞联络的文字或语言。

5.1.2.4 脂质

脂质（lipids）也是细胞的重要组成，特别是在细胞膜、内膜系统、线粒体和叶绿体等结构中，它们经常与蛋白质连接在一起。脂质在生物体内的功能为：储藏能量，构成膜的组分，有些酶系的组分，激素（甾类化合物）的组分，绝热，绝电。

与蛋白质、糖类和核酸不同，脂质没有固定的结构单元，它是一类低溶于水而高溶于非极性溶剂的生物有机分子。对大多数脂质而言，其化学本质是脂肪酸和醇所形成的酯类及其衍生物。脂质的元素组成主要是碳、氢、氧，有些尚含有氮、磷及硫。

脂质包括脂肪、油、蜡、磷脂和固醇等。脂肪是由一个分子甘油和三个分子脂肪酸经酯键连接而成的甘油三酯（中性脂肪或甘油酯）。细胞中含有中性脂肪，主要是储藏能量。

脂肪酸为不分支的单链，一端为羧基，另一端紧接着一条长长的碳链，含有偶数数目的碳原子，一般都在14～20之间。连接碳链之间的键全为单键的称饱和脂肪酸，但若其间含有一个或两个以上双键的称不饱和脂肪酸。

磷脂在细胞结构中具有重要意义，是构成生物膜的重要成分，只有少数一部分储藏脂肪。常见于动物组织中的固醇类有胆固醇、雌性和雄性激素以及维生素D等，也参与细胞膜和含磷脂的细胞结构。雌、雄性激素是类固醇荷尔蒙的一种，荷尔蒙由内分泌腺分泌，起着传递信息的作用，控制机体的许多功能。卵磷脂为磷脂的一种，在细胞膜的结构材料中占有很重要的地位。蜡质在植物和动物表面起保护作用，羊毛脂是羊毛上的油脂，当油与水混合，极细小的油状颗粒悬浮在水中，形成稳定的胶质液膜，这一特质使羊毛脂在护肤品和药膏中得到广泛应用。脂质在毒理学上有重要作用，一些有毒物质影响脂质代谢而导致脂质有害积累。许多有毒物质水溶性差而脂溶性较强，使一些毒物溶解、储存在机体脂质中，导致毒物在生物体内的积累。生物积累、转化以及脂质与毒物毒性的关系在本章后面章节将做详细论述。

5.1.2.5 酶

细胞的代谢反应，绝大多数是在酶的催化下进行。酶（enzyme）的化学本质是蛋白质。有些酶仅仅由蛋白质组成，有些酶除了蛋白质外，还需一些有机小分子或无机离子的配合，这些分子常常被称为辅酶或酶的辅助因子。好几种维生素是重要的辅酶。

酶的催化作用具有专一性，1894年Fisher提出“锁和钥匙”假说（图5-2），以此来说明酶与底物结构上的互补性。形成了酶-底物复合物，使反应活化能大为降低，反应速率加快。值得注意的是，该催化反应是可逆的，酶-底物复合物可以回复到酶和底物，而产物和酶也可重新结合成酶-底物复合物。1958年Koshland提出“诱导契合”假说，认为酶分子与底物接近时，酶蛋白受底物分子诱导，其构象发生有利于与底物结合的变化（图5-3），酶与底物在此基础上互补契合进行反应。近年来X射线晶体结构分析支持了这一假说。

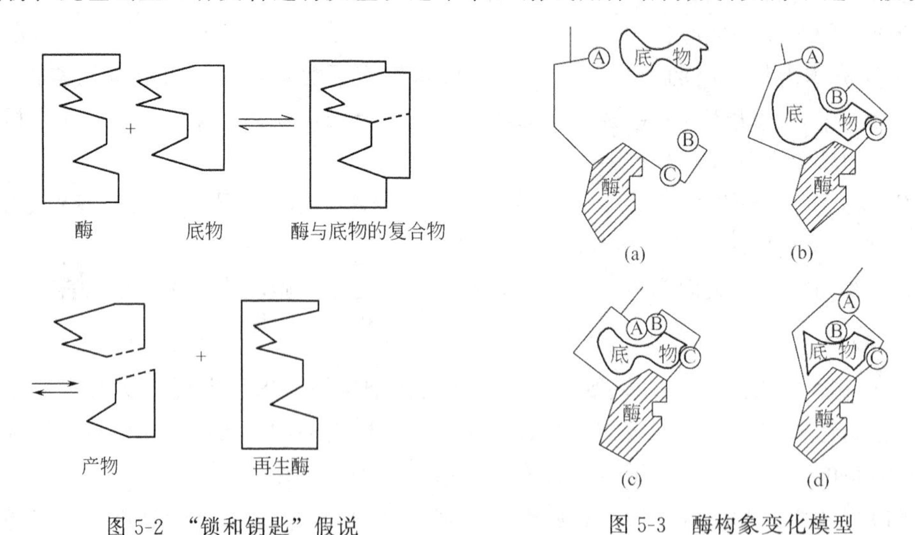

图5-2 “锁和钥匙”假说

图5-3 酶构象变化模型

应该特别注意，酶作为催化剂，仅仅能够使反应速率加快，并不能改变反应的方向。酶只能催化可以自发进行的反应，使反应较快地达到平衡点。酶不可能催化不能自发进行的反应，也不可能改变反应的平衡点。

迄今为止已发现约4000多种酶，在生物体中的酶远大于这个数量，国际系统命名法是以酶所催化的整体反应为基础，以酶的底物和催化反应的性质来命名的。根据国际会议的协定，将酶分为六类。

① 氧化还原酶（oxidoreducase） 这些酶与细胞内呼吸作用过程紧密联系在一起，它们能催化氧化还原反应。例如，脱氢酶与辅酶（辅酶Ⅰ，NAD和辅酶Ⅱ，NADP）连接带来了氧化作用，它们作为氢的受体。

② 转移酶（transferase） 这些酶能将底物上的各种基团，如甲基、乙酰基、氨基、糖基或磷酸基转移到受体分子。

③ 水解酶（hydrolase） 水解酶能催化蛋白质、脂肪和多糖的水解反应，促进这些物质水解为小分子。例如，甘油三酯水解为甘油和脂肪酸，多肽水解为氨基酸，蔗糖水解为葡萄糖和果糖。水解酶虽然很多，但仅少数化学键，如酯键、糖苷键和肽键等易受酶的水解。

④ 裂解酶（lyase） 裂解酶催化基团加到双键上与分子结合，或催化基团从分子上裂解。例如，羧化酶使CO_2与分子结合形成新的羧基，或脱羧酶使CO_2从羧基上裂解下来。

⑤ 异构酶（isomerase） 这些酶催化化合物分子内部的构型变化，例如，葡萄糖-1-磷酸转化为果糖-6-磷酸。

⑥ 连接酶（ligase） 这些酶催化两个分子连接在一起，例如在蛋白质合成的第一阶段，连接酶可使氨基酸连接到转录RNA上。

酶的活力受反应过程中一些环境因素的影响，最重要的是底物的浓度、pH值和温度等的影响。

a. 底物浓度 酶催化反应的反应速率随底物的浓度而异。在低浓度时，反应速率与底物的浓度成正比例，但当底物浓度增高时，反应速率渐趋饱和状态。

b. pH值 几乎所有的酶对pH值的改变都很敏感。每一种酶的催化活性都被一定范围的pH值所限制，而且都有一个最适的pH值。在最适pH值的两侧，酶活性逐渐下降。pH值对酶活力的影响表现在各个方面：蛋白质结构的改变，使酶的稳定性产生不可逆的转变；底物的电离作用改变，影响底物与酶结合；酶的电离作用改变，影响酶对底物的亲和力；酶-底物复合物的电离作用的改变等。

c. 温度 一般随温度上升，酶的反应速率也增加。在达到最适温度（一般为37℃）时，反应以最大速率进行，过此限度，其反应速率反而急剧下降。这一现象的出现，主要是由于随着温度的升高，促使酶蛋白发生变性，因而酶促反应的速率降低。大部分的酶在70℃就会变性，只有少数酶能耐100℃的高温。

5.1.3 新陈代谢（Metabolism）

以上讨论的生物体的主要大分子蛋白质、核酸、糖类、脂质、酶等以及细胞结构，在生物体内都不是孤立存在的，彼此之间有着错综复杂的关系，它们在不停地发生着化学变化。生物体自外界摄取物质并在体内转变为生物体自身的分子以及生命活动所需的物质和能量。营养物质在生物体内经历的一切化学变化总称为新陈代谢。新陈代谢简称代谢，是生物体表现其生命活动的重要特征。生物体内的新陈代谢并不是完全自发进行的，而是靠生物催化剂——酶来催化的，由于酶作用的专一性，使错综复杂的新陈代谢过程成为高度协调、高度整合在一起的化学反应网络。

生物体内酶催化的化学反应是连续的，前一种酶的作用产物往往成为后一种酶的作用底物。这种在代谢过程中连续转变的酶促产物统称为代谢中间产物，或简称代谢物。新陈代谢途径中的个别环节、个别步骤称为中间代谢。

新陈代谢的功能可概括为五个方面：

① 从周围环境中获得营养物质；

② 将外界引入的营养物质转变为自身需要的结构元件，即大分子的组成前体；

③ 将结构元件装配成自身的大分子，例如蛋白质、核酸、脂质等；

④ 分解有机营养物质；

⑤ 提供生命活动所需的一切能量。

新陈代谢包含物质合成和分解两个方面。通过一系列反应步骤转变为较小的、较简单的物质的过程称为分解代谢，分解代谢将蕴藏在有机大分子中的能量逐步释放出来。合成代谢是生物体利用小分子或大分子的结构元件构建成生物大分子的过程，这一过程需要能量。新陈代谢途径中所包括的物质转化属于物质代谢；以物质代谢为基础，与物质代谢过程相伴随发生的，是蕴藏在化学物质中的能量转化，称为能量代谢。

生物体的一切生命活动都需要能量，太阳能是所有生物最根本的能量来源。通过光合作用，有叶绿素的生物（自养生物）将光能转化为化学能，利用二氧化碳和水合成葡萄糖：

$$6CO_2+6H_2O \rightleftharpoons C_6H_{12}O_6+6O_2$$

将能量储存在葡萄糖分子中。依靠外界生物为生的生物（异养生物）将复杂的营养物，如葡萄糖，进行分解代谢，葡萄糖分子中蕴藏的能量逐步释放出来：

$$C_6H_{12}O_6+6O_2 \rightleftharpoons 6CO_2+6H_2O+\text{能量}$$

三磷酸腺苷（ATP）起捕获、储存和传递葡萄糖释放的能量的作用。以 ATP 形式储存的自由能可用于提供以下四方面对能量的需要：

① 提供生物合成所需的能量，在生物合成过程中，ATP 将其所携带的能量提供给大分子的结构元件，例如氨基酸，使其处于较高能态，为进一步装配成生物大分子做好准备；

② 是生物机体活动以及肌肉收缩的能量来源；

③ 提供营养物逆浓度梯度跨膜运输到机体细胞内所需的自由能；

④ 在 DNA、RNA 和蛋白质等生物合成中，ATP 也以特殊方式起着递能作用，以保证基因信息的正确传递。

生物机体的新陈代谢是一个完整统一的体系，机体代谢的协调配合关键在于它有精密的调节机理。机体从分子水平（浓度调节和酶调节）、细胞水平、整体水平（指激素和神经的调节）以及基因表达的调控作用进行调节。代谢的调节使生物机体能够适应其内外复杂的变化环境，从而得以生存。

5.2 毒理化学基础（Basis of Toxicological Chemistry）

5.2.1 剂量与响应关系（Dose-response relationships）

环境毒理学（environmental toxicology）是利用毒理学的方法研究环境，特别是空气、水和土壤中已存在或即将进入的有毒化学物质及其在环境中的转化产物，对生物体危害及其毒作用机理的一门科学。

毒物（toxicant）是进入生物机体后能使体液和组织发生生物化学变化，干扰或破坏机体的正常生理功能，并能引起暂时性或持久性的病理损害，甚至危及生命的物质。毒物与非毒物之间并不存在绝对的界限，讨论一种化学物质的毒性时，必须考虑到它进入机体的数量（剂量）、方式（经口食入、经呼吸道吸入、经皮肤或黏膜接触）和时间（一次或反复多次给予），其中最基本的因素是剂量。外来化合物的剂量与引起的某种生物效应的强度或发生率之间的相关关系，是毒理学研究的核心。Paracelsus（1493～1541年）最先认识到这种相关关系，他的观点“所有的物质都是毒物，没有一种物质没有毒性，只有剂量可以使之不是毒物”已成为毒理学的至理名言。

效应（effect）表示接触一定剂量化学物质引起机体个体发生的生物学变化，如蛋白质浓度、体重、免疫功能、酶活性的变化等。例如接触有些有机磷农药可引起胆碱酯酶活力降低，用胆碱酯酶活性来表示，即为有机磷农药引起的效应。响应（response）是接触一定剂量化学物质后，表现一定程度某种效应的个体在一个群体中所占的比例，如发生率、死亡率等。例如由于接触某种化学物质引起死亡的动物占该群动物的50%，即为该化学物质引起的响应。研究表明，毒物剂量（浓度）与响（效）应之间存在着一定的关系，称为剂量-响（效）应关系。化合物安全性评价或最高允许浓度的确定，就是建立在剂量-响（效）应关系的基础上。

5.2.1.1 常用毒性参数

污染物的毒性大小以及比较不同污染物的毒性，通常应用一些毒性参数，所用的毒性参数在量的概念上应该具有同一性和等效性。以下是一些常用的毒性参数。

(1) 致死剂量或致死浓度（LD或LC）

指一次染毒后引起受试动物死亡的剂量或浓度。但在一个群体中，死亡个体的多少有很大程度的差别，所以对致死量还应进一步明确下列概念：

① 绝对致死剂量或致死浓度（LD_{100} 或 LC_{100}） 造成所有受试动物全部死亡的最低剂量或浓度；

② 半数致死剂量或半数致死浓度（LD_{50} 或 LC_{50}） 引起受试动物50%死亡的最低剂量或浓度；

③ 最小致死剂量或最小致死浓度（MLD或MLC） 仅引起受试动物个别死亡的最高剂量或浓度；

④ 最大耐受剂量或最大耐受浓度（LD_0 或 LC_0） 使受试动物发生严重中毒，但全部存活无一死亡的最高剂量或浓度。

(2) 最大无作用剂量

指化学物在一定时间内，按一定方式与机体接触，按一定的检测方法或观察指标，不能观察到任何损害作用的最高剂量，也称无响应剂量（NOED）。最大无作用剂量是评定外来化合物毒性作用的主要依据，可以此为基础，制定人体每日容许摄入量（ADI）和最高容许浓度（MAC）。每日容许摄入量即指人类终生每日摄入该外来化合物对人体不引起任何损害作用的剂量。最高容许浓度是指该污染物可以在环境中存在而不会对人体造成任何损害作用的浓度。

(3) 最小有作用剂量（LOED）

指能使机体发生某种异常生理、生化或某种潜在病理学改变的最小剂量，也称中毒阈剂量。具有类似意义的是最小有作用浓度。

(4) 毒作用带

是一种根据毒性和毒性作用特点综合评价外来化合物危险性的指标。

① 急性毒作用带　引起受试动物50%死亡的最低剂量与急性毒性引起受试动物机体发生异常变化的最小剂量之比。此比值越大，则急性毒性最小有作用剂量与可能引起死亡的剂量（以 LD_{50} 表示）的差距就越大，表示这种外来化合物引起死亡的危险性就越小；反之，比值越小，引起死亡的危险性就越大。

② 慢性毒作用带　急性毒性最小有作用剂量与慢性毒性最小有作用剂量之比。这一比值越大，表示引起慢性毒性中毒的可能性越大；反之，比值越小，表示引起慢性毒性中毒的可能性越小，而引起急性中毒危险性则相对较大。

(5) 半数效应剂量或效应浓度（ED_{50} 或 EC_{50}）

引起50%受试动物某种效应变化的最低剂量或浓度。常指非死亡效应。

5.2.1.2 毒性单位与分级

(1) 毒性单位　一般吸入毒物以在空气中的浓度 $mg \cdot m^{-3}$、$mg \cdot L^{-1}$ 表示；哺乳动物常以 mg/kg（体重）或 $mL \cdot kg^{-1}$（体重）表示；水环境中毒物一般以 $mg \cdot L^{-1}$、$\mu g \cdot L^{-1}$ 表示；偶尔也用每单位体表面给药量，即 $mg \cdot m^{-2}$ 表示。

(2) 毒性分级　毒性分级在预防中毒等方面有重要意义。目前使用的分级方法、标准和毒性级的名称在毒理学文献中很不统一，表5-2为美国EPA制定的急性毒性分级表。

表5-2　美国EPA制定的急性毒性分级表

毒性指标	级别			
	Ⅰ 剧毒	Ⅱ 高毒	Ⅲ 中等毒	Ⅳ 低毒
经口 $LD_{50}/(mg \cdot kg^{-1})$	<50	50～500	500～5000	>5000
吸入 $LC_{50}/(mg \cdot L^{-1})$	<0.2	0.2～2	2～20	>20
经皮 $LD_{50}/(mg \cdot kg^{-1})$	<200	200～2000	2000～20000	>20000
对眼的作用	腐蚀，角膜混浊（7d内未能恢复）	角膜混浊（7d内能恢复），刺激持续7d	无角膜混浊，刺激在7d内恢复	无刺激
对皮肤的作用	腐蚀	接触72h，严重刺激	接触72h，中等刺激	接触72h，中等或轻度刺激

5.2.1.3 毒作用类型

按毒作用时间和空间的特点，可将毒效应分为以下几种。

(1) 局部作用和全身作用

某些化学物引起机体直接接触部位的不良效应，称为局部作用，如腐蚀性物质作用于皮肤和胃肠道，刺激性气体作用于呼吸道都可直接引起局部细胞的损害。毒物被吸收后，随血液循环分布全身，可呈现出全身作用。

(2) 可逆和不可逆作用

毒物的可逆作用是指在停止接触毒物后，所受损伤可逐渐恢复的毒作用。在停止接触毒物后，所受损伤不可逐渐恢复的毒作用称为不可逆作用，如致突变、致癌、神经损伤和肝硬化等毒性效应显然是不可逆的。

(3) 即刻和迟发作用

许多毒物经一次接触后，短期内即引起毒作用的为即刻作用，明显的例子有一氧化碳和氰化物的急性中毒。经长期接触后或间隔一段时间后，才呈现毒作用的称为迟发作用，如致癌物在几年甚至几十年才出现致癌作用。

(4) 功能、形态和生化作用

功能作用通常指靶器官或组织的可逆改变，如行为毒理方面的指标变化；形态作用是指肉眼和显微镜下所观察到的组织形态学改变，如坏死、肿瘤等，往往为不可逆的改变。有些毒物产生的毒作用表现为酶活性等生化指标的变化。

(5) 变态反应和特异性反应

变态反应是由于曾受到毒物或其他化学类似物的致敏作用所致，该化学物作为一种半抗原，与内源性蛋白质结合形成抗原，从而激发抗体形成，当再次接触到该化学物时，将产生抗原-抗体反应，引起过敏症状，其过敏反应呈现S形剂量-响应曲线。特异性反应一般指遗传所决定的特异体质对某种化合物的特异反应性，如缺乏NADPH-高铁血红蛋白还原酶的人，对亚硝酸盐和其他能引起高铁血红蛋白症的化学物质异常敏感。

5.2.1.4 剂量-响应关系曲线

以生物响应的程度与毒物剂量作图，可得S形曲线［图5-4(a)］。其中纵坐标的响应率实际上是累计响应率，即某一剂量的响应率，包括低于该剂量出现的全部响应率。在低剂量时，生物降解或生物去除占中毒过程的主导地位，响应不明显。随着剂量的增加，会有更多的受试生物出现响应。实验动物数量愈多，曲线愈符合S形。毒物对受试生物的最小有作用剂量一般都是略高于其最大无作用剂量。

由于吸收、代谢和响应的不同，毒物对每个生物机体的毒理效应也有所不同。大量的试验表明生物对毒物的响应在一般情况下符合钟形曲线［图5-4(b)］，这种钟形分布曲线是由于生物个体差异引起的。敏感生物在低浓度侧产生响应，而抗性生物在高浓度侧产生响应，多数动物在中间剂量范围内产生响应。如果受试生物比较均一，剂量-响应曲线会比较竖直，曲线的坡度有助于识别受试生物种质均一的程度。

当y轴用响应概率表示，x轴为剂量的对数值(lg)，剂量-响应关系可用一条直线来表示［图5-4(c)］。曲线的斜率可反映响应的类型。影响酶水平的毒作用，所得曲线较陡，如氰化物毒作用抑制电子传递链的酶，得一条较陡的剂量-响应曲线，表明氰化物毒作用剂量范围很窄。相反，缺少特异性毒作用的毒物，其剂量-响应曲线较平坦，LD_{50}标准差较大。

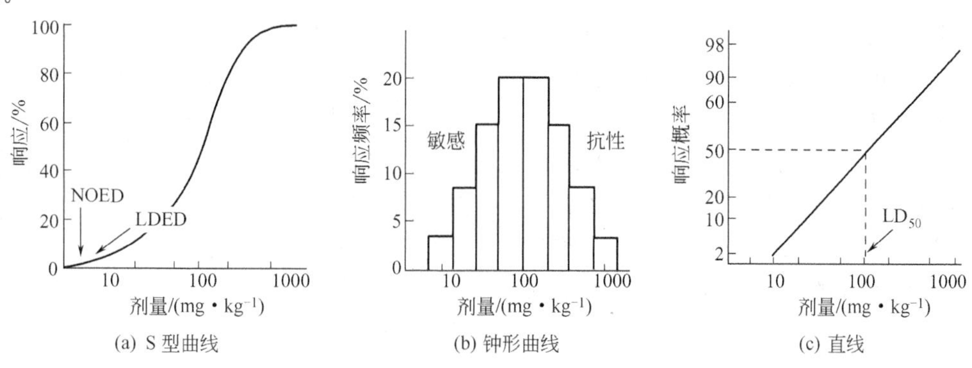

图5-4 三种剂量-响应关系曲线

引自Donald G. Crosby, Environmental Toxicology and Chemistry, 1999

本例中，可得 LD_{50} 为 $100mg \cdot kg^{-1}$，中毒阈剂量为 $6mg \cdot kg^{-1}$，最大无作用剂量为 $5mg \cdot kg^{-1}$。

LD_{50} 是一常用的毒性参数，表 5-3 给出了一些杀虫剂的急性 LD_{50}。

表 5-3　一些杀虫剂的急性毒性

化学物质	大鼠		野鸭	鳟鱼
	经口 $LD_{50}/(mg \cdot kg^{-1})$	经皮 $LD_{50}/(mg \cdot kg^{-1})$	经口 $LD_{50}/(mg \cdot kg^{-1})$	96h $LC_{50}/(\mu g \cdot L^{-1})$
对硫磷	3.6 (3.2～4.0)[①]	6.8 (4.9～9.5)	1.9 (1.4～2.6)	1430 (962～2110)
甲基对硫磷	24 (22～28)	67 (63～72)	10 (6.1～16.3)	3700 (3130～4380)
狄氏剂	46 (41～51)	60 (52～70)	381 (141～1030)	1.2 (0.9～1.7)
二嗪磷	76 (66～87)	455 (379～546)	3.5 (2.4～5.3)	90 (—)
DDT	118 (106～131)	2510 (1931～3263)	>2240	8.7 (6.8～11.4)
甲萘威	500 (307～815)	>4000	>2179	1950 (1450～2630)
马拉硫磷	1000 (885～1130)	>4444	1485 (1020～2150)	200 (160～240)

① 95%可信度。

注：引自 Donald G. Crosby, Environmental Toxicology and Chemistry, 1999。

5.2.1.5　影响毒物剂量-响(效)应的因素

污染物对生物机体呈现的毒性作用，是它与机体相互作用的结果，其剂量-响（效）应关系受多种因素的影响。

(1) 毒物因素

① 毒物的化学结构　毒物的化学结构不仅决定着它在机体内可能参与干扰的生化过程，决定其毒作用性质，而且决定毒物的毒性大小。

a. 同系物中的碳原子数　烷、醇、酮等碳氢化合物的碳原子数愈多，毒性愈大（甲醇和甲醛除外），但当碳原子数超过一定限度时（7～9 个），毒性反而迅速下降。例如，毒性：戊烷<己烷<庚烷，但辛烷毒性迅速降低。氟羧酸 $F(CH_2)_nCOOH$ 系列的比较毒性研究表明，分子为偶数碳原子的毒性比奇数碳原子的大。同系物当碳原子数相同时，直链的毒性比支链的大，如庚烷>异庚烷；成环的大于不成环的，如环戊烷>戊烷。

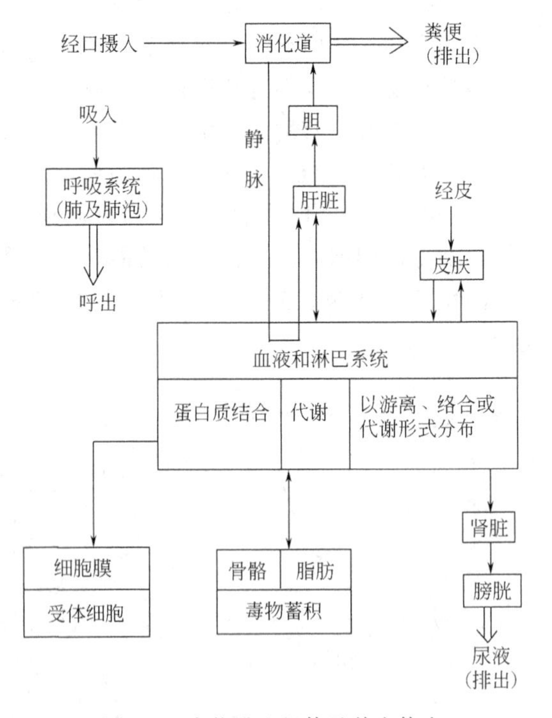

图 5-5　毒物进入机体及其在体内代谢、分布和去除的主要途径

引自 Stanley E. Manahan. Environmental Chemistry, 2000

b. 卤代　烷烃类对肝脏的毒性可因取代的卤素原子数的增加而易与酶系统结合而使毒性增强。例如氯化甲烷的肝毒性大小依次是：CCl_4＞$CHCl_3$＞CH_2Cl_2＞CH_3Cl。

c. 基团的位置　基团的位置不同也影响毒性，如带两个基团的苯环化合物，其毒性大小是：对位＞邻位＞间位。分子对称者毒性比不对称者大，如1，2-二氯甲醚（CH_2ClOCH_2Cl）的毒性大于1,1-二氯甲醚（$CHCl_2OCH_3$）。

d. 分子的不饱和度　分子中不饱和键增加时，其毒性也增加，如二碳烃类的麻醉作用：乙炔＞乙烯＞乙烷。

② 毒物的物理性状

a. 溶解性　毒物在水中溶解性愈大，毒性愈大，如砒霜（As_2O_3）在水中的溶解度比雄黄（As_2S_3）大3万倍，其毒性远大于后者。再如铅化合物的毒性次序与其在液体中的溶解度一致，一氧化铅＞金属铅＞硫酸铅＞碳酸铅。毒物的水溶性不仅影响毒性大小，而且也影响毒作用部位，如水溶性刺激性气体氟化氢、氨等主要作用于上呼吸道，而不易溶于水的NO_2则可能到达肺泡，引起肺水肿。

脂溶性物质易在脂肪中蓄积，易侵犯神经系统，如DDT易在脂肪中蓄积。有机金属化合物的脂溶性一般比无机金属化合物的强，容易通过血脑屏障和胎盘，所以甲基汞和四乙基铅呈现出强的中枢神经系统障碍和胎儿毒性。

b. 分散度　粉尘、烟、雾状化学物污染空气，其毒性与分散度相关。粒子愈小分散度愈大，比表面积也愈大，生物活性愈强。如一些金属烟，由于表面活性大，可与呼吸道上皮细胞或细菌的蛋白作用，产生异性蛋白，引起发烧，而大粒子的金属粉尘则无此作用。

c. 挥发性和蒸气压　易挥发或蒸气压大者，容易经呼吸道进入机体。如苯与苯乙烯绝对毒性相同，但苯乙烯的挥发性仅及苯的1/11，故苯乙烯的实际危害比苯低。

③ 毒物侵入机体的方式和途径　图5-5为毒物进入机体及其在体内代谢、分布和去除的主要途径。毒物侵入机体的途径不同，在体内的分布和吸收速度也不同，如经口摄入金属汞时，由于消化道吸收甚微，故毒性很小；但金属汞以蒸气形式经呼吸道吸入，由于肺能吸收相当多的汞蒸气，故表现出强烈的毒性。同时毒物侵入机体的途径不同，到达的器官和组织也不同，尽管剂量相等却表现出不同程度的毒性反应，如经口摄入$NaNO_3$，在肠道细菌作用下，还原为亚硝酸盐，而引起高铁血红蛋白症，而静脉注射则没有这种毒效应。

（2）机体因素

动物的种属、品系和个体对毒物的响（效）应差异，主要是由于代谢的差异，即活化能力或解毒能力的酶系差异所引起的。

毒物毒性对于不同种属的动物的响（效）应有较大差异。如人对阿托品的敏感性比兔大15倍；苯可引起兔白细胞减少，而对狗则引起白细胞升高；“反应停”对人和兔有致畸作用，而对其他哺乳动物则没有。

同一种属不同品系的动物对毒物产生的响应也存在差异，如小鼠吸入相同浓度的氯仿，结果DBA_2品系死亡率为75％，DBA系为51％，C3H系为32％，BALC系为10％，其他6种品系为0％。

同种属同品系的动物个体之间对毒物的响（效）应仍然存在差异，表现在年龄、性别、饮食、营养状况、健康状况、遗传因素和精神心理因素等各个方面。表 5-4 列出雄鼠和雌鼠由于生理上和激素的差异对农药表现的毒性差异。

表 5-4　农药对雌、雄大鼠的毒性差异

化学物质	经口 LD_{50}/(mg·kg^{-1})		经皮 LD_{50}/(mg·kg^{-1})	
	雄	雌	雄	雌
对硫磷	13	3.6	21	6.8
甲基对硫磷	14	24	67	67
狄氏剂	46	46	90	60
二嗪磷	108	76	900	455
DDT	113	118	—	2510
甲萘威	850	500	>4000	>4000
马拉硫磷	1375	1000	>4444	>4444

注：引自 Donald G. Crosby. Environmental Toxicology and Chemistry，1997。

(3) 环境因素

① 化学污染物对生物的联合作用　在实际环境中，往往有多种化学污染物同时存在，生物体通常暴露于复杂、混合的污染物中，它们对机体产生的生物学效应与化学污染物单独作用产生的生物效应并不相同。把两种或两种以上化学污染物共同作用所产生的生物学效应，称为联合作用。根据生物学效应的差异，多种化学污染物的联合作用通常分为四种类型：协同作用、相加作用、独立作用和拮抗作用。

a. 协同作用（synergistic effect）是指两种或两种以上的化学污染物同时或数分钟内先后与机体接触，对机体产生的生物学作用强度远远超过它们分别单独与机体接触时所产生的生物学作用的总和。也就是说，其中某一化学物质能促使机体对其他化学物质的吸收加强、降解受阻、排泄延缓、蓄积增多和产生高毒的代谢产物等。例如，多功能氧化酶被胡椒基丁醚抑制，增加拟除虫菊酯和氨基甲酸酯的毒性，其毒性增加分别为 60 倍和 200 倍，这是因为胡椒基丁醚抑制了拟除虫菊酯和氨基甲酸酯的解毒系统，从而增加其毒性。

b. 相加作用（additive effect）是指多种化学污染物混合所产生的生物学作用强度等于其中各化学污染物分别产生的作用强度之和。在这种类型中，各化学物质之间均可以按比例取代另一种物质。当化学物质的化学结构相似、性质相似、靶器官相同或毒性作用机理相同时，其生物学效应往往呈相加作用。例如，一定计量的化学物质 A 和 B 同时作用于机体，若 A 引起 10%的动物死亡，B 引起 40%的动物死亡，根据相加作用，在 100 只动物中将死亡 50 只，存活 50 只。

c. 独立作用（independent effect）是指多种化学污染物各自对机体产生毒性作用的机理不同，互不影响。由于各种化学物质对机体的侵入方式、途径、作用部位各不相同，因而所产生的生物效应也彼此不关联，各种化学物质不能按比例相互取代，故独立作用产生的总效应往往低于相加作用。

d. 拮抗作用（antagonistic effect）是指两种或两种以上化学污染物同时或数分钟内先后与机体接触，其中一种化学污染物可干扰另一化学污染物原有的生物学作用，使其减弱，或两种化学污染物相互干扰，使混合物的生物作用和毒性作用的强度低于两种化学污染物任何一种单独作用的强度。也就是说，其中某一化学物质能促使机体对其他化学物质的吸收减少、降解加速、排泄加快和产生低毒的代谢产物等。例如，在酸性条件下，铝离子（Al^{3+}）对植物菌根具很高毒性，并能诱导过氧化物歧化酶（SOD），当加入一定量的钙离子（Ca^{2+}）后，大大降低了 Al^{3+} 的毒性，SOD 活性显著降低。

② 物理因素　环境温度、湿度、气压和噪声等物理因素亦可与毒物有联合作用，如高温环境可增强氯酚的毒性；HCl、HF、NO 和 H_2S 等在高温环境中，其刺激性明显增强；噪声与二甲基甲酰胺（DMF）同时存在时可有协同作用。

5.2.2 毒物致突变、致畸及致癌作用（Mutagenesis，mutation and carcinogenesis of toxicants）

5.2.2.1 致突变作用

生物体的遗传物质发生了基因结构的变化称为突变。某些物质引起生物体的遗传物质发生基因结构改变的作用，称为致突变作用。诱发生物体的遗传物质发生基因结构变化的物质称为致突变物。

突变可分为基因突变和染色体畸变两大类。基因突变只涉及染色体的某一部分改变，且不能用光学显微镜直接观察；染色体畸变则可涉及染色体的数目或结构发生改变，故可用光学显微镜直接观察。这两种突变类型仅是程度之分，而在本质上并无差别。狭义的突变通常仅指基因突变，广义的突变则包括基因突变和染色体畸变。

(1) 基因突变

基因突变是指在致突变物的作用下，DNA 中碱基对的化学组成和排列顺序发生变化。在生物的繁衍过程中，只有通过突变才能产生新的生物体，例如农作物、园林植物、畜、禽、鱼等新品种的培育，就是通过定向筛选后获得，故突变有其有利的一面。外来化合物对生物引起的各种突变，从理论推测，也可能出现有益的后果，但概率极小，而且无法鉴别和控制，所以，从毒理学角度，不论突变的后果如何，应将致突变作用视为外来化合物毒性作用的一个重要表现。根据突变的作用方式和所引起的后果不同，可分为以下几种类型。

① 碱基置换　碱基置换（取代）分为转换和颠换。转换就是指嘌呤碱基为另一嘌呤碱基取代，或嘧啶碱基为另一种嘧啶碱基取代；而颠换是指嘌呤碱基为嘧啶碱基所取代或反之亦是。致突变物的引入可引起 DNA 多核苷酸链上一个或多个碱基的构型和种类发生变化，使其不能按正常规律与其相应碱基配对，因而引起 DNA 链上碱基配对异常。DNA 链上碱基反应的常见例子是亚硝酸的作用，亚硝酸经常作为一种细菌的诱变剂使用。亚硝酸可使碱基脱氨基而代之以羟基，再向酮式转变而引起配对变化，它可使腺嘌呤（A）变成次黄嘌呤（I），使胞嘧啶（C）变成尿嘧啶（U），尿嘧啶只是 RNA 的组分而不是 DNA 的组分，新产生碱基不能像原来 DNA 中的相应碱基那样通过氢键与鸟嘌呤配对，从而引起突变。

② 移码突变　在 DNA 碱基顺序中，插入或丢失了一个或几个碱基，使该部位以后的密码组成发生改变，指导合成的多肽链氨基酸也发生改变。现已表明，多环芳烃、黄曲霉毒素和吖啶类化合物均具有导致移码突变的性质。

此外，密码子插入或丢失，不等交换等均可引起基因突变。

(2) 染色体畸变

染色体上排列很多基因，染色体数目的改变或结构的改变都能引起遗传信息的改变。

致突变物作用于动物的生殖细胞或体细胞，所引起的后果并不相同。致突变物作用于生殖细胞，可引起两种后果：突变细胞不能与异性细胞结合以及胚胎出现死亡，称为显性致死突变；引起遗传性疾病，传给后代，导致先天性遗传缺陷，使基因库受到影响。致突变物作用于体细胞，可形成肿瘤，作用于胚胎和胎儿期的细胞，可导致体细胞突变，引起胚胎畸形或死亡。

DNA 碱基上的 N 原子被小的烷基，如—CH_3 或—C_2H_5 加成产生烷基化是产生突变的常见机理之一。图 5-6 为鸟嘌呤上的“7”位氮被甲基化形成 *N*-甲基鸟嘌呤。鸟嘌呤上的氧原子也可被甲基或其他烷基加成产生 *O*-烷基化反应。许多致突变物是通过烷基化来使碱基发生变化的，如二甲基亚硝胺、3,3-二甲基-1-苯三嗪、1,2-二甲基肼。

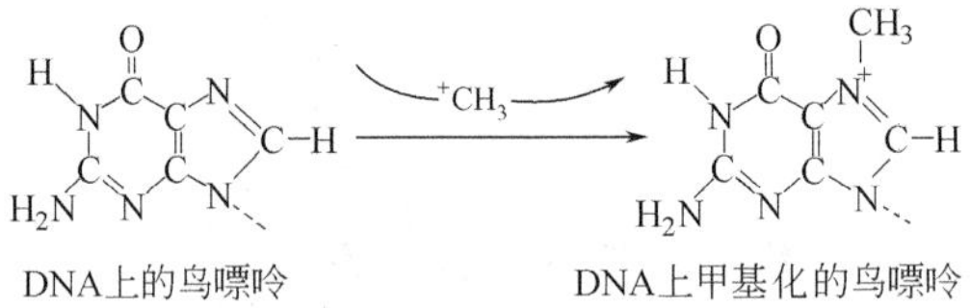

DNA上的鸟嘌呤 —($^+CH_3$)→ DNA上甲基化的鸟嘌呤

图 5-6 DNA 鸟嘌呤的烷基化

生物化学或化学的过程使化合物发生烷基化，产生亲电物质，易于键合到 DNA 碱基上的氮或氧原子上，如二甲基亚硝胺通过细胞 NADPH 的氧化活化产生高活性的中间产物：

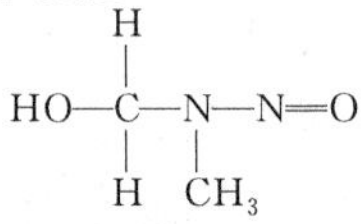

$$HO-CH_2-N(CH_3)-N=O$$

该化合物可以引发一系列的非酶转化，失去甲醛生成$^+CH_3$，然后对 DNA 上的碱基进行甲基化，导致突变（图 5-7）。

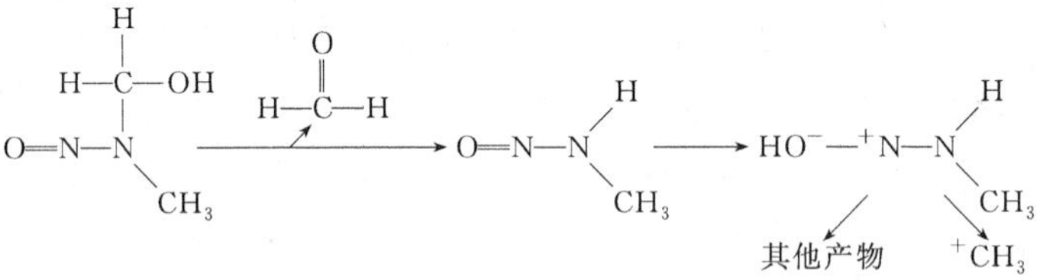

$$O=N-N(CH_3)-CH_2OH \xrightarrow{-HCHO} O=N-NH-CH_3 \longrightarrow HO^- -{}^+N-NH-CH_3 \rightarrow \text{其他产物} + {}^+CH_3$$

图 5-7 二甲基亚硝胺转化为甲基化代谢中间产物

三（2,3-二溴丙基）磷酸酯，简称“tris”，是一种备受关注的致突变物。它是一种阻燃剂，曾被用来处理儿童的睡衣。动物试验结果表明，这种物质能引起突变作用，并在曾穿过用“tris”处理过的睡衣的小孩尿样中检测到它的代谢物 2,3-二溴丙醇。这一发现说明“tris”可以通过皮肤吸收，因此“tris”已被禁用。

5.2.2.2 致畸作用

胚胎在发育过程中，由于受到某种因素的影响，使胚胎的细胞分化和器官形成不能正常进行，而造成器官组织上的缺陷，并出现肉眼可见的形态结构异常者称为畸形。有畸形的胚胎或胎仔称为畸胎。广义的畸胎还应包括生化、生理功能及行为的发育缺陷。凡能引起胚胎发育障碍而导致胎儿发生畸形的物质称为致畸物或致畸原。致畸物通过母体作用于胚胎而引起胎儿畸形的现象称为致畸作用。目前已知有 1000 多种环境因子可引起动物及人的畸胎，病毒、放射性、药物和化学品是导致畸胎的四种主要因素。在此主要讨论外来化学品的致畸作用。

外来化学品致畸作用机理尚未完全清楚，根据目前研究成果，初步认为主要有下列几种可能。

(1) 突变引起胚胎发育异常

化学品作用于生殖细胞，引起遗传基因突变，产生子代畸形，可能具有遗传性；化学品作用于胚胎体细胞引起畸胎是非遗传性的，体细胞突变引起的发育异常除了形态缺陷外，有时还会产生代谢功能缺陷，如酶分子的氨基酸组成的改变等。

(2) 胚胎细胞代谢障碍

在胚胎发育过程中所有发育分化过程都有酶的参与，例如核糖核苷酸还原酶、DNA 聚合酶等，某些化学品抑制了这些酶的活性，必然会引起发育过程障碍，导致胚胎畸形。某些化学品还可引起细胞膜转运和通透性改变，从而产生代谢障碍。

(3) 细胞死亡和增殖速度减慢

许多化学致畸作用是能杀死细胞，尤其是正在增殖的细胞。致畸物进入胚胎后，常在数小时或数天内引起某些组织的明显坏死，导致器官畸形。

(4) 胚胎组织发育过程的不协调

化学致畸物进入胚胎引起某些组织或某些细胞生长发育过程的改变，可造成各组织细胞和组织之间空间关系的紊乱，导致特定的组织、器官、系统的发育异常。

胚胎与致畸物发生接触时，可因胚胎所处的发育阶段不同而呈现不同的敏感性。一般在器官形成期，胚胎对致畸物最敏感，故此期称为敏感期或危险期。一种致畸物在敏感期与胚胎接触，因胚胎处于不同发育阶段而引起不同的畸形。而且不同种系的动物表现出不同的敏感性。

典型的致畸作用剂量-响（效）应曲线的斜率很陡，即致畸带较为狭小，有时最大无作用剂量与引起胚胎死亡的最低剂量仅相差 2～3 倍。

致畸作用最有名的例子是 20 世纪 60 年代前后妊娠早期作安眠镇静药服用的反应停，该药物有严重致畸作用。在日本、欧洲和其他地区曾因服用该药发生约有 1 万名婴儿肢体不完善的畸形儿事件。致畸试验成为人们广泛重视的一项研究内容，许多国家对药物、农药、食品添加剂以及工业化学品规定应经过致畸试验方能使用。我国自 20 世纪 70 年代也开始了对农药、食品添加剂、防腐剂和各种环境污染物的致畸研究，并把致畸试验列为农药和食品添加剂毒性试验的内容之一。

5.2.2.3 致癌作用

致癌是不受控制的细胞生长在动物或人体中引起癌变的物质称为致癌物。致突变和致癌作用是紧密相连的，实际上所有致癌物都是致突变的，但相反的结论并不完全正确。

致癌物可以分为以下几种：化学物质，如亚硝胺和多环芳烃；生物物质，如病毒；电离辐射，如 X 射线。

很明显，在某种程度上，癌症是由合成的或天然存在的化学物质引起的。外来化学物质引起癌症的作用称为化学致癌作用，是毒理学中的重要内容。化学致癌作用已有很久的历史了，1775 年 Percival Pott（英国乔治三世时期的普外医生）发现伦敦的壁炉清洁工患阴囊癌的概率很大，他认为这与他们长期接触煤炭燃烧后的产物——余烬和焦油有关。1900 年一位德国的外科医生 Ludwig Rehn 报道了染色工人暴露在从煤焦油中提取的化学物质 2-萘胺后得膀胱癌的发病率较高。其他有关化学物质致癌的例子有：烟叶汁（1915 年）、涂有发光剂的表盘上的镭（1929 年）、香烟烟雾（1939 年）和石棉（1960 年）。环境中存在大量化学品，并且每年还在不断增加。因此，化学品因与人类患癌症的关系密切而受到关注。

就毒性而言，致癌物的致癌作用在许多方面和一般毒性作用有一定的相同之处，如致癌试验中一般可见剂量-响应关系；致癌物在体内也进行生物转化；致癌试验也受动物种属、品系、性别和环境因素的影响。

（1）致癌作用机理

随着生物化学、分子生物学、遗传学等学科的迅速发展，对癌变的机理进行大量研究，但癌变形成的原因及作用机理目前尚未完全阐明，主要有以下几种学说。

① 体细胞突变学说　该学说认为致癌因素包括物理、化学、生物因素，它们作用于体细胞的遗传物质DNA，使其发生突变，结果使细胞的功能发生异常改变而致癌，亦即癌变形成的基础是体细胞发生突变。

② 分化障碍学说　该学说认为细胞癌变不一定需要体细胞遗传物质发生突变，而只是细胞分化过程中有关的基因调控过程受到致癌因素的干扰，使细胞分化和增殖发生紊乱而出现癌变。

③ 癌基因学说　有些学者认为所有细胞的DNA分子中都存在有癌基因的遗传信息，在正常情况下这种癌基因处于阻遏状态，只有细胞内有关的调节机理遭到破坏的情况下，癌基因才能表达，从而导致细胞发生癌变。

（2）致癌生物化学

近年的研究对化学致癌作用的生物化学基础有更深的了解。癌变的过程很复杂，一般认为，致癌作用的两个主要过程为：引发阶段和促长阶段，可以用图5-8来说明。

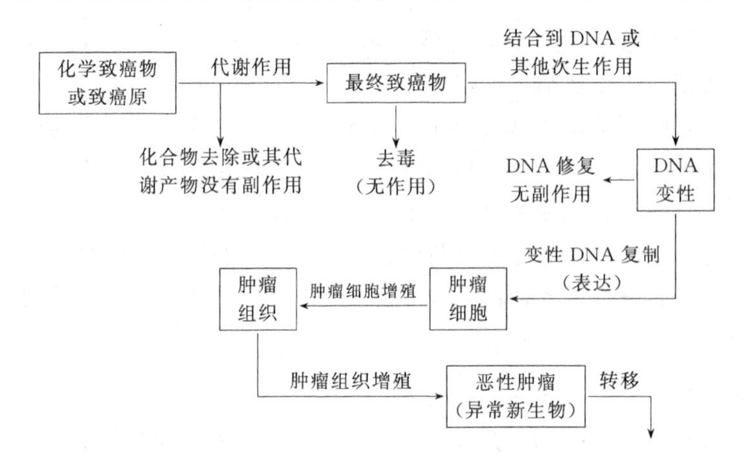

图5-8　化学致癌物的致癌途径

引自 Stanley E. Manahan. Environmental Chemistry，2000

引发阶段，即通过致癌物的作用，使正常细胞转化为癌细胞的过程。致癌物与DNA结合发生反应，使细胞内遗传物质染色体或基因发生突变，也可能与蛋白质发生反应，使细胞中的基因调控过程发生改变，并出现代谢障碍。癌变过程中必须避免机体的正常DNA修复过程和体细胞免疫监视机能，使致癌物引起的变化成为永久性变化，使正常细胞转化为癌细胞。促长过程，是经过引发的癌细胞不断增殖直至形成一个临床上可被检出的肿块的过程，已形成的肿瘤不断发展，逐渐侵害周围的正常组织，并扩散转移到较远的部位。

化学致癌物可以与生物大分子，如蛋白质、肽、RNA和DNA形成共价键，其中与DNA键合是引发癌症的主要因素。与DNA键合的主要物质是烷基化物质，可将烷基，如甲基（CH_3）或乙基（C_2H_5）键合到 DNA 上，芳香基可以使苯系物结合到 DNA 上。如图 5-9 致突变作用中二甲基亚硝胺转化为甲基化代谢中间产物，烷基和芳香基团可与组成 DNA 碱基中的 N 和 O 原子结合。这种 DNA 的改变可以引发一系列的后果，从而导致瘤（癌）细胞的生长和复制。使烷基物质烷基化的活性物质通常是通过酶的催化代谢作用而形成的。

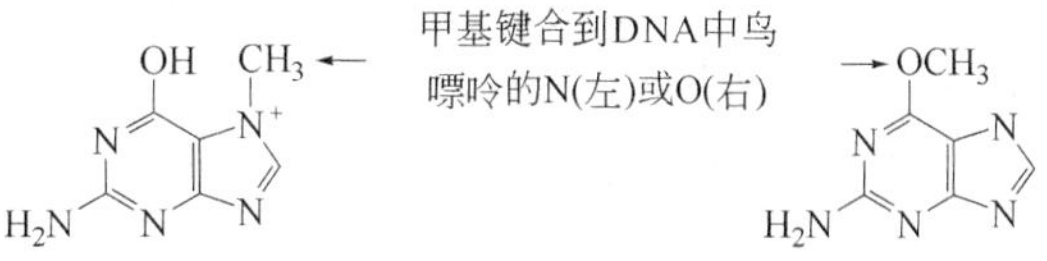

图 5-9　碱基鸟嘌呤的烷基化

（3）致癌实验

只有一部分化学物质被明确为人类致癌物质。一个很好的例子是氯乙烯 CH_2CHCl，能够引起聚氯乙烯制造厂清洗高压釜的工人一种罕见的肝癌。一些化学物质的致癌性是通过流行病学研究获得的。动物试验仍为致癌试验的重要方法，尽管其试验结果外推到人类时有很大的不确定性。

Bruce Ames 试验属于体外基因突变试验，常用的是鼠伤寒沙门菌哺乳动物微粒体酶试验法，这个方法是 Bruce Ames 等发展起来的，故常称 Ames 试验。利用一组鼠伤寒沙门菌组氨酸营养缺陷型菌株（His^-），若受试毒物直接或经过哺乳动物肝微粒体活化，能使 His^- 菌株回复突变成原型（His^+），检查所诱发的沙门菌回变菌落数，如果菌落数有显著增加，呈现阳性剂量反应关系，即认为该受试毒物是沙门菌的致突变物。从化合物的突变作用可以暗示其潜在的致癌作用。

Bruce Ames 认为大剂量动物试验外推到低剂量化学物质致癌风险时会产生误导，由于大剂量化学物质会杀死大量细胞而生物机体会试图用新细胞修复。细胞的快速分裂会极大提高突变转变为癌的概率，这种致癌作用仅仅因为细胞的快速增殖而不是遗传毒性。

5.2.3　毒物的健康风险评价（The health-risk assessment of toxicants）

影响人体健康的诸多因素中，化学污染物占据重要地位。环境中化学物质种类繁多，成分复杂。据美国登记的化学物质已达 700 多万种，每年有 40 万种新化学物质出现，约有 1000 种新化学物质投放市场，常用的化学物质达 7 万种。这些化学物质通过大气、水体、土壤、食物等各种途径进入人体，造成健康损害。

1991 年 11 月，由 104 个国家草签了有毒化学品伦敦准则和 PIC 程序，要求建立有毒化学品的风险评价和政府间的风险管理机制。1992 年联合国环境与发展大会将有毒化学品列为 21 世纪全球七大环境问题之一，这标志着有毒化学品管理将成为 21 世纪全球环境管理的重要内容。尽管有毒化学品全生命周期（生产、运输、储存、使用、废弃）每个环节的管理内容与方法不尽相同，但都可归纳为一个三段式，即登记-风险评价-风险管理。如无特指，通常所说健康风险评价即指有毒化学品的健康风险评价。风险评价在有毒化学品管理中起着举足轻重的作用。

5.2.3.1　健康风险评价概述

为定量研究并暴露与环境和职业毒物有关的健康危险性，风险评价已发展形成了一门跨学科的方法学。风险评价需毒理学作为基础资料，现有的环境化学物质的各种卫生标准或限值，如短期接触限值、车间空气最高允许浓度、食物允许摄入量、环境污染物允许排放或存在的标准等，都是重要的参考数据。风险评价不能直接引用这些数据，需要同时考虑许多社会因素、管理因素、资料的不肯定程度以及风险可接受水平等。例如，如果一个人由于喝了氯化消毒水（自来水）而死于癌症的机会是十亿分之一，这种风险度显然不能认为是有意义的；但是假若一个人经常吸入含2%苯的汽油蒸气而致死的概率是千分之一，则认为这种风险度是有意义的，所以风险评价结果要具体问题具体分析。

健康风险评价可以在已知暴露条件下，预计可能产生的健康效应；估计这些健康效应发生的概率（风险度）；估计具有这些健康效应的人数；在空气、水、食品中某种有毒物质可接受浓度的建议值。风险评价的结果，对制定有关工厂工人的职业暴露、工业废水、废气和废渣的排放标准，暴露于大气和水中的污染物浓度，食品中化学物质的残留量，废物处理场所以及日用消费品和自然产生的污染物（如火山灰）等方面的规章条例是必需的。在对有毒化学物质制定用于保护人群健康的法规标准和进行风险管理时，要考虑到许多因素，这些因素主要包括：危害鉴定（存在分析）、健康效应（剂量-响应关系）、接触评估、风险评定、处理费用、处理技术的可行性、环境所能容纳的程度以及政策、社会和心理学方面的可接受程度等，健康风险评价只是法规决策中诸多因素中的一项。

健康风险评价始于20世纪30年代，其初级形式是对人群（职业工人、化学品使用者）暴露的流行病学资料和动物试验的剂量-响应关系的有关报道，并以一定形式（如数学模型）表达，早期重点观察急性毒性和风险性较大的危害。到40年代后期，开始转向比较隐蔽的、慢性的、风险度较小的危害，特别是环境因子造成的危害。1984年，随着离体培养技术的发展，将离体的生物组织和器官作为研究模型，在维持血液循环和新陈代谢条件下，采用药物代谢动力学方法，对化学毒物在组织、器官中的分布和时间变化过程进行研究，对剂量-响应进行定量评价。1990年开始，我国潘自强院士领导一个调查小组，在核工业系统内开展了环境健康影响综合评价研究；1997年国家科委将燃煤大气污染对健康的危害研究列入国家攻关计划。近年我国在应用风险概念和分析方法对环境健康风险进行全面、系统评价方面取得了突破。

5.2.3.2 健康风险评价的基本内容和步骤

健康风险评价是收集、整理和解释各种与健康相关资料的过程，是有效控制化学品风险的技术依据。为了使不同评价部门所得的资料有可比性和通用性，1983年美国科学院（NAS）首次确立了健康风险评价的基本概念，即“健康风险评价是描述人类暴露于环境危害因素之后，出现不良健康效应的特征。它包括若干个要素：以毒理学、流行病学、环境监测和临床资料为基础，决定潜在的不良健康效应的性质；在特定暴露条件下，对不良健康效应的类型和严重程度做出估计和外推；对不同暴露强度和时间条件下受影响的人群数量和特征给出判断；以及对所在地公共卫生问题进行综合分析。健康风险评价的另一个特征是在整个评价过程中每一步都存在着一定的不确定性。”并提出了风险评价的四阶段法：危害判定、剂量-响（效）应评估、暴露评估、风险表征等四个阶段。1986年美国环保局（EPA）颁布了“健康风险评价导则”，该导则分致癌性、致突变性、化学混合物、可疑发育毒物以及估算接触量等五个方面。目前，风险评价方法已被法国、荷兰、日本、中国等许多国家和一些国际组织，如经济发展与合作组织（OECD）、欧洲经济共同体（EEC）等所采用。

(1) 危害判定

危害判定是根据污染物的生物学和化学资料，判定某种特定污染物是否产生危害及其危害的后果，是风险度的定性评定。对现存化学物质，主要是评审该化学物质的现有毒理学和流行病学资料，对危害未明的新化学物质来说，更需要从头累积较完整而可靠的资料。通常对污染物的下面一些情况进行评估：理化特性和暴露途径与暴露方式，结构与活性关系，代谢动力学资料，短期试验，长期动物研究及人类研究。

（2）剂量-响（效）应评估

剂量-响（效）应评估是对有害因子暴露水平与暴露人群或生物种群中不良健康反应发生率之间关系进行定量估算的过程，是风险评价的定量评定。

显然直接从流行病学调查中得到的化学物质的剂量-响应关系是最可靠最有说服力的资料，但在多数情况下，很难得到完整的与响应相对应的人群暴露资料，特别是对一些低剂量、长暴露、范围广、接触人群十分复杂的一些化学物质更是如此，故动物实验就成为剂量-响应关系评定的主要手段，从动物实验得到剂量-响（效）应关系之后，利用一定的模式外推到人群，得出近似的人群剂量-响（效）应关系。剂量-响（效）应关系评估的主要内容包括确定剂量-响（效）应关系、响应强度、种族差异、作用机理、接触方式、生活类型，以及与其有关的环境中的其他化学物质的混合作用等，在全面分析资料的基础上，审定这些资料的真实性和可靠性，确认能否用于数学模式，找出能供模式引用的剂量-响（效）应参数和数据等。尽可能优先采用人群流行病学调查资料，并注意区别大小剂量可能引起的不同质的反应，即所谓剂量依存差异。化学物质对健康损害的强度差异有时悬殊，例如糖精及二噁英都能在实验动物中“诱发”癌症，但其强度相差百万倍，糖精的强度很低，而二噁英则很高，但是在人类生活中对二噁英的接触水平却又是非常低的，这就要求对具体问题进行全面具体的分析和考虑。

（3）暴露评估

暴露评估是对人群暴露于环境介质中有害因子的强度、频率、时间、途径进行测量、估算或预测的过程，是进行风险评价的定量依据。直接进行总体测定来评估暴露程度需要投入大量的人力和物力，往往从具有代表性的各种群体中抽样，做有限数量的测定分析，再做数学模型推导，以估测总体人群或不同亚群的暴露水平。人群包括某种职业人群、某地区人群、老幼病弱等特别易感人群等，一般是计算他们终生接触的平均水平。

（4）风险表征

风险表征是利用前面三个阶段所获取的资料，估算不同接触条件下，可能产生的健康危害的强度或某种健康效应的发生概率的过程。风险表征主要包括两方面的内容，一是对有害因子的风险大小做出定量估算与表达；二是对评定结果的解释与对评价过程的讨论，特别是对前面三个阶段评定中存在的不确定性做出评估，即对风险评价结果本身的风险做出评价。

从风险评价的整个过程不难看出，评价中虽然进行一些现场监测、流行病学调查和动物实验，但大部分数据还是从国际上认可的数据库中收集获取的。而且在风险估算中，不论利用现场资料还是收集的资料，都需要采用大量假设及数学模型。这些因素都会不同程度地影响到评价结果对实际风险的真实反映，即造成了评价结果的不确定性。在风险评价领域中，造成评价结果不确定性的因素本身也被认为是不确定的。显而易见，在报告评价结果的同时，对每一个环节可能会带来的偏差，也就是对每个环节的不确定性都要进行认真分析，谨慎对待，实事求是地加以说明，以便使管理部门掌握评价结果的可靠程度，从而根据实际情况进行必要的决策，这对于风险评价结果的正确运用是十分重要的。

5.3 污染物的生物积累与生物转化（Bio-accumulation and Bio-transformation of Pollutants）

5.3.1 污染物的生物积累与转运（Bio-accumulation and transfer of pollutants）

5.3.1.1 污染物通过生物膜的方式

如前所述，细胞膜的磷脂双分子层结构对于污染物进出细胞及其在机体内的吸收、分布、排泄等过程起着重要的作用。污染物通过生物膜的方式根据机理可分为以下五类。

（1）膜孔滤过

直径小于膜孔的水溶性物质，可借助膜两侧静水压及渗透压经膜孔滤过。

（2）被动扩散

被动扩散是脂溶性有机化合物的主要转运方式。污染物从高浓度侧向低浓度侧，即顺浓度梯度扩散通过有类脂层屏障的生物膜。被动扩散的扩散速率服从费克定律：

$$\frac{dQ}{dt}=-DA\,\frac{\Delta c}{\Delta x}$$

式中 $\frac{dQ}{dt}$——物质膜扩散速率，即 dt 间隔时间内垂直扩散通过膜的物质的量；

Δx——膜厚度；

Δc——膜两侧物质的浓度梯度；

A——扩散面积；

D——扩散系数，取决于通过物质和膜的性质，一般，脂/水分配系数越大，分子越小，或在体液 pH 值条件下解离越少的物质，扩散系数也越大，而容易扩散通过生物膜。

被动扩散的特点是生物膜不起主动作用，不消耗细胞的代谢能量，不需载体参与，因而不会出现特异性选择、竞争性抑制及饱和现象。

（3）被动易化扩散

有些物质可在高浓度侧与膜上特异性蛋白质载体结合，通过生物膜，至低浓度侧解离出原物质，这一转运称为被动易化扩散。它受到膜特异性载体及其数量的制约，因而呈现特异性选择、类似物质竞争性抑制和饱和现象。

（4）主动转运

主动转运是水溶性大分子化合物的主要转运形式，需消耗一定的代谢能量，污染物可在低浓度侧与膜上高浓度特异性蛋白载体结合，通过生物膜，至高浓度侧解离出原物质，这一转运过程称为主动转运。这种转运与膜的高度特异性载体及其数量有关，因而具有特异性选择、类似物质竞争性抑制和饱和现象。如钾离子在细胞内外的浓度分布为 $[K^+]_{细胞内} \gg [K^+]_{细胞外}$。这一奇特的浓度分布是由相应的主动转运造成的，即低浓度侧钾离子易与膜上磷酸蛋白 P（磷酸根与丝氨酸相结合的产物）结合为 KP，而后在膜中扩散并与膜的三磷酸腺苷发生磷化，将结合的钾离子释放至高浓度侧，如下列反应所示：

$$\underset{（膜外）}{K^+}+P \longrightarrow KP$$

$$KP + ATP \longrightarrow PP + ADP + K^{+}$$

（膜内）

主动运输对于已吸收的污染物从体内排出具有重要意义，如肾、肝及中枢神经系统的血脑屏障等处，其细胞膜均具有主动转运有机酸与有机碱的载体，因而可转运相应的毒物。

（5）胞吞和胞饮

少数物质与膜上某种蛋白质有特殊亲和力，当其与膜接触后，可改变这部分膜的表面张力，引起膜的外包和内陷而被包围进入膜内，固体物质的这一转运称为胞吞，而液态物质的这一转运称为胞饮。如血液中白细胞的吞噬作用，及肝、脾网状内皮系统清除血液中的毒物。

总之，物质以何种方式通过生物膜，主要决定于机体各组织生物膜的特性和物质的结构、理化性质。物质理化性质包括脂溶性、水溶性、解离度、分子大小等。被动易化扩散和主动转运，是正常的营养物质及其代谢物通过生物膜的主要方式。除与前者类似的物质以这样的方式通过膜外，大多数物质以被动扩散方式通过生物膜。膜孔过滤和胞吞、胞饮在一些物质通过膜的过程中发挥作用。

5.3.1.2 机体对污染物的吸收

生物机体对环境中污染物的吸收大致有以下几种：各种藻类、菌类和原生动物等主要靠体表直接吸收；高等植物靠根系、叶和茎表面吸收；对大多数动物而言，主要通过呼吸系统、消化管、皮肤三条途径吸收。

（1）呼吸系统吸收

呼吸系统是吸收大气污染物的主要途径，其主要吸收部位是肺。肺泡数量多（约3亿个），表面积大（$50\sim100m^2$），相当于皮肤吸收面积的50倍。由肺泡上皮细胞和毛细血管内皮细胞组成的“呼吸膜”很薄，且遍布毛细血管，血容量充盈，便于污染物经肺迅速吸收进入血液。不同形态的气态污染物经呼吸系统吸收的机理不一。

例如，以气体和蒸气存在的化合物，到达肺泡后主要经过被动扩散，通过呼吸膜吸收入血液。其吸收速率与肺泡和血液中毒物的浓度差（分压）呈现正比。由于肺泡与外环境直接相通，当呼吸膜两侧分压达到动态平衡时，吸收即停止。与此同时，血液中污染物还要不断地分布到全身器官及组织中，致使血液中浓度逐渐下降，其结果是呼吸膜两侧原来的动态平衡被破坏，随后将达到一种新的平衡，即血液与组织器官中污染物浓度的平衡。

又如以溶胶（aerosol）和颗粒状物质存在的化合物，以被动扩散方式通过细胞膜吸收，吸收情况与颗粒大小有明显差异。在生物学上，有意义的颗粒大小是$0.1\sim10\mu m$。较大颗粒一般不进入呼吸系统，即使进入也往往停留在鼻腔中，然后通过擦拭、喘气、打喷嚏而被排出。颗粒直径$>5\mu m$的粒子几乎全部在鼻和支气管树中沉积；$<5\mu m$的微粒，粒子愈小到达支气管树的外周分支就愈深；直径$\leqslant1\mu m$的微粒，常附着在肺泡内；但是对于极小的微粒（$0.01\sim0.03\mu m$），则由于其布朗运动速度极快，主要附着于较大的支气管内。附着在呼吸道内表面的微粒有下列几个去向：被吸收入血；随黏液咳出或被咽入胃肠道；附着在肺泡表面的难溶颗粒，有的被滞留，有的可到达淋巴腺或随淋巴液到达血液；有些微粒可散留在肺泡内，以致引起病变。

（2）消化系统吸收

消化系统也是环境污染物的主要吸收途径。饮水和由口腔摄入的环境污染物均可经消化管吸收，经呼吸系统吸收的污染物仍有一部分咽入胃肠道。消化管吸收的主要部位是胃和小肠。肠道黏膜上有绒毛（可增加小肠表面积约600倍），是吸收环境污染物的一个主要部位。大多数污染物在消化管中以被动扩散方式通过细胞膜而被吸收。污染物在消化管吸收的多少与其浓度和性质有关，浓度越高吸收越多，脂溶性物质较易吸收，水溶性、易离解或难溶于水的物质则不易吸收。

消化管中从口腔至胃、肠各段的pH值相差很大。唾液为微酸性，胃液为酸性，肠液为碱性，许多毒物在不同pH值溶液中的解离度是不同的，故在肠道各部位的吸收有很大差别。如弱酸（苯甲酸）在胃内（pH=2）主要呈不解离状态，脂溶性大，故易被胃所吸收；而弱碱（苯胺），在胃内呈游离状态而不被吸收，在小肠内（pH=6）则呈脂溶状态易被吸收。

哺乳动物的肠道中还有特殊的转运系统以吸收营养物质和电解质，如吸收葡萄糖和乳糖以及铁、钙和钠的转运系统，有些污染物能被相同的转运系统吸收，如5-氟嘧啶能被嘧啶的转运系统所吸收，铊和铅可相应地被正常吸收铁和钙的系统所转运。

胃酸、胃肠道消化液和肠道微生物都可使化学物质降解或发生其他变化，使其被吸收的情况以及毒性作用与原来化合物不同。胃肠道中的食物，当与环境污染物形成不易吸收的复合物，或者改变胃肠道的酸碱度时，可影响吸收过程。小肠内存在的酶系，可以使已与毒物结合的蛋白质或脂肪分解，使毒物游离释放则又可促进吸收。肠道蠕动情况也影响吸收，一般认为减少小肠蠕动可延长毒物与肠道的接触时间，因而增加吸收率；反之，则不利于吸收。环境污染物的物理性状也与吸收有关，如不易溶解的化合物，因与胃肠黏膜的接触面受到限制而不易被吸收；粒径较大的外来化合物，不易通过扩散被吸收而随粪便排出体外。

(3) 皮肤吸收

皮肤吸收也是一些污染物进入机体的途径。如多数有机磷农药，可透过完整皮肤引起中毒或死亡；CCl_4 经皮肤吸收而引起肝损害等。皮肤接触的污染物，常以被动扩散相继通过皮肤的表皮脂质屏障，即污染物→角质层→透明层→颗粒层→生发层和基膜（最薄的表皮只有角质层和生发层）→真皮，再滤过真皮中毛细血管壁膜进入血液。污染物也可通过汗腺、皮脂腺和毛囊等皮肤附属器，绕过表皮屏障直接进入真皮。由于附属器的表面积仅占表皮面积的0.1%～1%，故此途径不占主要地位，但有些电解质和某些金属能经此途径被少量吸收。

经皮肤吸收的污染物必须既具有脂溶性又具有水溶性，相对分子质量低于300，处于液态或溶解态，油/水分配系数接近1，呈非极性的脂溶性污染物最容易经皮肤吸收。

环境污染物经皮肤吸收的速度除与皮肤完整与否及不同部位的皮肤有关外，还取决于污染物本身的理化性质，以及化合物与皮肤接触的条件。如化合物本身的扩散能力与角质层的亲和力、接触皮肤的面积、持续时间、皮肤表面的温度、不同溶剂的影响等。例如酸碱可损伤皮肤屏障，增加渗透性，二甲基亚砜作溶剂可增加角质层的通透性，从而促进皮肤对污染物的吸收。此外，劳动强度大的皮肤充血也可促进皮肤吸收。

(4) 植物对污染物的吸收

环境污染物进入植物体内主要有三条途径。

① 根部吸收以及随后随蒸腾流而输送到植物各部分。根部吸收污染物主要有两种方式：主动吸收过程和被动吸收过程，前者需消耗能量，后者包括吸收、扩散和质量流动。

② 暴露在空气中的植物地上部分，主要通过植物叶片上的气孔从周围空气中吸收污染物，是植物对大气污染物吸收的主要方式，如 SO_2、NO_x、O_3 等。

③ 有机化合物蒸气经过植物地上部表皮渗透而摄入体内。

5.3.1.3 污染物在机体内的分布

污染物在机体内的分布是指环境污染物随血液或其他体液的流动，分散到全身各组织细胞的过程。在污染物的分布过程中，污染物的转运以被动扩散为主。有些环境污染物进入血液后，一部分可以和血浆蛋白质（主要是白蛋白）结合，而不易透过生物膜；另一部分呈游离状态，可以到达一定的组织细胞，呈现某些生物学作用。环境污染物和血浆蛋白质的结合是可逆的，在一定条件下，可以转变成游离状态。这种结合状态和游离状态呈动态平衡，它们的毒理学作用也是不同的。

被吸收的环境污染物，有些可在脂肪组织或骨组织中蓄积和沉积。如铅有 90%沉积在骨骼中；DDT 和六六六等有机氯化合物则大量蓄积在脂肪组织中。在脂肪或骨骼中沉积的环境污染物，一般对机体的毒性作用较小，但在一定的条件下，可被重新释放，进入全身循环系统中。例如当饥饿时，体内的储备脂肪便会重新分解代谢，而蓄积在脂肪中的有机氯化合物也随之游离出来。体内还存在一些能阻止或减缓外来污染物由血液向组织器官分布的屏障，如血脑屏障和胎盘屏障等，可以分别阻止或减缓环境污染物由血液进入中枢神经系统和由母体透过胎盘进入胎儿体内，这是人体的一种防御功能。动物出生时，血脑屏障尚未完全建立，因此有许多环境污染物对初生动物的毒性比成年动物高。例如铅对初生大鼠引起的一些脑病变，在成年动物的脑中并不出现。

5.3.1.4 污染物的排泄

污染物的排泄是指进入机体的环境污染物及其代谢转化产物向机体外的转运过程。排泄器官主要有肾、肝、胆、肠、肺、外分泌腺等，其主要途径是通过肾脏进入尿液和通过肝脏的胆汁进入粪便。

肾脏是环境污染物最重要的排泄器官，其转运方式是肾小球滤过和肾小管主动转运。除相对分子质量在 20000 以上或与血浆蛋白结合的环境污染物外，一般进入机体的环境污染物都可经肾小球滤过进入尿液。有些存在于血浆中的环境污染物则可通过肾小管的近曲小管上皮细胞主动转运，而进入肾小管腔，随尿液排出。如肾的近曲小管具有有机酸和有机碱的主动转运系统，能分别分泌有机酸（如羧酸、磺酸、尿酸、磺酰胺）和有机碱（如胺、季铵）。

随同胆汁排泄也是一种主要排泄途径。肠胃道吸收的环境污染物，通过静脉循环进入肝脏，被代谢转化。其代谢物和未经代谢的环境污染物，主要通过主动转运，进入胆汁，随粪便排出。随同胆汁排泄的污染物少数是原形物质，多数是原形物质在肝脏经代谢转化形成的产物。一般，相对分子质量在 300 以上、分子中具有强极性基团的化合物，即水溶性大、脂溶性小的化合物，胆汁排泄良好。

值得注意的是有些高脂溶性物质由胆汁排泄，在肠道中又被吸收，该现象称为肠肝循环。能进行肠肝循环的污染物，在体内停留时间通常较长。如甲基汞化合物主要通过胆汁从肠道排出，由于肠肝循环，使其生物半衰期平均达 70d，排除甚慢。

5.3.1.5 环境污染物在生物体内的浓缩、积累与放大

各种物质进入生物体内，经过体内的分布、循环和代谢，其中生命必需的物质部分参与了生物体内的构成，多余的必需物质和非生命所需的物质中，易分解的经代谢作用很快排出体外，不易分解、脂溶性较强、与蛋白质或酶有较高亲和力的，就会长期残留在生物体内。如 DDT 和狄氏剂等农药，多氯联苯（PCBs）、多环芳烃（PAHs）和一些重金属，性质稳定，脂溶性很强，被摄入动物体内后即溶于脂肪，很难分解排泄。污染物被生物体吸收后，

在生物体内的浓度超出环境中该物质的浓度时，认为存在生物浓缩、生物积累与生物放大现象，这三个概念既有联系，又有区别。

(1) 生物浓缩

生物浓缩（bioconcentration）是指生物机体或处于同一营养级上的许多生物种群，从周围环境中蓄积某种元素或难分解的化合物，使生物体内该物质的浓度超过环境中的浓度的现象，又称生物学浓缩或生物学富集。生物浓缩的程度用浓缩系数或富集因子（bioconcentration factor，BCF）来表示，亦指生物机体内某种物质的浓度和环境中该物质浓度的比值。生物浓缩程度的大小与物质本身的性质以及生物和环境等因素相关。同一种生物对不同物质浓缩程度会有很大差别，如褐藻对钼的浓缩系数是11，对铅的浓缩系数却高达70000；虹鳟对2,2′,4,4′-四氯联苯的浓缩系数为12400，而对四氯化碳的浓缩系数为17.7；金枪鱼对铜的浓缩系数为100，对镁的浓缩系数为0.3；烟叶组织对重金属的浓缩能力为Cu（Ⅱ）＞Cd（Ⅱ）＞As（Ⅲ）＞As（Ⅴ）＞Pb（Ⅱ）。不同种生物由于生物种类、大小、性别、器官、发育阶段等不同对同一种物质浓缩程度也会有很大差别，如金枪鱼和海绵对铜的浓缩系数分别为100和1400；鳕鱼、鳗鱼、鲦鱼体内DDT含量在产卵期间迅速下降；多数木本植物的幼叶对SO_2的浓缩能力低于成熟叶。此外，即使是同一种物质，由于环境条件不同，浓缩程度也可能不同，如翻车鱼对多氯联苯的浓缩系数在水温5℃时为6.0×10^3，而在15℃时为5.0×10^4；在弱酸性水中生长的鱼，其体内甲基汞的量较中性或弱碱性水中的鱼多；又如光照强度40klx内，植物吸收SO_2的能力随光照增强而增大。一般重金属元素、许多氯化烃、稠环、杂环等有机化合物具有很高的生物浓缩系数。

生物浓缩对于阐明污染物在生态系统中的迁移转化规律，评价和预测污染物对生态系统的危害，以及利用生物对环境进行监测和净化等均有重要意义。

(2) 生物积累

生物积累（bioaccumulation）是指生物在其整个代谢活跃期通过吸收、吸附、吞食等各种过程，从周围环境中蓄积某些元素或难分解的化合物，以致随着生长发育，浓缩系数不断增大的现象，又称生物学积累。生物积累程度也用浓缩系数表示。例如牡蛎暴露于$50\mu g\cdot L^{-1}$氯化汞溶液中，观察到7d、14d、19d和42d时牡蛎体内汞含量的变化，结果发现其浓缩系数分别为500、700、800和1200，表明在代谢活跃期内的生物积累过程中，浓缩系数不断增加。因此，任何机体在任何时刻，机体内某种元素或难分解化合物的浓缩水平取决于摄取和消除这两个相反过程的速率，当摄入量大于消除量时，就发生生物积累。

环境中物质浓度的大小对生物积累的影响不大，但生物积累过程中，不同种生物、同一种生物的不同器官和组织，对同一种元素或物质的平衡浓缩系数的数值，以及达到平衡所需的时间，可能有很大差别。甚至同种生物的个体大小，其生物积累程度也各不相同。生物个体大小同积累量的关系，比该生物所处营养级的高低更为重要。例如，当一种黄鳝暴露于$0.1\mu g\cdot L^{-1}$的多氯联苯（PCBs）相同时间，体重小于1.134kg的黄鳝体内PCBs平均浓度为$2.95mg\cdot L^{-1}$，体重为1.134～2.041kg黄鳝体内的PCBs平均浓度为$8.19mg\cdot L^{-1}$，体重大于2.041kg黄鳝体内的PCBs平均浓度为$12.37mg\cdot L^{-1}$，其浓缩系数分别为20000、80000和120000。黄鳝体重不一表明了生物处在不同的生长发育阶段。因此同一生物种的不同生长发育阶段其生物积累程度也不一致。实验表明，生物体对物质分子的摄取和保持，不仅取决于被动扩散，而且取决于主动运输、代谢和排泄，这些过程对生物积累的影响都是随生物种的不同而异。

水生生态系统中，单细胞的浮游植物能从水中很快地积累污染物，如重金属和有机卤代化合物，其摄取主要是通过吸附作用。因此，摄取量是表面积的函数，而不是生物量的函数。同等生物量的生物，其细胞较小者所积累的物质多于细胞较大者。在水生生态系统的水生食物链中，对重金属和有机卤代化合物积累得最多的通常是单细胞植物，其次是植食性动物。鸟类既能从水中，也能从食物中进行生物积累。陆地环境中的生物积累速率通常不如水环境高。就生物积累的速率而言，土壤无脊椎动物大得多。在大型野生动物中，生物积累的水平相对来说是较低的。

生物机体对化学性质稳定的物质的积累性可作为环境监测的一种指标，用以评价污染物对生态系统的影响，研究污染物在环境中的迁移转化规律等。

(3) 生物放大

生物放大（biomagnification）是指在生态系统中，由于高营养级生物以低营养级生物为食物，某些元素或难分解化合物在生物机体中的浓度随着营养级的提高而逐步增大的现象，又称为生物学放大。生物放大的结果使食物链上高营养级生物机体中这种物质的浓度显著地超过环境浓度。生物放大的程度，同生物浓缩和生物积累一样，也是用浓缩系数来表示。

生物放大是针对食物链关系而言的，如不存在这种关系，机体中物质浓度高于环境介质的现象，则分别用生物浓缩和生物积累的概念来阐述。20 世纪 60～70 年代初期，阐述农药或重金属的浓度在食物链上多级机体中逐步增加的事例时，不少人却把这种现象称为生物浓缩或生物积累。到 1973 年，才有了开始应用生物放大的概念，把它与生物浓缩和生物积累的概念区别开来。后来，人们设计了各种实验系统，包括模拟生态系统，以进行生物积累和生物放大作用的研究。一个污染物生物放大作用的典型例子是 1966 年报道的，在美国图尔湖和克拉马斯南部保护区有机氯杀虫剂 DDT 对生物群落的污染，如图 5-10 所示。DDT 易溶于脂肪而积累于动物脂肪体内，通过生物放大，在一些动物的脂肪体中，DDT 的浓度甚至比湖水高出 76 万多倍。

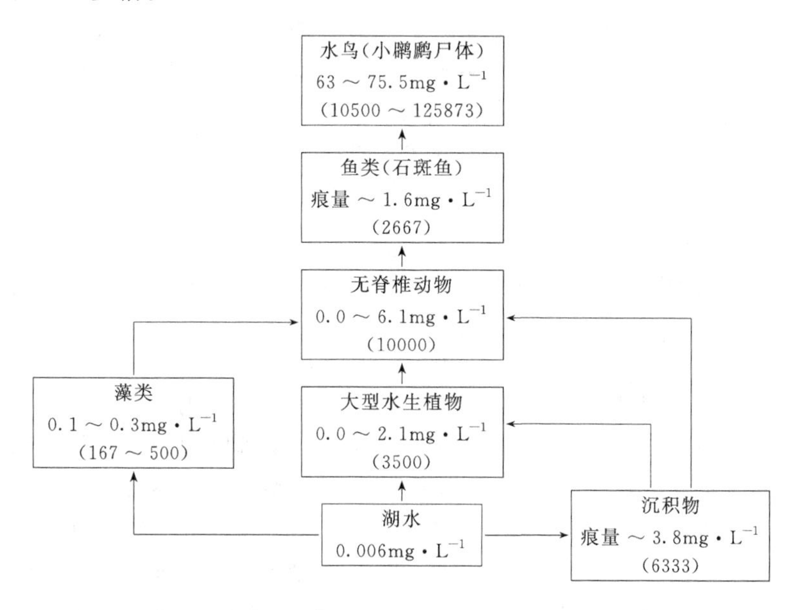

图 5-10 美国图尔湖和克拉马斯南部保护区 DDT 对生物群落的污染

（括号内为浓缩系数，痕量表示<0.1mg · L^{-1}）

引自中国大百科全书（环境科学），1983

污染物生物放大作用的产生是根据生态系统食物链的物质流动原理。假如100g某物种A全部被物种B所食，那么，根据生态系统食物链的物质流动原理，100g物种A在物种B中被转化为10g。同样，当物种B全部被物种C所食，则100g物种A在物种C中被转化为1g。因此，当物种A含有1mg·kg^{-1}污染物（如DDT），那么在100g物种A中的DDT总量为0.1mg。假如污染物在食物链转移过程中没有代谢和排泄损失，0.1mg DDT到达物种C，DDT的浓度增加到100mg/kg。这是污染物在最简单食物链上的放大，事实上，生态系统中食物链关系错综复杂，而且污染物在食物链转移的过程中，由于生物机体代谢和排泄作用产生损失。

各种生物对不同物质的生物放大作用也有差别。例如，汞和银都能被脂首鱼积累，但脂首鱼对汞有生物放大作用，而对银没有。又如在一个海洋模拟生态系统中研究藤壶、蛤、牡蛎、蓝蟹和沙蚕等五种动物对于铁、钡、锰、镉、硒、砷、铬、汞等十种重金属的生物放大作用，结果发现，藤壶和沙蚕的生物放大能力较大、牡蛎和蛤次之，蓝蟹最小。

由于生物放大作用，进入环境中的污染物，即使是微量的，也会使生物尤其是处于高位营养级的生物受到毒害，甚至威胁人类健康。近年来，研究发现许多环境致癌物在环境中是极其微量的，如二噁英，它具有难降解和生物放大作用，通过食物链转移，导致人群健康危害。因此，深入研究生物放大作用，特别是鉴别出食物链对哪些污染物具有生物放大的潜力，对于研究污染物在环境中迁移转化规律，确定环境中污染物的安全浓度、评价化学污染物的生态风险和健康风险等都有重要理论和现实意义。

(4) 生物浓缩系数

生物浓缩系数（bioconcentration factor，BCF）是指生物体内某种元素或难分解的化合物的浓度同它所生存的环境中该物质浓度的比值，可用以表示生物浓缩的程度，又称浓缩系数、生物富集系数、生物积累率等。阐述生物浓缩、生物积累和生物放大这些现象，都用浓缩系数的值来表示相应的数量关系。土壤和植物之间的浓缩系数是植物体内某物质的浓度与植物所生长的土壤溶液中该物质浓度的比值。不过，浓缩系数一般多用来表示水生生物体内某种物质的浓度与其生活环境水中的浓度关系。这是因为在水中无论是构成环境的成分还是污染物的浓度，分布都容易均匀化。在环境中的物质浓度和生物体内的物质浓度之间可构成一定的平衡关系，所以求得的浓缩系数具有较普遍的意义。

在生物的积累过程中，元素或难分解的化合物不断进入生物体又不断从生物体排出，这种物质交换过程要经历一定时间才能达到动态平衡状态。这种达到动态平衡时的浓缩系数又称为平衡浓缩系数。通常所说的某种生物对某种物质的浓缩系数数值，一般都是指平衡时的浓缩系数，而不是指生物积累过程中任何一个特定时刻所测定和计算得到的浓缩系数。

生物浓缩系数K_{BCF}通常表达为下式：

$$K_{\mathrm{BCF}}=\frac{\text{物质在生物体内的浓度}}{\text{物质在生物体生存的环境介质中的浓度}}$$

求得水生生物中某种物质的浓缩系数有两种方法：实验室饲养法和野外调查法，两者各有优缺点。实验室饲养条件易于控制，但是，在人工环境下所求得的数值，同在自然情况下求得的数值往往不符合，因为人工环境几乎不可能在自然条件下出现。如果寿命长的生物与环境之间达到物质平衡，需要饲养很长时间，这一般难于做到。所以用实验室饲养法求得的浓缩系数数值，通常比用野外调查法所求得的要小些。野外调查法的一个很大优点是生物的整个生活周期都处在稳定的环境下，机体的构成成分与环境是平衡的，能够得出标准的浓缩系数数值。不过，有些物质在水溶液中的浓度很低，会因分析技术上的限制而无法测出，这就无法求得浓缩系数了。此外，具有低溶解度的稳定的化合物，如 PCBs 往往需要几个星期才能在生物体内达到最高浓度。达到平衡所需时间与生物体的大小似有一定关系。摄取狄氏剂达到最高 K_{BCF} 所需的时间对藻类为 1d，对水蚤为 3d。

除了平衡法以外，也有人采用动力学的方法来测量 K_{BCF}，这样做可以节省试验的时间，可能对于大的生物体更合适。Neely 等测量了生物摄取有机毒物的速率常数 k_1 与生物释放有机物的速率常数 k_2，此时 k_1 与 k_2 之比即 K_{BCF}。Neely 发现一些稳定的化合物在虹鳟鱼肌肉中累积的 lg K_{BCF} 与 lg K_{ow}（化学物质在辛醇-水中的浓度分配比例）有关，回归方程为

$$\lg K_{BCF}=0.542\lg K_{ow}+0.124$$

此方程的 $r=0.948$，$n=8$。另一位作者进行了类似的试验，得到

$$\lg K_{BCF}=0.980\lg K_{ow}-0.063$$

此方程 $r=0.991$，$n=8$。Chiou 指出，如果根据生物的类脂含量加以标化，两个方程的差别就会显著改善。

$\lg K_{BCF}$ 也可以与溶解度（S_w）相关，上述作者得到相关方程对虹鳟鱼为

$$\lg K_{BCF}=-0.802\lg S_w-0.497$$

此方程中 $r=0.977$，$n=7$。

以上所述都是对于较高等的生物而言的。而占水体生物量大部分的微生物，Baughman 等有较详细的评述。如同较高等生物一样，微生物 K_{BCF} 也获得了与 K_{ow} 的相关方程：

$$\lg K_{BCF}=0.907\lg K_{ow}-0.361$$

该式中 $r=0.954$，$n=14$。

由于生物对污染物的吸收和积累随着生物机体的生理因素和外界环境条件而发生变化，因此，生物浓缩系数随之而变。影响生物浓缩的生理因素主要包括生物的生长、发育、大小、年龄等。例如，在生长发育旺盛时，生物摄食量大，而摄取的污染物也多，如表 5-5。影响生物浓缩系数的环境因素主要有污染物的浓度、化学形态，物质存在的环境条件，如温度、pH 值、光照条件以及季节等。这些环境因素大部分与生物的生理活动有关，从而影响了生物的浓缩。同一种物质由于化学性质和物理状态不同，生物所吸收的程度也不同，例如同一种元素是离子状态或以粒子形式悬浮，其浓缩系数不相同。又如，不溶性的固体微粒易为生物体表和细胞膜所吸附，而可溶性的络合物则容易通过细胞膜进入机体而积累。

表 5-5　不同种藻类的细胞数和细胞大小对 DDT 吸收的影响

藻类种类	细胞数量/(个·mL^{-1})	细胞大小/μm	2h DDT 吸收/(ngDDT·mg^{-1} 干重)	浓缩系数
Skelefonema costatum	1.19×10^6	7×14	18.4	26300
Cyclotella nana	0.83×10^6	8×8	14.5	20700
Isochrysis galbana	1.40×10^6	4×4	12.5	17900
Olisthodicus luteus	0.115×10^6	11×11	12.0	17100
Amphidinium carteri	0.178×10^6	15×15	6.6	9400
Tetraselmis chuii	0.134×10^6	9×14	4.0	5700

注：引自 Gary. M. Rand，Fundamentals of Aguatic Toxicology，1985。

值得指出的是，已浓缩大量污染物的生物脱离污染环境时，体内蓄积的污染物会经过代谢作用等逐渐排出体外，体内残留量减少到原蓄积量的一半所需要的时间，称为生物半衰期。

5.3.2 污染物的生物转化（Bio-transformation of pollutants）

水溶性高的有毒物质，例如能离子化的羧酸，比较容易通过排泄系统从生物体内清除，一般不需要生物酶参与代谢，而对于难溶于水的亲脂性外源化合物，一般需要生物酶参与代谢，进行生物转化。

污染物的生物转化是指污染物（或外源化合物）进入生物机体中，经酶催化作用转化为代谢产物的过程。所谓外源化合物系指除了营养元素及维持正常生理功能和生命所必需的物质以外，存在于环境之中，可与机体接触并进入机体，引起机体发生生物学变化的物质，又称外来化合物或外源性生物活性物质，包括药物、日用化学品、工业化学品、食品添加剂、环境污染物等。污染物在体内能否发挥其毒作用及其毒作用的程度，其生物转化过程非常关键。研究环境污染物生物转化是生态毒理学研究的重要组成部分，它有助于阐明污染物对生物机体的作用机理，对解释环境污染物的联合作用，判断或评价环境中外源性物质对机体的危害程度以及环境质量标准的建立等，均具有十分重要的意义。

研究结果发现生物转化能使一些外源性化合物消除或降低毒性，或者转化为易于排出的物质，因而曾称之为解毒作用（失活）。但是随后的研究表明，生物转化的结果并非全然如此，例如2-乙酰氨基芴（AAF，一种前致癌物，即不具活性的致癌物质）经过生物转化（包括混合功能氧化酶催化的氧化反应与硫酸化结合反应）后能转变成具有生物活性的终致癌物（硫酸AAF），这种现象称为增毒作用（活化）。近年来的研究还发现生物转化酶的诱导及其活性升高可加速内源性化合物的代谢，导致机体生理功能的异常。如某些外源性化合物诱导体内葡萄糖苷转移酶（UDPGT），使其活性升高，加速体内性激素（睾酮）的代谢而排出体外，从而影响体内性激素水平，导致繁殖功能的伤害。总之，生物转化过程极其复杂，同一种外源性化合物可以进行不同形式的转化反应，形成各种不同的代谢产物，导致不同的生物学效应。

5.3.2.1 生物转化过程

污染物的生物转化途径复杂多样，但其反应类型主要为氧化、还原、水解和结合。Williams（1959）把污染物的生物转化过程分为两种主要类型：第一阶段反应，即外源性化合物在有关酶系统的催化下经由氧化、还原或水解反应而改变其化学结构，形成某些活性基团（如—OH、—SH、—COOH、—NH_2 等）或进一步使这些活性基团暴露；第二阶段反应，即第一阶段反应产生的一级代谢物在另外的一些酶系统催化下通过上述活性基团与细胞内的某些化合物结合，生成结合产物（二级代谢物）。结合产物的极性（亲水性）一般有所增强，利于排出。经第一阶段反应产生的一级代谢产物也可直接排出体外，或直接对机体产生毒害作用。此外，也有一些外源性化合物本身已含有相应的活性基团，因而不必经过第一阶段，即直接进入第二阶段与细胞内的物质结合而完成生物转化。已知许多外源性化合物可在器官和组织中进行生物转化，其主要场所是肝脏，其他有肺、胃、肠和皮肤等。第一阶段反应和第二阶段反应是连续的过程，如图5-11所示。

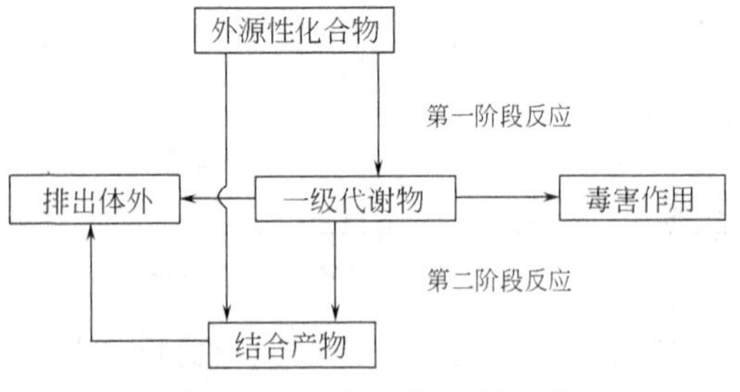

图5-11 生物转化过程示意

(1) 第一阶段反应（Phase Ⅰ reaction）

生物体中亲脂性外源化合物一般要进行第一阶段反应，引入一个适于与葡萄糖、肽和氨基酸等高极性内源性化合物相结合的极性功能基团，如—OH，使之具有比原毒物较高的水溶性和极性。图 5-12 所示为第一阶段反应。

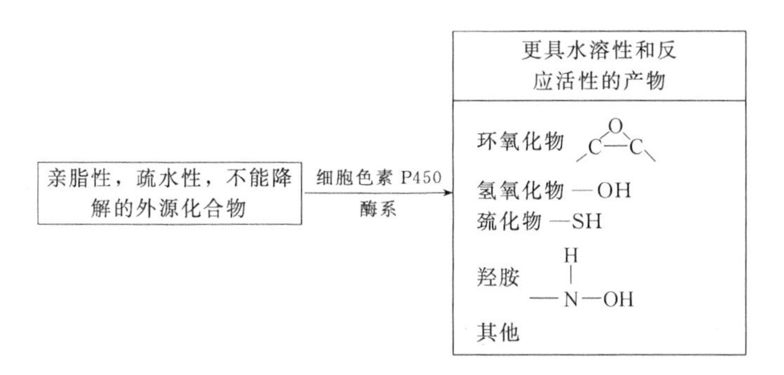

图 5-12 第一阶段反应示意

① 氧化反应类型 细胞色素 P450 酶系是生物体对许多外来化合物代谢的关键酶系统，是广泛分布于动物、植物和微生物体内的一类代谢酶系。氧化反应主要是在细胞色素 P450 酶系的催化下进行的。细胞色素 P450 酶系曾被冠以多种名称：微粒体混合功能氧化酶（MFO）、单加氧酶、芳香烃羟化酶、药物代谢酶等。细胞色素 P450 酶可分为线粒体和微粒体两种类型，微粒体 P450 特别是肝微粒体 P450 具有非常宽而重叠的底物专一性，可以催化成千上万的反应，甚至对具有相似化学结构的底物也表现出多种反应类型。典型的 P450 催化反应是通过电子传递系统，将分子氧还原，并将其中的一个氧原子加到底物中，反应需 NADPH。

$$RH + O_2 + NADPH + H^+ \longrightarrow ROH + H_2O + NADP^+$$

微粒体混合功能氧化酶（细胞色素 P450 酶系）涉及的反应机理有羟化、环氧化、杂原子脱烷基、双键氧化、杂原子氧化等。催化的主要反应有烷基的羟化，烷基的环氧化，羟基的氧化，氨、氧、硫部位上的脱烷基化，氨基部位上的羟基化和氧化，硫部位上的氧化，氧化性脱氨、脱氢和脱卤素，氧化性的 C—C 断裂以及一些还原催化反应等，具体如下。

a. 脂肪族羟化 脂肪族侧链（R）通常在末端第一个碳原子或第二个碳原子被氧化。例如农药八甲磷（OMPA）在体内转化成 *N*-羟甲基八甲磷。

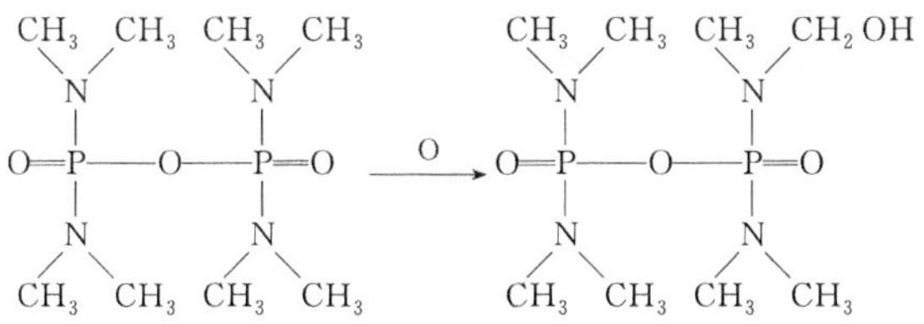

$$[(CH_3)_2N]_2P(=O)—O—P(=O)[N(CH_3)_2]_2 \xrightarrow{O} [(CH_3)_2N]_2P(=O)—O—P(=O)[N(CH_3)(CH_2OH)][N(CH_3)_2]$$

八甲磷　　　　*N*-羟甲基八甲磷

b. 芳香族羟化 芳香族化合物多数羟化为酚类，其芳香环上 H 被氧化；羟化可出现于侧链上；某些芳香族化合物可形成环氧化物，经过重排成酚。

$$CH_3\overset{O}{\overset{\|}{C}}-NH-C_6H_4-H \longrightarrow CH_3\overset{O}{\overset{\|}{C}}-NH-C_6H_4-OH$$

N-乙酰苯胺　　对羟基-N-乙酰苯胺

$$C_6H_5-CH_2(CH_2)_2CH_3 + O \longrightarrow C_6H_5-CH_2(CH_2)_2CH_2OH$$

$$C_6H_6 + O \longrightarrow C_6H_6O\ (\text{环氧化物}) \xrightarrow{\text{重排}} C_6H_5-OH$$

$$H-C_6H_4-C_6H_4-Cl + O \longrightarrow HO-C_6H_4-C_6H_4-Cl$$

c. *N*-羟化　芳香胺、伯胺、仲胺类化合物，氨基甲酸乙酯，乙酰氨基芴以及药物磺胺等都经此种方式氧化。其中乙酰氨基芴羟化成羟基乙酰氨基芴，是致癌物的中间体。芳香族经羟化产生羟氨基化合物，其毒性与羟化部位密切相关，如苯胺被 MFO 催化，经芳香环羟化为酚而解毒，经 *N*-羟化则产生 *N*-羟氨基苯，是高铁血红蛋白形成剂。又如 2-萘胺通过芳香族羟化生成 *α*-羟基-*β*-萘胺，可清除毒性便于排出，而 *N*-羟化产物 *β*-萘胺-*N*-氧化物则可致癌。

苯胺（$C_6H_5NH_2$）$\xrightarrow{\text{芳香族羟化}}$ 对氨基酚（$NH_2-C_6H_4-OH$）或 邻氨基酚

苯胺（$C_6H_5NH_2$）$\xrightarrow{N\text{-羟化}}$ *N*-羟氨基苯（C_6H_5NHOH）

α-苯胺（$C_{10}H_7NH_2$）$\xrightarrow{\text{芳香族羟化}}$ *α*-羟基-*β*-萘胺（不致癌）

α-苯胺（$C_{10}H_7NH_2$）$\xrightarrow{N\text{-羟化}}$ *β*-萘胺-*N*-氧化物（致癌）（$C_{10}H_7NHOH$）

d. 环氧化　烯烃类在双键位置上加氧，产生极不稳定的环氧化物。例如氯乙烯，当吸入高浓度氧时可通过 MFO 作用形成环氧氯乙烯。

$$ClCH{=}CH_2 \xrightarrow[MFO]{O} Cl-CH-CH_2\ (\text{环氧，O 桥接}) \quad \text{环氧氯乙烯}$$

这个中间体在中性溶液中的 $t_{1/2}$ 为 1.6min，游离状态的环氧氯乙烯可形成氯乙醛，亦可被环氧物水解酶水解，或与谷胱甘肽（GSH）结合而便于排出，也可直接作用于 DNA 等生物大分子。

某些芳香族化合物也可形成环氧化物。

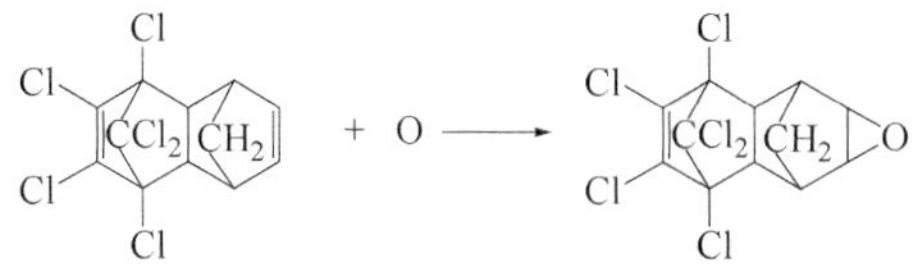

（艾氏剂） （狄氏剂）

e. *N*-氧化　如三甲胺进行 *N*-氧化生成三甲氨氧化物。

$$(CH_3)_3N \xrightarrow{[O]} (CH_3)_3NO$$

f. *P*-氧化　如二苯基甲基磷进行 *P*-氧化生成二苯基甲基磷氧化物。

g. *S*-氧化　含硫化合物的氧化有两种，一种是硫醚类在氧化过程中生成亚砜与砜类。

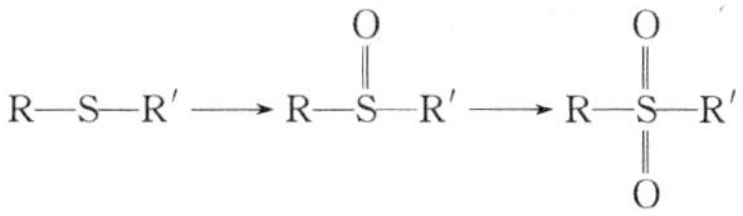

$$R—S—R' \longrightarrow R—S(=O)—R' \longrightarrow R—S(=O)_2—R'$$

硫醚　亚砜　砜

这类反应在有机醚、氨基甲酸酯、有机磷与氯烃类农药中均可见到。例如，农药内吸磷在体内进行此类反应，其产物亚砜型内吸磷和砜型内吸磷毒性比母体高 5～10 倍。

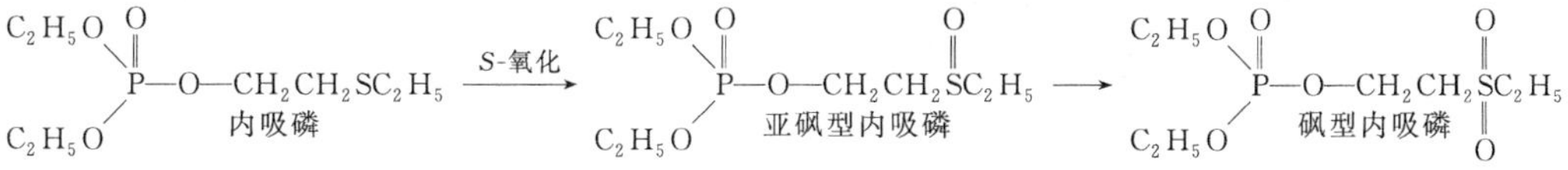

$$(C_2H_5O)_2P(=O)—O—CH_2CH_2SC_2H_5 \xrightarrow{S\text{-氧化}} (C_2H_5O)_2P(=O)—O—CH_2CH_2S(=O)C_2H_5 \longrightarrow (C_2H_5O)_2P(=O)—O—CH_2CH_2S(=O)_2C_2H_5$$

内吸磷　亚砜型内吸磷　砜型内吸磷

另一种是硫被氧取代，故又称为脱硫作用，这是硫代磷酸酯杀虫剂的重要反应。如农药对硫磷经此反应生成对氧磷。

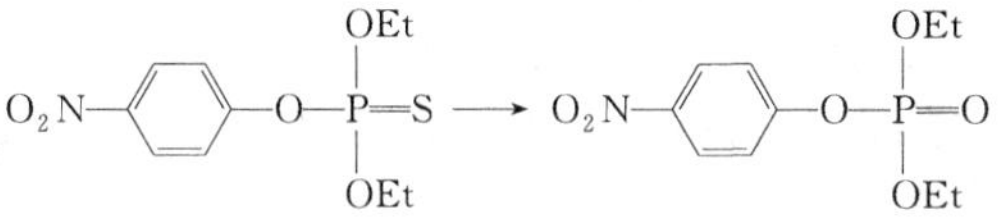

$$O_2N—C_6H_4—O—P(=S)(OEt)_2 \longrightarrow O_2N—C_6H_4—O—P(=O)(OEt)_2$$

对硫磷　对氧磷

h. 氧化性脱烷基　许多在 *N*-、*O*-和 *S*-上带有短链烷基的化学物易被羟化，进而脱去烷基生成相应的醛和脱烷基产物。

N-脱烷基，如二甲基亚硝胺进行 *N*-脱甲基反应，脱下的甲基生成甲醛，其余部分可进一步转化释放出游离 CH_3^+，能使生物大分子发生烷化作用，引起突变和致癌。

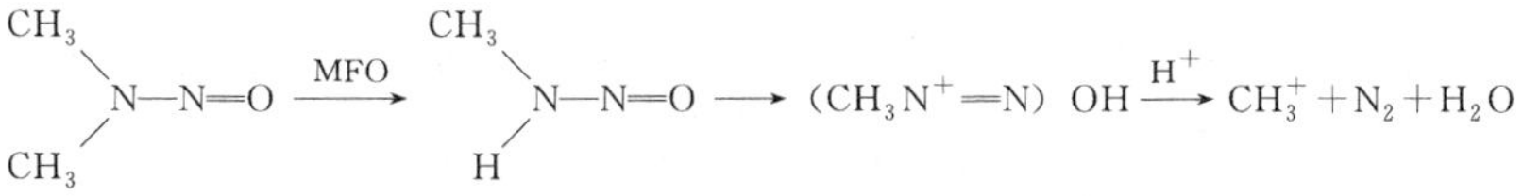

$$(CH_3)_2N—N=O \xrightarrow{MFO} CH_3(H)N—N=O \longrightarrow (CH_3N^+=N)OH \xrightarrow{H^+} CH_3^+ + N_2 + H_2O$$

二甲基亚硝胺　甲基亚硝胺　重氮甲烷　自由甲基

O-脱烷基，如农药甲基对硫磷经 *O*-脱烷基反应生成一甲基对硫磷而解除毒性。

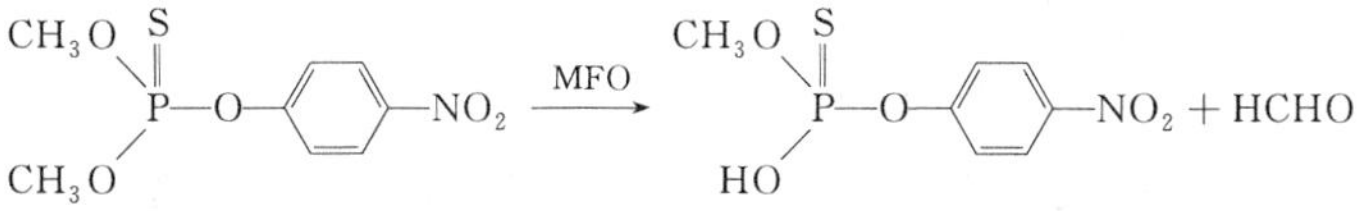

$$(CH_3O)_2P(=S)—O—C_6H_4—NO_2 \xrightarrow{MFO} (CH_3O)(HO)P(=S)—O—C_6H_4—NO_2 + HCHO$$

甲基对硫磷　一甲基对硫磷

S-脱烷基主要见于一些醚类化合物，如甲硫醇嘌呤脱烷基后生成 6-巯基硫代嘌呤。

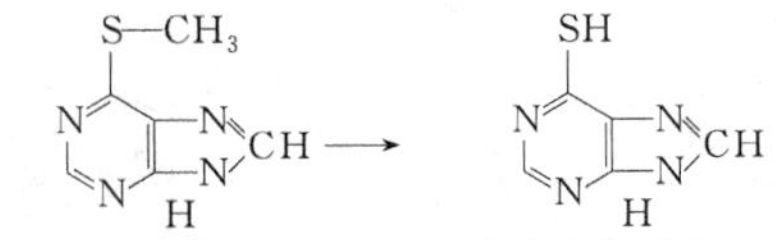

甲硫醇嘌呤 → 6-巯基硫代嘌呤

某些金属烷亦出现脱烷反应，如四乙基铅脱烷基后生成三乙基铅，其毒性增强。

i. 氧化性脱氨　胺类化类物在氧化的同时脱去一个氨基，例如苯丙胺代谢为苯丙酮。

j. 氧化性脱卤　如农药 DDT 氧化脱卤生成 DDE，后者性质稳定，无杀菌能力，为 DDT 的解毒方式之一。

此外，有些外源性化合物也可被位于线粒体部分的非微粒体氧化还原酶所催化。

ⅰ. 氧化酶氧化　氧化酶是伴随有氢原子或电子转移，以分子氧为直接受氢体的酶类，氧化酶能氧化相应底物。如单胺类化合物由单胺氧化酶（MAO）催化氧化生成相应的醛。

$$RCH_2NH_2 + O_2 \xrightarrow{MAO} RCHO + NH_3 + H_2O$$

二胺由二胺氧化酶（DAO）催化，反应产物为氨基醛。

$$H_2N(CH_2)_nNH_2 + O_2 \xrightarrow{DAO} H_2N(CH_2)_{n-1}CHO + NH_3 + H_2O$$

ⅱ. 脱氢酶脱氢氧化　脱氢酶是伴随有氢原子或电子转移，以非分子氧化物为受氢体的酶类，脱氢酶能使相应底物氧化，如

醇氧化成醛　$CH_3CH_2OH + NAD \xrightarrow{\text{醇脱氢酶}} CH_3CHO + NADH + H^+$

醛氧化成羧酸　$CH_3CHO + NAD + H_2O \xrightarrow{\text{醛脱氢酶}} CH_3COOH + NADH + H^+$
$\quad\quad\quad\quad\quad\quad\quad\quad\quad \llcorner \rightarrow CO_2 + H_2O$

② 还原反应类型　包括微粒体还原以及非微粒体还原反应。

外源性化合物毒物可通过微粒体酶作用而被还原，这些反应在肠道的细菌体内比较活跃，而在哺乳动物组织内较弱。

a. 硝基还原　硝基还原酶能使硝基化合物还原，生成相应的胺。如硝基苯→亚硝基苯→苯羟胺→苯胺。

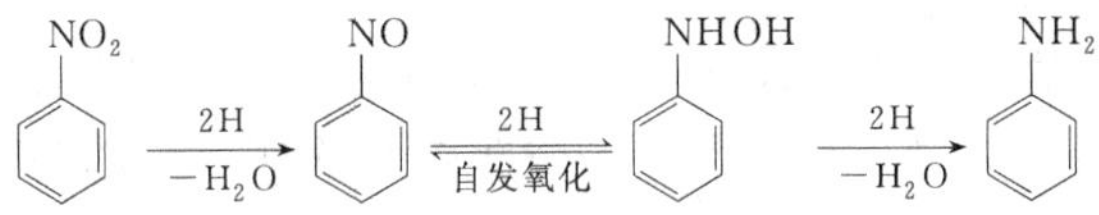

$$C_6H_5NO_2 \xrightarrow[-H_2O]{2H} C_6H_5NO \underset{\text{自发氧化}}{\overset{2H}{\rightleftharpoons}} C_6H_5NHOH \xrightarrow[-H_2O]{2H} C_6H_5NH_2$$

b. 偶氮还原　偶氮还原酶能使偶氮化合物还原成相应的胺，如偶氮苯→苯胺。

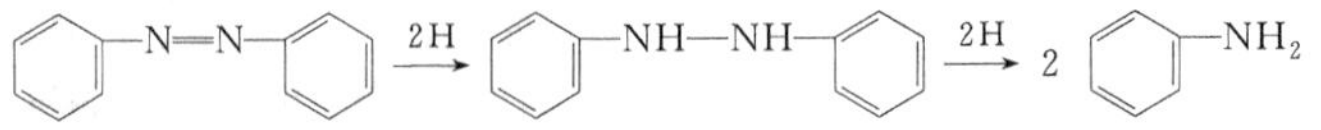

$$C_6H_5{-}N{=}N{-}C_6H_5 \xrightarrow{2H} C_6H_5{-}NH{-}NH{-}C_6H_5 \xrightarrow{2H} 2\,C_6H_5{-}NH_2$$

偶氮苯　　苯肼　　苯胺

c. 还原性脱卤　$CHCl_3$、CCl_4、甲基萤烷、碳氟化物、六氯代苯等可在还原脱卤酶的催化下发生还原性脱卤反应，如 $CHCl_3$ 脱卤加氢，生成 CH_2Cl_2。

外源性化合物毒物可通过非微粒体还原作用而被还原，可逆脱氢酶是指起逆向作用的脱氢酶类，能使相应的底物加氢还原。包括醇、醛、酮、有机二硫化物、硫氧化物和氮氧化物等的还原反应，如醛的还原。

$$\begin{matrix}R^1\\R^2\end{matrix}\!\!>C{=}O \xrightarrow{+2H} \begin{matrix}R^1\\R^2\end{matrix}\!\!>CHOH$$

③ 水解反应类型　许多污染物(主要为酯、酰胺和硫酸酯化合物)都有可以被水解的酯键。哺乳动物组织中有大量与水解有关的非特异性酯酶和酰胺酶。

a. 酯酶种类繁多，分布广泛，能水解各种酯类。水解作用是有机磷农药在哺乳类动物体内代谢的主要方式。如磷酸酯酶能使各种有机磷酸酯和硫代磷酸酯水解，生成相应的烷基磷酸及烷基硫代磷而失去毒性。

$$(C_2H_5O)_2P(=S)\text{—O—}C_6H_4\text{—}NO_2\ (\text{对硫磷}) \xrightarrow{[O]} (C_2H_5O)_2P(=O)\text{—O—}C_6H_4\text{—}NO_2\ (\text{对氧磷})$$

$$\xrightarrow[H_2O]{\text{磷酸酯酶}} HO\text{—}C_6H_4\text{—}NO_2 + (C_2H_5O)_2P(=O(S))\text{—}OH\ (\text{二乙基磷酸})$$

b. 酰胺酶能特异地作用于酰胺键，使其水解，其水解过程比酯酶慢，例如农药乐果的水解反应。

$$(CH_3O)_2P(=O)\text{—}SCH_2CONHCH_3\ (\text{乐果}) \xrightarrow[H_2O]{\text{酰胺酶}} (CH_3O)_2P(=O)\text{—}SCH_2COOH\ (\text{乐果酸}) + H_2NCH_3$$

c. 糖苷酶能特异地使各种糖苷水解，例如硫代葡萄糖毒苷的水解反应。

$$R\text{—}C\begin{matrix}\text{S—}C_6H_{11}O_5\\ \text{N—O—}SO_3^-\end{matrix}\ (\text{硫代葡萄糖毒苷}) \xrightarrow[H_2O]{\text{硫代糖苷酶}} \left[R\text{—}C\begin{matrix}S\\N\end{matrix}\right] + C_6H_{12}O_6 + H_2SO_4$$

$$\left[R\text{—}C\begin{matrix}S\\N\end{matrix}\right] \longrightarrow R\text{—}N{=}C{=}S\ (\text{异硫氰酸酯});\quad R\text{—}C{\equiv}N + S\ (\text{腈和硫});\quad R\text{—}S\text{—}C{\equiv}N\ (\text{硫代氰酸酯})$$

(2) 第二阶段反应（Phase Ⅱ reaction）

第二阶段反应亦称结合反应，指在酶的催化下，外源性化合物的第一阶段反应产物或带有某些基团的外源性化合物与细胞内物质的结合反应。结合反应一方面可使有毒化合物某些功能基团失活；另一方面大多数化合物通过结合反应，水溶性增加，很快由肾脏排出，因此结合反应是一种解毒反应。

结合反应的过程分为两个阶段，首先是形成一个活化的中间体，此过程一般需要ATP。继而由多种转移酶将活化的中间体的一个化学基团作为供体转移到另一个化学物(受体)，形成结合物。外源性化合物及其代谢产物一般为受体，而细胞内物质为供体。细胞内结合物质主要是各种核苷酸衍生物。此外，某些氨基酸（如甘氨酸、谷氨酰胺）及其衍生物（如谷胱甘肽）也是重要的结合物。供体都是细胞代谢的正常产物。图 5-13 所示为第二阶段反应。

生物转化中的结合反应由于内源结合物种类的不同可分不同类型，如表 5-6。

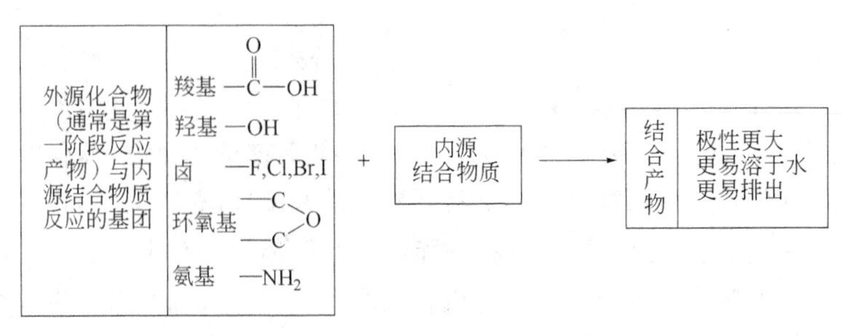

图 5-13　第二阶段反应示意

表 5-6　结合反应的主要类型

结合反应类型	结合物	异物或某一级代谢物	结合反应类型	结合物	异物或某一级代谢物
葡萄糖醛酸化	UDPGA	酚、醇、羧酸、胺、磺胺、硫醇	乙酰化	乙酰辅酶 A	胺、芳香胺、氨基化合物
硫酸化	PAPS	酚、芳香胺、醇	甘氨酸结合	甘氨酸	羧酸(以酰基辅酶 A 形式)
甲基化	SAM	多元酚、硫醇、胺、*N*-杂环化合物	谷胱甘肽结合	谷胱甘肽	卤化物、硝基化合物、环氧化物

若干重要的结合反应类型举例如下。

① 葡萄糖醛酸结合反应　在葡萄糖醛酸基转移酶的作用下，生物体内尿嘧啶核苷二磷酸葡萄糖醛酸中，葡萄糖醛酸基可转移到含羟基的化合物上，形成 *O* -葡萄糖苷酸结合物。所涉及的羟基化合物有醇、酚、烯醇、羟酰胺、羟胺等。芳香及脂肪酸中羧基上的羟基，也可与葡萄糖醛酸结合成 *O* -葡萄糖苷酸。例如，

(UDPGA——尿嘧啶核苷二磷酸葡萄糖醛酸)

(对氯苯酚葡萄糖苷酸)　　(UDP——尿嘧啶核苷二磷酸)

该结合反应在生物体中很常见也很重要。由于葡萄糖醛酸（pK_a=3.2）具有多个羟基，所以结合物呈现高度水溶性，有利于从体内排出。葡萄糖醛酸结合物的生成，可避免许多有机毒物对 RNA、DNA 等生物大分子的损伤，起到解毒作用。但也有少数结合物的毒性比原有有机物质更强。如与 2-巯基噻唑相比，其葡萄糖醛酸结合物的致癌性更强。

② 硫酸结合反应　在硫酸基转移酶的催化下，可将 3′-磷酸-5′-磷硫酸腺苷中硫酸基转

移到酚或醇的羟基上，形成硫酸酯结合物。

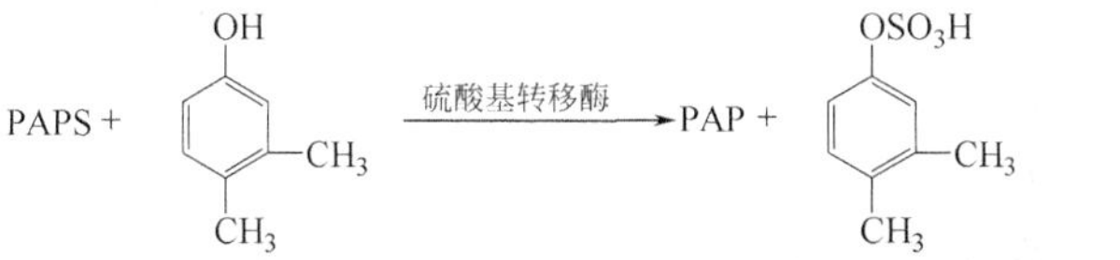

PAPS + (3,4-二甲基酚) —硫酸基转移酶→ PAP + (3,4-二甲基酚硫酸)

一般形成硫酸酯结合物极性增加，易于排出体外，起到解毒作用。但有些 *N*-羟基芳酰胺或 *N*-羟基芳胺与硫酸结合后毒性增强，如以下结合物可与核酸结合而具有致癌性。

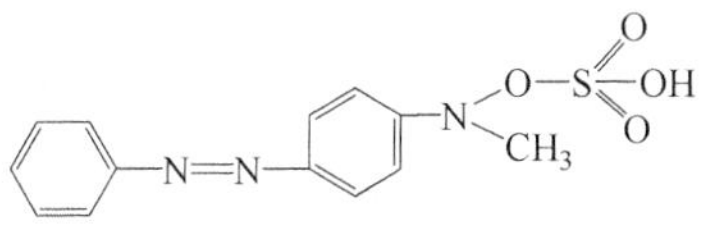

虽然有较多有机物质可与硫酸成酯，但不少内源化合物需要硫酸盐进行反应，体内硫酸盐库不能提供足量的硫酸盐与外源化合物结合；而体内葡萄糖醛酸丰富，争夺可与硫酸结合的有机物质。此外，体内硫酸脂酶活性较强，形成的硫酸酯结合物较易被酶解而脱去硫酸盐。故硫酸结合反应不如葡萄糖醛酸结合反应重要。

③ 谷胱甘肽结合反应　在相应转移酶催化下谷胱甘肽中的半胱氨酸及乙酰辅酶 A 的乙酰基，将以 *N*-乙酰半胱氨酸基形式加到有机卤化物（氟除外）、环氧化合物、强酸酯、芳香烃、烯等亲电化合物的碳原子上，形成巯基尿酸结合物。此外，*N*-乙酰半胱氨酸基也可转至某些亲电化合物的氧或硫原子上，形成相应巯基尿酸结合物。亲电化合物如果与细胞蛋白或核酸上亲核基团结合，常引起细胞坏死、肿瘤、血液功能紊乱和过敏现象。谷胱甘肽结合反应解除了有害亲电化合物对机体的毒性。

GSH（谷胱甘肽） + （溴苯环氧化物） —谷胱甘肽-*S*-烷基转移酶→ （结合产物） →……→ 硫尿酸

任何一种外源性化合物的生物转化方式不会是简单划一的，它们可同时进行不同的氧化还原或水解反应，此后又可继续进行不同类型的结合反应。此外，营养条件、激素功能、年龄、种族、个体差异等都对转化方式发生显著影响。

5.3.2.2　有机污染物的微生物降解

微生物是自然界中分布最广的一群生物，其形体微小，营养类型多，适应能力强，能利用各种不同的基质，在各种不同的环境中生长。微生物通过酶活性催化反应提供能量，使一些原先很慢的化学反应过程迅速提高到 11 个数量级。微生物可催化转化或降解许多有机污染物，因此，人们称微生物是“生物催化剂”。微生物催化反应的结果可以使毒性有机化合物全部降解为无机物，如 CO_2、无机产物（NO_3^-、PO_4^{3-}、SO_4^{2-}），称为矿化作用，也存在“脱毒”或“活化”反应。对农药的降解在第四章已有介绍，下面介绍几种烃类的微生物转化。

烃类的微生物降解是解除碳氢化合物污染的重要途径。在环境中，烃类的微生物降解途径以氧化为主。

早期的研究中，Zobell（1950 年）提出过有关烃类可氧化性的四条规律，后来 Shennan

和 Lev（1974 年）对此做了修正：脂肪烃能被许多微生物同化；芳香烃可以被氧化，但被同化效率较低；长链的正构烷烃比短链的正构烷烃更容易被微生物同化，碳原子数量小于 9 的正构烷烃能被微生物氧化，但一般不被同化；饱和脂肪烃比不饱和脂肪烃更容易降解；直链脂肪烃比支链脂肪烃更易降解。

（1）脂肪烃的微生物降解

碳原子数大于 1 的正烷烃，其降解途径有三种：通过烷烃的末端氧化、次末端氧化或双端氧化，逐步生成醇、醛及脂肪酸，再经 β-氧化进入三羧酸循环，最终降解成 CO_2 和 H_2O。正烷烃的微生物降解过程如图 5-14。

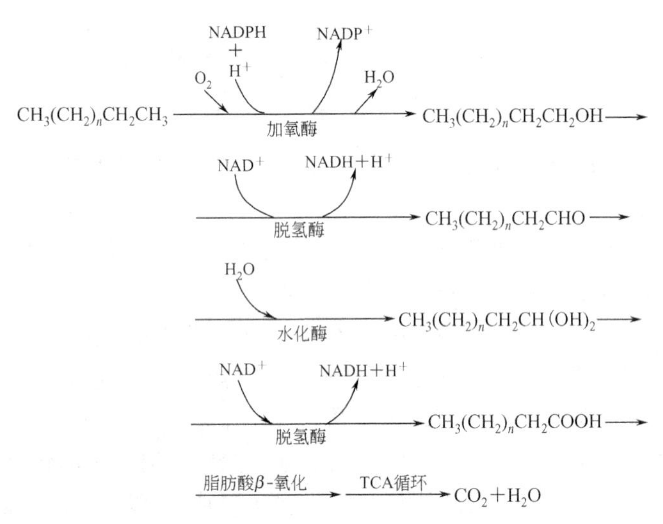

图 5-14　正烷烃的微生物末端氧化过程

烯烃的微生物降解途径主要是烯的饱和末端氧化，再经与上述正烷烃相同的途径成为不饱和脂肪酸；或是烯的不饱和末端双键环氧化成为环氧化合物，经开环成为二醇至饱和脂肪酸。脂肪酸通过 β-氧化进入三羧酸循环，最终降解成 CO_2 和 H_2O。烯烃的微生物降解过程如图 5-15。

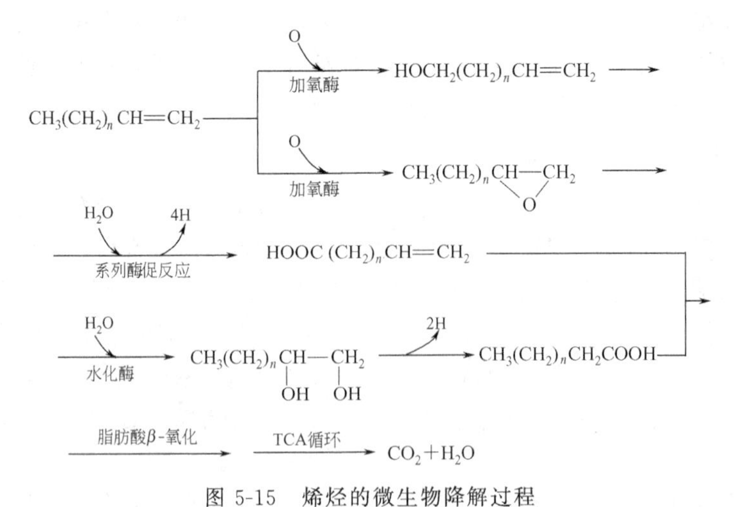

图 5-15　烯烃的微生物降解过程

（2）芳香烃的微生物降解

虽然苯及其衍生物的微生物降解途径各不相同，但存在一定的共性：降解前期，带侧链芳香烃一般先从侧链开始分解，并在单加氧酶作用下，使芳环羟基化形成双酚中间产物；形成的双酚化合物在双加氧酶作用下，环的两个碳原子各加一个氧原子，使环键在邻酚位或间酚位分裂，形成相应的有机酸；得到的有机酸进一步转化为乙酰辅酶 A、琥珀酸等，进入三羧酸循环，最终降解成 CO_2 和 H_2O。苯的微生物降解途径如图 5-16。

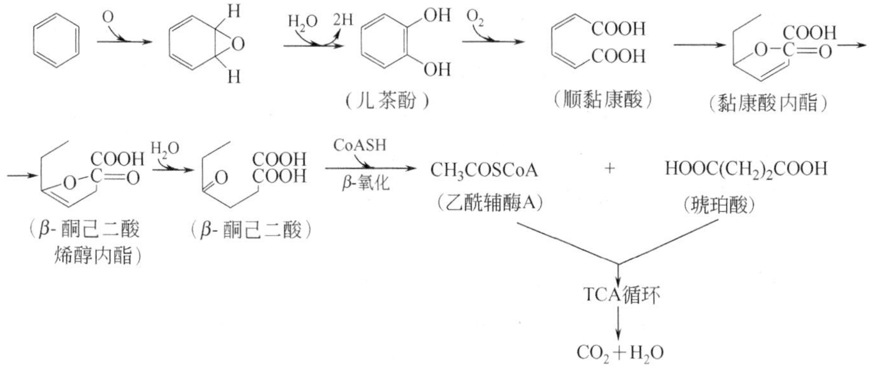

图 5-16　苯的微生物降解途径

萘、蒽、菲等二环和三环芳香化合物，微生物降解是先经过单加氧酶作用形成双酚中间产物，再在双加氧酶作用下逐一开环形成侧链，再按直链化合物方式转化，最终降解成 CO_2 和 H_2O。降解途径如图 5-17。

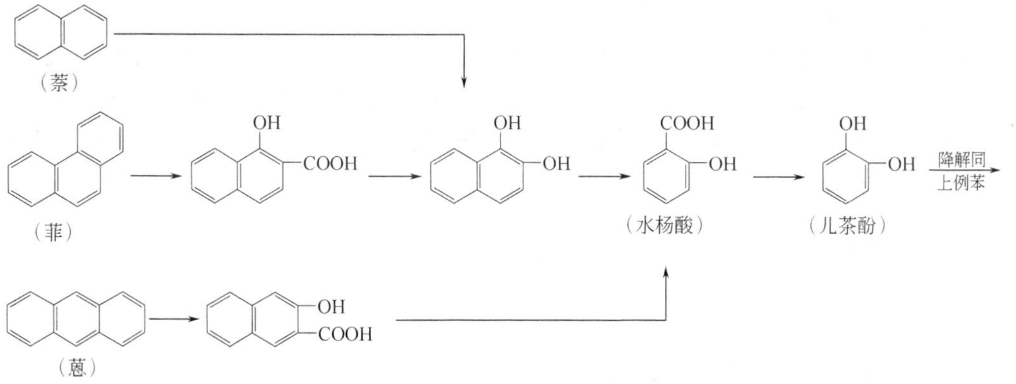

图 5-17　萘、蒽、菲的微生物降解途径

5.3.2.3　无机污染物的生物转化

无机污染物包括金属和非金属两大类。重金属的不可降解性、在微生物作用下可转化为毒性更大的有机化合物以及可通过食物链富集等特性，使重金属成为环境污染物中的重要无机污染物。重金属在生物体内的积累分布非常复杂，不但与重金属本身的性质、形态有关，还与生物体吸收重金属的机理有关。如从水稻根部进入的镉，在水稻中的分布规律为根≫茎＞叶＞壳＞糙米。而从根部进入的甲基汞则主要积累在水稻果实中。

微生物在重金属的生物转化中起着重要作用。已发现许多重金属（如汞、锡、铅、硒、砷等）可在微生物作用下，形成烷基金属有机物。其中微生物对汞的甲基化作用已得到了确切的证实。

(1) 汞

元素汞或无机汞盐会被细菌转化为甲基汞，微生物参与汞形态转化的主要方式是甲基化作用和还原作用。

在好氧或厌氧条件下，水体底质中某些微生物（如厌氧微生物甲烷菌、匙形梭菌；好氧微生物荧光假单胞菌、草分枝杆菌）能使二价无机汞盐转变为甲基汞和二甲基汞的过程，称汞的生物甲基化。这些微生物是利用机体内的甲基钴胺蛋氨酸转移酶来实现汞甲基化的。该酶的辅酶是甲基钴胺素（甲基维生素 B_{12}），属于含三价钴离子的一种咕啉衍生物，结构式见图 5-18。其中钴离子位于由四个氢化吡咯相继连接成的咕啉环的中心。它有六个配位体，即咕啉环上的四个氮原子、咕啉 D 环支链上二甲基苯并咪唑（Bz）的一个氮原子和一负甲基离子（CH_3^-）。

汞的生物甲基化途径如图 5-19 所示，可由甲基钴胺素把负甲基离子传递给汞离子形成甲基汞（CH_3Hg^+），本身变为水合钴胺素。后者由于其中的钴被辅酶 $FADH_2$ 还原，并失去水而转变为五个氮配位的一价钴胺素。最后，辅酶甲基四叶氢酸将正甲基离子转于五配位钴胺素，并从其一价钴上取得两个电子，以负甲基离子与之络合，完成甲基钴胺素的再生，使汞的甲基化能够继续进行。同理，在上述过程中以甲基汞取代汞离子的位置，便可形成二甲基汞［$(CH_3)_2Hg$］。二甲基汞的生成速率比甲基汞约慢 6×10^3 倍。二甲基汞化合物挥发性很大，容易从水体逸至大气。

多种厌氧和好氧微生物都具有生成甲基汞的能力。前者如某些甲烷菌、匙形梭菌等，后者有荧光假单胞菌、草分枝杆菌等。

在水体底质中还可存在一类起还原作用的抗汞微生物，使甲基汞或无机汞化合物变成金属汞，又称为汞的生物去甲基化作用，常见的抗汞微生物是假单胞菌属。我国从第二松花江底泥中分离出三株可使甲基汞还原的假单胞菌，其清除氯化甲基汞的效率较高，对 $1mg\cdot L^{-1}$ 和 $5mg\cdot L^{-1}$ 的氯化甲基汞清除率接近 100%。

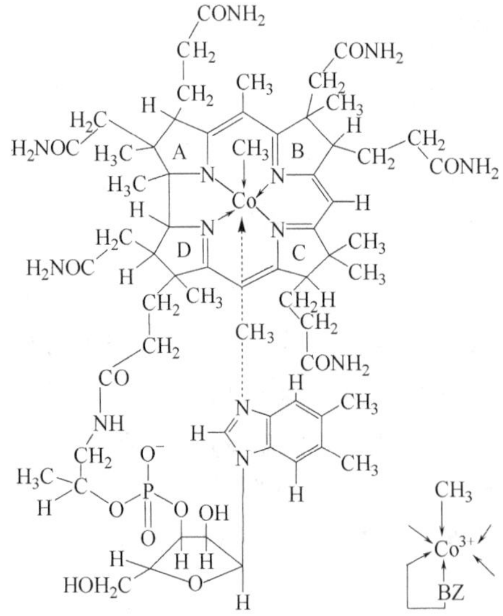

图 5-18　甲基钴胺素结构式和简式

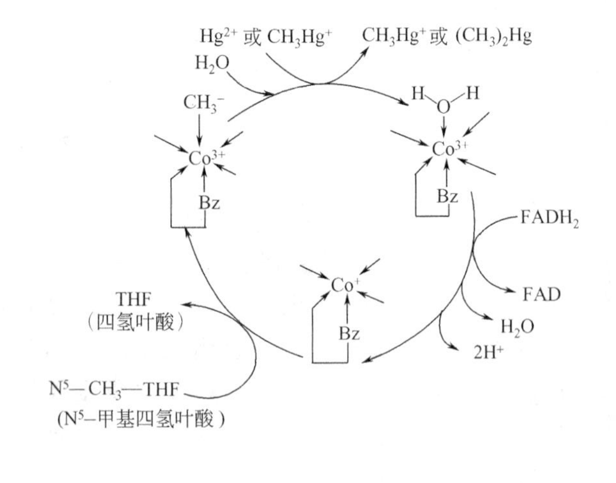

图 5-19　汞的生物甲基化途径

(2) 砷

砷的微生物甲基化的基本途径见图 5-20。其中甲基供体是相应转移酶的辅酶 *S*-腺苷甲硫氨酸，它起着传递正甲基离子的作用。正甲基离子先进攻由砷酸盐还原得到的亚砷酸盐中的砷，取得其外层孤对电子，以负甲基离子与之结合，形成砷为五价的一甲基胂酸盐。照此类推，依次生成二甲基胂酸盐和三甲基胂氧化物，后者进一步还原成三甲基胂。另外，也可由二甲基胂酸盐还原成二甲基胂。

$$H_3AsO_4 \xrightarrow{2e^-} H_3AsO_3 \xrightarrow{CH_3^+} CH_3AsO(OH)_2 \xrightarrow{2e^-} CH_3AsO(OH)_2 \xrightarrow{CH_3^+}$$

$$(CH_3)_2AsO(OH) \xrightarrow{2e^-} (CH_3)_2AsOH \xrightarrow{CH_3^+} (CH_3)_3AsO \xrightarrow{2e^-} (CH_3)_3As$$

图 5-20 砷的微生物甲基化的基本途径

环境中砷的微生物甲基化在厌氧或好氧条件下都可发生，主要场所是水体和土壤。有不少微生物能使砷甲基化。如帚霉属中的一些种将砷酸盐转化为三甲基胂，甲烷杆菌把砷酸盐变成二甲基胂。

最近，人们通过一系列试验发现，在培养液中，若干微生物能将砷甜菜碱转变为二甲基砷酸盐或一甲基胂酸盐甚至转变成无机砷化合物(Ⅲ或Ⅴ)，表明了微生物也能使砷去甲基化。尽管试验条件与实际环境有一定差异，但可以认为在某些环境中也很可能存在着砷的微生物去甲基化的作用。

$$2NaAsO_2 + O_2 + 2H_2O \xrightarrow{\text{土壤}} 2NaH_2AsO_4$$

微生物还可参与 As(Ⅲ)及 As(Ⅴ)之间的转化。许多微生物，如无色杆菌、假单胞菌、黄杆菌等，都能将亚砷酸盐氧化成砷酸盐。至于能使砷酸盐还原为亚砷酸盐的微生物就更多了，如甲烷菌、脱硫弧菌、微球菌等。

5.3.2.4 结构-生物降解关系

生物降解过程比化学降解过程复杂得多。一个最简单的微生物细胞也包括至少几千个生物化学反应。生物降解过程同时包括各种相关的传质步骤和反应步骤。因此，生物降解反应速率系数包含更大的不确定性。尽管有这样的复杂性，许多研究证明，生物降解活性与污染物结构之间确实存在着简单明了的关系。这意味着，在生物降解过程中，存在着一些具有共同特征的关键步骤，如跨越膜的传质过程或围绕关键酶的反应过程。污染物在细胞内的传质过程主要和其与类脂的亲和性有关，降解反应主要与物质分子的轨道电子特性有关。因此，生物降解的活性可能是其亲脂性与电子效应的加和。根据污染物的结构对其生物可降解性进行定性、定量分析是一种非常有价值的途径，称为结构-生物可降解性模型，即 QSBR (quantitative structure-biodegradability relationship)。定性关系模型描述的是污染物质生物可降解性与其结构特征的一种逻辑关系。利用定性关系模型，可以从分子结构特征上初步判断其生物可降解程度的高低，有助于确定进一步的实验方案。1996 年 Okey 和 Stensel 利用分子连接指数对 124 种不同类型的污染物的生物降解数据进行关联分析，得到一个描述生物可降解性和官能团类型之间的定量关系。

总结起来，分子结构中影响可生物降解性的主要因素包括以下几个方面。

① 分子含有的碳原子数目　碳原子数目主要影响分子的大小和质量。一些污染物质含有的碳原子数目越多越容易降解。例如，酰胺和亚酰胺，3 个 C 至 10 个 C 的酮，1 个 C 至 8

个C的醇，4个C至8个C脂肪醇，1个C至8个C的2,4-叔丁基酯和叔胺等。

另外一些污染物质的碳原子数目越多则越难降解。例如，烷烃、脂肪醇、脂肪酸、己二酸酯类、芳香烃的烷基取代链、苯甲酸酯中的烷基链等。

② 环的数目　一般来说，环的数目越多越难降解。

③ 双键数目的影响　双键的影响具有双重作用。

④ 偶氮基团（—N═N—）　在染料中，数目越多越难降解。

⑤ 单取代基的影响（对脂肪和芳香母体化合物）　羟基和羧基数目越多越容易降解；相反，氨基、卤代基、硝基、碘酸基等，一般是数目越多越难降解；烃类取代基的影响取决于链的长度和支链程度等。

⑥ 取代基位置的影响　在芳香烃中，邻位的羟基和羧基的取代将增加化合物的可降解性，因为邻位的羟基化将导致开环。相反，氯原子取代将降低物质的可降解性，其顺序是邻位＞间位＞对位。同样的情况发生于羟基、羟基或者氯原子取代的苯胺分子中。

对于脂肪烃类化合物，接近端头的羧基取代或羟基取代能够增加化合物的生物可降解性，因为此处往往是微生物代谢开始的位置；相反，卤原子的取代将降低生物可降解性。

⑦ 取代基数目的影响　有的情况是取代基越多，生物可降解性越低，例如脂肪酸、脂肪醇和芳烃的甲基取代基数目，芳烃的磺酸和偶氮取代基数目，脂肪烃、芳香烃和环类化合物的卤原子取代等。脂肪烃分子上，支链取代基越多，生物可降解性越低。

⑧ 结构复杂性的影响　一般而言，化合物结构越复杂，例如石油类化合物和人工合成高分子化合物，生物可降解性较低。最难降解的物质包括多氯联苯（PCBs），人工合成高分子聚合物，例如尼龙、聚乙烯、乙酸纤维等，农药（多数是氯代烃杀虫剂），表面活性剂，例如烷基苯磺酸，工业用有机物，例如氯代硝基苯类和二氧六环烷等。

从污染物质分子的结构特征参数也能够判断其生物可降解性。一般规律是对于芳香类化合物，Hammett常数越高，生物降解性越高。对于表示支链程度的分子连接指数，指数值越高，指数越复杂，生物可降解性越低。分子的体积越大，范德华半径、空间效应越显著，生物可降解性越低。对于红外光谱来说，C—H键谱峰强度增加，生物可降解性就降低；一般烷烃支链程度增加，C—H键谱峰强度增加，则生物可降解性就降低。对于辛酸-水分配系数，数值增加，说明化合物憎水性增加，容易通过扩散渗透穿过细胞膜，但是如果分子大小也增加，则将使化合物的传质变得比较困难。所以，辛酸-水分配系数显著增加，污染物质的生物可降解性反而降低。

5.4 污染物的化学毒性（Chemical Toxicity of Pollutants）

5.4.1 概述（Introduction）

有毒物质种类很多，表5-7为美国有毒物质和疾病统计局所列的一些有毒物质。有毒物质包括有机化合物、无机化合物、有机金属化合物、各种形式的痕量金属、溶液、蒸气，以及来自于植物或动物的化合物。

有毒物质能损害生物系统，干扰生物化学过程的功能，引起机体损伤。有毒物质与各种生物的相互作用结果和作用机理是复杂多样的，其毒性的大小主要取决于毒物的吸收、分布、排泄，以及毒物在体内的代谢和生物转化作用。

表 5-7　美国有毒物质和疾病统计局所列有毒物质

白磷	1,2-二氯乙烷	2,4-二硝基(甲)苯
氟气	1,1-二氯乙烯	2,6-二硝基(甲)苯
铝	1,2-二氯乙烯	多环芳烃
砷	1,3-二氯丙烯	酚
钡	1,1,1-三氯乙烷	五氯酚
铍	1,1,2-三氯乙烷	二硝基甲酚
硼	1,1,2,2-四氯乙烷	二硝基苯酚
镉	三氯乙烯	3,3'-二氯联苯胺
硒	四氯乙烯	氯代二苯并呋喃
银	六氯丁二烯	1,2-二苯肼
铬	七氯、七氯环氧化物	三亚甲基三硝基胺[RDX]
镍	溴代甲烷	干洗溶剂汽油
钚	1,2-二溴乙烷	特屈儿[2,4,6-三硝基苯甲硝胺]
铊	1,2-二溴-3-氯代丙烷	曲轴箱废液
钍	氯蜱硫磷	香精油燃料
锡	苯	木杂酚油
铅	萘	煤焦油杂酚油
锰	甲苯	煤焦油
汞	二甲苯	汽油
铀	乙苯	燃料油
钒	硝基苯	喷气式发动机燃料(Jp4 和 Jp7)
锌	2,4,6-三硝基(甲)苯	甲基叔丁基醚亚甲基双(2-氯苯胺)
钴	二(2-氯乙基)醚	[聚氨酯固化剂]
铜	邻苯二甲酸二乙酯	正-亚硝基二苯胺[防焦剂]
氰化物	乙烯基乙酸盐(或酯)	煤焦油沥青及其挥发物
氟化物	邻苯二甲酸二-2-乙基己酯	艾氏剂
氟化氢	邻苯二甲酸二正丁酯	狄氏剂
氨	异佛尔酮[3,5,5-三甲基-2-环己烯-1-酮]	异狄氏剂
石棉	正-亚硝基二正丙胺	α-,β-,γ-,δ-六六六
丙酮	氯仿	甲基对硫磷
丙烯醛	氯代甲烷	甲氧氯[甲氧滴滴涕]
丙烯腈	2-硝基苯酚	灭蚁灵、开蓬
乙二醇	4-硝基苯酚	二嗪农
丙二醇	2,4,6-三氯苯酚	毒杀芬
2-丁酮	甲苯酚	氯丹
2-己酮	联苯胺	敌死通[乙拌磷]
二硫化碳	氯苯	硫丹
四氯化碳	1,4-二氯苯	4,4'-DDT,4,4'-DDE,4,4'-DDD
氯乙烯	六氯苯	四氯化钛
1,3-丁二烯	多溴联苯	氡
二氯甲烷	多氯联苯	液压油
氯乙烷	1,3-二硝基苯	
1,1-二氯乙烷	1,3,5-三硝基苯	

注：引自 Stanley E. Manahan，Environmental Chemistry，2000。

按照器官功能的重要性排列，毒物进入人体的主要途径是胃肠道、肺部以及皮肤。毒物一旦进入血液，就可能被输送到靶器官，如肝或肾。尽管人的皮肤对大部分有毒试剂毒物渗透性较小，但它对有些毒物的吸收足以损害人的机体。如 CCl_4 通过皮肤的吸收可对肝脏产生损伤。血脑屏障是特别值得一提的问题，血脑屏障是阻止进入人体内的毒物深入中枢神经系统的屏障。与人体的其他区域相比，毒物对血脑屏障的渗透性是相当小的，因此中枢神经系统能够局部地得到特殊的保护。脂肪组织具有富集许多亲脂性难溶于水的有毒物质的倾向，骨骼能够储存一些无机物，如过多的氟积累在骨中会引起氟骨症。

有毒物质的种类太多，不可能在本书一一列出。特别是在许多情况下还不知道有些特殊化学物质是否属于有毒之列，因此生物体仍置身于许多尚未被识别的有毒有害化学品之中。另一方面，一些重要的化学品由于人们尚未证明其有害而未加以控制。本节仅讨论已明确危害作用比较严重的一些物质。

5.4.2 元素及其不同形态的毒性（Toxic elements and elemental forms）

5.4.2.1 臭氧(Ozone)

环境中产生 O_3 的途径很多。例如氟分解水时产生的“含氧气”中含有 13%～14%的 O_3；电解稀硫酸时在阳极产生的氧气中，随条件不同可含有 17%～23%的 O_3；多种挥发性油类，如松节油、松脂精、芥子油，以及煤焦油、煤和 HC 的燃烧、森林火灾、盛夏强阳光照射、雷电等过程，都会产生 O_3；焊接作业中、复印机、电视机工作时也会产生少量的 O_3。世界卫生组织规定，空气中 O_3 的浓度最大允许值为 $0.04\mu g \cdot L^{-1}$，臭氧的嗅觉阈值为 $0.015\mu L \cdot L^{-1}$。极微量的 O_3 使人产生爽快和振奋的感觉，但浓度大于 $0.1\mu L \cdot L^{-1}$ 时，对人体就产生危害。空气中臭氧浓度达 $1\mu L \cdot L^{-1}$ 时就有明显气味，能刺激人体，使人头痛。臭氧能刺激眼睛、上呼吸道系统和肺，重者可引起中枢神经障碍，可造成肺水肿而急性致死。在受害者体内也有发现染色体变异的，高剂量的 O_3 还有致癌作用。在组织中，臭氧能释放极活泼的自由基，从而使类脂过氧化，使巯基（—SH）氧化以及发生其他有害的氧化过程。保护机体免受臭氧危害的物质包括自由基去除剂、抗氧化剂和含巯基的化合物。

5.4.2.2 白磷（White phosphorus）

白磷是磷的同素异形体之一，有剧毒，用于烟幕剂和毒鼠药等，可通过呼吸、饮食、皮肤接触而进入人体，能在全身传递。白磷能引起贫血、消化系统功能下降、骨骼变脆、眼睛受损。

5.4.2.3 卤素（Elemental halogens）

氟气（F_2）是一种淡黄色气体，也是一种强氧化剂。氟气能刺激皮肤、眼睛以及鼻腔和呼吸道等的黏膜。

氯气（Cl_2）能与水反应形成一种强氧化性溶液；吸入氯气后，常因这一反应而使呼吸道上一些湿性组织受损。空气中含 $10 \sim 20\mu L \cdot L^{-1}$ 的氯气时就会刺激呼吸道，迅速引起不适；含量达 $1000\mu L \cdot L^{-1}$ 时使人有生命危险。

溴（Br_2）是一种易挥发的深红色液体，吸入或误食都能使人中毒。溴也能强烈刺激眼睛和呼吸道黏性组织，并能引起肺水肿。

碘（I_2）呈固态，它的挥发性不强，但它也能刺激肺部，引起肺水肿。

5.4.2.4 重金属(Heavy metals)

在环境污染领域中重金属元素的概念和范围并不是很严格，一般指对生物有显著毒性的元素，如汞、镉、铅、铬、锌、铜、钴、镍、锡、钡、锑等，从毒性这一角度看，通常把砷、铍、锂、硒、硼、铝等也包括在内。重金属是具有潜在危害的重要污染物，它不仅不能被微生物分解，而且生物体可以富集重金属，并将某些重金属转化为毒性更强的金属——有机化合物。自从 20 世纪 50 年代在日本出现由重金属汞和镉污染引起的“公害病”——水俣病和骨痛病后，重金属的环境污染问题日益受到人们的关注。目前研究最多的是镉、铅和汞，但是从环境和毒理学的观点看，砷、铍、硒、钒将会变得日趋重要。

重金属在生物体内的毒性和积累情况非常复杂，不但与重金属本身的性质、形态有关，还与生物体吸收重金属的机理有关。如镉在水稻中的分布规律是根≫茎＞叶＞壳＞糙米，铅的分布规律是根≫叶＞茎＞壳、糙米，而甲基汞则主要分布在水稻果实中；铅在动物体内主要分布于骨、肝、肾中，而四乙基铅主要分布在肝、脑中；汞主要分布在肾、肝、肠中，而烷基汞主要分布在脑中。

（1）镉

镉是人体不需要的元素，毒性和积累性都很强，能在动物的肾脏、动脉、肝脏和骨骼内积聚，能引起骨痛病和肾损伤。镉能影响体内一些重要酶的活性，引起高血压、贫血、肾损害、肝病变、睾丸萎缩以及其他新陈代谢障碍等。镉能依附于尘埃颗粒而被人体吸入，引起肺炎，导致肺水肿和组织死亡。同时镉污染还会破坏生物体内金属的动态平衡，研究发现镉含量与钙含量成反比，且高镉会导致缺锌，并使铜的吸收受阻，这是由于这些金属粒子半径与镉离子半径接近，容易发生置换作用所致。1960 年 Kar 等报道了硒对镉的毒性有拮抗作用，后来许多研究证实，硒对预防镉引起的特异性睾丸坏死有效，这可能是镉能与硒形成络盐，使镉失活的结果。

镉污染的主要来源是铅、锌、铜的矿山和冶炼厂的废水、尘埃和废渣，以及电镀、电池、颜料、涂料工业的废水。美国公共卫生服务部允许饮料水中镉的限量为 $10\mu g \cdot L^{-1}$。在氧化性淡水体中，镉主要以 Cd^{2+} 存在，在海水中主要以 Cl^- 为配位体的络合物存在，在 $pH>9$ 时，以碳酸盐形式存在，在沼泽土壤水或静海海盆区域又转化为硫化物沉淀。

（2）铅

环境中铅以单质、无机态和有机形式广泛存在。铅不是人体必需元素，它的毒性很隐蔽，而且作用缓慢。铅对人的危害是积累性的，铅被吸收后在血液中循环，能抑制血红蛋白的合成，除在肝、脾、肾、肺、脑和红细胞中存留外，大部分（90%）还以稳定的不溶性磷酸铅存在于骨骼中，表明铅对骨有很强的亲和力。铅还对全身器官产生危害，尤其是造血系统、神经系统、消化系统和循环系统。人体中血铅和尿铅的含量能反映出体内对铅吸收的情况。通常当血液中铅含量达 $0.66\sim0.8mg \cdot L^{-1}$ 时就会出现中毒症状，如头痛、头晕、疲乏、记忆力减退、失眠、便秘、腹痛等。骨骼中的铅在遇上疲劳过度、外伤、感染、缺钙等因素而使血液的酸碱平衡改变时，磷酸铅又可再变为可溶性磷酸氢铅而进入血液，引起内源性铅中毒。

$$Pb_3(PO_4)_2 + 2H^+ \longrightarrow 2PbHPO_4 + Pb^{2+}$$

据报道，美国人体内铅的平均含量从 1976 年至 1980 年几乎下降了 37%，这一变化与在同一时期汽油的含铅量降低了 55%是一致的。

（3）汞

汞在环境中的浓度不大，但分布很广。地球岩石圈内汞的浓度为 $0.03\mu g \cdot g^{-1}$。汞在自然环境中的本底值不高，在森林土壤中约为 $0.029\sim0.10\mu g \cdot g^{-1}$，耕作土壤中约 $0.03\sim0.07\mu g \cdot g^{-1}$，黏质土壤中约 $0.030\sim0.034\mu g \cdot g^{-1}$；水体中汞的浓度更低，如河水中浓度约为 $1.0\mu g \cdot L^{-1}$，海水中约为 $0.3\mu g \cdot L^{-1}$，雨水中约为 $0.2\mu g \cdot L^{-1}$，某些泉水中可达 $80\mu g \cdot L^{-1}$ 以上；大气中汞的本底为 $(0.5\sim5.0)\times10^{-3}\mu g \cdot L^{-1}$。随着工业的发展，汞的用途越来越广，生产量急剧增加，大量汞由于人类活动而进入环境。

汞不是人体的必需元素，它的毒性很强，而且随其在环境中的存在形态不同，对生物的危害性差异很大。汞在环境中的存在形态有金属汞、无机汞化合物和有机汞化合物三种。各形态的汞一般均具有毒性，但毒性大小不同，按无机汞、金属汞、有机汞的顺序递增，其中烷基汞是已知毒性最大的汞化合物。烷基汞分子含有烃基，故极易溶解在有机物质中，尤其是溶于细胞膜和脑组织中的类脂质，碳-汞的共价键不容易断裂，所以烷基汞停留在细胞内的时间较长。由于烷基汞在细胞膜中的溶解性，人们特别关心烷基汞化合物通过胎盘屏障进入胎儿组织毒害胎儿的能力。甲基汞的毒性比无机汞大 50～100 倍。无机汞化合物在体内一般容易排泄，一旦汞与生物体内的高分子结合，形成稳定的有机汞络合物，就很难排出体外。

表 5-8 给出了甲基汞和汞的某些络合物的稳定常数，可以看出，与半胱氨酸和白蛋白形成的络合物相当稳定。

表 5-8　甲基汞和汞离子的某些络合物的稳定常数

配位体	p*K*		配位体	p*K*	
	CH_3Hg^+	Hg^{2+}		CH_3Hg^+	Hg^{2+}
OH	9.5	10.3	半胱氨酸	15.7	14
组氨酸	8.8	10	白蛋白	22.0	13

汞的毒性随化学形态、接触方式和时间等而又很大差异。如果从口中吞入元素汞，一般可直接排泄出体外而无严重危害；如果吸入汞蒸气，汞将经过血液转移到脑，对中枢神经系统引起严重的损害；对甲基汞则不论吞下或吸入均易被血液吸收而带至脑部，在脑组织中停留数月，造成严重损害。

元素汞或无机汞盐会被厌氧甲烷合成细菌转化为甲基汞，这是汞污染危害最大的一个问题。含 Co(Ⅲ) 维生素 B_{12} 辅酶对于这种转化是必需的辅助因子，结合在该辅酶中钴上的甲基被甲基钴胺素的酶（在 ATP 的存在下）催化作用转移到汞离子上，形成甲基汞离子（CH_3Hg^+）或二甲基汞 [$(CH_3)_2Hg$]，二甲基汞化合物挥发性很大，容易从水体逸至大气。

$$\underset{\text{辅酶}}{\overset{CH_3}{Co}}\ (\text{Ⅲ}) + Hg^{2+} \xrightarrow[\text{(ATP)}]{\text{甲基钴胺素}} \underset{\text{辅酶}}{Co}\ (\text{Ⅲ}) + CH_3Hg^+ \text{或} (CH_3)_2Hg$$

酸性条件有利于将二甲基汞转化为可溶于水的甲基汞，甲基汞可通过浮游生物进入食物链，被鱼类富集。

汞对硫具有很强的亲和力，能强烈地与蛋白质分子（包括酶）中的巯基结合，也能与血红蛋白和血清蛋白结合，因这两者均含有巯基。

汞与细胞膜的结合可抑制糖穿过细胞膜的转移，引起膜对钾的渗透性增加。由于转移到脑细胞的糖不足，可能造成脑细胞的能量缺乏，钾的渗透性增加将影响脑神经脉冲的传递。这些生理效应可以解释为什么甲基汞中毒的母亲生下的婴儿，其中枢神经系统常常受到不可逆的损害，这些损害包括脑力迟钝、抽搐，有些甲基汞患者可出现全身麻木、颤抖、听力受损和发音含糊不清以及一些精神上的不适，如沮丧、易怒、失眠等症状。甲基汞中毒的另一毒性效应是染色体的分离、细胞中染色体断裂以及抑制细胞分裂。

（4）砷

砷是一个广泛存在并具有准金属特性的元素，它多以无机砷形态分布于许多矿物中，如砷黄铁矿（FeAsS）、雄黄矿（As_4S_4）与雌黄矿（As_2S_3），地壳中砷含量为 1.5～2.0mg・kg^{-1}，比其他元素高 20 倍。土壤中砷的本底值在 0.2～40mg・kg^{-1} 之间，而受砷污染的土壤含砷量则高达 550mg・kg^{-1}；空气中砷的自然本底值为每立方米几纳克，其中甲基砷含量约占总砷量的 20%；地面水中砷含量很低，如德国境内河水中砷含量平均值为 0.003mg・L^{-1}；海水中含砷浓度范围为 0.001～0.008mg・L^{-1}；某些地下水水源的含砷量极高（224～280mg・L^{-1}），且 50%为三价砷。

人为的砷污染主要来自以砷化物为主要成分的农药，如砷酸铅、乙酰亚砷酸铜、亚砷酸钠、砷酸钙和有机砷酸盐。工厂和矿山的含砷废水、废渣的排放，以及矿物燃料燃烧等也是造成砷污染的重要来源。

砷是一种毒性很强的元素，其毒性不仅取决于它的浓度，也取决于它的化学形态。一般，毒性以 As(Ⅲ)最大，As(Ⅴ)次之，甲基砷化合物再次之，大致呈现砷化合物甲基数递增毒性递减的规律性。如鼠的毒性试验表明，下列砷化合物毒性顺序是：

$$\underset{（高毒）}{As_2O_3} \gg \underset{（毒）}{CH_3AsO(OH)_2} \approx \underset{（毒）}{(CH_3)_2AsO(OH)} > \underset{（无毒）}{(CH_3)AsO} \approx \underset{（无毒）}{(CH_3)_3As^+CH_2COO^-}$$

由于亚砷酸盐能与蛋白质中的巯基反应，故比砷酸盐毒性大得多。也有证据表明，溶解砷比不溶性砷毒性高。工业生产中，砷大部分以三价形态存在，这就增加了砷在环境中的危险性。三氧化二砷（As_2O_3，即砒霜）对人的中毒剂量为 0.01～0.025g，致死量为 0.06～0.20g。

上述规律最典型的例外是三甲基胂具有高毒性。在国外曾有过报道，一些含有无机砷化合物的糊墙纸在潮湿季节生长霉菌产生三甲基胂气体，引起了在 19 世纪初期流行于英、德等国居室砷中毒事件。

砷的毒害是积累性的，它可急性中毒，也可慢性中毒。长期饮用 0.2mg・L^{-1} 以上含砷水就会慢性中毒。哺乳动物常对砷有很好的耐受性，故砷中毒往往在几年后发生。无机砷可抑制酶活性，三价无机砷还可与蛋白质中的巯基反应。三价砷对线粒体呼吸作用有明显的抑制作用，已经证明，亚砷酸盐可减弱线粒体氧化磷酸化反应，或使之不能偶联。

长期接触无机砷会对人和动物体内的许多器官产生影响，如造成肝功能异常等。体内与体外两方面的研究都表明，无机砷影响人的染色体。在服药接触砷（主要是三价砷）的人群中发现染色体畸变率增加。可靠的流行病学证据表明，在含砷杀虫剂的生产工业中，呼吸系统的癌症主要与接触无机砷有关。还有研究指出，无机砷影响 DNA 的修复机制。

由于砷的化学性质与磷相似，所以砷会干扰某些有磷参与的生物化学反应。磷参与重要的产能物质三磷酸腺苷的生物化学合成，ATP 生成的关键步骤是 3-磷酸甘油醛生成 1,3-二磷酸甘油酯的过程。砷酸盐可取代磷酸根产生 1-砷酸-3-磷酸甘油酯，而不是 1,3-二磷酸甘油酯（图 5-21），接着不是进行磷酸化作用，而是自发水解成 3-磷酸甘油酯和砷酸盐，反应过程没有 ATP 生成。

砷的三种主要生物化学效应是能使蛋白质凝固、与辅酶络合以及抑制 ATP 合成。砷污染产生的主要症状是皮肤出现病变，神经、消化和心血管系统发生障碍。在 20 世纪的孟加拉国就曾发生过一起井水引起的重大砷中毒事件。在 70 年代，利用联合国儿童基金会的捐款，孟加拉国开挖了上万口井，解决了用水难问题。然而在 1992 年，井水砷污染开始出现，其表现症状为皮肤白化。

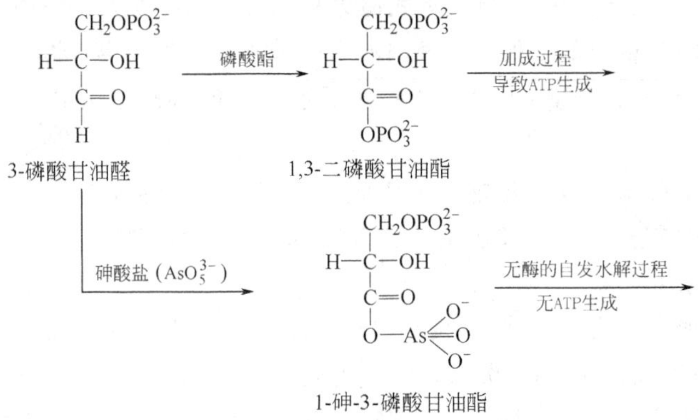

$$\underset{\text{3-磷酸甘油醛}}{\begin{array}{c}CH_2OPO_3^{2-}\\|\\H-C-OH\\|\\C=O\\|\\H\end{array}}\xrightarrow{\text{磷酸酯}}\underset{\text{1,3-二磷酸甘油酯}}{\begin{array}{c}CH_2OPO_3^{2-}\\|\\H-C-OH\\|\\C=O\\|\\OPO_3^{2-}\end{array}}\xrightarrow[\text{导致ATP生成}]{\text{加成过程}}$$

$$\text{3-磷酸甘油醛}\xrightarrow{\text{砷酸盐}(AsO_5^{3-})}\underset{\text{1-砷-3-磷酸甘油酯}}{\begin{array}{c}CH_2OPO_3^{2-}\\|\\H-C-OH\\|\\C=O\\|\\O-As(=O)(O^-)O^-\end{array}}\xrightarrow[\text{无ATP生成}]{\text{无酶的自发水解过程}}$$

图 5-21　在合成 ATP 的磷酸化反应中砷的干扰

(5) 铍

尽管不是一种严格意义上的重金属，但铍是毒性很大的元素，中毒的潜伏期是 5～20 年，能引起肺部纤维受损和肺炎。铍具有超强刺激性，能引起皮肤溃烂和产生肉芽瘤。铍曾用于美国的核武器项目中，据估计，已发生和将要发生的铍中毒事件达 500～1000 起多。1999 年 7 月美国能源局承认了铍的毒性，并计划立法以补偿受害者。

5.4.3　有毒无机化合物 (Toxic inorganic compounds)

5.4.3.1　氰化物(Cyanide)

氰化物可由不同来源进入环境，氰化氢（HCN）被用作熏蒸剂杀灭鼠类和害虫，氰化物是许多化学合成工业的原料，也是多种研究工作使用的化学品，氰化物的盐类可用于采矿和金属提炼工艺，或金属表面清洗和金属电镀。

氰化氢和氰化物的盐类都能快速致毒，只 60～90mg 就足以使人致死。在线粒体中氰化物能与高铁细胞色素氧化酶（含高铁离子的金属酶）中的 Fe(Ⅲ)结合，抑制其在氧化磷酸化作用中还原为二价铁，使机体不能正常使用氧气以至死亡。高铁细胞色素氧化酶是氧化磷酸化途径中产生的最后一种细胞色素，它以特异的方式与氧反应。

步骤Ⅰ　$\text{Fe(Ⅲ)-氧化酶}+\text{还原剂}\longrightarrow\text{Fe(Ⅱ)-氧化酶}+\text{还原剂氧化产物}$

步骤Ⅱ　$\text{Fe(Ⅱ)-氧化酶}+2H^{+}+\frac{1}{2}O_2\xrightarrow[ADP+Pi\rightarrow ATP]{}\text{Fe(Ⅲ)-氧化酶}+H_2O$

式中“Fe(Ⅲ)-氧化酶”代表高铁细胞色素氧化酶，“Fe(Ⅱ)-氧化酶”代表亚铁细胞色素氧化酶，Pi 代表无机磷酸盐。

Fe(Ⅲ)-氧化酶是葡萄糖氧化释放出的电子的最终接受体，形成的 Fe(Ⅱ)-氧化酶传递电子给氧，氧与氢离子反应生成了水，并在这一过程中合成了高能 ATP。氰化物的干扰是由于它能与高铁细胞色素氧化酶中的 Fe(Ⅲ)结合，在步骤Ⅰ中抑制了电子的转移，从而抑制了用氧制造 ATP 的产能总过程。

氰化物的解毒代谢是通过与硫代硫酸盐或胶体硫的反应，转化为毒性较小的硫氢酸盐，起催化作用的硫氢酸酶主要存在于肝和肾组织中。

$$CN^{-}+S_2O_3^{2-}\xrightarrow{\text{硫氢酸酶}}SCN^{-}+SO_3^{2-}$$

5.4.3.2 一氧化碳 (Carbon monoxide)

CO中毒的事件时有报道。空气中CO含量达 $10\mu L/L$ 时能影响判断能力和视觉；$100\mu L \cdot L^{-1}$ 能引起昏迷、头痛、疲劳；$250\mu L \cdot L^{-1}$ 使人失去知觉；$1000\mu L \cdot L^{-1}$ 时能快速致死。长期暴露于低CO浓度的环境中可能产生呼吸系统和心脏功能紊乱。CO对血红蛋白的亲和力比 O_2 大200～300倍，进入人体后，将与 O_2 争夺血红蛋白，而且CO与血红蛋白的结合产物比 O_2 与血红蛋白形成的产物要稳定得多，从而影响血红蛋白的正常输氧功能，引起组织缺氧。这一过程是可逆的。CO中毒如果发现得早，在未造成其他损伤前，只要吸入没有CO的新鲜空气，在1～2h后，就可分解出与血红蛋白结合的大部分CO。血红蛋白与 O_2 和CO存在着竞争性化学平衡：

$$CO(g) + HbO_2(l) \rightleftharpoons HbCO(l) + O_2(g)$$

我国空气环境质量标准中规定了CO的浓度限值：日平均值 $4.0mg \cdot m^{-3}$，1h平均值 $10.0mg \cdot m^{-3}$。

5.4.3.3 氮氧化物 (Nitrogen oxides)

NO是无色无刺激且不活泼的气体，它像CO一样也能与血红蛋白结合生成HbNO，使血液的输氧能力下降。NO与Hb的结合能力比CO与Hb的结合力强，不过在大气中NO的浓度一般比CO低得多，所以很少有人受NO毒害的事例。

NO_2 是红棕色有刺激性臭味的气体，其毒性约为NO的4～5倍。它对呼吸器官有强烈的刺激作用，能迅速破坏肺细胞，可能是引起肺水肿和肺癌的病因之一。它的气味阈值为 $0.12\mu L \cdot L^{-1}$。在一些严重的 NO_2 中毒事件中，受害者常在三个星期后出现支气管纤维损害。空气中含200～$700\mu L \cdot L^{-1}$ 的 NO_2 时就能使人致死。在体内，NO_2 能抑制乳酸脱氢酶等酶的活性，能导致氢氧自由基（HO·）等自由基的形成，从而导致类脂的过氧化。

N_2O 常用作牙科手术中的麻醉剂。它能抑制中枢神经系统，也是一种窒息剂。

亚硝酸根离子（NO_2^-）的中毒机理与CO的中毒机理相似，它会氧化血红蛋白HbFe（Ⅱ）中的Fe(Ⅱ)，产生高铁血红蛋白HbFe(Ⅲ)，从而阻止了血红蛋白向组织输送氧，导致组织缺氧甚至死亡。由于过多地生成高铁血红蛋白，机体产生高铁血红蛋白症。婴儿胃内酸度比成人低，有利于硝酸盐还原菌的活动，易使硝酸根还原成亚硝酸根，这时血红蛋白中的亚铁会被氧化成为高铁，形成褐色的高铁血红蛋白，失去携带氧的能力。亚硝酸盐能有效地应用于氰化物的解毒。这是因为高铁血红蛋白HbFe(Ⅲ)易与氰化物结合，逆转了氰化物与高铁细胞色素氧化酶［Fe(Ⅲ)-氧化酶］的反应，即从氰化高铁细胞色素氧化酶中把氰离子夺走，再生高铁细胞色素氧化酶，然后用硫代硫酸盐处理除去氰化物。

5.4.3.4 卤化氢(Hydrogen halides)

卤化氢（HX，X为F、Cl、Br、I）是有毒气体，最常见的为HF和HCl。

(1) 氟化氢

HF可以以透明无色液体、气体或30%～60%溶液（氢氟酸）的形式被使用，它们都能强烈刺激人体接触部位，可引起上呼吸道溃烂。由氟化氢引起的器官损害不易康复，可发展成坏疽。

氟离子能引起氟中毒，使骨骼变形，并形成斑齿。然而，饮用水中约 $1\mu L \cdot L^{-1}$ 的氟化物却能预防蛀牙。

(2) 氯化氢

HCl 以气态和溶液两种形式存在。盐酸在人体和一些动物的胃液中天然存在，然而吸入 HCl 气体能引起喉部痉挛，肺水肿，若高浓度则会致死。HCl 气体的高亲水性常会使眼部和呼吸道的组织脱水。

5.4.3.5 卤素间化合物以及卤素氧化物(Interhalogen compounds and halogen oxides)

卤素间化合物 ClF、BrCl 和 BrF_3 等都是强氧化剂。它们与水反应形成氢卤酸溶液（HF，HCl）和活泼的氧原子（{O}）。卤素间化合物具有强腐蚀性，能使机体组织酸化、氧化和脱水化，皮肤、眼睛以及嘴巴、咽喉、肺系统的黏膜很容易受到刺激。

卤素氧化物 OF_2、Cl_2O、ClO_2、Cl_2O_7、Br_2O 等非常活泼，它们的毒害作用与卤素间化合物相似。ClO_2 的使用较广，常用于除臭和漂白纸浆；替代 Cl_2 用于饮用水杀菌时它一般不会产生如三卤代甲烷等副产物。

次氯酸（HClO）和次氯酸盐（如 NaClO）常用于漂白和杀菌。次氯酸类物质能刺激眼睛、皮肤和黏膜组织，它能分解成盐酸和活泼的氧原子 {O}。

$$HClO \longrightarrow H^+ + Cl^- + \{O\}$$

5.4.3.6 含硅无机化合物（Inorganic compounds of silicon）

SiO_2（石英）普遍存在于砂、岩石和土壤中。人暴露于建筑材料的扬尘或沙尘暴中都可引起 SiO_2 中毒。SiO_2 中毒是一种肺部纤维受损症，能引起肺炎等肺部疾病，严重会使人体因缺氧或心脏功能消失而死亡。

无机硅烷，如硅烷（SiH_4）、二硅烷（H_3SiSiH_3）以及有机硅烷的毒性作用知之甚少。四氯化硅（$SiCl_4$）是唯一在工业上有意义的四卤化硅（SiX_4）化合物，二氯硅烷（SiH_2Cl_2）和三氯硅烷（$SiHCl_3$）是硅卤烷（$H_{4-x}SiX_x$）的两个主要商品化合物。这些硅卤化物是合成含硅有机物的中间体，也用于生产高纯度硅。$SiCl_4$ 和 $SiHCl_3$ 会产生 HCl 蒸气，具有窒息作用，能刺激眼睛、鼻腔和肺脏组织。

石棉［大致化学式为 $Mg_3(Si_2O_5)(OH)_4$］是指一类纤维状硅酸盐材料，常用于建筑材料、刹车衬片和隔热材料的生产。由于含石棉建材使用造成的室内空气污染也是受关注的问题。20 世纪初已发现吸入石棉颗粒引起肺炎，直到 20 世纪 80 年代才引起人们的普遍关注。美国已把石棉列为重要的“毒性物质”。“国际癌症研究中心”已把石棉列为致癌物质，吸入石棉颗粒能引起石棉沉着性肺炎、间皮瘤和支气管原癌。吸烟者对石棉粉尘的吸入有增强作用，据统计，接触过石棉的工人得肺癌去世者是正常人的 8 倍，而吸烟的石棉工人，则是他们的 192 倍。石棉引起的疾病到目前为止，尚没有找到良好可治的药物，唯一的方法就是预防。为此，一些国家（如德国、法国、瑞典、新加坡等）已禁止生产和使用一切石棉制品。

5.4.3.7 含磷无机化合物(Inorganic phosphorus compounds)

磷化氢（PH_3）是一种无色气体，在 100℃时会自燃。对于工业生产和实验室研究均存在潜在的危险。吸入 PH_3 气体会刺激呼吸道使呼吸困难，抑制中枢神经系统，并引起呕吐和疲劳。

十氧化四磷（P_4O_{10}）是元素磷的燃烧产物，能与空气中的水蒸气反应生成糖浆状正磷酸，并能起脱水反应。因此 P_4O_{10} 对皮肤、眼睛和黏膜具有腐蚀性。

卤化磷一般为 PX_3 和 PX_5，其中最重要的是 PCl_5，常用作一些有机合成的催化剂和生产 $POCl_3$ 的原料。与其他含磷卤化物一样，PCl_5 能与水反应形成卤化氢和磷酸，因此它对眼睛、皮肤和黏膜具有腐蚀性。

三氯氧化磷（$POCl_3$）是三卤氧化磷中使用最广的一种，能与水反应形成 HCl 气体和亚磷酸（H_3PO_3），因此，$POCl_3$ 能刺激眼睛、皮肤和黏膜。

5.4.3.8 含硫无机化合物（Inorganic compounds of sulfur）

（1）硫化氢

H_2S 是无色有臭鸡蛋气味的气体，其嗅阈值是 $0.0005\mu L \cdot L^{-1}$。硫化氢主要是含硫有机物的分解和土壤、沼泽地、沉积物中硫酸盐被厌氧环境中的反硫化细菌还原所形成。

$$2CH_2O + SO_4^{2-} \xrightarrow{\text{脱硫酸盐弧菌}} 2HCO_3^- + H_2S$$

世界上每年硫化氢的自然发生量，在陆地上是 $(6\sim8)\times10^7$ t，在海上是 3×10^7 t。H_2S 在大气中的滞留时间大约 40d，多数又被大气中的氧化剂氧化，最终转变为硫酸盐被降雨带回地面。H_2S 的工业发生源有畜产品农场、硬纸板纸浆制造工业、淀粉制造业、玻璃纸制造工业、硫黄制造业、垃圾处理厂、粪便处理厂、污水处理厂等。

H_2S 毒性很强，气体浓度为 $0.007\mu L \cdot L^{-1}$ 时，影响人眼睛对光的反射；硫化氢气体浓度为 $10\mu L \cdot L^{-1}$ 时可刺激人眼；空气中 H_2S 含量达 $1000\mu L \cdot L^{-1}$ 时会使呼吸系统作用丧失而窒息死亡。低浓度能破坏中枢神经系统而引起头痛、昏迷、过度兴奋、肺水肿等症状。H_2S 急性中毒可导致呼吸加快而死亡。

（2）二氧化硫

从排放量看，SO_2 仅次于 CO 而居第二位，其主要人为源是含硫燃料的燃烧和硫化矿物的冶炼。硫在燃料中可能以有机硫化物或元素硫的形式存在，通常煤的含硫量约为 0.5%～6%，石油约为 0.5%～3%，就全球范围而言，人为排放的 SO_2 中约有 60%来源于煤的燃烧，约 30%来源于石油的燃烧和炼制。SO_2 是种酸性气体，易溶于水形成亚硫酸、亚硫酸氢根和亚硫酸根。SO_2 能刺激眼睛、皮肤、黏膜和呼吸道。当有颗粒物存在时还有协同作用，能使 SO_2 的危害作用增加 3～4 倍。若颗粒物为重金属粒子时，由于催化作用，可使 SO_2 氧化为硫酸雾，其刺激作用比单独的刺激作用增强 10 倍。SO_2 还可增强致癌物苯并[*a*]芘的致癌作用。SO_2 对动物的急性中毒剂量较高，如对大鼠暴露一个月的 LC_{50} 为 $400mg \cdot m^{-3}$。

（3）硫酸

SO_2 在大气中通过均相反应和非均相反应氧化生成 SO_3，SO_3 与水蒸气反应生成 H_2SO_4。H_2SO_4 的蒸气压很低，特别是在有水存在时更是如此，H_2SO_4 在气相中的饱和浓度只有 $4\mu g \cdot m^{-3}$，因此会在所有的大气条件下凝结，形成硫酸气溶胶或硫酸盐气溶胶。1952 年 12 月在伦敦发生的硫酸烟雾型污染事件，大量家庭烟囱和工厂燃煤排放出来的烟积聚在低层大气中，难以扩散，在低层大气中形成了很浓的黄色烟雾，SO_2 被催化生成硫酸雾，市民胸闷气促，咳嗽喉痛，约 4000 人丧生。

高浓度的 H_2SO_4 溶液具有强腐蚀性和脱水性，能穿过皮肤引起皮下组织坏死，有发烫发热的感觉。硫酸烟雾能刺激眼睛和呼吸道，发现硫酸生产车间工人有牙齿腐蚀现象。

其他含硫无机化合物及其毒性特征见表 5-9。

表 5-9　含硫无机化合物及其毒性

名　称	化学式	毒性特征	名　称	化学式	毒 性 特 征
二氟化硫	SF_2	与 HF 相似	硫酰氯	SO_2Cl_2	刺激性、腐蚀性；常用于一些有机物的合成
四氟化硫	SF_4	强刺激性	亚硫酰(二)氯	$SOCl_2$	刺激性、腐蚀性
六氟化物	SF_6	纯物质毒性较低	氧硫化碳	COS	易挥发，是天然气和石油提炼的产物，有毒，有麻醉性
二氯化硫	SCl_2	强刺激性			
四氯化硫	SCl_4	刺激性	二硫化碳	CS_2	对中枢神经系统有麻醉作用
三氧化硫	SO_3	能与水结合形成硫酸			

注：引自 Stanley E. Manahan. Environmental Chemistry，2000。

5.4.3.9　有机金属化合物（Organometallic compounds）

一些有机金属化合物的毒理性质已经比较清楚，如医用有机砷、有机汞杀菌剂和四乙基铅抗爆剂。然而对用作半导体和化学合成催化剂的一些新的有机金属化合物的毒理需引起注意。

有机金属化合物在机体内的毒性完全不同于其无机金属化合物，这主要是由于有机金属化合物具有有机物的特性和更强的脂溶性。

（1）含铅有机化合物

四乙基铅 [$Pb(C_2H_5)_4$]，无色油状液体，是含铅有机化合物中最主要的一种，常用作汽油抗爆剂，是最主要的铅污染。与无机铅不同，四乙基铅有强烈的亲脂性，能通过常规的三种途径进入人体，比无机铅的毒性大 100 倍。四乙基铅能影响中枢神经系统，使人出现疲劳无力、昏迷、神经错乱、惊厥等症状；铅中毒恢复很慢，在严重的事件中，受害者在中毒一两天内就死亡。

（2）含锡有机化合物

三丁基氯化锡和三丁基锡（TBT）等的含锡有机物使用非常广泛，具有杀菌和杀虫的特性。然而，因其对环境造成的压力，目前这类物质的使用量已有所限制。含锡有机物能被皮肤吸收，有时会引起皮疹。它们也可与蛋白质中的硫素结合，并可影响线粒体的正常功能。

（3）金属羰基化合物

这种物质毒性很强，包括四羰基镍、五羰基铁、羰基钴等。有些金属羰基化合物易挥发，通过呼吸和皮肤进入机体。它们能直接损害组织，并分解为 CO 和相应的金属，进一步损害机体。

（4）有机金属化合物的反应产物

氧化锌平时常用作药物和食品添加剂，然而经二乙基锌燃烧产生的含氧化锌颗粒烟雾却能使人产生一种锌烟雾寒热病，表现为体温上升和“发冷”，人感觉很不舒服。

$$Zn(C_2H_5)_2 + 7O_2 \longrightarrow ZnO(s) + 5H_2O(g) + 4CO_2(g)$$

5.4.4　有机化学物质的毒理学（Toxicology of organic compounds）

5.4.4.1　烷烃（Alkane hydrocarbons）

甲烷、乙烷、丙烷、丁烷等气态烷烃是一些简单的窒息物质，常与空气构成混合物，使空气中含氧量减少而危及人体呼吸。在使用烃类液体的工厂，职工常会出现一些皮肤病，皮肤红肿、发热、形似鱼鳞，主要是由皮肤中的脂肪成分被溶解所致。5～8 个碳的烃类和支链烷烃液体的挥发气体被人体吸入后会损害中枢神经系统，表现为昏迷和失去调节能力。例如，人体吸入正己烷、环己烷液体的挥发性气体后，可导致髓磷脂的流失和轴突的解体（髓磷脂可在一些神经纤维周围形成保护鞘；轴突是神经细胞的一部分，神经脉冲只有通过它才能传到细胞外）。这将导致多种神经系统紊乱，包括肌肉萎缩、手和脚的感觉功能受损等。事实上在人体内，正己烷将被转化为2,5-己二酮，这一第一阶段反应的氧化产物可在受害者的尿液中检测出，因此已被用作检测人体是否受到正己烷危害的生物监测指标。

2,5-己二酮分子式为

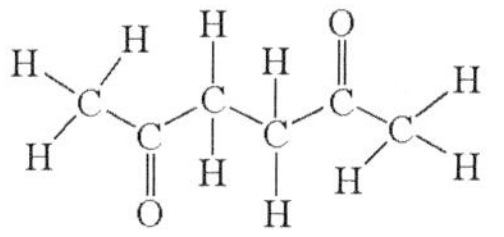

5.4.4.2 烯烃和炔烃（Alkene and alkyne hydrocarbons）

乙烯无色略有芳香气味，丙烯为无色无味气体，均可对动物体产生窒息和麻醉作用，使植物体中毒。1,3-丁二烯可刺激眼睛和呼吸道黏膜，高浓度可使人昏迷甚至死亡。乙炔有一股蒜味，是一种窒息剂和麻醉剂，其作用症状有头痛、昏迷、胃功能紊乱等。

5.4.4.3 苯和芳香烃（Benzene and aromatic hydrocarbons）

（1）苯

吸入人体的苯很容易被血液吸收并富集在脂肪组织中，这一过程是可逆的，苯可从肺部排出。苯可在肝脏中通过氧化反应生成苯酚（图5-22）；这一过程的中间产物"环氧苯"可能是苯产生特殊毒性的真正原因，环氧苯存在时间短，然而活性很强，可损伤骨髓。

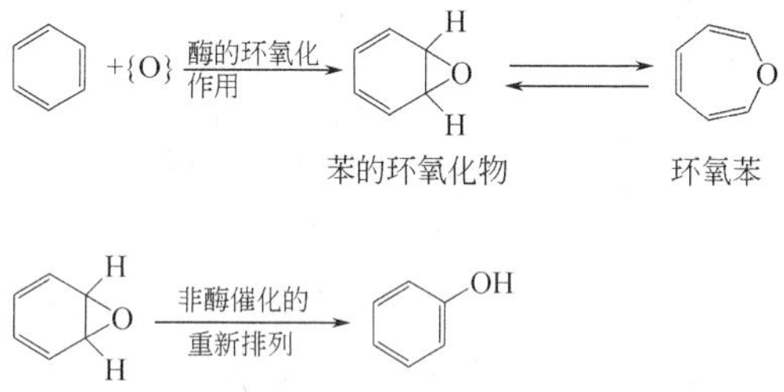

图5-22 苯在体内反应生成苯酚

苯能刺激皮肤，经常性的暴露会使皮肤发红、发热、起泡。空气中苯浓度达$7g \cdot m^{-3}$时，会在1h内引起急性中毒，主要原因是中枢神经受损，使人依次经历兴奋、沮丧、呼吸困难至死亡；浓度高达$60g \cdot m^{-3}$可在几分钟内致死。长期暴露于低苯浓度的环境中会产生疲劳、头痛、食欲下降。而苯慢性中毒会使血液不正常，表现为白细胞减少，淋巴细胞的不正常增多，贫血以及血小板数减少，损伤骨髓，这会导致白血病或肝癌。

（2）甲苯

甲苯是无色液体，沸点101.4℃。甲苯通过呼吸和饮食引起中等毒性，而通过皮肤接触引起的毒性较小。空气中甲苯低于$200mg \cdot m^{-3}$以下不会影响人体；达$500mg \cdot m^{-3}$则会引起头痛、恶心、协调能力减弱；更高浓度时，甲苯的麻醉作用会使人昏迷。甲苯的毒性比苯弱，因为它的侧链可被氧化形成易于为人体所排泄掉的代谢产物（图5-23），如马尿酸。

由于装修材料中油漆、各种油漆涂料的添加剂和稀释剂、各种胶黏剂和防水材料中含有苯系化合物，挥发后造成室内污染，人在短时间内吸入高浓度的甲苯、二甲苯时，可出现中枢神经系统麻醉现象，轻者有头晕、头痛、恶心、胸闷、乏力、意识模糊，严重者可致昏迷以致呼吸、循环衰竭而死亡；而长期接触引起的慢性中毒，可出现头痛、失眠、精神萎靡、记忆力减退等神经衰弱症状。我国《室内空气质量标准》已经把苯、二甲苯列为室内污染控制项目，将室内苯浓度限定为0.09mg·m^{-3}。苯系化合物已经被世界卫生组织确定为强烈致癌物质。

(3) 萘

与苯一样，萘首先通过氧化反应生成环氧化合物，然后通过结合反应生成结合物，该产物可通过尿排出体外。

萘中毒会导致贫血或红细胞数、血色素和血细胞数显著减少。对于皮肤敏感者，萘会引起一些严重的皮肤病。通过呼吸和摄食，萘会引起头痛、头晕、呕吐。严重者会引起肾功能崩溃而死亡。

(4) 多环芳烃

多环芳烃（PAHs）是一大类广泛存在于环境中的有机污染物，也是最早被发现和研究的化学致癌物，包括多环和稠环两类化合物。1930年Kennaway第一个提纯了二苯并［*a*、*h*］蒽，并确定了它的致癌性；1933年Cook等从煤焦油中分离出了多种多环芳烃，其中包括致癌性很强的苯并［*a*］芘（图5-24）；1950年Waller从伦敦大气中分离出了苯并［*a*］芘。后来又陆续分离、鉴定出多种致癌的多环芳烃。多环芳烃的代谢产物也可能有致癌性，苯并［*a*］芘的一种代谢产物7,8-二羟基-9,10-环氧基-苯并芘有两种立体异构体，都可能有致突变性和致癌性。

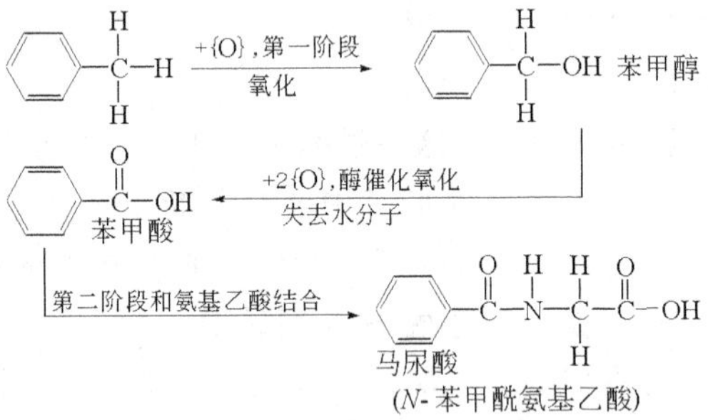

图5-23 甲苯的氧化代谢

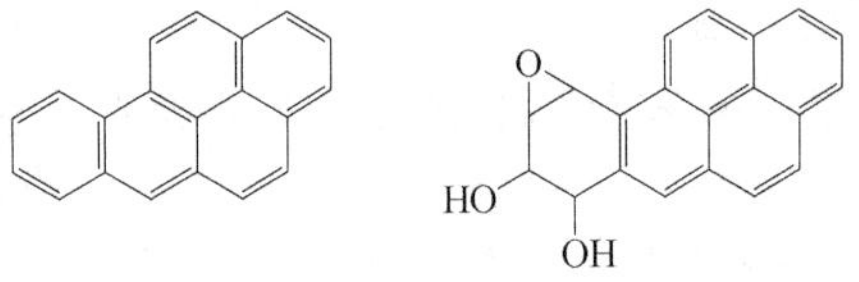

图5-24 苯并［*a*］芘及其致癌代谢产物

环境中多环芳烃可通过多种途径进入人体并造成危害，如苯并［*a*］芘进入机体内与核酸分子结合，使核酸分子结构改变，影响生物合成和细胞的正常功能，促进细胞的异常分裂和生长；经过呼吸道吸入的苯并［*a*］芘一部分在肺组织中经羟化酶的作用生成单羟基或双羟基化合物，再经血液吸收，经肝脏解毒，由胆管及肾脏排出体外；滞留在气管和支气管的部分苯并［*a*］芘则通过呼吸道上皮细胞的纤毛运动、黏液流动和飘尘一起被咳出体外或吞入胃肠道。许多学者对多环芳烃等污染物的致癌机理进行了大量研究，提出了芳烃化合物致癌的“K区理论”和“湾区理论”，以及总结“K区理论”和“湾区理论”而形成的“双区理论”，较好地解释了多环芳烃的结构与致癌性的关系。

5.4.4.4 含氧有机物(Oxygen-containing organic compounds)

(1) 环氧烃

环氧乙烷是一种具有香味、易燃易爆的无色气体，常用作中间反应剂、熏蒸剂和杀菌剂，对实验动物具有突变性和致癌性。在低浓度下，环氧乙烷就会刺激呼吸道，引起头痛、昏迷、呼吸困难；而高浓度下会引起青紫症、肺水肿、肾受损、外部神经受损，甚至死亡。1,2-环氧丙烷是一种无色、易挥发、活泼的液体（bp 34℃），其化学用途与环氧乙烷相似，化学毒性比环氧乙烷略轻。此外，1,3-丁二烯的一种氧化产物1,2,3,4-环氧丁二烯具有直接致癌性。

（2）醇

因误食甲醇而死亡的事件已很多。甲醇的代谢产物有甲醛和甲酸，除了引起酸中毒外，这两种产物还能影响中枢神经系统和视觉神经系统。甲醇的急性致死症状是起初有极度醉酒的感觉，10～20h后则昏迷、心血管堵塞，直至死亡。较低剂量的中毒则会损伤视觉神经和视网膜中心细胞，导致眼盲。

乙醇一般通过胃肠道吸收，气体可通过肺泡吸收。乙醇的氧化代谢比甲醇快得多，先生成乙醛，再分解为CO_2。乙醇中毒首先引起中枢神经系统受损，在血液浓度达0.05%时，导致反应迟钝和控制能力减弱、昏迷，血液中乙醇含量达0.5%时则会致死。乙醇也有一些慢性影响，其中最主要的是酒精肝和肝硬化。

己二醇广泛用于机动车制冷系统，它的毒性因其蒸气压低而受到限制，但仍有吸入己二醇小液滴的危险。进入人体后，己二醇先刺激再抑制中枢神经系统。2-羟基乙酸是己二醇代谢的一种中间产物，它可能会引起酸血症；草酸是进一步氧化的产物，能在肾部以草酸钙形式沉淀，生成结石。

此外，正丁醇具有刺激性，但因其蒸气压低使其毒性受到限制。丙烯醇能刺激眼睛、口腔和肺。

（3）酚类

苯酚作为一个重要的化工原料及煤焦油的主要分馏产物之一，在化工、医药等方面有着广泛的应用。它是最早用在伤口和外科手术中的防腐剂，但它是一种原生质毒物，能损害所有的细胞。苯酚急性中毒先引起中枢神经系统功能紊乱，并可在半小时后致死。急性中毒时，能引起严重的胃肾功能失调、循环系统崩溃、肺水肿和惊厥。皮肤吸收也能引起死亡。在慢性中毒时，肾、胰脏、脾脏等主要器官都会受到损害。其他一些酚的毒性作用与苯酚相似。北京医科大学李金有等研究认为苯酚是一种具有遗传毒性的诱变剂。

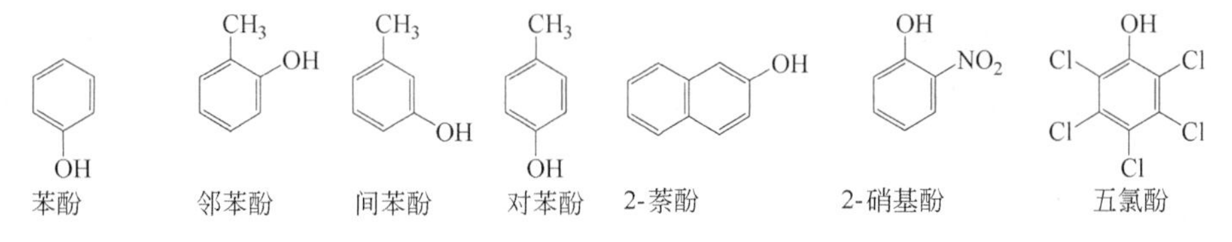

图 5-25　几种重要的酚类化合物

图5-25为几种重要的酚类化合物，硝基（—NO_2）和卤素原子（特别是Cl）结合到苯环可改变酚类化合物的化学和毒理行为。

（4）醛和酮

纯的甲醛是具有刺激性、窒息气味的无色气体，通过呼吸道进入人体；人们接触甲醛最多的还是它的一种溶液——福尔马林。甲醛会刺激消化道和呼吸道上的黏膜。在动物实验中，甲醛被证实是一种致癌物质，甲醛具有毒性的主要原因是它的代谢产物甲酸。

甲醛是导致居室空气污染的主要污染物之一，对人体健康的影响主要表现在嗅觉异常、刺激、过敏、肺功能异常、肝功能异常、免疫功能异常等方面。甲醛是制备酚醛树脂、脲醛树脂、三聚氰胺树脂、建筑人造板（胶合板、纤维板、刨花板）、胶黏剂（107胶、酚醛胶、脲醛胶）等的重要化工原料，居室内的甲醛主要由各种建筑人造板、木质复合地板、层压木质板家具和胶黏剂等挥发出来。室内空气中甲醛浓度为0.06～0.07mg·m^{-3}时，儿童就会发生气喘；浓度为 $0.1mg \cdot m^{-3}$ 时，就有异味和不适感，会刺激眼睛而引起流泪；浓度高于 $0.1mg \cdot m^{-3}$ 时，将引起咽喉不适、恶心、呕吐、胸闷、咳嗽和肺气肿；当空气中甲醛含量达到 $30mg \cdot m^{-3}$ 时，便能致人死亡。长期接触低剂量甲醛可以引起慢性呼吸道疾病、女性月经紊乱、妊娠综合征，引起新生儿体质降低、染色体异常，甚至引起鼻咽癌。1987年美国环保局（EPA）已将甲醛列入可致癌的有机物之一。

低碳的醛类会刺激眼睛和上呼吸道黏膜（事实上，光化学烟雾中的一些刺激性成分就是这些醛类）。如乙醛能刺激中枢神经系统；丙烯醛具有强刺激性气味，能严重损害呼吸道黏膜，禁忌眼睛等直接接触丙烯醛。

酮类毒性比醛类低。丙酮具有刺激性，会引起一些皮肤炎症。甲乙酮可能是鞋厂职工产生多种神经系统紊乱的真凶。

醛和酮也是厨房油烟气中的主要组分。据报道，将收集的油烟气体进行气相色谱-质谱分析，共测出220种组分，主要有醛、酮、烃、脂肪酸、醇、芳香族化合物、酯、内酯、杂环化合物等。烹调油烟气中还含有Bap、挥发性亚硝胺、杂环胺类化合物等已知致突变、致癌的物质。1977年Nagao等首先报道了烤鱼、烤肉烟气中含有强致突变物质。油烟气可引起肺部炎症和组织细胞损伤、影响机体的细胞免疫功能、致突变性、致癌性和生殖毒性。

(5) 有机酸

甲酸具有腐蚀性。欧洲市场上销售的一种除垢液含约75%甲酸，曾有过儿童误食该溶液而致使口腔和食道组织溃烂的事件。此外，纯的乙酸溶液、丙酸溶液都有腐蚀性。

(6) 醚

因为醚键的不活泼性，醚类毒性相对而言都较弱。挥发性乙醚通过呼吸进入人体，其中有80%经肺后被排出体外。乙醚也抑制中枢神经系统，在医学上常用作麻醉剂。少量乙醚能引起昏迷、中毒和麻痹；更多量时引起昏迷甚至死亡。

(7) 酸酐

乙酸酐具有一种剧烈的气味，对皮肤、眼睛、上呼吸道均有强腐蚀性，引起起泡和灼烧并且恢复很慢。空气中乙酸酐的含量不应超过 $0.04mg \cdot m^{-3}$；达到 $0.4mg \cdot m^{-3}$ 时对眼睛将有毒害作用。

乙酸酐分子结构式为

$$H_3C-\overset{\overset{\displaystyle O}{\|}}{C}-O-\overset{\overset{\displaystyle O}{\|}}{C}-CH_3$$

(8) 酯

酯类都具有较强的挥发性，使肺成为最大的受害者。酯类具有较好的溶解性，能穿越组织和溶解体内的类脂。如乙酸丙烯酯是一种皮肤去脂物质。一些酯类具有麻醉作用。自然形成的酯类毒性较低，而乙酸丙烯酯等人工合成的酯类毒性相对较高。就健康危害而言，最主要的是邻苯二甲酸二（2-乙基己基）酯（DEHP）。它作为一种增塑剂用于聚氯乙烯（PVC）塑料中，因此，它已成为一种环境中普遍存在的污染物质。目前比较关注的是医学领域用于装静脉注射液的塑料袋。在注射的同时，也有一部分DEHP进入了血友病病人、肾渗析病人和易感染儿童的血液中。虽然DEHP的急性影响较弱，但人体长期的接触却是令人担忧的。图5-26是几种重要的酯。

碳酸二甲酯（DMC）是一种重要的工业碳酸酯，可代替毒性很大的硫酸二甲酯作为甲

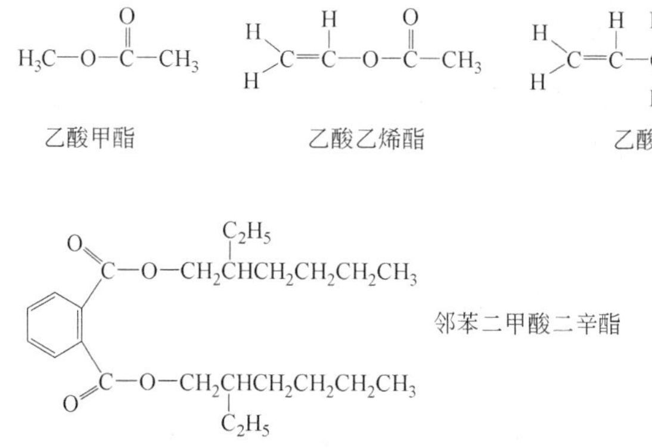

乙酸甲酯　乙酸乙烯酯　乙酸丙烯酯

邻苯二甲酸二辛酯

图 5-26　几种重要酯

基化剂，用来合成食品添加剂、抗氧化剂、染料、药物中间体、农药等，代替光气作为羰基化剂，还是生产聚碳酸酯的主要原料。聚碳酸酯（PC）自 1958 年由德国 Bayer 公司生产以来，作为一种工程塑料它已广泛应用于光电、电器、建筑、运输、通讯、医疗、航天等各个部门，全球聚碳酸酯（PC）的生产能力为 250 万吨/年。由于聚碳酸酯本身芳环成分高，缺少较活泼的氢原子，所以同其他聚合物相比可降解程度小，因而产生了大量的聚碳酸酯废料，给环境治理带来了很大的压力。目前聚碳酸酯的回收利用主要有直接燃烧和熔融再塑制备其他低附加值产品两种方法。聚碳酸酯的毒性方面需要考虑可溶出物质的有害性，例如聚碳酸酯食品盒、聚碳酸酯奶瓶被列入环境激素可疑包装；所使用的辅料是否含有铅、汞、镉、六价铬等有毒、有害金属；包装材料回收处理是否有有害物质的排放等。

5.4.4.5　含氮有机物（Organonitrogen compounds）

含氮有机物是一大类毒性不一的化合物，这里列出几种毒性比较大的含氮有机物（图 5-27）。

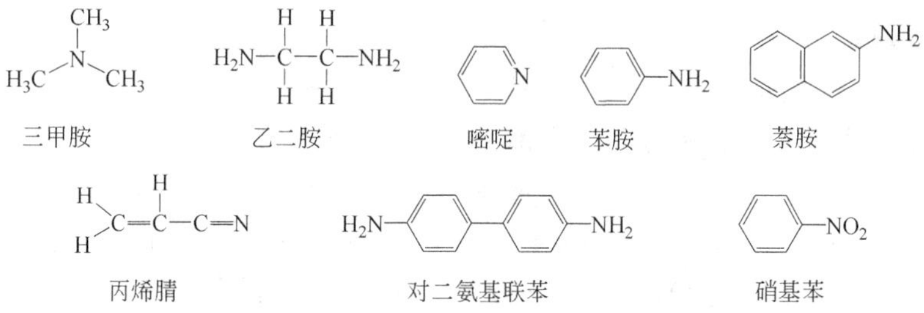

三甲胺　乙二胺　嘧啶　苯胺　萘胺

丙烯腈　对二氨基联苯　硝基苯

图 5-27　几种毒性比较大的含氮有机物

（1）胺

甲胺等低分子量的胺易通过各种途径进入人体，与组织中的水反应，使组织的 pH 值提高到有害水平，对眼睛等敏感组织产生腐蚀，并会使接触部位组织坏死。

$$R_3N + H_2O \longrightarrow R_3NH^+ + OH^-$$

胺的全身影响包括肝和肾的坏死，使肺出血并淤积，减弱免疫系统。乙二胺是多胺类物质中最常见的，皮肤对它特别敏感，易破坏眼部组织。

（2）芳香胺类

许多芳香胺类物质已被证实有致癌性。最简单的是苯胺，是一种无色、有明显油腻气味的毒性液体，可通过多种途径进入人体。苯胺可使与血红蛋白结合的 Fe(Ⅱ)变为 Fe(Ⅲ)，引起高铁血红蛋白血症，致使血红蛋白无法传递氧气。此外，研究证明，1-萘胺、2-萘胺都可引起人体膀胱癌。联苯胺也是一种致癌物质，能通过多种途径进入人体，能引起人体血细胞溶解、骨髓受损，以及肾和肝的破坏。

（3）吡啶

吡啶也是一种芳香胺类化合物，具有强烈的气味，是一种常用的工业用品。吡啶中毒症状主要有恶心、疲劳、食欲缺乏，一些急性中毒事件中表现为精神崩溃。吡啶中毒引起死亡的事件比较少。

（4）腈

无色液体乙腈在化学工业使用普遍，在液相色谱分析中乙腈常用作淋洗液。曾有乙腈中毒的报道，可能是乙腈在代谢过程中释放氰根（CN^-）的缘故。丙烯腈是一种无色、有桃核气味的液体，化学性质非常活泼，常会释放致死的氰氢酸（HCN）气体。丙烯腈也可能通过皮肤、呼吸等多种途径进入人体。

（5）硝基化合物

最简单的硝基化合物是硝基甲烷（CH_3NO_2），为油性液体，会引起人体厌食、恶心、呕吐及肾和肝的破坏。硝基苯是一种淡黄色的油性液体，有鞋油的味道，可通过多种途径进入人体；它的致毒机理与苯胺类似，可引起高铁血红蛋白血症。硝基苯类化合物广泛应用于化工、医药、印染等多种生产过程中，随着工农业生产的发展，已成为一类不可忽视的环境污染物。美国 EPA 规定：硝基苯、2,4-二硝基甲苯及 2,6-二硝基甲苯为环境中优先监测污染物。

（6）亚硝胺

亚硝胺类物质在啤酒、威士忌、机械切割油等人们经常接触的东西中已有发现。一次性大量接触或长期少量接触这类物质都可引起肝癌。二甲基亚硝胺是人们从 20 世纪 50 年代就开始研究的一种致癌物质，常用作工业溶剂，受害工人表现症状为肝受损和黄疸症。

（7）丙烯酰胺

丙烯酰胺（$CH_2=CH-CONH_2$）是一种白色晶体物质，是 1950 年以来广泛用于生产化工产品聚丙烯酰胺的前体物质。在欧盟，丙烯酰胺年产量约为 8～10 万吨。由于丙烯酰胺具有潜在的神经毒性、遗传毒性和致癌性，因此食品中丙烯酰胺的污染引起了国际社会和各国政府的高度关注。WHO 将水中丙烯酰胺的含量限定为 $1\mu g \cdot L^{-1}$，2002 年 4 月瑞典国家食品管理局和斯德哥尔摩大学研究人员率先报道，在一些油炸和烧烤的淀粉类食品，如炸薯条、炸土豆片、谷物、面包等中检出丙烯酰胺，炸薯条中丙烯酰胺含量较 WHO 推荐的饮水中允许的最大限量要高出 500 多倍；之后挪威、英国、瑞士和美国等国家也相继报道了类似的结果。丙烯酰胺主要在高碳水化合物、低蛋白质的植物性食物加热（120℃以上）烹调过程中形成。140～180℃为生成的最佳温度。此外，人体还可能通过吸烟等途径接触丙烯酰胺。丙烯酰胺进入体内后，在细胞色素 P4502E1 的作用下，生成活性环氧丙酰胺。该环氧丙酰胺比丙烯酰胺更容易与 DNA 上的鸟嘌呤结合形成加合物，导致遗传物质损伤和基因突变；因此，被认为是丙烯酰胺的主要致癌活性代谢产物。动物实验结果显示，丙烯酰胺是一种可能致癌物。流行病学观察表明，长期低剂量接触丙烯酰胺会出现嗜睡、情绪和记忆改变、幻觉和震颤等症状，并伴随末梢神经病（手套样感觉、出汗和肌肉无力）。

(8) 苏丹红

苏丹红是一种亲脂性偶氮化合物，作为人工合成的红色工业染料，被广泛用于如溶剂、油、蜡、汽油的增色以及鞋、地板等增光方面。苏丹红主要包括Ⅰ、Ⅱ、Ⅲ和Ⅳ四种类型——苏丹红Ⅰ（1-苯基偶氮-2-萘酚）、苏丹红Ⅱ｛1-[(2,4-二甲基苯）偶氮]-2-萘酚｝、苏丹红Ⅲ｛1-[4-(苯基偶氮）苯基］偶氮 2-萘酚｝、苏丹红Ⅳ｛1-{2-甲基-4-［(2-甲基苯）偶氮］苯基｝偶氮 2-萘酚｝。由于苏丹红是一种人工合成的工业染料，1995 年欧盟（EU）等国家已禁止其作为色素在食品中进行添加。但由于其染色鲜艳，印度等一些国家在加工辣椒粉的过程中还容许添加苏丹红Ⅰ。2005 年，EU 对从印度进口的红辣椒粉中检出苏丹红，其检出苏丹红Ⅰ的量为 $2.8 \sim 3500 mg \cdot kg^{-1}$。同时在一些其他食品中也检测到这种物质，如一些调味品中苏丹红Ⅰ的含量达到 $0.7 \sim 170 mg \cdot kg^{-1}$。国际癌症研究机构（International Agency for Research on Cancer，IARC）将苏丹红Ⅰ归为三类致癌物，即动物致癌物，主要基于体外和动物试验的研究结果，尚不能确定对人类有致癌作用；肝脏是苏丹红Ⅰ产生致癌性的主要靶器官，此外还可引起膀胱、脾脏等脏器的肿瘤。IARC 将苏丹红Ⅱ和其代谢产物 2,4-二甲基苯胺均列为三类致癌物，尚没有对人致癌作用的证据。IARC 将苏丹红Ⅲ列为三类致癌物，但将其初级代谢产物 4-氨基偶氮苯列为二类致癌物，即对人可能致癌物。IARC 将苏丹红Ⅳ列为三类致癌物，但将其初级代谢产物邻甲苯胺和邻氨基偶氮甲苯均列为二类致癌物，即对人可能致癌物。2005 年在我国的许多食品中，包括著名快餐企业肯德基的食物中发现了苏丹红成分，因此引发了我国有关食品安全方面的讨论。

(9) 异氰酸酯类物质

异氰酸酯类物质（R—N═C═O）具有高活性，在工业生产中广泛应用。1984 年 12 月 2 日，在印度博帕尔发生过一起严重的异氰酸甲酯（H_3C—N═C═O）泄漏事件，造成 2000 人死亡，100000 人受害。生存者的肺受到损害，长期呼吸困难，此外还有一些恶心和身体酸痛的症状。

(10) 有机氮农药

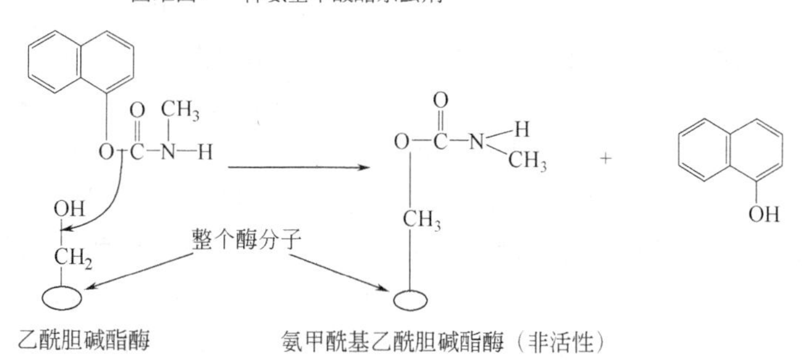

图 5-28 氨基甲酸酯类杀虫剂西维因与乙酰胆碱酯酶反应

氨基甲酸酯类杀虫剂使用非常广泛，可以与乙酰胆碱酯酶反应（图 5-28），产生的氨甲酰基乙酰胆碱酯酶比有机磷酸酯产生的含磷酸的胆碱酯酶更容易被分解，氨基甲酸酯类杀虫剂是乙酰胆碱酯酶的可逆性抑制剂，对人体和牲畜的危害作用不大。

百草枯毒性很高，已有很多因百草枯中毒致死的报道。呼吸、摄食和皮肤接触等途径都可引起急性中毒。百草枯主要影响酶的活性和一些组织器官。急性中毒可引起人体内胰岛素、葡萄糖、儿茶酚胺等的含量变化。百草枯中毒症状表现为起初呕吐，几天之内则食欲下降、苍白，并有明显肾、肝和心脏受损的症状。在因百草枯中毒致死的死者体内发现其肺部纤维受损，并伴有肺水肿和出血。

5.4.4.6 有机卤化物(Organohalide compounds)

(1) 卤化烷烃

四氯化碳（CCl_4）是一种毒害非常严重的物质，美国食品和药品管理局从1970年开始禁止其私人使用。由呼吸吸入人体的四氯甲烷能危害神经系统；由饮食进入人体，则危害消化道、肝和肾。四氯化碳的生化致毒机理是其产生的自由基与蛋白质、DNA等生物大分子反应，其中危害性最大的发生在肝部，即类脂的过氧化反应，包括自由基与不饱和类脂的结合以及类脂的自由基氧化过程。

CCl_4 的自由基为

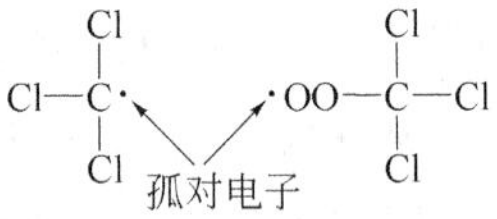

$$Cl_3C\cdot \qquad \cdot OO-CCl_3$$

孤对电子

氯仿为无色透明易挥发的液体，有特殊的甜味，主要用作脂类、树脂、橡胶、油漆、磷和碘的溶剂和萃取剂，并用于合成纤维、塑料、杀虫剂、干洗剂、地板蜡的制造等。在光的作用下，氯仿在空气中能被氧化生成氯化氢和光气。氯仿能迅速从肺部吸收并广泛分布至全身，也可经消化道或无损的皮肤吸收。氯仿主要作用于中枢神经系统，具麻醉作用、明显的肝肾毒性、致癌性、高的胚胎毒性和轻度致畸性。动物急性毒性，大鼠经口 LD_{50} 为 1.6～2.0$g\cdot kg^{-1}$。

(2) 卤化烯烃

氯乙烯广泛地用于聚氯乙烯的制造；长期接触氯乙烯会危害中枢神经系统、呼吸系统、肝脏血液系统和淋巴系统，而最主要的是它对肝脏有特殊的致癌作用。这种肝癌在聚氯乙烯工厂中长期从事清扫高压釜工作的工人身上已有发现。1,1-二氯乙烯与氯乙烯结构相似，且在一些动物实验中已发现它对受试动物有致癌作用，因此它可能对人体也有致癌作用。1,2-二氯乙烯两种立体异构体的毒性较小，其中顺式的具有麻醉作用和刺激作用，而反式的能使人体虚弱、颤抖、恶心、痉挛，还会危害中枢神经系统和消化道。三氯乙烯（TCE）和四氯乙烯（PCE）常用作干洗剂，三氯乙烯还可用于电子、机械行业的脱脂清洗以及在其他部门用作溶剂和萃取剂、四氯乙烯金属的脱脂清洗剂。此外还可作为原料，生产多种化工产品，特别是近年来用以生产氟里昂替代品，以三氯乙烯、四氯乙烯为原料可生产HFCl34a、HFCl25、HFCl24和HFCl23。三氯乙烯可经呼吸道、消化道和皮肤吸收，它使受试动物产生了肝癌，并能危害中枢神经系统、呼吸系统、肝、肾和心脏，短期大量接触三氯乙烯可引起以中枢神经系统抑制为主的全身性疾患。三氯乙烯中毒症状包括视觉受影响、头痛、恶心、心肌梗死，并会有神经发热的感觉。皮肤吸收四氯乙烯的气体后，可能致癌，并可能有损肝功能，造成中枢神经系统衰弱，引起头昏眼花、恶心等症状。1994年国际癌症研究机构（IARC）和日本产业卫生学会都将四氯乙烯列为“对人体可能有致癌性的第二类特定化学物质”。各国环保、安全、卫生研究部门为防止三氯乙烯、四氯乙烯污染环境、危害人类的身心健康，都制定了相应的制度、法规及大气、水质标准，对它们的生产和使用加以限制，同时也在开发干洗剂和脱脂清洗剂的代用品。

(3) 含卤芳香烃

通过呼吸或皮肤接触氯苯将刺激呼吸系统、肺、皮肤和眼睛；通过误食则能引起协调能力下降、脸色苍白、青紫症，以至死亡。

二氯苯可能会刺激一些器官。通过动物实验已证实，邻二氯苯具有致癌性。对二氯苯常用于卫生球和空气清新剂中，它使人体产生的反应有流鼻涕、恶心、黄疸、组织硬化、食欲下降等，但它是否会致癌还未确定。对二氯苯的主要代谢产物是2,5-二氯苯酚，它最终将以葡萄糖醛酸酯或硫酸酯形式排出体外。

多氯联苯（PCBs）是一系列不同含氯量的同系物的混合物，非常适合于一些电力设备、液压设备和导热系统中。PCBs已被用作绝缘油、阻燃剂、导热剂、液压油、增塑剂，也被用于铁路变压器、矿井设备、无碳复写纸、颜料、电磁设备中，作为一种显微衬纸介质和浸没油、光学液体以及天然气管道的液体。据WHO报道，至1980年世界各国生产PCBs总计近100万吨，1977年后各国陆续停产。我国于1965年开始生产多氯联苯，大多数厂于1974年年底停产，到80年代初国内基本已停止生产PCBs。PCBs易于在人体的类脂组织中积累，日本群马大学医学系鲤渊典之教授等人通过实验证实极低浓度的多氯联苯就能阻碍促进大脑发育的蛋白质的合成，中华人民共和国国家标准《海产品中多氯联苯限量标准》（GB 9674—88）规定了鱼、贝、虾及藻类食品（可食部分）中多氯联苯$\leqslant 0.2mg \cdot kg^{-1}$。多溴联苯（PBBs）相对使用较少，但在1973年密西根却发生过一起因多溴联苯引起的重大事故，造成无数牲畜遭殃。

(4) 含卤有机农药

含卤有机杀虫剂能不同程度地影响中枢神经系统，引起颤抖、眼睛痉挛、情绪不定以及记忆力下降，其中最典型的是DDT的毒性。像许多杀虫剂一样，DDT可作用于中枢神经系统，与其他氯代烃一样，DDT也能溶解在类脂质和脂肪组织中，并累积在神经细胞周围的脂肪膜内，干扰神经脉冲沿轴突的传递，而神经轴突是连接神经细胞的突出物。DDT对人体的急性毒性较低，二战期间为了控制疟疾和伤寒，就直接对人体使用过。

含氯环二烯杀虫剂（艾氏剂、狄氏剂、异狄氏剂、氯丹、七氯、硫丹、异艾氏剂）作用于大脑，引起受体头痛、昏迷、恶心、呕吐、肌肉痉挛、惊厥等。狄氏剂、氯丹、七氯对受试动物造成了肝癌；许多含氯环二烯杀虫剂对胎儿有致癌作用。

研究证实，除草剂2,4-D能损伤神经、大脑，并能造成惊厥。根据美国肝癌组织对肯色斯农民做的一份研究表明，由于长期接触2,4-D，他们患非何杰金淋巴病的概率是平常人的6～8倍。除草剂2,4,5-T的毒性是因为副产物二噁英（TCDD）的存在而产生，因误食施过2,4,5-T的草而中毒的羊群出现了肝炎、肾炎和肠炎。

(5) 二噁英

近年来，生物界发生的生殖变异、人类生殖系统肿瘤发病率的升高趋势引起人们的广泛关注，许多研究提示这些现象与环境污染有关。一些化学污染物在生物体内具有激素样或抗激素样作用，从而干扰机体的内分泌平衡。这类环境污染物被称为“环境类激素污染物”或“内分泌干扰物质”。在1997年WHO报告的76例种具有环境类激素作用的化学物质中，二噁英（TCDD）、多氯联苯（PCBs）、DDT等最具代表性。二噁英是一种剧毒物质，对大鼠口服LD_{50}为$20mg \cdot kg^{-1}$，相当于氰化钾毒性的三百倍。二噁英不仅具有致癌性，而且具有生殖毒性、免疫毒性和内分泌毒性，一旦摄入不易排出；世界卫生组织国际癌症研究中心将其列入一级致癌物名单。二噁英是指一组由多氯、极性芳香烃化合物组成具有相似结构和理化性质的物质，包括 75 种多氯二苯并对二噁英（PCDD）和 135 种多氯二苯并呋喃（PCDF），以 TCDD（2,3,7,8-四氯二苯对二噁英）毒性最大。二噁英的主要污染来源是垃圾焚烧、汽车尾气排放、除草剂生产及纸浆氯化漂白等生产过程，其主要通过食物、水、土壤、尘埃、空气进入人体。这类物质不是人为有意生产，系加工生产中或环境破坏过程中伴生，没有任何用途，且难以降解，可通过食物链富集，已成为污染人类环境和危害生命健康的新污染物，被列入全球环境监测计划食品部分的对象名单。

历史上曾发生过多次二噁英污染事件。在早期，美国曾大面积使用含二噁英的除草剂；越南战争期间，美军大量喷洒的落叶剂中含有大量二噁英，造成严重的环境污染；1976 年意大利 Seveso 化工厂二噁英泄漏造成 450 人急性中毒；20 世纪 60 年代和 70 年代日本与中国台湾地区先后发生二噁英污染米糠油中毒事件；1999 年 2 月，比利时肉鸡由于饲料受到二噁英污染而导致肉鸡二噁英超量，其污染源是荷兰饲料原料混掺了含二噁英的油脂，其供应范围除比利时的 400 多家养鸡场外，还包括荷兰、德国及法国等处的猪、牛饲养场，为此，比利时曾停止销售家禽和鸡蛋，关闭所有的屠宰场，禁运禽牛和猪肉。随后，欧盟和其他国家也相继采取措施。

TCDD 的分子式为

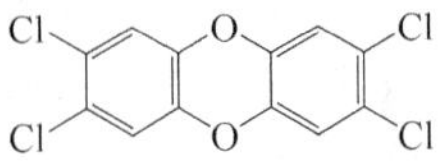

Cl Cl O Cl Cl O

(6) 全氟化合物（PFCs）

全氟烷基磺酸和全氟烷基羧酸类的全氟、多氟烷基化合物，因其特殊的疏水性、疏油性、表面活性、热稳定性等理化性质，在不粘锅涂层、纺织品、地毯、纸、涂料、消防泡沫、影像材料、航空液压油等生活消费和工业生产领域中有着广泛的应用。在 1970～2002 年，全球约生产了 96000 吨全氟辛基磺酰氟（全氟辛烷磺酸的前体物）和 26500 吨相关副产品和废物，最终有 6 800～45250 吨直接或间接释放到环境中。研究证明 PFCs 化合物是目前最难降解的有机污染物之一，它通过呼吸和食物被生物体摄取后，大部分存在于血液中，其余则蓄积在动物的肝脏和肌肉组织中。由于 PFCs 在环境中的持久性及其长期的广泛应用，近年来该类化合物已在全世界范围内的各类环境介质及生物体内陆续被检出。其所具有的生物蓄积、肝脏、免疫等多种毒性，已对生态系统和人类造成了一定的威胁，成为研究的热点领域。在 2009 年 5 月召开的《关于持久性有机污染物的斯德哥尔摩公约》第四次缔约方大会上，全氟辛烷磺酸及其盐和全氟辛基磺酰氟作为新的持久性有机污染物被列入《斯德哥尔摩公约》，将在全球范围内限制使用。

(7) 溴代阻燃剂（BFRs）

溴代阻燃剂是指分子中包含溴元素的一类有机化合物，因具有热稳定性良好、阻燃性能优秀、价格低廉等优点，被广泛用于塑料、纺织品、电子电器设备中。全世界每年生产量超过 20 万吨。溴代阻燃剂种类繁多，目前正在使用的有 70 多个品种，主要包括多溴联苯醚、四溴双酚 A 和六溴环十二烷等。其中多溴联苯醚主要有五溴联苯醚、八溴联苯醚和十溴联苯醚；四溴双酚 A 主要用于环氧树脂印刷线路板的反应型阻燃剂及多种类型聚合物的添加型阻燃剂；六溴环十二烷主要用于建筑物、室内装饰纺织品和电子产品的绝热材料，在某些应用领域可能成为多溴联苯醚的替代品。大量的生产和使用致使 BFRs 广泛分布于全球各地的水体、大气、土壤、沉积物中，甚至在生物体及人体中也检测到该类物质。研究表明，BFRs 具有亲脂性，可沿食物链逐级放大并经生物富集，对生物及人体构成潜在的威胁，同时 BFRs 作为一种持久性有机污染物，能够远距离传输，并且在环境中长期积累，进而对人类健康和环境产生危害。其中六溴环十二烷已被列入斯德哥尔摩公约持久性有机污染物框架和保护东北大西洋的海洋环境公约的优先控制化学物质名单。

5.4.4.7 含硫有机物（Organosulfur compounds）

吸入低浓度的甲硫醇（CH_3SH）等硫醇就能引起恶心和头痛；高浓度时可引起脉搏增加、四肢发冷和青紫症。极端情况下会引起昏迷以至死亡。与 H_2S 一样，硫醇类物质能产生一些细胞色素氧化酶致毒物。

硫酸甲酯是一种油性的、能溶于水的液体，对皮肤、眼睛和黏膜组织有强烈的刺激作用。硫酸二甲酯无色无味，有剧毒，能直接导致肝癌。皮肤或黏膜受到其感染后，在一定潜伏期后，鼻腔组织和呼吸道黏膜会发炎和出现黏合现象。更严重的，肝、肾将受损，肝水肿，视觉下降，并会在 3～4d 内死亡。

硫芥子气是一类军用有毒物质，其中最典型的是芥子油［二（2-氯乙基）硫醚］。实验证明芥子油具有致畸性和直接致癌性；它产生的挥发气体能深入组织内部，对其进行破坏。这种破坏速度非常快，在半小时后清除接触部位的芥子油都将是徒劳的。芥子油使组织遭受器官损害而严重发炎，肺部损害将导致死亡。

芥子油的分子式为

$$Cl—CH_2—CH_2—S—CH_2—CH_2$$

5.4.4.8 含磷有机物（Organophosphorus compounds）

有机磷化合物的毒性差异较大，“神经毒气”可以极低浓度致死。这里简单介绍几种主要的有机磷化合物的毒性。

（1）含磷酯

图 5-29 为几种重要的含磷酯。磷酸三甲酯、磷酸三乙酯被误食或皮肤吸收时，毒性级别中等，其中后者会损害神经，抑制乙酰胆碱酯酶。磷酸三邻甲苯酯（又名 TOCP）毒性非常强，它的代谢产物能抑制乙酰胆碱酯酶。受 TOCP 感染，机体会出现恶心、呕吐、腹泻，并伴有剧痛；一至三星期后，中枢神经系统和外围神经系统中神经元将被破坏，外围神经系统受损表现的症状是四肢疲软，这可能会渐渐康复，也可能会终生瘫痪。焦磷酸四乙酯（TEPP）是一种剧毒物质，能强烈抑制乙酰胆碱酯酶，并对人和动物有致死作用。

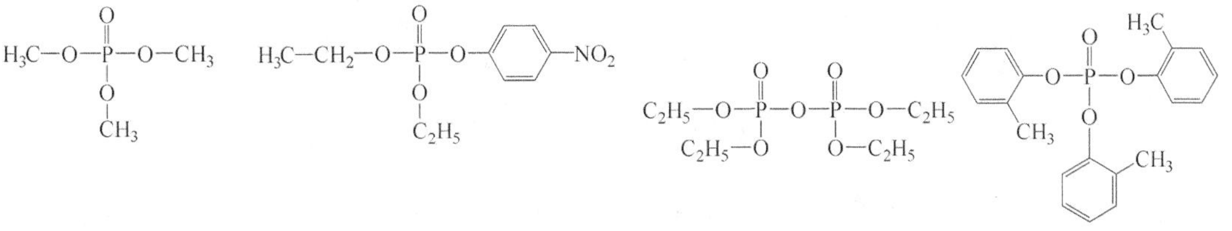

磷酸三甲酯　对氧磷　焦磷酸四乙酯　磷酸三甲苯酯

图 5-29　几种含磷酯

（2）硫代磷酸酯、二硫代磷酸酯类杀虫剂

图 5-30 为几种杀虫剂分子式。硫代磷酸酯、二硫代磷酸酯被广泛地用作杀虫剂，含 P═S 键的酯可阻止非酶反应，通过脱硫氧化反应，P═S 键转变成 P═O 键，对乙酰胆碱酯酶的抑制能力增强，产生杀虫作用。

对硫磷是最早面世的该类杀虫剂，因各种原因，它已造成多起死亡事故。只需 120mg，

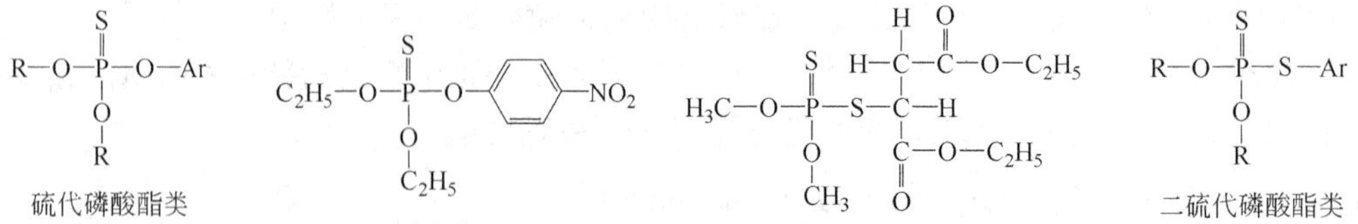

硫代磷酸酯类杀虫剂的通式　　对硫磷　　马拉硫磷　　二硫代磷酸酯类杀虫剂的通式

图 5-30　硫代磷酸酯、二硫代磷酸酯类杀虫剂通式及对硫磷和马拉硫磷的分子式

它就可毒死一个成年人；而 20mg 就可毒死一个小孩。在多数事故中，对硫磷是经皮肤吸收进入人体的。对硫磷的致毒机理是先转化为磷酸酯，抑制乙酰胆碱酯酶；这一转化过程十分缓慢，因此几小时后才能出现症状。对硫磷中毒者会出现呼吸困难、皮肤痉挛，严重者常因中枢神经系统严重受损导致呼吸受抑制而死亡。

马拉硫磷分子中的两个碳氧酯键可被人体内相应的碳氧酯水解酶水解，从而转化成一些无毒产物。然而这一水解酶在昆虫体内却不存在。马拉硫磷对人体的半致死浓度是对硫磷的 100 倍。

有机磷杀虫剂的毒性作用主要是可以抑制乙酰胆碱酯酶的催化作用，导致乙酰胆碱的积累，这种积累会引起肌肉、神经以及有机体其他部位的过度兴奋，最后导致痉挛、麻痹和死亡。有机磷杀虫剂的这种作用会由于酶中磷酸酯的释放或新胆碱酯酶的产生而逆转，这样即可解除有机磷杀虫剂的毒性。即使在没有乙酰胆碱酯酶的情况下，也可用拮抗药物来阻止乙酰胆碱的释放，从而阻止神经脉冲的产生。阿托品就是一种拮抗药物，但阿托品自身也是一种毒物。

有机磷杀虫剂易于生物降解和没有生物富集性，所以比有机氯杀虫剂的环境毒性要低。

(3) 军用含磷有机有毒物质

军用“神经毒气”，如沙林和 VX 可强烈抑制乙酰胆碱酯酶。在 1991 年的中东冲突中曾考虑过用这种军用毒剂，幸运的是没有付诸行动。沙林可以以液态形式被皮肤吸收，它能破坏中枢神经系统；当浓度仅为 0.01mg/kg 时就能致死。

沙林和 VX 分子式为

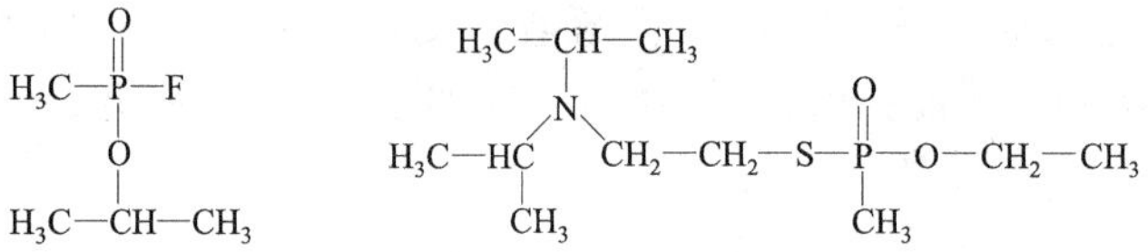

沙林　　VX

习　　题

1. 对应下列细胞结构和功能的关系。

(1) 线粒体	(a) 毒物代谢
(2) 内质网	(b) 充满细胞，有各种细胞器
(3) 细胞膜	(c) 遗传物质聚集的主要场所
(4) 细胞质	(d) 调控能量转移和利用
(5) 细胞核	(e) 控制毒物及其代谢产物进出细胞内部

2. 酶参与的有毒物代谢反应有哪两种基本类型？并简述各自的作用。

3. 简述蛋白质，尤其是蛋白质结构在毒理学中的重要作用。

4. 分析核酸在毒理学三致性研究中的作用。

5. 简述糖蛋白的主要功能。
6. 简述脂质在毒理学，尤其是在疏水性污染物毒理中的重要作用。
7. 效应（effect）与反应（response）有何区别与联系？
8. 毒物毒作用的主要类型有哪些？
9. 何为剂量-效应曲线？简述剂量-效应曲线的类型及意义。
10. 分析影响毒物剂量-效应的因素。
11. 下列哪一个不是毒物的生物化学效应。

（1）通过结合到酶上，改变酶功能；（2）改变细胞膜或细胞膜的载体；

（3）改变生命信号；（4）影响脂质代谢；

（5）影响呼吸。

12. 说明毒物致畸、致癌、致突变的区别及其相关性。
13. 毒物的联合作用包括哪些？
14. 简述毒物进入机体及其在体内代谢、分布、去除的主要途径。
15. 简述致突变作用原理。
16. 简述致癌作用原理。
17. 简述健康风险评价的概念及其重要性。
18. 简述健康风险评价的基本内容和步骤。
19. 简述污染物通过生物膜的方式。
20. 简述生物浓缩、生物积累与生物放大的异同点。
21. 简述生物浓缩的机理。
22. 某供试鱼种从水中吸收某有机污染物 A 的速率常数为 $20.38h^{-1}$，鱼体消除 A 的速率常数为 $4.23\times10^{-2}h^{-1}$，假设 A 在鱼体内起始浓度为零，水体足够大，A 物质在水体中的浓度可视为不变，计算 A 在该鱼体内的浓缩系数及其浓度达到稳态浓度 90%时所需的时间。
23. 污染物的生物转化过程分为哪两种主要类型？
24. 简述微生物对烃类污染物的生物转化特点。
25. 为什么 Hg^{2+} 和 CH_3Hg^+ 在体内能长期滞留？
26. 比较 Hg^{2+} 和 CH_3Hg^+ 的毒性大小并解释原因。
27. 说出砷在环境中存在的主要化学形态，简述砷在环境中的主要转化途径。
28. 简述分子结构中影响可生物降解性的主要因素。
29. 室内空气污染物主要有哪几种？并简述各污染物的危害。
30. 从环保角度分析有机氯农药和有机磷农药的使用对环境的影响。
31. 列举与几种毒物的毒性作用。
32. 苯和甲苯结构类似，但代谢和毒作用都有很大差别，为什么？
33. 二噁英是一类具有什么化学结构的化合物？简述其主要污染来源和毒性。
34. 列举几种卤化烯烃的毒性。
35. 简述多氯联苯（PCBs）在环境中的主要分布、迁移和转化规律。
36. 解释下列术语：

毒物；半数致死浓度；最大无作用剂量；血脑屏障；阈剂量（浓度）；助致癌物；主动转运；被动扩散；协同作用

参 考 文 献

1 王凯雄. 水化学. 北京：化学工业出版社，2001
2 王凯雄，胡勤海主编. 环境化学：[浙江大学教学讲义]，2000
3 Stanley E. Manahan. Environmental Chemistry. 7th ed. Boca Paton：CRC Press LLC，2000
4 戴树桂主编. 环境化学. 北京：高等教育出版社，2002
5 刘南圣，吴峰. 环境化学教程. 武汉：武汉大学出版社，2000
6 唐孝炎主编. 大气环境化学. 北京：高等教育出版社，1990
7 莫天麟编著. 大气化学基础. 北京：气象出版社，1988
8 杨维荣等编著. 环境化学. 第二版. 北京：高等教育出版社，1991
9 刘静宜等编著. 环境化学. 北京：中国教育出版社，1987
10 [美] R. A. 贝利等著. 环境化学. 柳大志等译. 武汉：武汉大学出版社，1987
11 [美] C. N. 索耶等著. 环境工程化学. 张颖等译. 北京：原子能出版社，1988
12 唐永銮编著. 大气污染及其防治. 北京：科学出版社，1983
13 Seinfield，J. H.，Atmospheric Chemistry and Physics of Air Pollution. New York：Wiley，1986
14 李宗恺等. 空气污染气象学原理及应用. 北京：气象出版社，1985
15 Heicklen，J. 著. 大气化学. 南京大学译. 北京：科学出版社，1983
16 李克让主编. 土地利用变化和温室气体净排放与陆地生态系统碳循环. 北京：环境科学出版社，2002
17 刘培桐. 环境学概论. 北京：高等教育出版社，1997
18 刘兆荣主编. 环境化学. 北京：化学工业出版社，2003
19 韩宝华主编. 环境化学. 北京：中央广播大学出版社，1997
20 龚书椿主编. 环境化学. 上海：华东师范大学出版社，1997
21 朱利中主编. 环境化学. 杭州：杭州大学出版社，1996
22 陈英旭主编. 环境学概论. 北京：中国环境科学出版社，2001
23 钱易主编. 环境保护与可持续发展. 北京：高等教育出版社，2000
24 何宏平著. 黏土矿物与金属离子作用的研究. 北京：石油工业出版社，2001
25 李天杰等编著. 环境地学原理. 北京：化学工业出版社，2004
26 王镜岩，朱圣庚，徐长法主编. 生物化学. 第三版. 北京：高等教育出版社，2002
27 郑国昌主编. 细胞生物学. 第二版. 北京：高等教育出版社，1992（1998 年重印）
28 张惟杰，吴敏，刘曼西. 生命科学导论. 北京：高等教育出版社，1999
29 Donald G. Crosby. Environmental Toxicology and Chemistry. New York：Oxford University Press，1999
30 Ming-Ho Yu. Environmental Toxicology，Impacts of Environmental Toxicants on Living Systems. Boca Paton，FL：CRC Press LLC，2001
31 Gary. M. Rand. Fundamentals of Aquatic Toxicology：Effeet，Environmental Fate and risk Assessment. 2nd ed. Washington D. C：Taylor & Francis，1995
32 毛德寿，同宗灿，王志远，阎雷生. 环境生化毒理学. 沈阳：辽宁大学出版社，1986
33 胡二邦主编. 环境风险评价使用技术和方法. 北京：中国环境科学出版社，2000
34 冷欣夫，邱星辉. 细胞色素 P450 酶系的结构功能与应用前景. 北京：科学出版社，2001
35 俞誉福，叶明吕，郑志坚. 环境化学导论. 上海：复旦大学出版社，1994
36 孔志明，许超. 环境毒理学. 南京：南京大学出版社，1995
37 孔繁翔，尹大强，严国安. 环境生物学. 北京：高等教育出版社，2000
38 王晓蓉. 环境化学. 南京：南京大学出版社，1997
39 刘兆荣，陈忠明，赵广英，陈旦华. 环境化学教程. 北京：化学工业出版社，2003
40 张锡辉. 高等环境化学与微生物学原理及应用. 北京：化学工业出版社，2001
41 S. F. Zakrzewski 著. 环境污染毒理学入门（日文）. 古贺实等译. 化学同仁. 京都：1995

索　　引

（按汉语拼音排列）

J

K

L

M

N

P

Q

R

S

T

W

X

Y

Z

其　他